JN195824

天皇の軍事輔弼体制

❖元帥と戦争指導の政治史

飯島直樹 著
Naoki Iijima

名古屋大学出版会

天皇の軍事輔弼体制——目　次

凡例

一、史料の引用に際しては、未刊行史料の場合は適宜句読点と濁点を付し、固有名詞をのぞき旧字や異体字は新字に改めた。補註は〔 〕で示した。

一、引用文中の傍線や傍点は、特別の断りがない限り引用者による。

一、本書全体で利用する史料については、下記の略号を用いる。

宮内公文書館所蔵史料　→「史料名」(宮：請求番号)

防衛省防衛研究所戦史研究センター所蔵史料　→「史料名」(防：登録番号)

防衛研究所戦史研究センター所蔵史料のうちアジア歴史資料センターで閲覧可能な史料　→「史料名」「所収史料名」(Ref：レファレンスコード)

一、本書で使用する日記類・史料集のうち、使用頻度が高いものについては、煩雑さを防ぐために、下記の略号を用いる。

『宇垣日記　一』　角田順校訂『宇垣一成日記　一』(みすず書房、一九六八年)

「岡田日記」　「岡田啓介日記」(小林龍夫・島田俊彦編集・解説『現代史資料七　満洲事変』みすず書房、一九六四年)

『加藤日記』　伊藤隆ほか編『続・現代史資料五　海軍 加藤寛治日記』(みすず書房、一九九四年)

『木戸日記　上・下』　木戸日記研究会校訂『木戸幸一日記』上・下巻(東京大学出版会、一九六六年)

『西園寺公と政局　巻数』　原田熊雄『西園寺公と政局』第一巻～第八巻(岩波書店、一九五〇年)

『昭和天皇実録　巻数』　宮内庁編『昭和天皇実録』巻三—九(東京書籍、二〇一五—一六年)

『大正天皇実録　巻数』　宮内省図書寮編『大正天皇実録』補訂版第一・第四(ゆまに書房、二〇一六・一九年)

「財部日記①」　国立国会図書館憲政資料室所蔵「財部彪日記」

『財部日記②　上・下』　坂野潤治ほか編『財部彪日記　海軍次官時代』上・下(山川出版社、一九八三年)

『財部日記③』　尚友倶楽部史料調査室・季武嘉也編『財部彪日記　大正十年・十一年——ワシントン会議と海軍』(芙蓉書房出版、二〇二四年)

『財部日記④』　尚友倶楽部・季武嘉也・櫻井良樹編『財部彪日記　海軍大臣時代』(芙蓉書房出版、二〇二一年)

『奈良日記（上）』	黒沢文貴ほか編『陸軍大将奈良武次日記（上）——第一次世界大戦と日本陸軍』（原書房、二〇二〇年）
『奈良日記　巻数』	波多野澄雄・黒沢文貴ほか編『侍従武官長奈良武次日記・回顧録』第一巻〜第四巻（柏書房、二〇〇〇年）
『畑日誌』	伊藤隆・照沼康孝編集・解説『続・現代史資料　四　陸軍 畑俊六日誌』（みすず書房、一九八三年）
『原日記　巻数』	原奎一郎編『原敬日記』第三巻〜第五巻（福村出版、一九六五年）
『本庄日記』	本庄繁『本庄日記』（原書房、一九六七年）
『牧野日記』	伊藤隆・広瀬順晧編『牧野伸顕日記』（中央公論社、一九九〇年）
『真崎日記　巻数』	伊藤隆ほか編『真崎甚三郎日記』一巻〜二巻・六巻（山川出版社、一九八一・八七年）
『明治天皇紀　巻数』	宮内庁編『明治天皇紀』第四・六・八——十二（吉川弘文館、一九七〇——七五年）

序章　天皇と陸海軍の近代史

一　問題の所在——政軍関係史のなかの天皇

本書は、近代日本の天皇がどのように軍を統制しようと試みたのか、それに対して陸海軍はどのように対抗し、天皇からの自律化を目指したのかという問いを、元帥府・元帥を中心とする軍事輔弼体制の活用という視点から通史的に検討することで、近代日本における天皇と軍隊の関係を再検討することを目的としている。

近代日本において陸海軍は、統帥権を持つ天皇に直隷する国家機関として、内閣や政党・議会から独立した地位を保持し、近代日本の趨勢に大きな影響を与え続けた。その要因の一つとして挙げられるのが、統帥権独立制度である。

一八八九年の大日本帝国憲法（以下、明治憲法）制定によって、近代日本では天皇制が国家の基軸に据えられるとともに、立憲君主制が導入された。これにより、天皇は国家の総覧者であると同時に、大元帥として軍隊の統帥権を掌握し、陸海軍を統率することとなった。明治憲法では、天皇が直接軍隊を統率する第一一条の統帥権（「天皇ハ陸海軍ヲ統帥ス」）と、軍隊の兵力を定める第一二条の編制権（「天皇ハ陸海軍ノ編制及常備兵額ヲ定ム」）が定められていた。この規定を根拠として、陸海軍は内閣や他の国家機関の干渉を受けずに、作戦・予算・人事などの軍事事項を天皇に直接上奏する帷幄上奏権を有していた。実際には憲法制定以前から参謀本部の独立や帷幄上奏権の慣例化が行われており、統帥権と陸海軍の地位も、慣例的に天皇に直結するものとされていた。しかし、このことは、ただちに陸海軍がその権限を自由に行使し、自らの政治的要求を政府に対して貫徹したことを意味しない。そもそも明治初期に形成された統帥権独立制度は、軍の「非政治化」、つまり軍人の政治介入を防止することを目的としたものであり、軍の政治介入自体が常態化していたわけではなかった(1)。確かに昭和期には、満洲事変や五・一五事件、二・二六事件など軍主体の軍事行動やクーデターが続発したことで、「憲政の常道」と謳われた政党内閣も崩壊し、軍部の政治的発言力は無視しえないものになった。しかし一方で、陸海軍は明治期から政治的発言力が強かったわけではなく、むしろ天皇の名のもとに発布された軍人勅諭に代表されるように、軍人の政治関与は本来的には否定されていた。陸海軍は、明治から昭和までの長い期間をかけて明治国家最大の官僚制機構に成長していったのである。そのため、近代日本においては、政府（内閣・議会・政党・藩閥）が陸海軍をどのようにコントロールするのか、それに対して陸海軍がどのように政府から自律的な立場を保ちつつ、軍政・軍令に分かれる部内を統制していくのかという問題は、常に重要な課題であり続けた。

その一方、陸海軍は、政府からの自律化だけでなく、自律性の根拠である統帥権の内部において、天皇による主体的な軍統制や戦争指導などの軍事指導にどのように対応するのかという、天皇と軍の関係性をめぐっても、潜在的な課題を抱えていた。こうした政府や天皇から自律性を獲得するという課題を念頭に、政軍関係史ではさまざまな研究が蓄積されてきた。

そこでこの序章では、以下の議論の前提として、近代日本の政軍関係史の大まかな見取り図を、軍の統制や軍の自律性という観点から、近年の研究成果に依拠しつつ示しておきたい。

（1）建軍期の軍隊──「天皇の軍隊」という理念とその実態

建軍期の軍隊は、昭和期のような強大な政治的勢力・官僚機構だったわけではない。むしろ、政治と軍事の境界も曖昧ななかで、軍は常に政治の側からの介入にさらされ、強力な統制力を欠いていた。徴兵制軍隊が確立する過程においては、政府内で、政治性や郷党意識を帯びた士族制軍隊や非政治的な徴兵制軍隊など、さまざまな建軍構想が議論され、明治六年政変や西南戦争においても争点として浮上していた。こうした過程において、長州系勢力主体の陸軍省が人事権や軍隊指揮権を軍隊の側に集約させるとともに、西南戦争を契機に参謀本部を設置し、政府からの介入を防止していった[2]。

さらに、徴兵制軍隊の「非政治化」という課題を達成するために、「天皇の軍隊」という特別な理念に基づく結びつきが、天皇と軍隊との間に創出された[3]。その一つの指標となったのが軍人勅諭である。これは一八七八年に出された軍人訓戒を端緒として、八二年一月に明治天皇が陸海軍軍人に下賜した勅諭であり、日本において天皇が軍隊を統率してきた歴史を説きつつ、軍人が守るべき五つの徳目を挙げ、軍人の政治不関与を明示したものである。軍人訓戒は、西南戦争の論功行賞に対する不満によって起きた竹橋事件や自由民権運動の盛り上がりを背景に、山県有朋らが徴兵制軍隊の「非政治化」を志向した結果、天皇の軍隊親率の明確化による、天皇と将兵の精神的紐帯を求めて制定されたものだった。陸軍は、参謀本部創設や軍人勅諭発布などによって、政治勢力と軍隊の結託による「私兵化」の阻止や、民権派と軍事指揮権の分離を行った。このように、建軍期の複雑な政軍関係において、陸軍の軍事指導者は政府（太政官）の側からの政治介入の危機に対して、「天皇の軍隊」というイデオロギーを前面に打ち出すことで軍の「非政治性」を担保しつつ、必ずしも明確ではなかった統帥権や軍の部内統制の主体を、政府から分離させ陸軍省や参謀本部に集約させはじめたといえる。

しかし、参謀本部の設置や軍人勅諭制定をもって「天皇の軍隊」を掲げる軍の自律性が確立したとはいいがたかった。それは、軍隊の統帥権者である明治天皇が成長し、意思ある君主として政治的に活性化しはじめたからである。[4] 明治天皇の活性化は軍統制という問題にも大きな影響を及ぼした。一八八六年の陸軍紛議はその好例である。山県や大山巌ら陸軍主流派が、軍備拡張構想や軍人の進級規定の改正など、陸軍近代化を推進しようとした一方、三浦梧楼や谷干城など、いわゆる四将軍派と呼ばれる非主流派は、陸軍近代化構想に反発した。明治天皇は非主流派を支持し、彼らを監軍などの要職に就けようとした。参謀本部や伊藤博文首相も巻き込んで展開された陸軍紛議は、最終的に明治天皇や非主流派が敗北し山県ら主流派が陸軍内での地位を盤石なものとする結果となった。それにともない、明治天皇は山県ら主流派を受け入れ、自らの大元帥としての制度化を受容していくことになった。[5] これによって、天皇が人事権などを行使して直接的に軍を統制するのではなく、陸軍省や参謀本部が人事権などを行使する体制が確立していった。

（2）「軍部」の成立

明治天皇による直接的な軍統制を抑制することに成功した軍は、軍部大臣による帷幄上奏も慣例化[6]させるなど、政府からの自律性をさらに強めていくことになる。

日清・日露戦争を経て、陸海軍の政治的地位が上昇するにつれて、陸海軍は軍備拡張を推進するとともに、政府に対して独自の政治的要求を突きつける勢力に成長していくことになる。研究史上で「軍部」と呼ばれる、日本近代史上無視しえない一大政治勢力の登場である。「軍部」が内閣や政党から自律化し、独自の政治勢力として出現したのは、日露戦後の時期とされる。[7] その根拠は、軍事的な官僚機構の独立、つまり「シビリアン・コントロールを排除するための制度的枠組」の整備に求められる。[8] すなわち、日露戦争以前から慣例化していた帷幄上奏権や一九〇〇年の軍部大臣現役武官制の確立から、日露戦後の〇七年の軍令制定と帝国国防方針策定に至り、統帥権の独立に依拠し内閣など他の政治勢力の干渉を排除することが可能になったのである。また、近代的な軍事専門教育を受け、キャリアを重ねた軍事的な専門官僚が、省部の中堅幕僚として軍の政策・作戦方針決定に携わりはじめたことも大きな変化だった。[9] この過程で陸海軍は軍拡計画を推進し、二個師団増設問題によって第二次西園寺公望内閣と陸軍の関係がこじれると、上原勇作陸相が単独辞任を決行、後任陸相を得られなかった西園寺内閣は総辞職を余儀なくされた。[10] このように、陸海軍は、統帥権独立制度や国防方針などを盾に、「軍部」として内閣からの自律化を強め、軍備拡張や大陸政策を展開していった。

（3）政党内閣期の部内統制システム――陸海軍における軍政優位体制

政党内閣の時代を迎えると、陸海軍は天皇・内閣・藩閥との関係性にとどまらず、政党・議会との協調関係を構築する必要性に迫られた。原敬政友会内閣の陸相に就任した田中義一は、政党内閣と連携すると同時に、山県を筆頭とする長州閥や非主流派の上原派からも距離をとるなど、内閣・政党・藩閥からの陸軍の自律性と組織利益の確保とを両立させる立場をとっていくことになる。陸軍は、藩閥経由で自己利益を実現するそれまでの藩閥統合型の政軍関係から、政党に接近することで自らの組織利害を最大化させようとする方向へと変化していった。[11]

政党内閣との提携によって、一九二〇年代の陸海軍では軍政優位体制という部内統制システムが確立した。軍政優位体制とは、陸海軍において、内閣の一員でもある陸軍大臣・海軍大臣を中心とする軍政機関（陸軍省・海軍省）が軍令機関（参謀本部・海軍軍令部）を統制するシステムのことである。日清・日露戦間期に陸海軍では軍官僚制が確立したが、[12] そこでキャリアを積んできた田中義一や宇垣一成といった陸軍大臣が陸軍部内で強力な指導力を発揮することで、陸軍省が参謀本部や上原派のような非主流派閥を統制しつつ、政党内閣に適合しようとする軍政優位体制を基調とした部内統制が確立された。[13] 海軍では明治建軍以来、薩摩閥が要職を占めてきたが、加藤友三郎海相を中心とした海軍省が、陸軍と歩調を合わせるかのように、政党内閣と協調する統制システムを構築していった。[14] 田中や宇垣、加藤は軍部大臣として強力なリーダーシップを発揮し、政党の要求を容れて軍縮を行うとともに、陸海軍は当時政党・議会側から提起されていた軍部大臣文官制導入論や参謀本部廃止論を退け、政党内閣から軍の自律性を堅持することに努めた。[15]

この時期の陸海軍にとって、自律性を確保すべき主要なアクターはもっぱら政府（内閣・藩閥・政党）であり、立憲君主として客体化された天皇の存在は後景化していたといえる。

（4）軍政優位体制の崩壊と昭和天皇の活性化

しかし、一九三〇年代に入り政党内閣制が崩壊すると、軍政優位体制のような部内統制システムも大きく動揺しはじめた。ロンドン海軍軍縮条約批准問題や満洲事変を端緒として、軍部大臣中心の軍政機関による参謀本部や海軍軍令部への部内統制が弱体化するとともに、政策立案の実務を担う陸海軍の中堅幕僚層の台頭も重なり、参謀本部や海軍軍令部の政治的発言力が増したことで、軍政優位体制は崩壊していった。

軍政優位体制崩壊の構造的な要因として、陸軍の「革新」化が挙げられる。第一次世界大戦によって総力戦の衝撃を受けた陸軍は総力戦体制構築を目指した。その一方で、大戦後の国際的な平和思潮と社会主義思想の流入によって、軍の社会的地位が低下していくことに対して、若手・中堅将校は強い危機意識を持ち、閉塞した現状を打破し総力戦体制を確立させるために、陸軍の革新を標榜しはじめた。[16] 彼らは満蒙問題や軍制改革を議論するとともに、田中―宇垣の系譜に連なる長州系の陸軍上層部の刷新も目指し、非長州系の荒木貞夫・真崎甚三郎・林銑十郎を擁立するなど、陸軍革新運動を展開していった。[17]

こうした陸軍中堅層の政治的活性化は、関東軍による満洲事変によって決定的なものとなり、軍政優位体制による部内統制システムは崩壊していった。さらに、革新勢力から出現した皇道派や青年将校は、自らを皇軍と称し「天皇の軍隊」というイデオロギーを前面に押し出しつつ天皇親政による改革を主張、軍の統制を重視しながら合法的な改革を志向する統制派との派閥抗争を繰り広げた。陸軍部内で「下剋上」と呼ばれるような状況が発生したことで、部内の統制は大きく混乱し、最終的には二・二六事件が発生するに至った。[18]

この時期に注目すべきは、「天皇の軍隊」を標榜する陸軍革新派勢力の活性化にともない、昭和天皇も政治的に活性化し、主体的に軍の統制に乗り出そうとしたことである。従来から国際協調外交路線と政党内閣制を重視していた昭和天皇は、関東軍が引き起こした張作霖爆殺事件において、関東軍責任者の厳重処分を行うことができなかった田中義一首相を叱責し、田中内閣は総辞職に至った。[19] 満洲事変以降、陸軍の中堅層・革新勢力が活性化し軍の統制主体が欠如するなかで、軍の統制に苦慮する天皇は犬養毅内閣を通した軍統制や熱河作戦における作戦命令の撤回などを模索するなど、主体的な軍統制を行おうと試みた。二・二六事件においても陸軍上層部の鈍い動きに対して、昭和天皇は断固たる鎮圧の意思を示し終息させた。同事件後、軍部大臣現役武官制の復活や陸軍中堅幕僚層による「下剋上」的な政治介入が活発化し、軍の政治的発言力がさらに強まるが、[20] 昭和天皇は阿部信行内閣組閣時の陸相人事に介入し、対英米協調路線を堅持させようとするなど、立憲君主としての枠を越えない範囲で軍統制を試みようとした。[21]

（5）戦争指導体制の構築と昭和天皇の戦争指導

戦時期、陸海軍は部内統制だけでなく、戦争指導体制の構築という新たな重要課題を抱えることになる。政府と陸海軍は大本営設置や、御前会議・大本営政府連絡会議の開催などによって、政戦略一致による戦争指導体制の構築を志向した[22]。また、陸海軍の連携や統帥一元化も軍にとって焦眉の課題だった。周知のように、陸軍と海軍は明治期以降、主に戦争指導のあり方や予算獲得などさまざまな観点から、対立と協調の歴史を繰り返してきた。そのため先行研究でも、対中・対米政策といった対外政策などでの主要な政治主体として、陸軍や海軍の動向が注目され、対米開戦までの政治過程や開戦後の戦局ならびに政治過程における、政府と陸海軍あるいは陸軍と海軍、軍政機関と軍令機関との間の対立や妥協の様相が描かれている[23]。

一方、戦時期の昭和天皇は個別の作戦に対して積極的に統帥部に下問し、自らの意思を反映させるなど、主体的な戦争指導を行った。そのため、山田朗氏の研究に見られるように、軍事史的な天皇制研究では属人的かつ主体的な戦争指導者像が定着することとなった[24]。

戦局が悪化すると、より強力な戦争指導体制を構築するために、参謀本部や軍令部は陸海軍統合構想を本格的に検討するなど、国務と統帥、陸軍と海軍、軍政と軍令という明治期以来のセクショナリズムを乗り越えようと苦心しはじめた。東条英機首相兼陸相による参謀総長兼任はそうした試みの一環だった。しかし、陸海軍上層部では陸海軍統合に対する拒否反応が強く、東条の参謀総長兼任も軍内外で厳しい批判にさらされた。結局サイパン島陥落にともない、国務と統帥、軍政と軍令というセクショナリズムが超克されぬまま、東条内閣は総辞職に追い込まれた。陸海軍はついに有効な戦争指導体制を構築することができなかった。最終的には昭和天皇が「聖断」という形で、立憲君主の矩を越えてポツダム宣言受諾を決断したことで、日本は敗戦を迎えたのだった[25]。

二　課題と分析視角——陸海軍の自律化をめぐる天皇—軍関係

（1）軍の自律化という課題と天皇

以上のように、軍の自律化をめぐる政軍関係という観点から近代日本の陸海軍の動向を概観すると、陸海軍は常に、政府との関係においていかに自律性を確保しつつ、部内を統制していくかという問題を抱えていたことがわかる。それと同時に、陸海軍が自らの組織利益を維持し部内を統制するためには、政府からの自律化という課題を達成するだけでは不十分だったことに気づかされる。つまり、陸海軍にとって、統帥権者である天皇の存在は無視しうるものではなく、天皇による主体的な軍事指導をどのように抑制し、天皇からも自律性を確保するか、という問題も常に伏在していたといえる。

前節でも述べたように、軍の自律性が確立していなかった明治期において陸海軍は、政府からの介入だけでなく、政治的意思を持ちはじめた明治天皇からの介入の脅威にもさらされていた。先行研究では、明治天皇は陸軍紛議を経て「大元帥の制度化」を受容し、それにともない陸軍省が人事権などを専管するようになり、部内統制と陸軍省の優位が確立したとされる[26]。しかし、大元帥としての天皇の制度化は、ただちに天皇の軍事的意思決定の主体性を否定することにはつながらないだろう。確かに明治天皇は陸軍紛議以降、人事などを通した恣意的な軍に対する介入は抑制していった。一方で、例えば日清戦争時には明治天皇が大本営でイニシアティブを発揮し、伊藤博文や皇族と連携した戦争指導に主体的に取り組んでいたし[27]、昭和天皇も陸相人事への介入や個別の作戦等の戦争指導への介入などを行うなど、その軍事指導が活性化した時期もあった。

このように、明治天皇と昭和天皇は、立憲君主制を受容しつつも、ときには自らの意思で軍を統制しており、天皇の軍に対する発言力は維持され続けていたといえる。天皇による軍事指導という問題は、争点化の機会が抑制されていたとしても、統帥権という陸海軍にとって最大の政治資源が存在する限り、明治から昭和に至るまで一貫して伏在し続けた問題だった。この点を踏まえると、「大元帥の制度化」が行われた明治二〇年代以降も、意思ある君主による軍事的意思決定とそれに基づく軍統制を陸海軍が完全にコントロールすることは難しく、天皇と軍との間には常に緊張関係が持続していたはずである。

従来の政軍関係史研究は、その名の通り政府と軍の関係をめぐる動態、換言すれば内閣や藩閥、政党を主体とするシビリアン・コントロールをめぐる政府と軍の攻防を、主要な論点として取り上げてきた。建軍以降、政府・藩閥による軍統制に対して、軍は統帥権独立の制度的枠組みを整備することで、政治的に自律化し、独自の政治要求を行う勢力に成長した。その一方で、軍は統帥権の総覧者である天皇の存在を超越して部内統制や政治介入を行うことは不可能だった。つまり、陸海軍は天皇の裁可を得るというプロセスを経なければ、その権力を行使することはできず、天皇を頂点とする明治憲法体制を超越することはできなかった[28]。しかし、軍事事項を裁可する主体としての天皇が、明治憲法体制という制約のなかでどのように軍統制を試みたのか、それに対して陸海軍はどのように天皇から自律的な立場を確保したのかという問題を、通史的かつ体系的に検討する研究は行われてこなかったように思われる。こうした視点から、統帥権内部における天皇と軍の関係を再検討する余地は十分にあるだろう[29]。

（2）元帥府・軍事参議院への注目

こうした問題意識から本書で注目するのが、天皇の軍事顧問として存在していた元帥府という機関である。元帥府は一八九八（明治三一）年一月一九日、「元帥府設置ノ詔勅」と元帥府条例の裁可により設置された[30]。本書での議論の前提として、以下に詔勅と元帥府条例の原文を列挙しておく。

元帥府設置ノ詔勅
朕中興ノ盛運ニ膺リ開国ノ規謨ヲ定メ祖宗ノ遺業ヲ紹述シ臣民ノ幸福ヲ増進シ以テ国家ノ隆昌ヲ図ラントス。茲ニ朕カ軍務ヲ輔翼セシムル為メ特ニ元帥府ヲ設ケ陸海軍大将ノ中ニ於テ老功卓抜ナル者ヲ簡選シ朕カ軍務ノ顧問タラシメントス。其所掌ノ事項ハ朕カ別ニ定ムル所ニ依ラシム。

元帥府条例
第一条　元帥府ニ列セラルル陸海軍大将ニハ特ニ元帥ノ称号ヲ賜フ
第二条　元帥府ハ軍事上ニ於テ最高顧問トス
第三条　元帥ハ勅ヲ奉シ陸海軍ノ検閲ヲ行フコトアルヘシ
第四条　元帥ニハ副官トシテ佐尉官各一人ヲ附属セシム

元帥府の役割は、詔勅中の「朕ガ軍務ヲ輔翼セシムル為メ特ニ元帥府ヲ設ケ、陸海軍大将ノ中ニ於テ老功卓抜ナル者ヲ簡選シ朕ガ軍務ノ顧問」とするとの表現からわかるように、天皇の「軍事上ニ於テ最高顧問」（同条例第二条）を務めることにあった。陸軍から山県有朋・小松宮彰仁親王・大山巌、海軍から西郷従道、合わせて四人の大将が元帥府に列せられ、元帥陸（海）軍大将として終身現役を保障された。表序–1は歴代元帥をまとめたものである。近代の天皇は重要な軍事事項を決定する際には、元帥府に諮詢し、元帥会議の奉答を意思決定の判断材料にしていた。表序–2は明治期から昭和期にかけての元帥府への諮詢事項をまとめたものである。明治期を中心に大正期までは元帥府への諮詢が多くみられる一方、時代が下り昭和期に入ると諮詢自体が減少し、元帥会議もほとんど開催されていない。天皇から元帥府への諮詢は、重要な軍事事項の決定に際して必ずしも必要というわけではな

表序-1　元帥一覧

	氏名	出身	爵位	生年月日	没年月日	大将進級	元帥賜号日	日清戦争時の軍職	日露戦争時の軍職	元帥後の要職・備考
陸軍	小松宮彰仁親王	皇族		1846.1.16	1903.2.18	1890.6	1898.1.20	参謀総長・征清大総督	—	
	山県有朋	山口	公爵	1838.6.14	1922.2.1	1890.6	1898.1.20	第1軍司令官・監軍・陸相	参謀総長	首相・枢密院議長など
	大山巖	鹿児島	公爵	1842.11.12	1916.12.10	1891.5	1898.1.20	第2軍司令官・陸相	参謀総長・満洲総軍司令官	内大臣など
	野津道貫	鹿児島	侯爵	1841.12.15	1908.10.18	1895.3	1906.1.31	第5師団長・第1軍司令官	軍事参議官・第4軍司令官	貴族院議員
	奥保鞏	福岡	伯爵	1947.1.5	1930.7.19	1903.11	1911.10.24	第5師団長（中将）	軍事参議官・第2軍司令官	参謀総長
	長谷川好道	山口	伯爵	1850.10.1	1924.1.27	1904.6	1915.1.9	歩兵第12旅団長（少将）	近衛師団長	参謀総長・朝鮮総督
	伏見宮貞愛親王	皇族		1858.4.28	1923.2.4	1904.6	1915.1.9	歩兵第4旅団長（少将）	第1師団長（中将）・大本営附（大将）	内大臣府出仕
	川村景明	鹿児島	子爵	1850.4.8	1926.4.28	1905.1	1915.1.9	近衛歩兵第1旅団長（少将）	第10師団長・鴨緑江軍司令官	
	寺内正毅	山口	伯爵	1852.3.25	1919.11.3	1906.11	1916.6.24	大本営運輸通信部長官・征清大総督府付（少将）	陸相兼教育総監	首相
	閑院宮戴仁親王	皇族		1865.9.22	1945.5.20	1912.11	1919.12.12	第1軍司令部付・騎兵第1大隊長心得（少佐）	騎兵第2旅団長（少将）・満洲軍総司令部付（中将）	参謀総長
	上原勇作	宮崎	子爵	1856.12.6	1933.11.8	1915.2	1921.4.27	第1軍参謀・同参謀副長（中佐）	第4軍参謀長（少将）	参謀総長
	*久邇宮邦彦王	皇族		1873.7.23	1929.1.27	1923.8	1929.1.27	—	第1軍司令部附（大尉）	軍事参議官（死去時）
	梨本宮守正王	皇族		1874.3.9	1951.1.1	1923.8	1932.8.8	—	第2軍司令部附（少佐）	明治神宮祭主
	武藤信義	佐賀	男爵	1868.9.1	1933.7.27	1926.3	1933.5.3	歩兵第24連隊付（少尉）	近衛師団参謀・鴨緑江軍参謀（少佐）	関東軍司令官
	寺内寿一	山口	伯爵	1879.8.8	1946.6.12	1935.10	1943.6.21	—	近衛歩兵第2連隊付（中尉）	南方軍総司令官

										総軍司令官
海軍	西郷従道	鹿児島	侯爵	1843.6.1	1902.7.18	1894.10	1898.1.20	海相	—	
	伊東祐亨	鹿児島	伯爵	1843.6.9	1914.1.16	1898.9	1906.1.31	連合艦隊司令長官（中将）	海軍軍令部長	
	井上良馨	鹿児島	子爵	1845.11.2	1929.3.22	1901.12	1911.10.31	横須賀鎮守府司令長官など（中将）	横須賀鎮守府司令長官兼軍事参議官（大将）	
	東郷平八郎	鹿児島	侯爵	1848.1.27	1934.5.30	1904.6	1913.4.21	「浪速」艦長（大佐）・常備艦隊司令官（少将）	第1艦隊兼連合艦隊司令長官（大将）	東宮御学問所総裁
	*有栖川宮威仁親王	皇族		1862.1.13	1913.7.7	1904.6	1913.7.7	横須賀海兵団長・大本営附（大佐）	大本営附（中将・大将）・軍事参議官	議定官（死去時）
	伊集院五郎	鹿児島	男爵	1852.9.27	1921.1.13	1910.12	1917.5.26	海軍軍令部第2局長心得・第1局長（大佐）	海軍軍令部次長（中将）	
	*東伏見宮依仁親王	皇族		1867.9.15	1922.6.27	1918.7	1922.6.27	「浪速」分隊長心得（中尉）など	「千歳」副長・「千代田」艦長（大佐）	軍事参議官（死去時）
	*島村速雄	高知	男爵	1858.10.26	1923.1.8	1915.8	1923.1.8	常備艦隊参謀（少佐）	第1艦隊兼連合艦隊参謀長・第2艦隊司令官（少将）	軍事参議官（死去時）
	*加藤友三郎	広島	子爵	1861.4.1	1923.8.24	1915.8	1923.8.24	「吉野」砲術長（大尉・少佐）など	第2艦隊参謀長・第1艦隊兼連合艦隊参謀長（少将）	首相（死去時）
	伏見宮博恭王	皇族		1875.10.16	1946.8.16	1922.12	1932.5.27	—	「三笠」分隊長（少佐）	
	*山本五十六	新潟		1884.4.4	1943.4.18	1940.11	1943.5.22	—	少尉候補生	連合艦隊司令長官（戦死）
	永野修身	高知		1880.6.15	1947.1.5	1934.3	1943.6.21	—	中尉・大尉として従軍	軍令部総長
	*古賀峯一	佐賀		1885.9.25	1944.3.31	1942.5	1944.5.5	—	—	連合艦隊司令長官（殉職）

出典）外山操編『陸海軍将官人事総覧（陸軍篇・海軍篇）』（芙蓉書房，1981年），秦郁彦編『日本陸海軍総合事典〔第二版〕』（東京大学出版会，2005年）より作成。

註）＊は死後追贈を示す。

表序-2　元帥府審議事項一覧

諮詢日	議長（先任元帥）	諮詢内容	連署奉答
1898.7.28		陸海軍大将進級年限設定の是非	○
1898.8.3		佐久間・川上・桂・伊東ら四中将の大将進級	
1898.11.9		都督府条例・第7師団編制	
1899.7.14	山県有朋	陸軍平時編制改正案	○
1899.12.5	山県有朋	防務条例改正	○
1900.4.17	山県有朋	教育総監部編制改正	
1900.4.21		防務条例改正の件（防御総督廃止について）	
1900.7.12		義和団事件に関連して寺内参謀次長を清国に派遣すること	
1901.3.26		議題不明（対露問題か）	
1901.4.5		対露問題	
1902.5.31	山県有朋	師団長を親補職とすること	
1902.10.28		海軍拡張案に関する理由書の件	○
1902.12.20		鉄道大隊の件，歩兵連隊長に大佐を補任する件	
1903.6.27		戸山学校・幼年学校以下の条例改正	
1903.9.12		海軍軍令部を海軍参謀本部と改称する件	○
1906.12.14		山県より上奏の帝国国防方針案について	○
1907.4.16	山県有朋	参謀総長・軍令部長上奏の帝国国防方針・用兵綱領	○
1917.3.17	山県有朋	用兵綱領改訂	○
1918.6.25	山県有朋	帝国国防方針改訂	○
1922.3.30	井上良馨	ワシントン会議による海軍軍縮に関わる国防方針と兵力量決定	○
1922.7.26	長谷川好道	戦時編制改正	○
1923.2.17	奥保鞏	帝国国防方針ならびに国防に要する兵力，用兵綱領改定案	○
1924.10.22	奥保鞏	陸軍軍備整理案	○
1934.10.29	閑院宮戴仁親王	ワシントン海軍軍縮条約廃棄通告	○
1936.5.11	閑院宮戴仁親王	帝国国防方針および用兵綱領改定	○
1944.6.24	伏見宮博恭王	中部太平洋を中心とする今後の作戦指導（サイパン島放棄）	○

出典）『明治天皇紀』巻9–12，『大正天皇実録』，『昭和天皇実録』各巻，侍従武官府編「侍従武官府歴史（明治・大正編）／（昭和元〜7年）」(1930年7月／1933年3月作成，ともに昭和館所蔵)，「徳大寺日記」，田中孝佳吉「元帥府の設置とその活動」(『皇學館史学』28，2013年）より作成。

註1）日露戦争前については，主に『明治天皇紀』と「徳大寺日記」から天皇による諮詢と審議内容が判明する事項のみを掲載。日露戦後は各天皇実録と「侍従武官府歴史」から判明する諮詢事項を網羅した。

2）議長（先任元帥）については，日露戦争前は元帥府を代表して諮詢を受けた者（山県）が確認できる場合，日露戦後は元帥会議開催時の議長を掲載。

3）連署奉答は，日露戦争前は全元帥連名の奉答書が確認できる事例のみを記載。日露戦後は元帥会議列席者の奉答による。日露戦後，1906年12月の諮詢は山県が奏請し，これ以降の元帥府への諮詢はすべて統帥部長からの奏請に基づくものである。

かったが、特に明治期の諮詢数の多さからは、天皇が軍事事項の裁可に際して、元帥府の意見を積極的に求めていた事実が浮かび上がるだろう。実際、本論で詳述するように、平時においても明治天皇は、重要な軍事的意思決定を行う際には軍事顧問機関である元帥府や元帥個人に下問し、その奉答を得てから裁可を行い、ときには軍当局の上奏ではなく元帥府の奉答を採用することで、軍をコントロールしようとしていた。

元帥府は、天皇の軍務諮詢機関であった軍事参議院（一九〇三年一二月設置、後述）とともに、陸海軍とは別に宮中に置かれた軍事顧問機関として存在し、その特殊な地位ゆえに戦前の国法学上においても国務上の最高顧問府たる枢密院と対比されるような国家機関として位置づけられていた[31]。

こうした重要な位置を占めていたにもかかわらず、従来の研究で元帥府・軍事参議院が検討されることは少なかった。その理由は二点に集約される。一点目は、これらの機関の職掌が明示されていないか、あるいは形式的とみなされてきたことである。軍制史研究の先駆者である松下芳男氏は、元帥府の機能は国務における元老の如く「無際限」であった一方で、日露戦後の元帥府は国政上に影響を及ぼすことはなく、むしろ「老将優遇」の機関にとどまり、「後世の元帥府は、国政的に見て有害の存在であり、軍事的に見て無用の長物」と断じた[32]。以降の研究も元帥府については、基本的に松下氏の評価を踏襲している[33]。実際、元帥府の機能については、元帥府条例第三条で元帥が特命検閲使を担うと規定されるだけで、そもそも元帥府が天皇の諮詢を受けることすらも明記されていなかった。つまり、元帥府は条例上の存在根拠はあるものの、組織体としては職掌の無限性・抽象性が潜む曖昧模糊な機関であったと認識されているのである。

また、天皇の軍事顧問の役割を帯びるもう一つの機関である軍事参議院も、その機能を疑問視されてきた。軍事参議院とは、「帷幄ノ下ニ在リテ重要軍務ノ諮詢ニ応スル」機関（軍事参議院条例第一条[34]）として、一九〇三年一二月の戦時大本営条例改正と同時に設置された機関である。

軍事参議院条例をみると、軍事参議院は天皇の軍事的諮詢を受けて参議会で意見を奉答する役割を担っており（第二条）、元帥・陸軍大臣・海軍大臣・参謀総長・海軍軍令部長・専任軍事参議官から構成されていた（第四条）。軍事参議院も従来の研究では、設置直前に山県と大山が上奏した「大本営条例ノ改正及軍事参議院条例制定ニ関スル奏議」（以下「奏議」と表記）[35]において、大元帥の帷幄で参謀総長と海軍軍令部長を並立させる場合の陸海軍対立の可能性が指摘され、軍事参議院によって陸海軍間の意思統一を図る必要が説かれていた事実から、陸海軍間の意見調整機関としての設置という解釈[36]に収斂した。そのため、元帥府と同様に軍事参議院もほとんど機能しなかったという評価を受けている。しかし、表序-3の軍事参議院への諮詢事項一覧をみればわかるように、実際には軍事参議院も昭和期に至るまで特命検閲事項や操典類の制定・改正に関する諮詢を受けており、元帥府と同様に軍事面での助言を行う機関であったと考えることができる。

元帥府が軽視されてきた第二の理由は、元帥府と軍事参議院が陸海軍の運用統一を図るための統帥機関として設置されたとの解釈が、隘路に陥ることである。例えば、松下氏の研究は、元帥府の設置理由について、山県らが軍の統帥関係の決定過程から文官の伊藤博文や政党の影響の排除を図ったことを挙げている[37]。こうした見解から、元帥府は統帥・作戦上の軍事的要請により設置されたが、実際には期待された役割を十分に果たさなかったとみなされ、研究が進展しなかったと思われる。

しかし、以上の解釈はともに史料に裏打ちされた実証的分析ではなく、当時の時代状況からの推測にすぎない。ただし近年では、田中孝佳吉氏が元帥府設置過程を再検討し、明治天皇の軍事的下問に奉答するための制度の構築が志向されたことを指摘している[38]。また、山口一樹氏が一九二〇年代の元帥府・元帥を取り上げ、元帥個人が兼備する能動性と非公式な権威性が、同時期の陸軍部内の派閥対立抗争で影響力を及ぼした点を明らかにしている[39]。両氏が提示した論点はいずれも元帥府・元帥という制度を考察するうえで貴重な視角ではあるが、それ以上の研究の

表序-3　公式軍事参議会開催一覧

会議主体	開催日	議長	議題	奏請者	備考
陸軍	1904.1.25		陸海軍打ち合わせ		陸海軍合同
	1909.5.15		特命検閲（陸軍）		陸軍初の検閲諮詢
	1909.10.21	山県	歩兵操典改正（陸軍）	教育総監	明治天皇唯一の臨御
	1910.12.12	山県	野戦砲兵操典・輜重兵操典改正	教育総監	
	1911.4.4	山県	騎兵操典改正	教育総監	改正案再調査の議決
	1912.2.17	山県	騎兵操典改正		
	1913.4.29		工兵操典改正		
	1917.3.29		陸軍歩兵・騎兵連隊軍旗制式		大正天皇唯一の臨御
	1929.2.6	閑院宮	戦闘綱領制定と砲兵操典改正	参謀総長・教育総監（操典は総監）	昭和天皇初臨御
	1931.12.3	閑院宮	軍制改革案	陸相・参謀総長	天皇臨御
	1933.4.7	閑院宮	特命検閲実施事項	侍従武官長（陸相代理）	天皇臨御
	1934.4.17	閑院宮	航空兵操典制定	陸相・教育総監	天皇臨御
	1936.12.3	閑院宮	軍備充実に関する件	陸相・参謀総長	天皇臨御
	1938.9.29	閑院宮	作戦要務令制定	陸相・教育総監	天皇臨御
	1938.12.7	閑院宮	航空総監部令制定	陸相	天皇臨御
	1939.12.22	閑院宮	軍備充実計画ならびに特命検閲実施要項	参謀総長（検閲は陸相）	天皇臨御
	1940.2.26	閑院宮	航空作戦綱要制定	総長・教育総監・航空総監	天皇臨御，航空総監は臨時列席
	1940.6.19	閑院宮	戦車操典制定ならびに勅語下賜	教育総監	天皇臨御
	1941.11.4	閑院宮	帝国国策遂行要領中国防用兵に関して	参謀総長・軍令部総長	陸海軍合同，天皇臨御
	1943.2.12	梨本宮	鉄道兵操典制定	教育総監	
	1943.9.2	梨本宮	通信兵操典制定	教育総監	
	1943.12.23	梨本宮	歩兵第28・29連隊へ軍旗再親授および歩兵第170連隊は将来再編成しない件	侍従武官長（陸相代理）	
海軍	1910.6.11		特命検閲		海軍初の検閲諮詢
	1912.7.19	伊東	海戦要務令続編制定		
	1920.10.7	井上	海戦要務令改正		
	1928.6.14	東郷	海戦要務令改正案	海軍軍令部長	
	1929.2.26	財部彪	昭和四年特命検閲	海相	天皇臨御
	1930.7.23	東郷	昭和五年特命検閲成績披露・覆奏，ロンドン条約による海軍補充案および防御計画	海軍軍令部長	

	1934.8.17	伏見宮	海戦要務令改正	軍令部総長	
	1937.7.29	伏見宮	海軍要務令続編の策定	軍令部総長	天皇臨御

出典）『明治天皇紀』巻 10–12,『大正天皇実録』,『昭和天皇実録』巻 3–9, 侍従武官府編「侍従武官府歴史」明治・大正編／同昭和元〜7 年（1930 年 7 月／1933 年 3 月作成, ともに昭和館所蔵）より作成。

註）陸軍では 1909 年から, 海軍では 1910 年から特命検閲事項の諮詢が開始された。以降, 陸海軍ともに一部の例外を除いてほぼ毎年, 検閲事項審議と検閲成績覆奏のための参議会が開催されている。本表では, 煩雑さを避けるため, 初回の諮詢と天皇臨御の事例を除いて, 毎年の特命検閲関係の参議会は省略した（特命検閲の諮詢奏請者は陸海軍大臣）。

進展はみられない。その要因は、昭和期において、元帥自体が減少していく点が挙げられる。表序-1をみると、臣下から元帥府に列せられた「臣下元帥」は、一〇年代に増加する一方、二〇年代に入ると一転して漸減していき、三四年の東郷平八郎の死後、一時期皇族出身の「皇族元帥」のみで元帥府が構成された時期が生じた。こうした主要構成員である「臣下元帥」の消滅も元帥府が有名無実化していたとみなされている所以であろう。

このように、従来の政軍関係史の文脈では、元帥府という天皇の軍事顧問機関の存在はほとんど顧みられてこなかった[40]。それは、従来の研究が天皇を頂点とする統帥権独立システムを所与の前提としつつ、政府と軍との関係を軸に分析を行ってきたため、統帥権システム内部において、天皇と軍の結節点に位置する元帥府が注目されてこなかったからであろう。そのため、天皇による軍統制という視点についても、明治天皇や昭和天皇による軍統制や戦争指導など、個別の天皇の事例が取り上げられるにとどまっていた。

しかし、前述の点を踏まえると、実際には天皇は、明治期の陸軍紛議で試みたような直接的な軍統制はできない一方で、元帥府や元帥の存在を通して間接的に軍に対する発言力を保持しており、軍を統制することも可能だったと考えられる。従来の先行研究では、こうした間接的な軍統制を試みる天皇と、天皇の統制から自律化し部内統制力を強めながら政府に対抗しようとする陸海軍という、統帥権内部の天皇と軍の関係をめぐる攻防は注目されてこなかった。この点を踏まえれば、天皇の軍事最高顧問として明治期から昭和期まで存在し、制度でありながら属人的要素も多く、それゆえに運用の弾力性を秘めていた元帥府・元帥は、実際の政治過程における天皇と陸海軍による軍統制と自律性の獲得という攻防を検討する視角になりえよう。

こうした問題意識を念頭に、近代日本の天皇がどのように軍統制や戦争指導を試み、それに対して陸海軍省部がいかに対応しようとしたのか、統帥権内部における天皇と陸海軍の関係の変容過程を考察することが本書の最大の目的である。

（3）軍事輔弼体制をめぐる天皇と陸海軍の攻防

以上の点を踏まえて、元帥府・元帥を通した天皇による軍統制と陸海軍の対抗という視点から、統帥権独立の制度や論理の基礎である天皇と軍隊の関係にあらためて注目したい。これは一見すれば、政府と軍隊の関係から導出される近年の政軍関係史における視角よりも射程が狭く映るかもしれない。しかし、統帥権の独立を保障する制度的基盤が、天皇を頂点とする国家構造すなわち明治憲法体制に帰属する限り、天皇と軍隊の関係は常に意識され続けるべき論点だと考える。

そこで、本書では明治憲法体制における軍事的な輔弼体制に注目してみたい。明治憲法体制と呼ばれる統治システムでは、内閣や議会、枢密院など、明治憲法に規定される各国家機関が分立して互いに連携しながら天皇を輔弼することで、天皇の政治的意思決定を支えた。さらに、憲法に規定されていない存在でありながら、各機関の調整や首相奏薦の慣習を事実上担った元老や昭和期の内大臣・重臣の存在によって、国務面における天皇の政治的責任が免責される構図が成立していた。こうした永井和氏が指摘する「万機親裁体制」を基軸とする多元的輔弼制の存在[41]を前提として、天皇が各国家機関から輔弼を受けながら政務・軍務・宮務などの各事項を裁可し、国務面で立憲君主たる天皇の無答責を保障する輔弼基盤が整備されていた。本書も永井氏と同様に、天皇に対して責任を負うことを前提とした輔弼システムを重視している[42]。

しかし、軍事面の輔弼は、統帥権独立制度に依拠していたが、実は極めて曖昧かつ多義的な慣例の上に成り立っていたものであった。そもそも明治憲法では、天皇を主語とする統帥権や編制権は明記されていたものの、それを誰が、あるいはどの機関が輔弼するのかといった、天皇の軍事的意思決定を支えるべき責任主体は規定されていなかった。

例えば、国務大臣とは別に天皇に直隷し、作戦計画や兵力量を策定していた軍令機関（参謀本部・海軍軍令部）は、明治憲法制定以前から慣例的に天皇を輔弼していた機関であり、明治憲法には明記されていなかった[43]。そのため、天皇を主語として統帥権・編制権が行使されるという憲法明文上、天皇個人の裁量で軍事的な意思決定がなされるという解釈が可能だった。要するに、天皇に対する軍事的輔弼責任の所在は明確ではなく、軍事面の意思決定は、憲法の明文上では天皇個人の裁量に左右されるという、極めて脆弱な制度設計の上に成り立っていたといえる[44]。

ただし、視点を変えれば、曖昧な慣例に立脚する軍事輔弼体制は、天皇の意思決定が国務面のそれよりも反映されやすい構造だったと解釈することも可能だろう。前述のように、天皇は明治憲法体制において立憲君主として制度化された存在だったが、統帥権の内部では周囲の助言者（機関）の輔弼を通して、間接的にでも軍事的意思決定に自らの意思を反映させ、その意思決定をもって軍の統制を行うことができたと解釈できる。

そこで本書では、属人性と制度的弾力性を兼備する元帥府・元帥を天皇の軍事面における助言者として取り上げ、軍事面における省部による輔弼だけに依らない、多角的な軍事輔弼体制という枠組みを前提として、その政治過程を分析する。

明治憲法体制において、天皇は上奏事項に対して、当局者への「御下問」（以下、本書では原則として下問と表記）を通して、臣下にさらなる説明を求め、納得したうえで裁可を行うことを通例としていた[45]。ただし、重要事項の場合、当局者による説明だけでは裁可に自信が持てない事態も起こりうる。その場合、天皇は第三者への下問によって情報を多角的に入手し、それを判断材料とすることで、ようやく裁可に自信を持つことができる。国務面では、明治から大正期にかけては明治の功労者からなる元老が天皇の助言者の役割を担っていた。昭和期に入り元老が減少・消滅すると、首相や枢密院議長経験者などから構成される重臣と呼ばれる集団や、天皇の「常侍輔弼」の任に与る内大臣らがその役割を担っていた。その一方、軍事面における天皇の下問は、第一節で述べた山田朗氏の研究に代表されるように、主体的な軍事指導者としての側面を浮き彫りにするための分析対象として活用されてきた。これ自体は説得的な手法であるが、本書の視点からいえば、天皇からの下問という行為そのものを単に天皇の主体的な軍事指導の証左として理解するのではなく、天皇が統帥部以外の機関に軍事的な輔弼を求めることによって、安定的な軍統制を行っていたという側面を重視したい。

そこで、本書では、元帥府も天皇の諮詢に応じて奉答する軍事輔弼機関として位置づけ、天皇が軍政・軍令機関による輔弼だけでなく、元帥府や元帥個人のような軍事輔弼者（機関）に多角的な助言あるいは情報を求めながら、裁可をしていたことを重視する。こうした、直接的な輔弼責任を有する軍政・軍令当局者以外の軍事面の輔弼者（機関）も天皇の軍事的意思決定を支えていたという多角的な軍事輔弼体制を前提としつつ、近代の天皇や陸海軍当局が軍事輔弼体制を戦争指導や軍部統制の有効な手段としてどのように活用したのか（しようと試みたのか）、その過程を通時的に考察していきたい。

こうした軍事輔弼の慣例は、実際には一八九八年の元帥府成立以前から形成されていた。本論でも詳述するように、明治天皇は、軍政機関や軍令機関の帷幄上奏による輔弼とともに、山県有朋や大山巌、皇族などとの個人的・血縁的信頼関係の紐帯に基づく緩やかな人的結合にも依拠して、助言や情報を適宜得ながら裁可を行っていた。その慣例が、元帥府という法的根拠がありつつも具体的な職掌が規定されていない曖昧な制度として結実する。つまり、明治天皇は、軍政・軍令機関だけに依拠しない輔弼を求めて軍事輔弼体制の慣例を創出し、軍事事項の裁可を行っていたといえる。個人的・血縁的関係に由来する緩やかな人的結合は、近代日本の天皇と軍隊という領域を考えるうえで重要な接点になりうる。水林彪氏が指摘するように、天皇の権威や血縁関係を紐帯とする緩やかな人的身分秩序は、律令制導入から幕藩体制に至るまでの官僚制的編成と重複しながら、前近代から近代にかけての日本の国制を規定してきた。(46) この点を敷衍すれば、近代日本の軍事輔弼体制は、統帥権の独立による国務と統帥の分離という一般的に想像される特質によるものだけでなく、近代国家における官僚制機構の確立と相反するような、個人的・血縁的信頼関係の紐帯に基づく秩序から派生した慣例の上に成り立つものだったと考えられる。

こうした軍事輔弼体制の実態と天皇による軍事指導を考える具体的な分析方法として、本書では元帥府という組織体への諮詢と元帥個人への下問のそれぞれに着目していく。その理由は、元帥が天皇の軍事最高顧問として、明治期からの慣例上、天皇の下問に応じて単独意見上奏をすることが認められた存在であり、元帥府はその元帥個人の集合体だったことにある。本論でも詳述するように、軍事輔弼体制が機能していた明治・大正期には、その時々の状況や問題の性質によって、元帥府ではなく元帥個人に下問して、裁可の判断材料とすることも多かった。元帥個人への下問の場合は、問題当事者以外の元帥に下問するケースや、一つの下問を複数の元帥に行うケースなど、状況や問題の如何によって、天皇側が下問対象者を選別していた。近代日本の軍事輔弼体制においては、天皇側が状況に適した形で、元帥府による全員一致の合議あるいは元帥個人に、多角的な助言を求めることができる慣例が整っていた点を重視したい。

また、こうした慣例に対する理解は昭和期においても同様であった。例えば、海軍法規に精通していた榎本重治海軍書記官は、元帥府は「最高軍事顧問」の性質から、「其行動は必ずしも諮詢を俟つを要せざるもの」であり、「元帥府が自発的に軍事に関し其意見を上奏することあるも之を拒否するの理なきが如し」と解釈していた。(47) 伊藤之雄氏は、近代日本の立憲君主制や昭和天皇の動向を考えるうえで、明治期に形成されたさまざまな「慣行」が有力な補助線となることを指摘しているが[48]、本書では元帥府・元帥個人への下問という行為も法的根拠があるわけではなく、明治期以来の慣例が蓄積された結果に基づくものであり、その理解が昭和期まで続いていたことに注目しておきたい。

さらにいえば、天皇が陸海軍省部との権力均衡の維持を図るために、合議をともなう元帥府や元帥個人を活用したのではないかという点も本書では重視する。この点と関連して、三谷太一郎氏は、近代日本に立憲主義が受容された前提としての幕藩体制に着目し、その権力抑制均衡メカニズムとして合議制が重視されていた点に注目している。そのなかで、三谷氏はマックス・ウェーバーの論を引きながら、幕藩体制確立期の行政の専門化が進行する過程で、支配者としての将軍が専門家支配を統制するために合議制を活用し、権力の合理化を図ったと論じる[49]。こうした指摘は、権力分立を前提とする明治立憲制に重要な示唆を与えるものであり、天皇の元帥府を活用した軍統制による権力均衡という視点から、天皇と陸海軍省部との関係性を考える参照軸になるだろう。

以上の視点から、天皇の下問に応じるのみならず、個人の資格で意見上奏が可能という、いわば天皇に対する能動性をも兼備した元帥個人[50]、あるいは皇族軍人への下問にも注目することで、天皇が省部の軍当局者以外の輔弼を得ながら軍事的意思決定を行い、軍統制も行いえたことを浮き彫りにできると考える。明治・大正両天皇による軍事指導の実態も踏まえることで、昭和天皇については積極的な軍事指導者という性格だけを捉えるのではなく、明治憲法体制の枠内での軍事指導の試みを再考することも本書の目的の一つである。

（4）陸海軍による天皇からの自律化と「軍部」の成立

ここまで、天皇がどのように軍事輔弼体制を活用して陸海軍統制・戦争指導を試みたのかという、天皇主体の分析視角を説明してきた。しかし一方で、陸海軍が昭和天皇の統制から逸脱していったこともまた事実である。天皇による陸海軍統制の実態を考えるためには、軍の側が天皇による統制や軍事輔弼体制にどのように順応または対抗しつつ、軍の自律性の確保を目指してきたのか、という視点も欠くことはできない。

こうした問題関心は、政軍関係史上の主要争点として古くから議論されてきた、政治勢力としての「軍部」の成立という論点にも示唆を与えうるものだと考える。第一節でも述べたように、日露戦後、内閣・政党からの政治的独立を可能にする制度設計と軍事的専門官僚の登場によって、藩閥的・官僚的政治勢力と結びついた「軍部」が、他の政治勢力に対して政治力を発揮する存在になった[51]。ただし、単に内閣の統制排除の制度的枠組みの完成という事実だけをもって、日露戦後の「軍部」成立とみなす考え方に疑問を呈す見方から、一九二〇年代に「軍部」が成立したという見解もある[52]。

「軍部」の成立論は、成立の時期は議論があるものの、基本的には明治憲法体制に起因する統帥権独立の制度化による内閣や藩閥、政党からの政治的自律化という視角から論じられてきたといえる。実際、政府をはじめとする他の国家機関からの自律性の確保は、「軍部」において常に意識され続けた問題だった。大正期に軍縮論や軍部大臣文官制、参謀本部廃止論などが内閣や政党側からの要求で浮上した際に、軍は軍縮を行う代わりに軍部大臣現役武官制や参謀本部を維持するなど、組織規模の確保よりも組織の自律性の確保を優先してきた[53]。こうした課題は、外交大権を掌る外務省における自律性の獲得[54]という現象にもみられるように、天皇大権に関わる組織において特徴的なことだった。

しかし、「軍部」の成立論で重視される統帥権独立の制度的枠組みは、政府と軍との関係性の変数を問う論点である一方で、統帥権の内実に関する議論、つまり大元帥である天皇がどのように「軍部」を統制するのか、天皇の統制に対して「軍部」がどのように対抗するのかという、天皇と軍部の関係性の変数にはあまり力点が置かれてこなかったように思われる。この点を踏まえれば、昭和期に軍がなぜ天皇による統制から逸脱していったのかという問いを、陸海軍の天皇からの自律化という視角から検討することが可能ではないだろうか。

天皇と軍隊の関係を考える場合、統帥権独立だけでなく、軍人勅諭による「天皇の軍隊」思想の注入も注目されてきた。「天皇の軍隊」というイデオロギーは「軍部」の成立論でも論点に浮上する。例えば、吉田裕氏は、統帥権独立の制度的完成とともに、日露戦後の時期に「天皇親率の軍隊」というイデオロギーが積極的に注入されたことも重視し、「軍部の成立は、「天皇の軍隊」の確立をも意味していた」と指摘する。[55]吉田氏の議論は、政府（内閣）に対抗する陸海軍という、政府―軍関係の構図から独自の政治勢力としての「軍部の成立」を重視する従来の考え方に加えて、「天皇の軍隊」の確立という思想的側面の観点から、日露戦後の「軍部の成立」を見通した点で、極めて重要な指摘である。

この点を踏まえると、近代日本における「軍部」の自律性の確保という課題を考えるためには、従来の政府―軍関係だけでなく、天皇―軍関係も視野に入れて論じる必要があると思われる。こうした問題意識から、軍政優位体制論や「軍部」の成立論に代表されるような内閣・藩閥・政党との対抗、政治的自律化という政軍関係史的なアプローチだけでなく、軍における天皇の軍事指導からの自律化という視点から、天皇と軍隊の関係をより体系的に検討することが可能だと考える。すなわち、独自の政治勢力たる「軍部」とは、統帥権の独立の制度整備による内閣や藩閥、政党からの政治的自律化だけでなく、天皇の軍統制からも自律化することで初めて成立するのではないか。この点を検討しなければ、真の意味での「軍部」の成立を見通すことはできないだろう。

特に本書では、明治期から大正期まで天皇が軍事輔弼体制を活用しながら陸海軍統制を行ってきたのに対して、陸海軍省部は一九二〇年代後半から三〇年代前半にかけて元帥府を軸とする軍事輔弼体制を排除し、天皇からの自律性を獲得するとともに、軍事輔弼体制を陸海軍省部が逆に活用することで、独自の部内統制システムを構築・維持しようと試みたという点を重視していく。

前述のように、軍事輔弼体制の特質の一つは、天皇との個人的・血縁的信頼関係に基づく人的結合秩序の慣例が、元帥府という組織体としてなかば制度化され運用された点にある。こうした慣例の制度化の試みは、近代国家に特有な官僚制機構の形成と決して無関係ではなく、むしろ官僚制による合法的支配を確立するために、天皇という権威の正統性を獲得することが必要不可欠だったといえる。そのためには、天皇の権威・権力の制度化と、前近代的な緩やかな人的結合秩序による慣例の排除が志向される[56]。こうした観点から元帥府や軍事参議院の存在を照射すると、天皇の統制から自律化し合理的な部内統制システムの構築を目指す陸海軍省部にとっては、潜在的な脅威であり続けたことに気づかされる。つまり、陸海軍当局からすれば、元帥府や軍事参議院は、自らの輔弼責任を担保させる受動的な意味では重要ではあるが、逆に省部と異なる意見を奉答する可能性もあるという意味では、常に警戒されるべき存在であった。

このことは、日露戦後に陸軍内で作成された「軍事参議官ノ権限ニ関スル研究[57]」という文書に顕著に表れている。同文書では、当局が管轄する「普通軍務」までも軍事参議官に諮詢することは「独立機関ノ活動ヲ萎靡セシメ以テ至尊御委任ノ権能ヲ有名無実ニ陥ラシメ、建軍ノ基礎ヲ危クスルノ恐アルノミナラズ」、「軍部ニ於テ最モ忌ムベキ多頭政治ノ弊ニ陥ル」というように、軍事参議院が軍当局の想定を超える諮詢を受けることに否定的であった。こうした文書が作成された背景は本論で取り上げるが、ひとまずここでは、すでに日露戦後の時点の陸海軍当局にとって、能動性を秘める元帥府や軍事参議院を包含した軍事輔弼体制をいかにコントロールするかが懸案とされていたことを強調しておきたい。

陸海軍が天皇の軍事指導から自律する過程では、陸軍と海軍の対応の差も考慮されなければならない。第一節の叙述が陸軍主体だったことからわかるように、先行研究の多くが主に陸軍の動向に焦点を当てる一方、海軍の政治的動向はさほど注目されてこなかった。だが、近年は陸軍とは異なる組織利益と政策的志向を有する存在としての海軍に関心が集まり、やはり陸軍とは違った政治的志向と政治的役割が明らかにされはじめている[58]。陸軍とはまた異なる政治的特徴を持つ海軍の存在を踏まえれば、「軍部」の成立とは、はたして陸軍と海軍の区別なく論じてよい事象なのだろうかという疑問が浮かぶ。これまでの陸軍中心の「軍部」の成立論は、近年の海軍に関する研究成果も取り入れて、陸軍と海軍の差も考慮しつつ更新される必要があるだろう。本書で取り上げる元帥府が陸海軍共通の機関であることも勘案すれば、天皇による軍事指導や軍事輔弼体制に対する陸軍と海軍の温度差も検討しなければならない。これによって、陸軍と海軍の関係を交えたより重層的な「軍部」の成立論を考えることが可能になると思われる。

この陸海軍の温度差を考えるために、本書では陸海軍の双方が平時の陸海軍関係をいかに構築・維持していたのかについて、「協同一致」の論理という分析軸を導入して検討してみたい。ここで重視する「協同一致」の論理とは、軍事的には陸海軍がおのおの対等な立場で、「協同」して軍事作戦を遂行するという意味である。こうした考え方はすでに明治期に、陸海軍のいずれが国防の中心軸となるかという国防認識をめぐる陸主海従論争でも焦点となっていた[59]。

日露戦後、田中義一が帝国国防方針（以下、国防方針と表記）策定を推進した理由の一つは、政戦略の一致とともに、日露戦争の反省を踏まえて軍事作戦面や軍備拡張における陸海軍の「協同一致」のための指針を求めることにもあった[60]。また、軍において「協同一致」が重視されるのは、もし軍事について陸海軍で意見が割れた場合、最終的に天皇が自らの責任で判断を下さなければならない事態を招来してしまうからである。こうした事態を回避するために、陸海軍省部（軍政・軍令機関）が完全に意見一致することで天皇に対する全面的な輔弼責任が保障されるという、軍による輔弼のあり方を含意した政治的な意味もあった。実際、この論理は、陸海軍間での主導権争いや、天皇を含む他の政治主体に陸海軍が一体となって対抗するときの自己正当化の論理として、顕在化することがあった。例えば、本論で詳述するように、明治期の戦時大本営条例制定・改正をめぐって、海軍軍令部を参謀本部と対等化させようと画策する海軍に対して、陸軍が「協同一致」の論理を利用して海軍を牽制することで、その主張を退けていた。その後の軍事参議院設置やロンドン海軍軍縮条約批准問題では、海軍が「協同一致」の論理を持ち出して陸軍を拘束するような局面もあった。このように、陸海軍おのおのに有利な形で、陸海軍「協同一致」の戦争指導体制や国防方針策定・予算獲得などの平時の政策課題をいかに具現化できるか、という争点が常に伏在していたといえる。こうした点に鑑みれば、明治期から昭和期にかけての「協同一致」の論理が陸海軍関係にいかなる影響を及ぼしてきたのかを問いなおすことは、陸海軍関係という要素が、軍における天皇からの自律化や「軍部」の成立という問題にどのように作用したのかを考察するための有力な指標になると思われる。

三　先行研究と本書の構成――「天皇の軍隊」をめぐる政治史的・軍事史的研究の接合

(1) 先行研究

本書は統帥権内部の天皇と軍の関係に注目するが、こうした天皇―軍関係について先行研究はどのように論じてきたのか。ここでは政治史的研究と軍事史的研究の領域から三つの観点を確認しておきたい。

第一に、天皇の戦争指導者としての性格を重視する研究が挙げられる。これは天皇個人に注目する研究であり、政治史分野においても天皇個人の政治指導に注目する論考が積み重ねられてきた。その一方、軍事面では、天皇の専制君主的性格を強調する立場からその戦争指導を検討する成果が蓄積されている。

例えば、家永三郎氏は、明治憲法の「輔弼」という用語が第五五条のみに明記されていることを重視して、「統帥権については国務大臣の輔弼が及ばず、天皇は輔弼者をもたぬ専制君主であるほかなく、参謀総長・軍令部総長のような「其ノ責ニ任」ずることのない補佐機関の上奏に対する允裁の責任はすべて軍の最高司令官すなわち大元帥である天皇自ら負わねばならない」と論じた。[61]家永氏の厳密な法解釈論から導出される大元帥としての天皇の専制君主的性格を指摘する見解[62]は、いわば昭和天皇の戦争責任を追及する立場から展開されており、この点を重視して天皇の能動的な政治関与を実証的に分析した研究が多く生み出されてきた。[63]山田朗氏が戦時期の昭和天皇による主体的かつ属人的な戦争指導の実態を明らかにしてきたのも、こうした研究潮流によるものである。[64]しかし、天皇の軍事指導者像を追求する研究では、天皇個人に焦点を当てているため、天皇の軍事的意思決定を支える輔弼体制という輔弼論的側面はほとんど顧みられていない。このことは、山田氏が「陸海軍の頂点に立つ大元帥としての天皇を支える冷静なアドバイザーやスタッフが不在であることがよく分かる。本来、天皇の軍事面での最高顧問は元帥府であるが、それはほとんど機能しておらず、侍従武官は天皇と陸海軍それぞれの伝達役ではあっても陸海軍間で情報は共有されていなかった」と、天皇を軍事的に輔弼できる主体の不在を指摘していることからもうかがえよう。[65]このように、戦後歴史学における、天皇の戦争責任追及という潮流のなかで生み出された天皇制研究と、前述のような政治からの軍事の自律化という視角が不十分だった政軍関係史研究との間で、元帥府をはじめとする天皇の軍事輔弼体制という視角は隘路に陥っていたといえる。

第二に、軍人勅諭に代表されるような「天皇の軍隊」のイデオロギーが、天皇と軍との政治史的な関係に及ぼした影響についての研究も挙げられる。特に二・二六事件に至る青年将校らの天皇観に注目し、一九三〇年代にファシズム運動が展開されるなかでの昭和天皇と軍部・軍隊の緊張関係を検討した研究[66]が重要である。こうした研究は、天皇による軍統制を含意する「天皇親率」という思想的なアプローチから、天皇制と軍部の関係をめぐる政治過程を考察したものだといえる。本書では、こうした「天皇の軍隊」という思想的紐帯を重視するだけでなく、前述のような天皇・内閣・政党からの自律性の獲得という政軍関係史的なアプローチを接合させることで、「天皇の軍隊」内部における天皇と軍の権力関係の動態を探っていく。

第三に、前述の研究とは対照的に、明治憲法体制の輔弼論に注目する研究も挙げられる。例えば、永井和氏は、前述した家永氏に代表される限定的な輔弼論に異を唱え、明治憲法を基調とする近代天皇制の統治システムにおいて、万機を総攬する天皇の裁可によって、すべての国家意思決定が創出される点を重視する。そのため、一般的な用語としての輔弼を用いて、国務では国務大臣をはじめ枢密院・内大臣、宮務面では宮内大臣、軍務面では統帥部が、それぞれ輔弼機関として責任を持って上奏を行い、天皇は受動的君主として裁可するという、「万機親裁」を建前とする「多元的輔弼制」・「万機親裁体制」を明らかにした[67]。

しかし、「多元的輔弼制」では、軍務については陸海軍両大臣と参謀本部・海軍軍令部の両統帥部という、憲法制定以前から認められ、現役軍人が責任を担う省部による輔弼が主軸となっており、軍事最高顧問である元帥府や元帥の存在は捨象されている。永井氏は、国務・宮務全般において助言者たる元老には関心を寄せても、軍務面ではその視点は見過ごされているといわざるをえない。

このように、天皇個人に注目した軍事指導者像や「天皇の軍隊」という思想的側面、明治立憲制における輔弼構造という、それぞれの視角から行われた天皇と軍隊研究では、軍事的な輔弼構造には関心が寄せられておらず、それゆえに元帥府という輔弼システムを媒介した天皇による間接的な軍統制という論点は検討の余地があるといえる。

以上のように、近年の政治史・軍事史研究における天皇制研究の成果を踏まえれば、統帥権独立という漠然としたベールに包まれ、その実態が必ずしも明らかではなかった天皇と軍隊の関係性を再検討する余地があると思われる。さらにいえば、軍事史的な天皇制研究で定着している天皇の主体的な戦争指導者像という評価についても、立憲君主制という性格を重視する政治史的な天皇制研究と接合させて再考することが可能であろう。

そこで本書では、明治憲法体制における、曖昧かつ多義的な慣例に依拠する軍事的な輔弼体制を前提として、近代の天皇が軍事輔弼体制をどのように活用し軍部統制や戦争指導を行ったのか、陸海軍当局は軍事輔弼体制に対してどのように対抗しようとしたのか、そのせめぎ合いの緊張関係を検討することで、天皇と軍の関係や「軍部」成立論を再検討してみたい。

（2）本書の構成

本論は二部構成で展開される。第Ⅰ部「天皇の軍事輔弼体制と軍統制」では、天皇の視点を重視し、天皇による軍統制と戦争指導がどのように展開されたのかについて、明治・大正両天皇の事例から検討する。第1章では、明治天皇はどのように軍事輔弼体制の慣例を創出し、元帥府の設置に至ったのか、さらに明治天皇が元帥府や構成員の元帥をどのように活用しながら軍事的意思決定を行い、軍をコントロールしていたのかが論じられる。明治天皇のもとで形成された軍事輔弼体制の慣例は大正天皇にも継承される。第2章では大正天皇が軍事輔弼体制をどのように運用したのかについて、第一次世界大戦における戦争指導を事例に検討してみたい。これによって、明治天皇と大正天皇にとっての軍事輔弼体制の意義と、天皇による軍統制の実態を明らかにする。

第Ⅱ部「陸海軍の軍事輔弼体制と軍統制」では、第Ⅰ部とは視点を変え、主に昭和期陸海軍の視点から軍事輔弼体制を活用した部内統制の模索を論じる。一九二〇年代に入ると、筆頭元帥の山県有朋の死や大正天皇から昭和天皇への代替わりによって、天皇による軍事輔弼体制を活用した軍統制は大きく変容する。一九二〇年代の陸海軍は政党内閣と親和的な軍政優位体制を確立させるために、軍部大臣中心の部内統制システムを志向した。その陸海軍にとって、軍の長老が集い、必ずしも省部の統制に服さない独自の存在である元帥府は、部内統制上の大きな壁として立ちはだかっていた。第3章では部内統制システム確立を目指す陸軍が、元帥府中心の軍事輔弼体制を解体する過程を検討し、陸軍が天皇の軍統制から自律化する契機となったことを明らかにする。

元帥府を輔弼構造から排除した陸軍は、逆に元帥府を活用しながら省部独自の統制力強化を試みようとした。第4章では、元帥府や軍事参議院という組織体を陸海軍が制度的にどのように運用したのかという視点から、ロンドン海軍軍縮条約批准において紛糾した軍事参議会開催問題を取り上げつつ、陸海軍省部が「協同一致」の論理による統制力強化を試みた過程を検討する。そして、陸海軍協調の前提となっていた「協同一致」の論理に軋みが生じ、戦時期におけるさまざまな場面での陸海軍対立につながる転機になったことを展望する。

陸軍が一九二〇年代後半に元帥府の権能を骨抜きにし、軍事輔弼体制の慣例を否定しはじめた一方、海軍では筆頭元帥の東郷平八郎がまだ存命だったこともあり、軍事輔弼体制の慣例が根強く残っていた。特に一九三〇年代に入り、陸海軍の部内統制が政治課題として浮上するなかで、東郷の存在感が陸海軍内外で高まりつつあった。第5章では最後の「臣下元帥」東郷平八郎に注目し、彼の存在が陸海軍双方の部内統制に与えた影響を考える。また、同時期に発生した陸海軍における「臣下元帥」奏請運動や二・二六事件時の軍事参議官をめぐる動きも取り上げて、三〇年代の陸海軍における部内統制という課題に対して、元帥や軍事参議官が与えた影響を検討する。これによって、陸海軍ともに元帥に依存しない部内統制システムを整え、天皇の軍事指導から自律化する一方、昭和天皇による軍統制が困難になったことを明らかにする。

このような状況下で、昭和天皇は自らの軍事的助言者としての元帥府復活を希望するなど、軍統制の手段を模索していた。その過程で日中戦争が勃発し、戦争指導体制の構築という政治課題が浮上する。第6章では、「天皇親政」を旨とする政戦略一致・陸海軍一致を目指す戦争指導体制の構築が進むなかで、「臣下元帥」再生産による元帥府復活構想があったことに着目する。東条英機首相は、昭和天皇の元帥府復活構想を活用して、海軍の反対を抑えて「臣下元帥」を再生産し、元帥府を復活させた。こうした軍事輔弼体制の再構築過程を検討することで、陸海軍省部による戦争指導体制構築の意義を考察する。

第Ⅰ部　天皇の軍事輔弼体制と軍統制

第1章　明治天皇の軍事指導と軍事輔弼体制の始動

――元帥府・軍事参議院の成立――

はじめに

本章では、明治天皇による軍事指導の試みについて、元帥府・軍事参議院の成立過程に即しながら検討する。

序章でも指摘したように、明治天皇と軍の関係をめぐっては、陸軍紛議を契機とした「大元帥の制度化」が指摘されている。[1] 特に近年では木多悠介氏が、陸軍紛議による陸軍省と明治天皇・四将軍派の対立を通して、明治前期における「大元帥の制度化」の方向性が定まったことによって、陸軍省が他機関に対する自律性を獲得し、のちの軍政優位体制の萌芽となったと論じた。[2] 本書における陸海軍の天皇からの自律化という視角にも重要な示唆を与えるものである。

ただし、こうした制度化の進展がただちに天皇の軍事的意思決定をすべて否定することにつながらないことは序章でも述べた通りである。実際、政治面において明治天皇は政治指導者たちに鋭い下問を行うことを通して政治指導を行っていた。[3] 明治天皇が立憲君主としての役割を受容するなかで、直接的な軍統制を行いえなくとも、周囲の軍事的な輔弼者・輔弼機関への下問を通して、間接的に軍統制を行う余地はあったのではないか。

以上の問題関心から、明治天皇を取り巻く軍事輔弼体制を検討することで、明治天皇の軍事指導の実態を考察してみたい。特に元帥府・軍事参議院という天皇の軍事顧問機関の存在を通して、明治天皇が制度をどのように活用しながら軍事指導を試みたのかという視点を重視する。

明治期の元帥府については、日清戦後に増加していた明治天皇による軍事的下問に、それまで個人で奉答していた山県有朋が大山巌らと協議する制度の構築を志向し、それが元帥府という形で結実したという田中孝佳吉氏の指摘が重要であるが[4]、軍事的な下問が増加した背景といった、元帥府設置以前の天皇による軍事面の意思決定にまでは言及していない。この点に関連して、佐々木雄一氏は日清戦争の戦争指導体制において、皇族として政府要職を歴任し、当時は参謀総長だった有栖川宮熾仁親王の存在に着目して、明治天皇と伊藤博文首相が戦争指導をする際の潤滑油的な役割を果たすことで、戦争指導体制が有効に機能していたことを指摘している[5]。明治天皇の平時の軍統制についても、こうした天皇の近親者という特殊性を帯びた皇族の活用という論点を押さえて考察することが可能なはずである。

元帥府設置後の運用についても、田中氏が日露戦争前まで天皇が積極的に諮詢していた点を指摘しており、一見すれば元帥府が天皇の軍事諮詢機関として機能していたようにも思われる。しかし、それではなぜ元帥府設置からわずか五年あまりで軍事参議院という類似の軍務諮詢機関が設置される必要があったのだろうか。この疑問はいまだ解消されていないように思われる。大澤博明氏は「明治期の軍事諸制度整理は何らかの意味で天皇と軍との関係を国家機構上如何なるものとして構築してゆくか」という問題として考えるべきだとの見方を示している[6]。一方、政治史においては坂本一登氏が、内閣制度や憲法制定を通して伊藤が「宮中」の「制度化」を志向し、政治決定の場における天皇の主導性が後退する過程を描いたが[7]、こうした「制度化」が天皇の顧問府の制度設計にも影響を及ぼした点は注目される。周知のように、枢密院の場合、初期には政治面での能動的な介入がみられたものの、第一次山県内閣による諮詢事項の制限などを経て、受動的な機関として制度化されていった[8]。こうした大澤氏や坂本氏の指摘を踏まえると、元帥府と軍事参議院の成立過程については、明治天皇が軍事指導を行ううえで、どのような軍事輔弼機関の設定が天皇と陸海軍間で想定されていたのかという、より大きな課題に読み替えて再検討する必要がある。

その際には、以下三点を分析軸としたい。第一に、序章でも示した「裁可する」天皇とその助言者の必要性という視点である。天皇が軍事事項の裁可に際して、輔弼責任を有する陸海軍の軍政・軍令機関以外にも助言者としての軍事顧問機関を求めたこと、それに対して陸海軍当局がいかに対応しようとしたのかを「協同一致」の論理を交えつつ検討してみたい。

第二に、日清戦後の軍制改革との関連である。軍制改革のなかでなされた元帥府設置は監軍部廃止と同時に行われたが、この点に注目したい。後述するように、監軍部は天皇に直隷し陸軍全体の教育統轄と特命検閲を担う機関であり、元帥府条例中の特命検閲使に関する規定は、監軍部廃止とも密に関連している。この時期特有の軍事的課題として、山県ら元勲級大将を平時にいかに処遇するかという問題があった。この時期、陸軍では将校の抜擢人事による老朽淘汰や専門職化により、近代軍の官僚制形成が進展するとともに、軍の要職も山県ら第一世代に代わり、桂太郎や川上操六といった第二世代が占めるようになっていた[9]。こうした状況下で山県らをどのようにして現役に留めるかは、軍はもちろん天皇にとっても重要な課題であった。すでに永井和氏や大澤氏が、この点を元帥府設置の一要因と目しているが[10]、本章では監軍部廃止の視点から分析し、終身現役が保障される元帥府にどう影響したのかを検討する。

第三に、軍事参議院設置過程において浮上した合議制という制度設計に注目することである。序章で述べたように、元帥府は議事規程がない一方、軍事参議院は多数決制や議長の表決権が制度化されていた機関だった。なぜ軍事参議院は合議制諮詢機関として設置されたのか。海軍出身の安富正造はある論考で興味深い指摘をしている。すなわち、軍事参議院は作戦用兵上の諮詢を受ける「軍議の最高機関」であり、「軍議であればこそ議事を作戦上最も嫌忌すべき小田原評定化せぬため――強ひて満場一致を求めぬために議事規程第三条が必要」という指摘である。(11) 全員一致が求められる「小田原評定」のような合議の枠組みは不適当であるとの見方は、裏を返せば元帥府が「小田原評定」のような性質を持つがゆえに、新たに軍事参議院が求められたという可能性を示唆する。本章では、軍事最高顧問たる元帥府の実態の分析を通して、元帥府に代わる帷幄の諮詢機関として軍事参議院の成立が志向されたことを明らかにする。これによって、天皇が求めた軍政・軍令当局の輔弼に依らない軍事輔弼体制の展開と、陸軍当局によるその改革の試みを論じる。

一　元帥府設置以前の軍事輔弼体制

（1）軍事参議官制度

本節では、元帥府設置の背景を考察する前提として、明治天皇による軍事事項の裁可について確認し、のちの元帥府・軍事参議院とも関連する軍事参議官制度に言及する。一八七八年の参謀本部設置後、天皇は将校の職課命免や諸部隊の編制・操法などの軍事諸規則を、帷幄に参画する参謀本部長と陸軍卿の帷幄上奏により裁可するようになった。永井氏は、天皇が七九年一〇月以降、つまり西南戦争や竹橋事件以降に軍令事項を裁可する史実を確定するとともに、陸軍卿が管轄していた編制などの規則決定権、後述の検閲権などが、天皇の管掌に移行したことを解明し、これをもって、「天皇の大元帥への移行」が制度的に確立したと論じた。[12]八五年の内閣制度創設以降、陸軍は帷幄上奏を慣例化し、将校人事権をはじめ諸部隊の軍事行動・作戦計画などの統帥に関わる軍令事項だけでなく、軍の経理や軍法の施行などの軍政事項や「軍制」事項を最終的には天皇の親裁に委ねるようになる。「軍制」事項とは、憲法制定前に陸軍内で作成された「軍法・軍制・軍令・軍政」なる意見書（以下「意見書」[13]）の定義によれば、「国防、戦略ノ機務及軍衙職司ノ組織部隊ノ建制編成」、つまり陸軍の組織官衙編制を指す。これらは主務者である陸相や参謀本部長、監軍の三者から帷幄上奏され、天皇の裁可を受けることとされ、実際にもそのように運用されていた。[14]

この「意見書」中で注目されるのは、帷幄上奏後の親裁手続きとして、軍事参議官の「審議復奏」を経てから裁可を受けることとされていた点である。軍事参議官とは一八八七年、軍事参議官条例に基づいて設置された官職（軍事参議官制度と表記）で、その役割は「帷幄ノ中ニ置キ軍事ニ関スル利害得失ヲ審議セシム」（第一条）と規定されていた。[15]陸相・参謀本部長・監軍・海相から構成され、両軍関係事項は全員で審議する一方、陸軍関係事項は陸相・参謀本部長・監軍の三者で、海軍の場合は海相と参謀本部長とで審議すると定められていた。

軍事参議官制度は、御雇外国人の一人であったメッケル少佐が主導した軍制改革の一部で、「最高等陸軍参議官」設置を提唱したことに起因する。[16]その意図するところは、将校人事を含めて天皇に裁可を求めるべき事案を審査する権限を付与することにあった。特に将校人事を一括管理するために、「最高等陸軍参議官」の下に「将校等ノ人事ヲ総管スル陸軍秘書部」を設けることで、将校人事が天皇の権限であることを明確にすべきだという。「最高等陸軍参議官」の組織化とは、陸軍が軍備拡張を推進するなかで、増大する将校人事などの重要事項を陸相・参謀本部長・監軍という軍政・軍令・教育錬成の各トップが天皇のもとで慎重に審議をしたうえで親裁を仰ぐことをイメージしており、軍以外の勢力の介入を防ぎ軍の自律性を高めようとした案だったといえる。[17]

軍事参議官条例に議事規程はなく、審議結果は各参議官が連名で復奏するものとされた。表1-1で一八八八年から廃止前の一九〇三年までの「軍制」事項の審議件数を示した。条例・定員令の制定や改正の審議が確認できる。なかには天皇の意向によって審議に付された事項があることも認められる。[18]天皇は制度改変に慎重であり、疑念があれば裁可を留保し周囲へ下問していたことが知られているが、[19]官制改正、特に補職ポストの増減や定員表改正について頻繁に審議させていた。

一方、軍事参議官制度は必ずしも軍内部の実務を十分に調整する機能を果たしていたわけではなかった。例えば、一八八九年に改正された現役士官補充条例では、士官候補生の採用を決める「裁定」者が軍事参議官から監軍へと変更されたが、その理由は「軍事参議官ハ専ラ帷幄ノ顧問ニシテ直接外部ト交渉往復スルノ要用ナキ」ためであった。[20]士官候補生の採用プロセスは、志願者の願書が各府県知事・各鎮台司令官を経て監軍に進達され、監軍はその書類を軍事参議官に移し、軍事参議官が採用を「裁定」することになっていた。[21]後述するように、監軍は各兵科教育を統轄していた。おそらく、軍事参議官は「帷幄ノ顧問」という性質を帯びているため、士官候補生の採用といった実務的事柄について、各府県知事や鎮台司令官などの「外部」との調整には適さなかったのだろう。そのため、各兵科教育を統轄していた監軍にその担当者が変更さ

表1-1　軍事参議官による「軍制」事項審議件数

年	件数	主な審議事項（条例）
1888	10	参軍官制制定・陸軍軍隊検閲条例制定
1889	15	参謀本部条例制定・東宮武官官制制定
1890	12	陸軍定員令制定
1891	4	近衛司令部条例改正
1892	4	陸軍定員令改正
1893	21	陸軍獣医学校条例制定・陸軍定員令改正
1894	8	陸軍定員令改正
1895	1	衛戍条例改正
1896	6	侍従武官官制制定・都督部条例制定
1897	0	
1898	1	陸軍参謀条例制定
1899	2	参謀本部条例改正・憲兵練習所条例制定
1900–03	0	
合計	84	

出典）各年の「公文類聚」（国立公文書館所蔵）中の陸海軍官制より軍事参議官の審議可決書が確認できる条例数を記載。永井和氏が作成した1886–90年にかけての帷幄上奏による軍事勅令一覧表（『近代日本の軍部と政治』思文閣出版，1993年，316–318，321–325頁）も参考にした。

れたと思われる。このように、本制度は、帷幄で「利害得失」を審議したが、一方で「帷幄ノ顧問」であるがゆえに、省部内外で実務調整を要する案件については十分に機能を発揮しうるシステムではなかったことがうかがえる。

陸海軍全体の「利害得失」の調整という点でも不備はあった。前述のように軍事参議官の審議では、陸軍関係事項は陸軍当局者内での討議となるが、海軍関係事項の場合、海相と参謀本部長との合議となり、海軍側の不満は大きかった(22)。当時表面化しつつあった陸海軍の国防観の対立、すなわち陸主海従論の是非に対する海軍の不満も相まって反発を招いていたのである。軍事参議官制度は天皇が「軍制」事項の裁可に先だって帷幄当局者に諮詢する意味はあったが、利害調整を果たしうる制度とはいえなかった。

（2）戦時大本営条例制定と現役大将への下問

明治天皇は重要な「軍制」事項を軍事参議官に審議させていたが、一方で軍事参議官ではない現役大将に下問する事例も多かった。ここでは戦時大本営条例制定を例にみよう。

一八九三年一月、海軍は海軍参謀本部条例案を第二次伊藤博文内閣に提出した。当時の軍令機関は、陸軍の参謀総長をトップとする参謀本部の下に海軍軍令部が配置されていたので、海軍側は軍令部を陸軍と同じ参謀本部と改称し、海軍の軍令の長を陸軍側と同格にしようとした。内閣から上奏を受けた天皇は、本件をすぐさま参謀総長有栖川宮熾仁親王に下問するも、熾仁親王は反対意見を奉答した(23)。その内容は、大元帥の下に同等の権限を有する陸海両方の幕僚長が並立し、意見対立した場合に天皇が一方の計画を採用すれば、不採用の側は「不快」を生じ、結果的に「協同一致ノ精神ヲ失ヒ遂ニ作戦ノ目的ヲ誤ル」というものだった。陸海軍の作戦計画は常に「協同一致」による輔弼が必要なため、大元帥の帷幄では一人の参謀総長が陸海軍の連繫統一を図るべきというのが熾仁親王の主張だった。自らが優位に立った現制度の改変を望まない陸軍は、「協同一致」の論理によって現制度の維持を正当化したのである[24]。

その後、参謀総長熾仁親王のほか、陸海軍両大臣・両次官・参謀本部次長に加え、当時法相だった山県が協議し、海軍軍令部条例を制定した。これにより、平時においては参謀総長と海軍軍令部長の権限が同格とされた一方、陸軍は戦時大本営条例も制定、戦時の帷幄に大本営を設置し、その長には参謀総長が就き「帝国全軍即チ陸海軍ノ大作戦」を計画すると規定した。要するに、戦時の大本営では参謀総長が海軍軍令部長を管轄下に置き、参謀総長の下で陸海軍が「協同一致」して作戦計画に当たることで妥協したのである。戦時大本営条例制定は陸海軍の帷幄中での「協同一致」の論理に裏打ちされたものであった。

右の過程で、山県が天皇から下問を受けていることは注目される。なぜなら、山県はこのとき、現役陸軍大将ではあったものの休職扱いで入閣しており、軍職に就いていなかったからである。当時は将校分限令により、文官職に就く軍人は予備役に編入されることになっていた（第五条第四項）。これにより山県自身も予備役編入を余儀なくされる恐れが生じていたが[25]、実際には勅旨により、現役大将の身分を保障されていた。山県は下問を受けた当初、法相として「職権外」であることを理由に奉答を辞退したが、天皇は現役陸軍大将の資格で陸海軍間の協議に参画するように求めていた[26]。天皇は山県に個人的な信頼を寄せており、たびたび軍事的な下問を行っていたことも知られる[27]。表1-2は史料上から確認できる、明治期における山県や大山ら主要な軍職者への軍事面の下問を一覧にまとめたものである。史料の制約上、山県の事例が多くなるが、徳大寺実則侍従長の日記においてもこの傾向は同様であるため、やはり山県への下問が多かったのだろう。山県らは元帥府設置以前から下問を受けており、その内容も人事や編制のことなど多岐にわたっていた。また、天皇が山県の意見を常に気にしていたことは、戦時大本営条例について「唯今御差出相成候戦時大本営編制供叡覧候処、別冊ハ参謀本部ハ素ヨリ陸海軍大臣、山県大将等へも

表 1–2　明治期における主要軍職者への軍事事項の下問一覧

日付	対象者（当時の公職）	内容	備考	出典
1888.4.27	熾仁親王（参謀本部長）	近衛編制改正について	同日，小沢武雄参謀本部次長に近衛編制改正費用について下問（「徳大寺日記 2」）	『熾仁親王日記　5』
1888.5.2	熾仁親王（参謀本部長・参軍）	師団編制完備の年数や経費・その他の良案などについて		「徳大寺日記　2」
1889.2.28	熾仁親王（参軍）	参謀本部改正の件について	軍事参議官で審議して奉答	『熾仁親王日記　5』
1889.4.11	熾仁親王（参謀総長）	近衛歩兵連隊旗の件について	大山陸相へも下問。7/16 拝謁・奉答。	『熾仁親王日記　5』
1890.9.11	山県（首相）	近衛騎兵部隊増加につき軍馬の種類を増やす件について	近衛都督小松宮彰仁親王の伺出	「徳大寺日記　3」
1890.10.10	熾仁親王（参謀総長）	近衛特命検閲について	翌日奉答	『熾仁親王日記　5』
1890.10.31	熾仁親王（参謀総長）	観兵式を礼式附録とする件について	陸相より上奏。12/13 に奉答	『熾仁親王日記　5』
1891.12.16	熾仁親王（参謀総長）	小沢武雄貴族院議員の舌禍事件について諭旨免官の件		「徳大寺日記　4」
1892.7.20	大山（予備役・枢密顧問官）	北白川宮能久親王の中将進級と同時に休職を命じられる件について	7/26 大山が黒田清隆とともに上奏。北白川宮は師団長補職。	「徳大寺日記　4」
1892.8.2	熾仁親王（参謀総長）	予備役将官を特旨により現役とすることについて	8/8 大山巌（予備役大将）が現役復帰の上陸相就任	「徳大寺日記　4」
1892.10.6	熾仁親王（参謀総長）	今般大演習予備兵召集の件・歩兵操典改正新式不熟の件について		『熾仁親王日記　6』
1892.11.28	熾仁親王（参謀総長）	海相より上奏の海軍参謀本部設置の件について	皇族の資格で下問を受ける	「徳大寺日記　4」
1892.12.5	山県（法相）	過日下問の一件，参謀総長・陸相と相談の模様について		山県宛徳大寺書簡
1893.1.19	山県（法相）	海軍参謀本部設置の件について		山県宛徳大寺書簡
1893.3.18	熾仁親王（参謀総長）	戦時大本営条例の件について		『熾仁親王日記　6』
1893.7.22	熾仁親王（参謀総長）	陸軍戦時電信取扱条例の条文について		『熾仁親王日記　6』
1895.8.21	大山（陸相）	侍従武官設置につき予算・人選について		「徳大寺日記　4」
1897.10.8	山県（監軍）	台湾総督府条例について（総督に欠ある場合の代理に関する第 14・15 条の規定削除について下問）		「徳大寺日記　5」
1897.10.18	山県（監軍）	乃木希典台湾総督の後任人事について		「徳大寺日記　5」
1898.1.6	山県（監軍）	先日言上の伊藤内閣組閣後に着手予定の軍政改革について，伊藤の意見の有無について	監軍部廃止・元帥府設置のこと	山県宛徳大寺書簡
1898.1.12	山県（監軍）	伊藤首相上奏の元帥府条例制定の件について		山県宛徳大寺書簡
1898.1.19	山県（監軍）	軍事参議官条例は監軍部廃止と同時に廃止か存続かについて		山県宛徳大寺書簡
1898.6.25	山県（元帥）	桂太郎陸相辞表提出の件について		山県宛徳大寺書簡

1898.8.2	山県（元帥）	佐久間左馬太ら四中将の大将進級につき，奏上の順序について		山県宛徳大寺書簡
1899.11.20	大山（参謀総長）	桂陸相が再三提出の辞表について		「大山日誌」
1901.10.16	山県（元帥）	特命検閲実施の時期について		「徳大寺日記　6」
1901.12.12	山県（元帥）	白石葭江海軍大尉の復官について	参謀総長・陸相にも下問	「徳大寺日記　6」
1902.1.17	山県（元帥）	陸軍省官制中改正（監督部を経理部に改正）の件について		「徳大寺日記　6」
1902.4.8	山県（元帥）	陸地測量部官制改正・科長田阪虎之助大佐の少将進級特旨の件	5/5 田阪少将進級・予備役編入	「徳大寺日記　6」
1902.4.12	山県（元帥）	第5師団所属大佐の公金横領につき，児玉前陸相の進退伺却下と寺内陸相への将来注意の御沙汰を下すことの可否について		「徳大寺日記　6」
1902.5.31	山県（元帥）	師団長を親補職とする件について	後日元帥府へ諮詢も事前に山県に下問	「徳大寺日記　6」
1902.8.29	山県（元帥）	陸相上奏の件について	陸相上奏の5か条を下問	「徳大寺日記　6」
1903.3.17	山県（元帥）	陸軍大学校条例改正の件について	大山は参謀総長のため山県のみに下問	山県宛徳大寺書簡
1903.6.6	山県（元帥）	近衛・第1両師団長御陪食の節，下賜すべき勅語内容について		山県宛徳大寺書簡
1903.11.4	山県（枢密顧問官）	下士制度改正の件（教導団廃止後の下士制度）について	正式な上奏ではなく，元帥府に諮詢できないため下問	山県宛徳大寺書簡
1903.11.17	山県（枢密顧問官）	陸軍平時編制改正の件について		山県宛徳大寺書簡
1903.12.1	山県（枢密顧問官）	過日下問の海軍軍令部名称変更の件および大本営条例改正の件について	山本海相は山県が奉答したと認識するも，天皇は奉答を受けていないと主張のため再確認	山県宛徳大寺書簡
1905.12.18	山県（参謀総長）	大本営解散当日に下賜する勅語について		山県宛徳大寺書簡
1906.5.12	山県（枢密院議長）・大山（元帥）	児玉の参謀総長任命に際し，寺内陸相との衝突が軍政に影響を及ぼさないよう注視すべきことについて		山県宛徳大寺書簡
1907.8.19	山県（枢密院議長）	軍令について	伊藤にも下問。8/22 陸相に下問	「徳大寺日記　8」
1908.12.17	山県（枢密院議長）	①過日下問した参謀本部条例改正案を陸相に下付することについて意見の有無 ②陸軍平時編制改定の件 ③陸軍軍人休暇規則制定の件	12/18 参謀本部条例改正施行	山県宛徳大寺書簡
1909.5.7	山県（枢密院議長）	臨時韓国派遣隊編成及派遣要領制定につき，陸相と相談すべき件		山県宛徳大寺書簡
1909.8.16	山県（枢密顧問官）	騎砲兵中隊編制の件について		「徳大寺日記　9」
1911.4.27	山県（枢密院議長）	馬術教範改正の件について	正式な下問ではないが，一応書類を閲覧せよという思召	山県宛徳大寺書簡
1911.10.11	山県（枢密院議長）	奥参謀総長現役満期につき，適任者不在の場合は，奥を元帥府に列して参謀総長に据え置く件について	乃木学習院長を後任者とすべき旨を山県が上奏するも，天皇は他人を選考すべきという思召のため	山県宛徳大寺書簡

1911.10.13	山県（枢密院議長）	10/11 奉答の奥参謀総長後任者の有無について再度確認		山県宛徳大寺書簡

出典）山県宛徳大寺書簡＝出典はすべて尚友倶楽部山縣有朋関係文書編纂委員会編『山縣有朋関係文書　2』（山川出版社，2006 年），「徳大寺日記」＝「侍従長徳大寺実則日記」2–6・8・9（宮内庁宮内公文書館所蔵），「大山日誌」＝「大山巌日誌　2」明治 32 年（宮：34449），「熾仁親王日記」＝日本史籍協会編『熾仁親王日記』5・6（東京大学出版会，1976 年）。

註）個人（下問の資格・公職は不問）への軍事に関する下問が明確に判明する事項のみ記載。対象者について元帥以外の公職がない場合は（元帥）と記載。

協議ノ上編制ノモノニ候哉御尋被為在候。将又海軍大臣ハ文官ヨリ出身之者ニ而モ大本営へ班列致シ差支無之儀ハ大将山県ニも異見ハナカリシヤ、是亦御尋被遊候間何分之御答奉仰候[28]」と熾仁親王に下問していることからもわかる。天皇は、参謀本部・陸海軍両省の見解に対して山県の「異見」があるかどうかを常に気にかけていた。このように、天皇は普段から山県らに下問することで、第三者の助言・情報を得て裁可の判断材料としていたと思われる。

さて、一八九三年二月、山県は伊藤内閣との方針の違いを理由に法相辞任を申し出る[29]。慰留に失敗した伊藤は天皇に内奏し、山県の処遇が検討された。徳大寺侍従長は伊藤に「山県辞職之儀ニ付一昨夕御申越之趣逐一内奏仕置候。其後枢密議長御請之儀被申出候哉、勘考も長引候故一応模様御尋可致旨御沙汰ニ御坐候[30]」と尋ねており、この時点で天皇と伊藤が山県の枢密院議長就任に積極的だったことがわかる。伊藤が山県の処遇ポストに留意していたことは容易に想像できるが、天皇の積極性は注目に値する。この意図は枢密院議長就任当日に山県に下された御沙汰に明らかである。

山県議長拝命スト雖従前ノ通軍事上ノ儀御下問可有之、先達而海軍参謀本部条例ノ如キコトアラバ御下問ニ相成ルベシ。前司法大臣奉職中ニハ職権外ノ儀ニ関渉スルハ如何トノ意見モアリシナレドモ、枢密ノ職ハ国家枢要ノ重事ノ顧問府タルニ付、軍事上ノ儀御下問ノ節ハ腹蔵忌憚ナク奉答セラルベシ。又山県ハ軍功アル歴戦家殊ニ現役大将タルニ付、軍事ノ大事アル節ハ御下問アルベキ間此旨心得ラルベク勅諭旨、実則演達ス。山県敬承セリ、其旨奏上ス。[31]

ここで注目されるのは、枢密院が「国家枢要ノ重事ノ顧問府」なので軍事上の下問にも「腹蔵忌憚ナク奉答」するべきであること、山県は「現役大将」として特に下問に応じるべきだとの天皇の明確な意向である。日清戦争直前に設置された大本営には枢密院議長の山県も参列したが[32]、これは天皇が「現役大将」の資格で参列するよう御沙汰を下したからだった[33]。山県はこの時期一貫して現役・休職扱いとなっており[34]、現役大将たる枢密院議長でありながら同時に現役大将として軍事的な下問にも応じうる性格を有し続けたのである。

（3）皇族軍人と軍事輔弼体制

明治天皇が軍事参議官という制度を利用しつつ、さらに職権外の地位にあった山県らにも下問をすることで、軍当局以外から助言を得ていたことは前述の通りであるが、皇族の有栖川宮熾仁親王にもよく下問していた事実は注目される。熾仁親王は、明治維新期から左大臣などの政府の要職を歴任し、軍職でも西郷隆盛に次ぐ二人目の陸軍大将に任官しており、内閣制度発足以降は参謀本部のトップを務めた皇族軍人の先駆けであった。

熾仁親王への天皇の信頼は特に厚く、軍事面での下問がたびたびなされていた。宮内庁書陵部には、太政官時代から日清戦争期にかけて、徳大寺侍従長が熾仁親王に送った書簡が七三通残されているが[35]、そのうち天皇からの軍事的な下問とみなしうる書簡は少なくとも二二通あり、三割ほどの割合は目を引く。具体的には、編制などの上奏事項についてさらなる説明を求めるケースが多いが、天皇自身の意見を伝えるケースもある。後者の場合、例えば陸軍戸山学校長など諸学校の校長の任用資格について、経費節減などの理由により大佐から中佐に格下げする条例改正案が上奏された際、天皇は「戸山学校長ハ以前将官タリシ処、嘗テ改正シテ大佐トナセシニ、今又中佐ニ改ムル時ハ学校ノ位地漸次軽ク相成ルノ感情ヲ生ズベク、又近来設置ノ砲工学校長ハ大佐ト為シ置キ将来ノ教育進歩ノ如何ヲ観察スルトノ論旨ナレドモ戸山砲工学校ノ両立ヲ見レバ差異アルベカラズ。若シ将来銃器改良ニヨリ各般ノ教育一変スル時ハ学生ヲ訓練シ佐官ヲ召集スルノ時期ニ当リテハ校長モ亦改正セザルヲ得ザル可シ[36]」と熾仁親王に伝えている。現状では中佐の校長でもよいが、今後の教育上必要が生じれば大佐を校長に据えて学校の「位地」を維持するように求めたのである。このような天皇の踏み込んだ意見の発露は珍しいことではなかった。

熾仁親王への下問は、単に説明を求めるだけにとどまらず、陸軍内に動揺をきたしかねない事態が発生した場合にも行われていた。例えば、一八九一年一二月、陸軍予備役中将で貴族院議員だった小沢武雄が貴族院で軍紀漏洩を含む舌禍事件を起こし、予備役中将を論旨免官となった。貴族院で小沢と行動を共にしていた谷干城（陸軍予備役中将）は、この措置に抗議すべく天皇への上奏を願い出た。次の書簡は、このときの谷の言動と天皇の意向について、徳大寺から熾仁親王に差し出された書簡である。

拝啓陳者今朝谷干城参朝至急奏上仕度儀有之陛下へ拝謁願出候処、御用被為有ニ付拝謁趣ハ不仰付候。扨小官ヨリ拝謁ヲ願候資格相尋候処、子爵ノ資格ヲ以相願候。奏上ノ旨趣ハ予備役ノ中将タルヲ以小沢中将諭旨辞職之一件ハ将来陸軍ニ於而頗ル御大事之儀ト存候間、直ニ奏上仕度存旨ニ而、辞気頗切迫之容子ニ見受候。同人拝謁不被仰付候ハヾ書付ヲ以可奏上旨ニ而退出致候。右之事情言上仕候処一応殿下へ可申上置被仰付候。且右書付差出候者如何之旨趣ナルヤ未相分候得共、多分小澤之御処分ニ不服不当ト存込候意見ならんト被思召候ニ付、書付差出候ハバ早々殿下へ御回付可被遊候。右書付ハ陸軍大臣へ御下付可相成者ナルヤ。御答遅延致候ハヾ谷派之軍人轟々称へてハ不穏候間、秘密ニシテ速ニ御返答有之候方可然被思召候間、将来之御神算之処被聞召置度御沙汰ニ御坐候。却説諭旨退職御運ビニ相成後軍人社会之景況ハ如何ニ御坐候哉、是亦御尋被為在候問御一報奉願候[37]。

天皇への拝謁が叶わなかった谷が小沢免官に異議を唱える書付を残したことを伝え、その書付をめぐり天皇がどう処理すべきかを熾仁親王に下問している。特に注目すべきは、書付の処理による「谷派之軍人」の反応や小沢の論旨免官をめぐる「軍人社会之景況」を尋ねている点である。天皇が小沢の論旨免官の処置を重くみて、「谷派」やその他の軍人の情報を探ろうとしている様子がわかる。熾仁親王を介したのは、陸軍主流派の山県・大山らが陸軍非主流派だった谷らと対立関係にあったことも要因として挙げられよう[38]。

山県や大山が当事者の事柄について、熾仁親王に下問されることもたびたびあった。例えば、一八九〇年、山県の陸軍大将進級が取りざたされた際、以前から進級を辞退していた山県はこれを受け入れたものの、天皇に「心情」を上奏することになったため、天皇は事前に熾仁親王に「〔山県へ〕拝謁被仰付候上申出之事柄ニより殿下江御相談可被遊御儀も可有之申上置候様被仰付候[39]」と伝えていた。天皇は、山県の反応次第では、熾仁親王に「相談」して対応を決めようとしていたのである。また、九二年八月二日には、予備役将官を特旨で現役扱いとすることについて下問されているが[40]、これはおそらく八月八日に発足する第二次伊藤内閣で陸相に就任する予定だった大山（当時予備役）の復帰を念頭に置いたものだったと思われる。

このように、皇族の筆頭格である熾仁親王に助言や情報を求めることは、明治天皇にとってごく自然のことだった。もちろん、参謀本部のトップだった熾仁親王が天皇との軍事的接触が多かったことは当然ではあるものの、皇族の資格で軍事的な下問を受けることもあった点に留意したい。海軍参謀本部条例案について熾仁親王が下問を受けたのは前述の通りであるが、実は現職の参謀総長としてではなく、「皇族中ノ元老」として下問を受けていたのである[41]。陸海軍に大きな影響を与えうる問題について、明治天皇は皇族としての熾仁親王に下問することで、問題解決と軍の統制を図っていたといえる。

一方、皇族の側でもその出自ゆえに天皇を政軍両面で支えるべきという主体的な信念を持っていた者がいた。それは、海軍の皇族軍人の先駆けとなり嘉仁親王の東宮輔導も務めた有栖川宮威仁親王である。威仁親王は、海軍軍人として軍職を歴任する傍ら、天皇の信頼を得て嘉仁皇太子の教育係（東宮輔導）の務めを果たしたことで知られる。では、なぜ彼はそれほどまでに天皇の信頼を勝ち得たのだろうか。その要因は、威仁親王自身が天皇を積極的にサポートすべきだという皇族としての自負が非常に強い人物だったことにある。軍務を例にすれば、威仁親王は海軍内でよく意見具申をしていた。砲術練習所長時代の、砲術訓練のために軍艦を砲術練習艦にすべきという上官への意見具申などはその一例であろう。[42]こうした積極的な意見具申は天皇に対しても同様だったようである。例えば、「今度之御下問ニ付而ハ当局者江ハ御交渉不相成、殿下御意見ノミ御上答被遊之旨謹承仕候。乍併今後殿下ヨリ海軍江御交渉御下問被遊候様思召モ被為在候時ハ猶殿下江言上可仕候」という威仁親王宛徳大寺書簡[43]からもうかがえるように、威仁親王が海軍当局と意思疎通を図らないまま天皇に「御上答」することもあったようで、徳大寺が「思召」を持ち出して威仁親王の単独行動を諫めている。

また、ほかにも注目すべきは、威仁親王が折に触れて皇族としての軍務や政務のあり方に関して意見上奏を行っていたことである。一例を挙げれば、一八八九年の欧州軍事視察後に書かれた意見書[44]をみると、①皇族軍人は、早く責任ある地位で天皇を輔佐すべきであるため、最低年限で進級を重ねるべきである、また皇族の御付武官制度を設けるべきである、②皇族は軍事の外にも勤めがあるのが当然であり、「皇族ハ一般将校ト異ナリ、軍職ノ外ニ帝国ノ国体及ビ政体外交一般国事之諸事ハ政事ニハ関セザル例規ナリト雖モ、是レラノ事ハ知得シ置クコト要々ナレバ軍事ノ他ニハ学バザルベカラズ」など、皇族は軍務・政務の両面に携わるべきだという意見を出している。①の点については、他の意見書でも皇族軍人の無俸給などの条項とともに挙げられている。[45]威仁親王が、皇族は軍人として責任ある地位に就き天皇を支えるべきだと明確に考えていたことがうかがえる。

威仁親王は軍務や皇族論だけでなく、政治面でも意見を出していた。一八九六年八月、第二次伊藤博文内閣総辞職に際して、威仁親王は天皇から後継内閣について相談を受けた[46]。それに対して、威仁親王は超然内閣・連合内閣・政党内閣の三案とその利害を提示しながら意見上奏した[47]。彼は現在の政界について、「今日ノ現情ヲ察スルニ爰ニ三種ノ者アリ。一ハ藩閥、二ハ政党、三ハ中立、而シテ各々其内ニテ意見ノ合スルアリ、合セザルアリ。藩閥ニテハ政党ヲ嫌ヒ又政党ハ之レヲ嫌フ、中立ハ両方ヨリ相談、モシ又意見ニ於テ両方ト合スル事モアリ合セザル事モアリ、然レドモ勢力ハ藩閥党ト政党トニ及バズ」と分析し、その主要人物として、伊藤、山県、大隈重信、板垣退助、西郷従道の名前を挙げている。内閣の形態については、「議会ノ事ヲモ現今ノ政体ニ於テハ考慮セザルベカラズ、又此政体ヲ維持スルノ方針ヲ以テ諸事考慮セザルベカラズ」と、議会の存在に配慮しつつ、①超然内閣では政党を利用しない限りは議会への勝算がないこと、②政党内閣では伊藤のような人物が政党に入らない限りは貴族院を通過する見込みがないこと、③連合内閣なら藩閥・政党の人選で議会を全うすること、とそれぞれ分析している。そして議会が切迫する今日において「之レヲ通過スルノ内閣ハ組織スルヲ得ズ依テ開院式ヲ御延引アラセラレ一時ノ組織成テ開院アラセラル、事当然ナリ」と結論づけている。その後、第二次松方正義内閣が発足し進歩党の大隈が外相として入閣した。

この当時、役職的には海軍大佐・砲術練習所長にすぎない威仁親王が、天皇から相談を受けながら政治や軍事についてここまで具体的な意見上奏をしていたことは、皇族が天皇の近親者として政軍両面にわたり助言を行う慣例があったことを示している。明治期の皇族は、政軍両面の要職を歴任した熾仁親王や彰仁親王といった皇族第一世代が注目されがちであるが、威仁親王のように青年期から職業軍人の道が確定していた第二世代の皇族軍人も、軍職に専念しながら、天皇との個人的・血縁的信頼関係に基づく人的結合による軍事的な輔弼を担い、天皇の軍事指導を支えていたといえる。

以上のように、天皇は省部要職者や軍事参議官制度とは別に、山県ら軍の元勲や熾仁親王・威仁親王のような皇族らに個別に下問することで、裁可の判断材料としての情報や助言を得ていた。こうした軍事的輔弼の慣例が成り立っていた背景に、彼らに対する個人的な信頼があったのは無論だが、前提として彼らが現役大将や枢密顧問官、皇族という資格を有していたことも重視されていたといえる。

（4）監軍部と陸軍紛議

ところで、明治天皇の信任が厚かった山県は、陸軍外の要職にあるときは現役大将の資格を保持していた一方、陸軍内では監軍部の長である監軍というポストに四度就いていた。一度目（一八八七年五月～八八年一二月）と二度目（八九年一〇月～一二月）は内相との兼任、三度目は第一軍司令官交代直後（九四年一二月～九六年三月、一時陸相兼任）、最後の四度目は末代の監軍（九六年七月～九八年一月）だった。[48]

監軍部とは、一八八七年の監軍部条例によって制定された、天皇直隷の監軍（陸軍大・中将から任命）のもとで「陸軍軍隊錬成ノ斉一ヲ規画」する機関である。[49] 監軍は、兵科教育を管掌する各兵監の統率と、天皇の勅命を帯びて全国各地の諸部隊官衙を点検する特命検閲使を担当していた。

特命検閲とは、一八七五年制定の検閲使職務条例で規定されたもので、当初は陸軍卿の管轄であったが、七九年の陸軍検閲条例制定により、天皇の勅を奉じた「監軍中将」が毎年各管内を検閲することとされた。検閲権が陸軍卿から天皇へと移行したのは、この当時、西郷隆盛らの死を契機に軍務に不熱心になっていた天皇に、軍首脳部が軍事行事や各部隊への親臨検閲を要請したことを契機とする。[50] 勅を奉じて行われる検閲は、統帥権を総攬する大元帥が全国諸部隊を直接検閲することと同等の意味を持っていた。

天皇は特命検閲とその執行官である監軍部を思いのほか重視していた。一八八五年五月、陸軍の基本戦略単位が鎮台制から師団制に移行した際に、監軍部（第一次）が設置された。第一次監軍部では三名の監軍が検閲と軍令執行を掌り、戦時には軍団長として機能することになっていたが、三名の監軍は任命されずその職務は陸軍卿の事務取扱となった。一方で、天皇は左大臣熾仁親王に対し、監軍は平時には置かない規定なのか、検閲使に各鎮台司令官を充てるのは陸軍卿の監軍事務取扱中のみかどうか等を下問しているように[51]、監軍が担当する特命検閲を重視していた。

一八八六年七月、大山巌陸相が監軍部条例廃止案と陸軍軍隊検閲条例、進級条例改正案を参謀本部に通告するとともに内閣に提出した。陸軍省の改正案には参謀本部が強く反発し、大山陸相や山県ら主流派も強硬に改正案を通そうとしたため、陸軍紛議と呼ばれる対立にまで発展するに至った。陸軍紛議は、これまで軍の近代化を強く主張してきた反主流派の四将軍派と主流派の山県・大山らの権力闘争である一方で、山県・大山を筆頭とする陸軍内主流派と谷干城・三浦梧楼・鳥尾小弥太・曾我祐準ら四将軍を中心とする反主流派の間における陸軍の近代化方策をめぐる対立が表出したものでもあった[52]。

陸軍省は、特命検閲のほかに、定期検閲・臨時検閲といった陸相管轄による鎮台（師団）や兵科単位での検閲を導入することで、より個別具体的な点検をできるようにした。検閲結果については、従来は検閲使たる監軍部の長が上奏していたが、改正により必ず陸軍大臣と参謀本部長にも報告することが義務づけられ、陸相らも検閲結果を得ることができるようにした。これにより、従来検閲使が名簿作成を主導していた武官進級考査について、検閲結果を受けて陸軍省が名簿を作成し、決定することにした。このように、陸軍省は特命検閲を除く検閲と人事考査権をその掌中に収めようとしていた。なお、武官進級条例については、佐官と相当官の進級は古参順とすること、尉官および相当官は、それまで学術などの試験の合格者から抜擢進級させていたものを合格者の得点如何にかかわらず古参順の進級とすることが改正の主眼であった[53]。

第一次監軍部については、当初は廃止ではなく条例の改正が検討されていた[54]。そのポイントは、第一次監軍部が有していた戦時軍団司令部機能を除外し、新監軍部に各兵科の検閲と諸学校教育を集約させ、のちの教育総監部の前身ともいうべき教育機関となることが想定されていた点にあった。しかし、この「監軍部条例改正按」を、大山陸相は四将軍を筆頭とする反主流派の排除のために提出せず、その結果、第一次監軍部を廃止する方針が固められた[55]。大山は、天皇が「新監軍部」のトップに三浦梧楼らを任命することを恐れていたのである。

こうした陸軍省の方針に参謀本部は強く反発した。参謀本部が特に重視したのは、検閲の性格の変化だった。四将軍派に近い島村干雄陸軍大尉が谷に宛てた書簡[56]では、参謀本部の意見を次のように報じている。すなわち、今回の諸条例改正案は、「結極〔ママ〕帝室の兵権を削り之を陸軍大臣の手に帰せしむるに過ぎざる」ことであるという。具体的には、①検閲使は従来通り「将官勅に依りて」任命されることで、「天皇陛下の御名代人たるを表するの我国体の上に取て最も必要なるへき事」、②監軍は「天皇陛下の為め軍政の弛張を観察して奏上するの目附役なれば、是亦我邦の国体上本省及参謀本部と鼎立せしめ置く事の必要」であること、③定期検閲において鎮台司令長官が管下諸部隊の検閲を行うことになれば、「我手で我部下を検閲する」ことになり不都合が生じること、④進級条例改正案中の士官の古参順の進級は弊害があること、の四点であった。

ここでは特に①と③に注目したい。これは、定期検閲・臨時検閲が設けられたことに対する反論である。つまり、定期検閲のような自らの管下諸部隊の検閲では公平性が担保される保障はなく、検閲は常に「奉勅検閲使」によって行うべきというのが参謀本部の考えであった。「奉勅検閲」を重視する参謀本部の考え方は別の意見書でも確認できる。参謀本部が七月三日に陸軍省に出した意見[57]では、①と関連して、特命検閲で奉勅検閲使が巡検するのは年に一度、一軍管あるいは数軍管のみであり、諸部隊は数年に一度しか検閲を受けないことになる。しかしそれは大元帥たる天皇が全陸軍の状況を常に熟知しておかなければならないという検閲条例第一条の原則に反することになると指摘している。そのため、「毎年一回奉勅ノ検閲使ヲ各軍管ニ派遣」することを求めている。参謀本部は「奉勅検閲」が毎年必ず各軍管を巡視できるように、その規模の維持拡大を要求していたのである。進級考査についても、実際に検閲で士官下士を査閲する奉勅検閲使の意見は重要であるため、奉勅検閲使による進級学術検査と三者による進級会議は廃止すべきでないと主張した。

こうした意見をみる限り、参謀本部は、軍事技術や風紀の検査のみならず、士官下士の進級も掌る「奉勅検閲」は天皇の権限において実施されるべきであり、「奉勅検閲使」は天皇の「目附役」として「軍政の弛張を観察」する監軍が掌るべきだとみなしていた。そのためにも、第一次監軍部の廃止ではなく、前述の山県私案による教育機能を集約する新監軍部設置と、従来通りの検閲正使の監軍一名とそれを補佐する副使の中・少将二名による年一度の「奉勅検閲」を希望していた。一連の改正案における参謀本部の反対論は、天皇の名のもとに行われる「奉勅検閲」が誰の手によって、いかに行われるべきかという潜在的な問題意識が表面化したものであった。

以上のような参謀本部の論理は、実は天皇にも共有されていたものだった。前述のように、監軍部長による「奉勅検閲」を重視していた天皇は進級条例改正よりも監軍部廃止と検閲条例改正の方を特に憂慮していた。七月一九日、天皇は大山と参謀本部長有栖川宮熾仁親王を召して、両条例改正案について「十分ナラザルカ条モ有之ヤニ相考ヘラレ」るため、参謀本部ともう一度協議するよう命じた。しかし、意志の固い大山は、陸相の職務上参謀本部と協議する義務はなく、参謀本部長の意見はあくまで参考程度であることを理由に、強硬に突っぱねた。ただし、大山が天皇に「検閲使之事ハ如何様致候方可然カノ旨」を訊ねた際、天皇が「只今ノ監軍部ヲ其侭ニ置キ検閲ノ時ノミ鎮台司令官其他ヨリ一人ノ部長ヲ被仰付、検閲致サセ候得バ差支ハ有之間敷トノ御沙汰[58]」を下した点は重要である。天皇は監軍部存続の意向を明確に示したのである。天皇の御沙汰を聞いた有栖川宮も陸相案に異存なき旨を答えたことにより、同二四日に両条例改正案は裁可され、第一次監軍部は廃止された。裁可に際して、天皇は大山と伊藤博文首相に対して、条例改正は「尚完全ナラザルヲ覚ユル」ので、「メッケルノ考案ヲ基礎トシ監部ヲ設置スルノ取調ヲ為シ意見ヲ上奏スルコト」を命じ、大山陸相は「メッケルノ考案」を基礎とした案と「過日来御親諭」のあった「従前ノ監軍本部ニ倣ヒタル取調書」の上奏を約した。(59) こうして、陸軍は第1項で述べたメッケル意見書をもとに、一八八七年、特命検閲と各兵科教育統轄を管掌する第二次監軍部を設置し、山県が監軍に就任したのであった。前述の軍事参議官制度が設置されたのもこのときだった。

陸軍紛議は、結局は大山陸相の強硬姿勢に参謀本部や天皇が折れたことで終止符が打たれた。政局的にいえば、これにより中央要職復帰の手がかりを失った四将軍は地方への転任を拒み非職となり、大山ら主流派の陸軍内における地位が確立されることとなった。ただし、陸軍紛議での争点は従来指摘されるような陸軍主流派と反主流派の対立という観点にとどまらず、陸軍における軍制改革や戦略的・技術的近代化推進と軍職の専門化が志向されるなかで、天皇の名のもとに行われる「奉勅検閲」＝特命検閲の意義が表面化したことも重要であった。特に天皇にとって、特命検閲は、陸軍省や参謀本部とは異なる視点から全国諸部隊の状況を把握することができ、その執行官である監軍部は多角的に軍の情報を入手するための重要な経路だった。そのため、陸海軍省部のみに依存せずに軍統制を行いたい明治天皇にとって、監軍部を廃止する案などとても許容できるものではなかったのである。明治天皇は、陸軍紛議によって支持していた四将軍派を失い、人事権も陸軍省に回収されたことで、直接的な軍のコントロールを封じられた。(60) ただし、天皇は特命検閲を担当する監軍部の機能を残置させることによって、軍の情報入手経路を確保しようとしたといえる。

天皇の強い意向により再設置をみた監軍部であったが、その存在意義には当初から疑問や批判もあった。各兵科教育は陸相管轄下にすべきという陸軍内の意見(61)や、監軍部は実質的には老将優遇ポストだというのがそれである。(62)

特に後者については、ドイツで普仏戦争の功労者を処遇するために設置された歴史もあり、平時に連邦内の軍団の奉勅検閲を管掌していたドイツ監軍部[63]と同様、「人の為に官を設けたるもの」であるという批判[64]が根強かった。

(5) 日清戦争の戦争指導体制

一八九四年七月の豊島沖海戦を端緒として、日本は清との戦争に突入した。日本にとって初の本格的対外戦争を迎えて、明治天皇はどのような戦争指導体制を志向していたのだろうか。ここでは、明治天皇の戦争指導と軍事的輔弼の慣例との関係性から確認しておきたい。戦争指導体制としてまず挙げられるのは、前述の戦時大本営条例に基づく大本営設置であろう。六月五日に大本営が設置され、七月一七日に大本営御前会議が初めて開催された[65]。天皇はその構成員として、参謀総長・海軍軍令部長・参謀本部次長・陸相・海相・陸軍監督長・陸軍軍医総監・参謀本部第一局長・同第二局長・海軍軍令部第一局長ら規定の参会者のほか、前述の山県枢密院議長・近衛師団長小松宮彰仁親王・大生定孝大本営副官・伊集院五郎海軍軍令部第二局長を列席させ[66]、七月二七日の大本営会議から伊藤首相にも参加を命じた[67]。天皇は従来伊藤を信頼しており、文官であるにもかかわらず軍事に関する下問を行っていた経緯[68]があった。このように、山県や小松宮、伊藤など、参謀本部・海軍軍令部の当局者に限らず、自らが信頼を寄せる人物を大本営に列席させたことからは、天皇がそれまでの軍事的輔弼の慣例を活用しつつ、大本営を構築しようとしていたことがうかがえる。なお、山県は第一軍司令官更迭後、天皇から熾仁親王への下問を経たうえで[69]、大本営列席が命じられている。

戦争指導に必要不可欠な軍事情報伝達・意思決定システムについては、佐々木雄一氏の研究が参考になる。佐々木氏によれば、天皇は積極的な軍事情報収集を目指して、廣幡忠朝侍従試補（陸軍中尉）を軍に派遣したほか、御前会議を週二回に設定させた。これにより、天皇は軍から得た情報を伊藤と積極的に共有し、伊藤も天皇や熾仁親王と連携することで、軍の調停者として統一的な戦争指導が可能となったという。[70] 確かに伊藤は天皇からの軍事事項に関する下問に対して、熾仁親王に意見を確認したうえで奉答していた。[71]

こうした見解から、天皇と参謀総長である熾仁親王との間の意思疎通が密だったことも指摘できる。[72] 朝鮮情勢が切迫しつつあった一八九四年六月以降、熾仁親王の拝謁は六月に八回、七月に八回、八月に七回、九月に五回、一〇月に一回、一一月に九回確認できる（一二月は〇回）。一〇月にいったん拝謁回数が減少するのは、九月に大本営が広島に移転し、同一七日以降ほぼ毎日御前会議が開催されるようになり、熾仁親王も御前会議に毎日列席していたため、天皇と直接意思疎通を図る機会が増えた結果であろう。拝謁とは別に、徳大寺を媒介とした意思疎通を例にとれば、六月は徳大寺と熾仁親王が四回面会、書簡も四通発送（いずれも徳大寺からの行動）しており、徳大寺を媒介とした天皇と熾仁親王の接触が増加している（五月の徳大寺との接触は書簡一通のみ）。また、廣幡侍従試補も一回訪問している。七月は徳大寺と八回面会（徳大寺の訪問は七回）・徳大寺書簡六通・廣幡一回訪問、八月は六回面会（徳大寺訪問は五回）・書簡二通、九月は五回面会（徳大寺の訪問は四回）といった具合である。九月の御前会議が常態化すると、拝謁と同様、徳大寺の訪問や書簡が極端に少なくなる（一〇月は訪問一回・書簡一通のみ）。一一月一四日以降、熾仁親王が病気のため不参日が増加すると、訪問一回・書簡三通（一一月全体としては五通）、一二月は訪問四回・書簡一通と、徳大寺を媒介とした接触が再び増加している。

こうした軍事情報伝達システムのなかで注目すべきは、戦時中の軍からの情報収集や下問を、日清開戦に合わせて設置された侍従武官ではなく、徳大寺や廣幡といった、天皇が以前から信頼する特定人物に担わせていた点である。侍従武官については、大澤氏も指摘するように、一八七〇年代から陸軍内において、天皇の参謀としての情報伝達機能に加え将校人事を天皇直轄とする軍事内局とセットでたびたび構想されていたが、なかなか実現をみなかった。これは、①侍従武官の構成を陸主海従か陸海対等にするか、という陸海軍「協同一致」をめぐる調整が困難だったこと、②宮中に武官を入れることに対する宮中勢力の反対、③天皇の消極性などの理由によるものだった。[73] しかし、実際に戦時の侍従武官が設置されると、天皇の信頼を得たためか、日清戦後の九五年八月、平時においても侍従武官を設置することが認められている。[74] これにより、天皇への情報伝達回路は確保された一方、天皇が意思決定プロセスの一環として重視する軍要職者への下問は、従来通り徳大寺が担っており、侍従武官長が行った事例は確認されない。宮内公文書館所蔵の「侍従武官日誌」を通読すると、侍従武官は陪従や天皇の御沙汰による御差遣などのほか、日常的に軍から提出された電報や諸書類を奉呈、状況説明を行うなど、軍事情報の集約化という点では機能していたことがうかがえる。ただし、侍従武官への下問は少なく、下問したとしても奉呈された事項に関する追加情報を要求する程度にとどまっていた。表1─3は「侍従武官日誌」から判明する天皇による侍従武官への下問を一覧にしたものである。件数でいえば、侍従武官府設置直後の九六年が最も多い（一六件）が、これは当時の台湾で行われていた匪賊との戦闘状況など、台湾に関する情報を求める下問が比較的多かった。その他の年になると下問数自体が減少し、特に日露戦争中の下問は確認されていない。「侍従武官日誌」には侍従武官長への下問が記載されていないことには留意しなければならないが、天皇は侍従武官に対して軍事情報の集約化を期待する一方、軍事事項の裁可については、信頼の深い徳大寺を媒介とする従前のスタイルをとっていたといえる。

以上のように、天皇は、従来の信頼・血縁関係による紐帯に基づく軍事輔弼体制の慣例を、日清戦争における軍事情報伝達・意思決定システムにも応用して、戦争指導を乗り切ろうとしていたといえる。

（6）日清戦後の軍制改革

さて、日清戦後、陸軍では一三個師団体制への軍拡が遂行されると同時に、増加した師団を統括するための高等軍司令部の再編を含む軍制改革も課題となっていた。戦時に必要となる高級将官を平時から確保するため、一八九

表1-3　明治期の侍従武官府への下問一覧

年	日付	下問内容と奉答内容
1895	10/9	8日の朝鮮国京城事変に関して下問。 川島令次郎武官を参謀本部に差遣，午後8時復命奉答。
	10/29	近衛師団長北白川宮能久親王危篤の報あり，容体に関して下問。 川島武官，石黒忠悳軍医総監から危篤前の容体電報2通を持ち帰り復命。
1896	4/25	仁川碇泊の外国軍艦の数，国別艦名について川島武官へ下問・取調奉答。
	4/27	釜山碇泊の外国軍艦の数を下問，川島大尉が国別艦名を取調奉答。
	4/28	長崎在泊外国軍艦の数を下問。
	6/12	第4師団戦死将校下士卒の人員について川島武官へ下問，翌13日陸軍省より人員表を提出・奉答。
	6/13	軍馬補充部位置につき下問・奉答。
	6/19	目下台湾にある患者数を下問。 6/6に石黒忠悳軍医総監より報告の数を奏上し，最近調査の分を報告すべき旨を照会，21日奉答。
	6/25	各牧場における種馬の種類および何地産のものが最も多いか下問，27日奉答。
	6/26	台湾派遣中の軍艦につき下問・奉答。
	7/5	沖縄分遣隊の事につき下問・奉答。
	7/23	暴徒の襲撃により殺害された朝鮮国電信線守備・保護配備の人員について下問，29日中村覚武官が奉答。
	7/25	航海中の軍艦名と佐世保舞鶴間の海上の里程を下問・奉答。
	8/14	土匪蜂起により戦死・負傷した将校人名を下問・取調奉答。
	9/3	台湾守備隊患者概表について下問・奉答。
	11/6	台湾派遣及朝鮮沿岸碇泊の軍艦名を下問・奉答。
	11/9	仁川碇泊の軍艦名を下問・奉答。
	11/19	清国諸港在泊外国軍艦の有無を下問・取調奉答。
1897	3/9	横須賀港より舞鶴港までの距離と朝鮮国沿岸に碇泊の内外国軍艦名を下問・取調奉答。
	3/17	台湾沿岸碇泊の軍艦名と佐世保港中城湾間の距離を下問・取調奉答。
	12/3	軍艦扶桑引き上げの状況と赤城停泊地について，有馬良橘武官へ下問・取調奉答。
	12/13	大機動演習を陪覧した韓国人は何名か下問。 佐々木直武官が将校3名，下士3名，通訳官1名，通弁1名の計8名と奉答。
1902	2/3	八甲田山遭難事件につき，青森からの報告到達の有無を下問。 陸軍省に問い合わせたが何の報告もなしと奉答（2回）。
	2/7	八甲田山遭難で発見された歩兵銃はどこにあったものか，その後の遭難者の発見はないかどうか，青森へ差遣中の宮本照明武官へ尋ねよとの沙汰。青森の宮本武官へ電報。
1903	1/29	旅団司令部条例改正と徴兵管区変更，第6・12師団管区の一部変更，野戦砲兵操典および同射撃教範改正の件について下問，武官長奉答。
1911	5/20	夜に海岸方面で時々発生する砲声について下問。取調の結果，軍艦高千穂による横須賀附近での夜間演習実施中の旨奉答。
	8/20	皇太子殿下御召艦は本日何時函館に到着する予定か下問，海軍省宿直将校に問い合わせ奉答。
	9/11	室蘭横須賀間の海里数について下問。
1912	6/17	かねて下問の分列式喇叭譜について。上田兵吉武官が軍楽隊楽譜および歌（扶桑歌抜刀隊）を添えて言上。

出典）「日清戦争陣中日誌」（宮：35454），「侍従武官日誌」明治30年～大正元年（宮：35455–35472）より作成。

註）「侍従武官日誌」では日誌凡例として，天皇の下問を記載することになっていた。

六年四月都督部の設置をみる。都督部は三か所に置かれ、天皇直隷の各都督（陸軍大・中将）は、所管内の防御計画や共同作戦計画への参与が主要任務とされた[75]。具体的には、所管内各師団の動員監視、教育斉一、所管内諸団隊の検閲があり、戦時には軍司令官を務めることが想定されていた[76]。しかし、ここで監軍部の改廃問題が浮上する。これは、都督部の権限が参謀本部や監軍部と重複するという批判が陸軍部内にあり、特に平時の教育錬成が監軍部と重なるきらいがあったためである[77]。事実、児玉源太郎陸軍次官を中心として監軍部廃止が模索されており[78]、具体的には、監軍部の教育錬成権を陸軍省の下に新設する教育総監部に移すという構想が練られていた[79]。

しかし、この問題に関しても天皇の強い意向があり、監軍部は廃止されなかった[80]。都督部設置にともない陸軍軍隊検閲条例の改正をみるも、天皇は特命検閲使たる監軍と都督との職務上の権限差や上下関係について、たびたび陸軍省に下問していた。例えば、①都督に特命検閲使を担当させることはあるのか、②都督が数個師団を招集して特命検閲使の検閲を受けるのか、③特命検閲使による検閲の際には、所管の都督が検閲に立ち会い都督が出した訓令などを検閲使に説明をすべきではないか、などが天皇の主な疑問であった。こうした下問からは、監軍による特命検閲が都督検閲より上位にあるという天皇の認識がうかがえよう。監軍部は自らの存在意義を「其官名ノ如ク皇帝陛下ノ耳目ト為リ全軍ヲ監シ特ニ軍隊錬成ノ斉一ヲ規画スルモノニシテ即チ特命検閲ヲ監軍ニ命ゼラル」と表現していたが、特命検閲によって全国諸部隊の情報を得ていた天皇にとっても同様の認識だった。しかし、戦時軍司令部を想定した都督部が設置された以上、権限が重複する監軍部が両立しがたい状況になったことも事実であり、その改廃が時間の問題となる。こうした日清戦後の軍制改革のなかで浮上してきたのが、元帥府構想だったのである。

二　元帥府の設置・運用と陸海軍対立

(1) 元帥府構想の浮上と設置過程

一八九七年一〇月一四日、参謀総長小松宮彰仁親王は次のように上奏を行った。管見の限りでは、これが元帥・元帥府構想の初出例となる。

陸軍監軍ヲ廃シ陸軍省ニ監軍部ヲ置クコト、軍事高等顧問府ヲ置ク事、三都督部下ニ監軍ヲ置ク事、将官ノ三級ヲ四級トシ大将ノ上ニマルシャルノ官ヲ設クルコト。之ハ軍功抜群ノ将官ヲ任ゼラルヽノ処トス。小松宮ノ御考案ナリ。
今度山路〔地〕都督薨去ニ付後任黒木中将、河上〔川〕参謀次長故参ニ適当スルニ付、総長辞退次長へ御譲与被成度御趣意奏上相成、尤即今ニテハ無之、九州演習了帰京後願出ノ思召ノ由ナリ。皇族ノ身分軍事ニ従事スルハ当然儀参謀総長辞職ニ相成リナバ関係重大ニ付、容易ニ辞表不出様注意スベシ、又参謀次長ヲ進級セシムルニハ他ニ良策モアルベシ、小松宮へ御使参上委曲申述了。(81)

史料中の注目すべき点は、①「陸軍監軍」の廃止と陸軍省内への「監軍部」設置、②「軍事高等顧問府(82)」の設置、③階級としての「マルシャル」つまり元帥設置、小松宮の参謀総長退任と後任に川上操六参謀次長推挙、の三点である。

①は監軍部廃止と教育総監部設置を指すが、そこには監軍専轄の特命検閲使を誰が担うかという問題が伏在して

いた。のちに元帥府条例が上奏された際、天皇は「特命検閲は一年一ヶ度、或は隔年なるや。元帥両三名なれは東部、西部に分れ検閲するや[83]」と山県に下問したように、元帥が特命検閲を行う点に重きを置いていた。

②の「軍事高等顧問府」設置は、特命検閲を担う高級将官確保と同時に、山県ら現役大将への下問を制度化する側面もあったと思われる。山県の元帥副官だった大島健一の回想[84]によれば、天皇は先任大将の山県への下問を慣例とし、山県は自らの意見を奉答していたが、その奉答の多くは大山と小松宮への協議を経たものであった。日清戦後にはその下問も多くなったため、陸海軍長老の意見を奉答するための「何事カノ制度」の構築を志向し、欧州の諸制度を参考に元帥の官等と軍事顧問府を置くことになったという。

天皇への奉答の制度化が図られた背景には、③と関連して陸軍内の世代交代問題があった。小松宮の参謀総長退任希望の理由は、川上より中将序列下位の黒木為禎が西部都督に就任することで、補職上の序列が逆転することに関連していた。川上と同世代の桂も元帥府設置直前、第四次伊藤内閣の陸相に就任したが、そこで顕在化したのが山県らの処遇[85]であり、特に小松宮の処遇が懸念されていた。これは、小松宮の上奏に対し、天皇が、皇族の軍務従事は「当然儀」として慰留したように、皇族が軍の重職に就かないことは想定されていなかったからであろう[86]。陸軍内の世代交代に対応して元勲級大将を現役に留置するために、慣例的に行われていた天皇への軍事的奉答を制度化し、併せて特命検閲使の確保を含意した「軍事高等顧問府」設置を想定していたのではないかと思われる。

小松宮の上奏後、山県は元帥府条例作成に着手するが、そこには伊藤の関与も垣間見える。山県と伊藤は監軍部廃止について協議しており[87]、元帥府構想の流れも把握していた。既述のように、天皇の軍事的下問に対応できる制度の構築は伊藤のスタンスと合致するものだったが、伊藤は無条件で元帥府設置を認めたわけではなかった。その一端を示す例として、伊藤が山県起案の元帥府の詔勅を修正していた事実が挙げられる。山県は詔勅草案に「今宮中ニ元帥府ヲ置キ平戦両時ニ於テ勲労アル者ヲ撰ビ之ニ列セシメ、以テ功臣ヲ待ツノ道ヲ明カニセシム[88]」という文言を盛り込んでいたが、伊藤はこれに手を入れ、正式な詔勅とほぼ近い案に修正した[89]。山県原案は文武の「功臣」を元帥府に列するとの漠然とした書き方であるのに対し、伊藤修正案は「朕ガ軍務ノ顧問タラシメ」と、元帥が軍事上の最高顧問たることを明記し、その範囲が軍務に限られることを明確にしている。また、元帥の宮中席次について山県は席次一位の大勲位の下位、二位の首相の上位とすることを主張していたが、伊藤が天皇から下問を受けたあと[90]、元帥席次は首相の次席に位置づけられた。元帥府設置後の一月二七日に黒田清隆枢密院議長の席次が首相と元帥の間に設定されたこと[91]を踏まえれば、伊藤は元帥が首相・枢密院議長より下位になるように牽制したと思われる。伊藤は山県の処遇を考慮し軍事顧問機関創設を認める一方で、それが軍務面以外に影響しないように配慮していたといえる。

ただし、権限が不明確な元帥府には、当初から陸軍内部からも批判が寄せられた。例えば、「某将校」は、山県らの現役留置の必要性は認める一方で、平時の陸相・参謀総長の権限に、軍事顧問機関が干渉する恐れを指摘していた。軍事顧問機関ではなく「今の監軍部を拡張して数名の監軍を置き元老を以て監軍に補し以て大元帥陛下の親ら執らせ給ふ軍隊視察の事を特命し給ふの制」として、前述のドイツ監軍部のように特命検閲専轄機関にすれば、「毫も弊害なくして而も現状に処する」ことができるという[92]。つまり、元勲級大将を優遇するならば現行軍制に抵触しない制度にすべきという主張であった。

元帥府の特殊な制度設計は、小松宮が当初想定していた元帥の階級制が、称号制に置換されたことにも大きく影響を及ぼしている。この措置は、当時の陸軍武官進級令上において歴戦者のみ進級可能と規定されていた大将の階級としての比重を低下させないためだった。元帥府設置後の七月、大将進級の要件として歴戦者の資格だけでなく停年年限を導入すべき（一定期間中将を務めれば大将進級を認める）という議論[93]が起こった際に、天皇は元帥府に諮詢している。七月二八日、四元帥は連名で「中将ノ大将ニ進ムハ歴戦者ニ限ルヲ可トスルノ議[94]」を奉答した。奉答では、大将進級資格は従来通り歴戦者に限るべきとし、その理由は大将適任者がいなくとも「軍制上一モ故障」ないためであった。また、元帥府は階級ではなく「老将」優遇のための措置であり、現行制度では大将が最高階級であることに変わりはないと断言する。つまり、元帥は老将優遇という側面が強く、歴戦者のみが選抜されるべきという大将との権衡上、軍制上に影響を及ぼす階級制ではなく、称号制にとどまったと考えられる。

こうした軍当局側による曖昧な制度設計とは裏腹に、天皇は元帥府に対して文字通り「軍事上ニ於ケル最高顧問」としての価値を見出しつつあった。一八九八年一月一二日、首相就任直後の伊藤から元帥府条例案を上奏された天皇は、「条例第二条に最高顧問とあり、平時には格別諮詢の事無らん。凡何々の点なるや」、「従前軍事参議官之審議に被付候条件の内重要事件は元帥府え諮詢せらるゝや」と山県に下問[95]しており、元帥府が軍事参議官制度に代わる顧問府だという認識があったと思われる[96]。軍事参議官制度は元帥府設置後も存続するものの、その審議は将校人事関係が中心となる[97]。また、天皇は山県に「元帥は他の職務を兼ね仮令は海軍大将か元帥府に入らは海軍大臣を兼ねる如き事然るべし」と、元帥が必要に応じて陸海軍の要職を兼ねることができるように求め、さらに「現時の軍政と成べく疎隔せざる様御考案相成度[98]」というように、元帥が現陸海軍当局と密接な関係を維持するよう求めていたのである。

このように、元帥府設置に際して陸海軍当局が軍制に抵触しない曖昧な制度設計を試みたのとは対照的に、天皇が軍事顧問機関として元帥府に寄せる期待は大きかったといえる。以上の過程を経て一八九八年一月一九日、元帥府条例が首相・陸海軍両相の副署をともない裁可された。元帥府の設置により、天皇を従来支えてきた個人的・血縁的な信頼関係によるネットワークは、職掌範囲などが極めて曖昧ながらも一応の法的根拠を有する制度として具現化したのである。

（2）元帥府の性格と運用

ここでは、元帥府の実際の機能を検討し、その性格を考察したい。まず注目すべきは、元帥府はあくまでも天皇に個別に意見を上奏しうる、元帥個人の集合体であったという点である。なぜなら、元帥府だけでなく元帥個人への諮詢も当然あったからである。史料上は依然として山県への諮詢が多い。例えば一九〇三年三月の陸軍大学校条例改正については、元帥府ではなく山県個人に諮詢した。陸軍大学校は大山参謀総長の管轄下にあったため、天皇は山県に諮詢するとともに、必要があれば山県の判断如何で大山にも案件書類を回付するように命じた[99]。天皇としては、大山が元帥でありかつ参謀総長という「二重性」のため、元帥の資格で諮詢するべきか迷っていたのである。また、軍当局から正式に上奏されていなかった事項は、元帥個人へ下問されていたことが確認できる[100]。表1－2をみても、元帥府への諮詢とは別に山県を中心として下問がたびたびあることがわかる。元帥は、必ずしも元帥府という組織的枠内にとどまらない性格を有していたといえる。国務上において内閣が単独輔弼の国務大臣からなる合議体だったのと同様に、条例上明確な職務規定のない元帥府もまた単独意見上奏が可能な元帥の集合体であったことを指摘しておきたい。

それでは、元帥府は天皇からの軍事的諮詢にどのように対応していたのか。天皇の御手許書類「内大臣府文書」所収の「元帥府内規」[101]をみておこう。内規には、「一　毎火曜日両名参内之事、但不参之節ハ内大臣充〔ママ〕届書差出之事。一　諮詢之件有之トキハ不参之人々へ通知之事。一　旅行之節ハ其日数旅行先等内大臣宛届出事」との規定がある。元帥府は諮詢の有無にかかわらず毎週定期的に参集し活動していたことがわかる。右の内規では毎週火曜日とあるが、実際には毎週金曜日を参集日と定め、宮中で会議を開いていた[102]。

ただし、右の内規とは別に、「大山巌関係文書」（以下「大山文書」）にも「元帥府内規」[103]が残されており、内容の一部異同が確認できる。具体的には、①諮詢については「府議相開キ討議講究之上決定之意見上答」すること、

②諮詢がある場合は侍従長か侍従武官長から元帥府の副官に伝達すること、という二つの条項が追加されていた。

①の「府議」に関する条項は興味深い。元帥府への諮詢があった場合は会議により「討議講究」して奉答するとされている。また、「事件之軽重」によっては出張先に当直副官を派遣して「協議之後上答」することが記載され、「重要之事件」の場合は旅行中の者も招集したうえで「府議」を開くことになっていた。いずれの場合でも各元帥が何らかの形で協議した結果を奉答することが明記されていた。さらに、「議論多岐ニ分レ一致協合セザル時ハ其異見者ヨリ上申セシムベシ」とも規定されているように、元帥間の協議でもし意見の一致をみない場合は「異見者」からも少数意見が上奏されるようになっていた。このように、「大山文書」版「元帥府内規」は、元帥府での「府議」を定めた点で注目されるが、残念ながらこれが正式案となったのかは定かでない[104]。少なくとも天皇に捧呈されたのは「内大臣府文書」版の内規しか確認できないため、「府議」条項は大山による独自案だった可能性も考えられる。元帥から「異見」が上奏された事例は管見の限りでは確認できなかったが、後述のように参謀総長としての大山は、参謀本部の権限を主張する場合など、山県らと意見を違えることもあった[105]。天皇が元帥府への諮詢を積極的に行う意思を示していたことに鑑みれば、従来山県に慣例的に行われていた下問について、大山が元帥府設置に際して、「府議」で審議し、少数意見が排除されない合議の枠組みの構築を目指した可能性もあるのではないか。いずれにせよ、元帥府は必ずしも「異見」を排除せずに、多面的な意見を奉答して天皇の判断に任せる議事システムが志向されたことは間違いないだろう。

次に前掲の表序-2をもとに元帥府での具体的な審議事項を確認しておきたい。なお、前述のように元帥府では毎週会議が開かれていたため、審議事項は特命検閲[106]をはじめ、ほかにも多くあったと推察される。日露戦争前に着目すると、陸軍平時編制改正など、従来軍事参議官が審議していた「軍制」事項が元帥府へ諮詢されるようになっているのがわかる。その諮詢はまず山県へ伝達され、山県を通して奉答される例が多い。元帥府の奉答は必ずしも

「異見」を排除しないものであったが、実際には前項でみた「中将ノ大将ニ進ムハ歴戦者ニ限ルヲ可トスルノ議」のように、四元帥全員一致の奉答がなされた例が複数確認できる。元帥個人への諮詢とは異なり、元帥府への諮詢は、天皇が元帥個人だけでなく、元帥全員の合議による意見を求め、山県を中心に全員一致の奉答を求めたことが慣例化していたといえる。そのほか北清事変関連や対露問題などの外交事案も元帥府で審議されていた。前者の場合、正式な諮詢は確認できないが、一部兵員の引揚計画を参謀総長が上奏する前に、山県により元帥会議に付された事例が確認できる。[107] 後者の場合、一九〇一年四月五日の元帥会議で、満洲問題と韓国中立化をめぐりロシアとの外交的緊張が高まるなかで、ロシアへの抗議を主張する加藤高明外相を招致して意見聴取をしている。[108] このように、実際の軍動員と連関する外交上の重要事項について、諮詢の有無にかかわらず、裁可前に陸海軍間の意見調整が元帥府で行われていたようである。

しかし一方で、元帥府による奉答が陸海軍省部の意見と衝突することもあった点は注目される。一八九八年七月に諮詢された、陸軍の「戦時及平時団隊編制」改正が最も重要な一例となる。天皇は、砲兵編制について新式の砲が出来てから改正すべきこと、騎兵連隊は九六年に改正編制されたばかりであるにもかかわらず、大隊に編制替えすることは「変革頻繁に失するの嫌なきか」という疑念から、平時編制改正案を元帥府へ諮詢した。[109] 元帥府での「府議」を経て八月四日に四元帥連名の奉答書が天皇に提出された。奉答書では、結論自体は陸相・参謀総長の上奏による改正案が「採用スベキ価値アルモノ」と認めるが、[110] その「価値」の内容は陸軍省・参謀本部の認識とは一部相違していた。例えば、歩兵中隊人員削減については、目下の重要課題である第七師団完成のために中隊人員を削減し、のちに財政の許す限りで再び増員すべきというものであり、元帥府の奉答書は総論賛成、各論反対の内容であった。

元帥府奉答書に接した陸軍当局はその主張に危機感を示し、八月一三日に桂太郎陸相と大山巌参謀総長との間で連名の覚書が作成・交換されている。[111] 覚書作成の理由は「御諮詢ニ対スル元帥ノ奉答ニ少シク了解セザル所アリ、之ガ為メ今般ノ平戦両時軍隊編制改正ノ主旨ニ他日誤謬ノ生ゼシコトヲ慮リ、大臣総長ハ其改正ハ全ク御裁可相成可然理由書ノ精神ヲ以テ改正シ、且ツ他日ノ希望ヲモ明証シ置ク為メ」であった。このように、元帥府による奉答は必ずしも当局の上奏にお墨付きを与えるような性質ではなかったのである。天皇は、疑問を持った事項について元帥府や元帥個人に諮詢するだけでなく、陸海軍省部と相反する元帥府の奉答を受理するなど、陸海軍省部に対して自らの意思を示していた。

さらには、大山が元帥府奉答書と、桂陸相との覚書の両方に署名している点なども注目される。前者には元帥として、後者には参謀総長として、相反する意見を奏上していたといえる。大山は元帥府では参謀総長としての意見を呈することはなかった。単独上奏が可能な元帥からなる合議体である元帥府では、その「府議」には議事はないものの、実質的には元帥全員による奉答が慣例化していた一方で、各元帥が別の資格で奉答とは異なる見解を示す可能性もあった。このような元帥府が抱えた問題は、次項でみるように、防務条例改正をめぐる陸海軍間の対立により、一気に露呈することになる。

（3）陸海軍対立と元帥府――防務条例改正問題

一八九五年一月制定の防務条例は、東京と海岸防御・要地防御のための陸海軍協同作戦の指揮や任務を定めたものである。[112] 東京近辺の防御は、陸軍大・中将から任用される東京防禦総督が、陸軍の東京湾要塞司令官・師団長と海軍の横須賀鎮守府司令長官を統轄し、計画指揮を行うこととされていた。九九年一月、山本権兵衛海相は桂陸相に対して防務条例の改正を提議した。海軍は鎮守府司令長官が海上での作戦を統理する職責上、東京湾口と横須賀の防御に関して東京防禦総督の指揮を受けるのは不利益だと主張し、両地域の防御について鎮守府は東京防禦総督の指揮命令系統から外れるべきだと主張した。[113] 海軍は横須賀鎮守府が東京防禦総督の統轄下に置かれることに反発を示したのである。

海軍は同時に戦時大本営条例改正も提議した。その趣旨は、陸軍出身の参謀総長が大本営の幕僚長として戦時の陸海軍協同作戦計画を統括するという従来の規定に対して、その統括者を参謀総長ではなく「特命ヲ受ケタル将官」に改めることにあった。つまり、海軍軍令部長に対しても大本営の幕僚長となる可能性を広げることで、一八九三年の改正案と同様に、海軍軍令部長の地位を陸海両軍の国防計画を管掌する参謀総長と実質的に対等にすることにその狙いがあった。海軍は防務条例改正と同時に海軍軍令部の参謀本部との対等化を実現しようとしたのである。[114] 当然、陸軍は海軍提出の両改正案には反対したため、[115] 陸海軍当局間で協議された。ここでも、桂陸相と山本海相との間で戦争指導における陸主海従の是非をめぐる論争が繰り広げられた。三度におよんだ両者の論争では、参謀総長と海軍軍令部長の職掌論や戦略論など多岐にわたる論点が提示されたが、[116]「協同一致」の論理も一つの焦点になっていた。陸海軍の作戦計画は平時より一人の幕僚長が計画すべきという従来通りの見解をもって反対する桂陸相に対して、山本海相は「戦時作戦ノ大計画ハ勿論平時ヨリ確定スル必要」があるため、陸軍の参謀総長と海軍軍令部長が存在するが、戦時には両者とも「帷幄ノ機務ニ参与シ必要ニ応シ協同シテ陸海軍大作戦ノ計画ヲ為スニ於テハ別ニ単一ノ参画責任者ヲ置ク必要ナ」いという。ただし、陸海軍間の「一致ヲ欠クノ場合アルコト」も想定して「陸海両当局者ノ意見ヲ調和シ若シ裁断シ得ルノ徳望才能及決断ヲ有スル人ヲ臨時ニ大本営ノ幕僚長ニ仰ギ天皇ニ対シ参画ノ責ニ任セシメントス」るために、臨時特命を受ける将官が幕僚長たるべきだと主張していた。[117] 海軍は、陸海軍の協同作戦策定における意見不一致の可能性という、陸軍が従来提唱してきた「陸主海従」に基づく「協同一致」とは逆の論理をあえて挙げることで、大本営における参謀総長単独体制を批判するとともに、平時における職掌に差異がない参謀総長と海軍軍令部長の対等化を主張したのである。

しかし、当局間協議はまとまらず、海軍は一一月に両条例改正案を帷幄上奏した[118]。明治天皇は戦時大本営条例改正案を保留し、一二月に防務条例改正案のみを元帥府へ諮詢[119]、翌年三月五日には山県が四元帥連名で奉答書を呈し、陸海軍当局が「具に諮議」するよう奏請した[120]。その要点は、東京防禦総督部廃止に代わり横須賀鎮守府と要塞司令部を統括する東京湾防禦司令部を新設し、参謀総長と海軍軍令部長の区処を受けつつ東京湾口と横須賀防御の計画指揮を管掌することにあった。

天皇の「各元帥上答ノ如ク御取極ノ思召[121]」により、元帥府提議の右の条例案が陸海軍両大臣に下付され、詮議が命じられた。その後も防務条例改正にともなう東京防禦総督廃止について、元帥府でさらなる討議が続けられたようである[122]。七月には海軍が修正案を提出し[123]当局で協議が進められた結果、一〇月までに防務条例修正案が陸海軍両大臣の連署で上奏された[124]。

ところが、この段階で一つの問題が生じた。陸海軍両大臣上奏の改正案が「先達而元帥上答ノ旨趣ト相違スル間ニ付此儘御裁可ナリ難」い状況に陥っていたのである。その理由は、第一に実際の改正条例[125]に東京湾防禦司令部設置案が盛り込まれていなかったからである。これは横須賀鎮守府司令長官との権限関係が不明確だったので、おそらく海軍の反対により廃案になったと思われる。第二に防務条例改正にともなう平戦両時編制の策定について元帥府と陸海軍当局の間で意見の相違があった。元帥府奉答の改正案では条例自体は平戦両時に適用されることが明記されていた（第二条）が、戦時指揮官とその幕僚部の編制については盛り込まれていなかった。一方で、改正条例では戦時指揮官と幕僚の任命手続きが明記されていた（第八・九条）。天皇は当初「山県元帥上奏ニハ平時編制ノミニシテ戦時編制ハ事ニ臨ミテ編制スルコトニ相成、先ヅ平時編制ノミ御裁可可然旨」というように、元帥府奉答を重視していたことがうかがえる。しかし、桂陸相にも意見を尋ね「平戦時トモ平常ニ定ラレザレバ事実ニ於テ支障ヲ生ゼザルヤノ御疑」を抱いたようである[126]。このように、防務条例改正をめぐって元帥府奉答と陸海軍当局の修正案とが矛盾する事態が発生し、天皇は下問を重ねつつ、より慎重に対応しようとした。

さらに、この過程で問題視されたのは小松宮の行動だった。徳大寺は日記に次のように書き残している。

小松宮へ元帥府へ諮詢ノ件ニ付御意見アラバ元帥会議ノ席ニテ御討論ナサレ候方殿下ノ御趣意ヲ各元帥承知ニ相成シカルベク、陛下内々御奏上被成候テモ各元帥ハ承ラズ、殿下ニハ御賛同ノ事ト心得行違ヒ候テハ不宜、皇族ノ筋ニテ御参考ニ奏上ノ訳ニハ之アルベキナレドモ、矢張会議席ニテ御意見被演候方至当タルベク存ゼラル。[127]

この記述が示すように、小松宮は「元帥会議ノ席」で議すべきところを、皇族ということで自身の意見を直接天皇に上奏するという単独行動をとりがちだったようだ。元帥は単独で意見を上奏することも可能であったが、元帥府への諮詢事項は「元帥会議ノ席」での議論を通すべきと徳大寺は認識し、天皇もまた同様の認識だったと思われる。小松宮だけでなく、大山も独自意見を有していた。一二月、大山が山県に「防務条例ノ件ニ就キテハ目下小官モ研究ノ上多少ノ意見アリ、小松宮殿下ト御会見ノ節決定議ヲ下サレザル様ニ被致度」と要請する一幕もあった。[128]山県が小松宮との合議だけで「決定議」を下さないように釘を刺したのだろう。これ自体は「府議」ではないが、各元帥が独自意見を有するために、元帥間の意見統一が一筋縄ではいかなかったことを示唆している。一九〇〇年一二月二九日、当局の防務条例案は裁可され、翌年一月公布された。

以上のように、防務条例改正問題をめぐり元帥府は二重の意味での矛盾を露呈した。第一に陸海軍当局との意見相違の可能性である。元帥府の奉答は必ずしも省部の意見と合致するわけではなかった。この意見の懸隔は、実務を担う軍当局にとっては悩ましい事態だった。元帥府設置当初に予想されていた陸海軍当局と元帥府との間の対立が現実のものとなったといえる。こうした事態は「協同一致」を大原則とする陸海軍当局において特に問題視され、次章で取り上げる元帥府条例改正の動きにもつながっていく。第二は元帥府内の合議の脆弱性である。内規上は「異見」も排斥しないこととされたが、実際には元帥全員での奉答が慣例化していた。しかし、ときには元帥府の奉答とは別に単独意見が表出することもあり、先任として奉答を取りまとめる山県が意見統一に苦慮していたといえる。陸海軍間対立という事態において、元帥府がその限界を露呈したことで、陸軍内では元帥府を中心とする軍事輔弼体制を再編しようとする動きが出てくる。

三　軍事参議院の設置と元帥府改革構想——軍事輔弼体制再編の試み

（1）軍事参議院設置構想の台頭

一九〇一年四月、徳大寺は岡沢精侍従武官長からの話として、「児玉陸軍大臣談話ノ要領」を日記に書き留めた。

> 検閲条例改正ノ事。軍事参議官廃止ノ事。軍事参議院置合議体トナシ議長ヲ置キ、幹事長幹事ヲ置キ、参議院会議ノ節元帥モ議席ニ臨ム。三都督ヲ廃シノ事。[129]

軍事参議院構想が史料上に現れるのは、管見の限りでこの児玉源太郎陸相の談話が初出である。防務条例改正直前の前年一二月に陸相となった児玉は、陸海軍の意見統一のため軍事参議官や都督部廃止とともに、議長や幹事長・幹事を置く「合議体」の軍事参議院設置を考えていた。

陸軍省内では、五月一六日に井口省吾軍事課長が児玉から、都督部条例廃止・衛戍条例廃止（東京衛戍総督新設）・検閲条例改正の各案とともに、「陸海軍ノ一致ヲ謀ル為メ軍事参議官ヲ廃シ軍事参議院ヲ置キ、元帥其他陸海軍大臣、参謀総長、教育総監、軍令部長等ヲ以テ組織スルコト（条例大臣起案）」という「下命」を受けた[130]。他の条例案は課員クラスの起案だったのに対し、軍事参議院条例が児玉自身の起案だった点は注目される。下命を受けた井口は、軍事課員の斎藤力三郎中佐に条例案の検討を命じ、六月に修正案を提出、七月には総務長官・軍務局長から成案を下付され公式提出の手続きに入る段階まで進んだ[131]。

この時点の軍事参議院条例案はいかなる内容だったのか。天皇の御手許書類のなかに、この時期作成と思しき条例案が二種類残されている[132]。第一案では、軍事参議院は帷幄にあって重要軍務の諮詢に応じると規定し（第一条）、参議会は天皇の諮詢を待って開催・奉答すること（第四条）、諮詢事項が陸海軍いずれかの専轄事項の場合は陸海軍一方のみで参議会を開くこととされた（第五条）。軍事参議院の構成員は、元帥・陸海軍両大臣・参謀総長・海軍軍令部長・教育総監・叡旨により特選された将官・その他特に選任された将官を含み（第三条）、侍従武官長が幹事長、侍従武官が幹事を務め（第七条）、議長は各参議会の「高級故参者」がそのつど務めることとされた（第六条）。

なぜ児玉は軍事参議院設置を模索したのか。第一に、陸海軍の「協同一致」を図るための合議機関を求めたからだった。前述のように、「協同一致」の論理に基づく陸主海従による戦争指導体制は陸軍にとって重要課題の一つだった。第一案中の制定理由においても陸海軍協同の必要性が強調され、従来も参軍など陸海軍共通の参謀部を設置してきたが、「其ノ根本ニ遡リタル確乎不抜ノ基礎ヲ欠」いたため、結局は廃止されたと反省が述べられる。軍事参議官制度と元帥府にも言及し、前者は従来の業務が人事関係に限定され、陸海軍協同には「多ク望ヲ属シ難」く、後者は元来「国家ノ功臣」を優遇するための機関であり、陸海軍協同という目的を元帥府だけに託すことはできないという。序章第二節で見た「奏議」でも軍事参議官は単に「陛下ノ帷幄ニ参議シ各自ノ意見ヲ呈スヘキ者」

であり、参議官同士で「利害ヲ討究シ衆議ヲ一定」するような意見調整を行う性質ではなかったと評価され、元帥府も元帥が常置されない可能性が挙げられていた。つまり、制度的な調整機能に欠ける軍事参議官制度や元帥府よりも、帷幄の首脳から構成され議事に基づく軍事参議院こそが「協同一致」の論理に基づいて「利害ヲ討究シ衆議ヲ一定」するのにふさわしい合議体として期待されたのである。

第二に、都督部廃止との関連が挙げられる。参謀本部や監軍部と権限が重複する都督部には設置当初から不要論が噴出しており[133]、一八九八年一〇月段階で各地にある三つの都督部を東京に集約させ、所管内の師団長との権限重複を解消し、将来の軍司令官部要員として中央で国防にも参与させることが検討されていた[134]。このときは明治天皇が改正案に反対したが、陸軍内では改正を支持する向きもあった。そこで、桂太郎陸相は叡旨を元帥に下すことを奏請し、天皇は小松宮に対して、仮に都督を東京に移住させるようなことがあっても参謀本部に出仕して作戦計画を論議する必要はなく、都督の居住地もさらに検討して決定すべき旨を命じた。桂の元帥への叡慮奏請と天皇の皇族筆頭の小松宮への叡慮という流れは、陸軍内の反対を抑えるための調停役としての役割が天皇に求められた結果だと思われる。こうして棚上げとなった都督部改革問題は一九〇一年の段階で再浮上していた。陸軍内では、都督部廃止の懸案だった都督の処遇について、元帥府改革により顧問府を設置し、元帥や都督を「顧問官」とする意見もあったという[135]。第一案の制定理由にも「国家ニ勲功アル高等ノ将官ヲシテ其ノ閲歴ト経験トニ適応スルノ地位ヲ得セシムルノ道ヲ開カントス」とその意図が示されていた。

第三に、元帥府改革という隠された狙いが含意されていた。条例案には第一案の修正版と思われる第二案が附属しており、複数の条項が追加されている。特に注目すべきは、①軍事参議院には「高級故参者」の議長を常置すること、②参議会の議事は多数決制を採用し、可否同数の場合は首席者が決定すること、という議事に関する規則が追加されたことである。修正案の理由では、①は参議会開催の手続きなどを各参議官の意見を個別に聴取したうえで決定することは不可能であり、仮に参議官の意見不一致の場合、天皇の聖断を煩わす恐れがあることが挙げられている。②は表決方法を条例中に明示すべきことが主張されている。

こうした議事制度整備の背景には、元帥府改革による諮詢機関制度化の意図があったことがうかがえる。このことは第一案附属の「元帥府条例中改正案」をみれば、より明瞭となる。

元帥府条例中改正案

第二条　元帥ハ軍事上ノ最高顧問トシテ軍事参議院ニ列ス

一見すると、元帥の軍事参議院参列が明記されただけにみえるが、この意味は重い。なぜなら、この改正案は元帥を帷幄の軍事参議院内に取り込むと同時に、元帥府の諮詢機関としての機能を解消することをも意味しているからである。ここには児玉の考えが強く反映されていると思われる。児玉は帷幄上奏制限といった統帥権改革による政戦略一致を強く志向していたとの指摘があり、[136]統帥事項に職権外の者が介入することに否定的だった。日露戦争中、天皇が参謀総長の山県に代わり、桂首相に「現役大将」の資格でたびたび下問していたことはよく知られているが、[137]児玉は桂が「現役大将」として統帥事項に発言することなどを、当局者以外からの統帥権への介入だとして批判的にみていた。[138]こうした児玉の考え方も元帥を軍事参議院に取り込む方向性につながったと考えられる。

このような元帥府改革は、山県も認めるところだったと思われる。山県のもとには「其一　規則」という元帥府条例改正に関わる議事規程と思しき草案の一部が残されている。[139]その内容は「元帥府条例第四条に依り、元帥府会議に列する者」について、前述の第一案と同様の構成員を盛り込み、議事については、多数決制と「可否同数」の場合の議長表決権、会議で意見が「二説以上」に分かれるときは、議長が表決した意見と少数意見を併せて上奏し親裁を仰ぐと明記されていた。実際の軍事参議院条例議事規程とほぼ同一の内容を山県は想定しており、山県もまた陸海軍対立の抑制を図りながら元帥府の議事を制度化しようと考えていたといえる。元帥会議に帷幄の要職者を参加させ、多数決制へと変革することで、元帥府を制度化し、意見不一致の恐れを解消する狙いもあったのだろう。帷幄の構成員を含み議事規程を整備した軍事参議院の構想は、陸海軍対立時の意見調整機関としての性格だけを目指したものではなく、軍事最高顧問として単独意見を呈することができる元帥を帷幄に包含することで、「協同一致」の論理をもって天皇の軍務面での意思決定を輔弼しうる、元帥府という属人的要素が強い組織体の完全な「制度化」が意図されたといえる。

軍事顧問府設置は、同時期に桂内閣の奥田義人法制局長官が作成した行政整理案でも、元帥府・軍事参議官制度・海軍将官会議・海軍技術会議などの廃止とともに挙げられている[140]。桂は陸相時代に防務条例改正の折衝にあたり、陸海軍間の意思統一と元帥府の意見不一致に苦慮した当事者だったため、山県らの考えには異存なかったのではないだろうか。以上のように、陸軍当局は軍事参議院設置と元帥府改革を通して、軍政・軍令機関に輔弼責任を統一させると同時に天皇による軍統制をも抑制するために、軍事輔弼体制からの脱却を試みようとしたのである。

(2) 海軍の反対論と設置過程

元帥府機能の骨抜きを含意した軍事参議院条例案は、明治天皇の内覧にも達していたが結局裁可には至らず、児玉退任後の陸相寺内正毅に引き継がれた[141]。それでは、なぜ軍事参議院条例案は裁可に至らなかったのか。前述の行政整理案自体が頓挫したことも一因だが[142]、それ以上に海軍側の根強い反対論があったことも要因の一つとして考えられる。行政整理と関連したものだが、斎藤実海軍総務長官作成の草稿「明治三十五年政務調査及行政整理ニ関スル書類」[143]という反対意見が残されている。斎藤は「軍事参議院設置シ軍事参議官制度及元帥府条例ニ改正ヲ加フルノ案ニ関シテハ、現制ノ不備ヲ補フノ点ニ於テ理由ノ存スルモノアリ」と一応の意義を認めたうえで、三点の反対意見を展開していた。

一点目は陸海軍間の「協同不一致」は存在しないという論理である。斎藤は「陸海軍ノ間ニ於ケル協議整ハザルガ如キ最モ稀レニ生ズベキ場合ヲ想像シテ、最上諮詢府ヲ設クルガ如キハ当ヲ得タルモノニアラズ」と断言する。ここで斎藤が重視していたのは、帷幄における陸海軍間の意思統一の必然性である。つまり、帷幄で国防用兵に関する計画立案を行う参謀本部と海軍軍令部、その計画を施行する陸海軍両省が常に「協同一致」して天皇を輔弼することが当然であるがゆえに、「最上諮詢府」を設置する必要はないというのが、海軍の主張する「協同一致」の論理だった。海軍は前述のように、戦時大本営条例改正を提起したときには、陸海軍の意見不一致の可能性を挙げて陸軍の参謀総長単独体制を批判していたが、軍事参議院のような海軍側に不利になるかもしれない軍事顧問府の出現に際しては、逆に省部による「協同一致」の必然性を唱えて排斥しようとしたといえる。このように、「協同一致」の論理は陸海軍間の対立のみならず、省部と軍事顧問府との関係においても重要な論点として作用していたのである。

二点目は海軍将官会議廃止論への抵抗である。海軍では、士官の抜擢進級など重要事項を審議するための海軍将官会議、艦船・武器の改良を審議する海軍技術会議など、独自の合議機関が設置されていた。これらの機関も桂内閣の行政整理対象とされたが、「更ニ設ケラレントスル軍事顧問府ト毫モ関係ヲ同フスル所ナシ。故ニ該顧問府ノ設置ニ伴ヒ存廃ヲ論ズルハ不可ナリ」と強く反対している。軍事参議院のような多数決制合議機関は、「協同一致」の論理を盾に人員数的に陸軍に劣勢となる現状をカバーした海軍の論理には合わないものだった。

三点目は右の二点と関連するが、枢密院との並立不可論である。斎藤は軍事参議院が「元老功臣」優遇のために「屋上屋ヲ架スル」機関になることを危惧し、以下のように論じる。

功臣ニ対シテハ相当ノ優遇アレバソレニテ足レリ。枢密院ト並行論ハ甚ダ不可ナリ。蓋シ枢密院中ニ元老功臣ト称スル至官ヲモ網羅シテ以テ国務ニ関スル枢機ニ干ラシメラル、ノ道ハ既ニ現存セリ。軍事上ノ枢機ハ軍事当局者以外ニ更ニ之ヲ要スルノ理由ヲ認メズ。

斎藤は枢密院を引き合いに出して、「元老功臣」が枢密院に入り「国務ニ関スル枢機」に参与することは認めつつも、「軍事上ノ枢機」は陸海軍当局者、要するに既存の軍令・軍政両機関のみが参与すべきとする。当局からすれば、元帥府や軍事参議院のような軍事顧問府は、通常の陸海軍機関間の「協同一致」に掣肘を加えかねない存在であった。斎藤が「枢密院ト並行論ハ甚タ不可」と批判したのは、枢密院と同様に多数決制を採る軍事参議院が「協同一致」の論理にそぐわない制度と看取されたからであろう。だからこそ、斎藤は軍事参議院への反対のみならず、「元師府〔ママ〕及軍参議官廃止ノ件ハ同意セザルヲ得ズ」と元帥府・軍事参議官制度を含む顧問府すべての廃止にまで言及した。議事規程第三条で議長が多数決意見と少数意見の両方を上奏するとされたのは、反発する海軍への配慮だったともみなしうる。

このような海軍の反対が一因となり、このときに軍事参議院が設置されることはなかった。しかし、その後海軍が戦時大本営条例改正を再提議したことで、事態が進展することになる。一九〇三年九月、山本海相は海軍軍令部から海軍参謀本部への名称変更案を帷幄上奏した。表向きには「軍令部ノ名称ハ大元帥ヨリ軍令ヲ兼而委任セラレアル嫌アリ」[144]という理由であったが、実質的には、防務条例改正時に保留されていた戦時大本営条例改正を促すものであった。天皇から諮詢を受けた元帥府は海軍案に反対する一方で、陸海軍の「協同一致」を円滑にするために陸海軍要職者が「会同商議」して適当な条例案を作成すべきとする連名の奉答をした。[145]そこで、桂首相は山本の、海軍部内を鎮めるためにすみやかに陸海軍協議を開始したいとの希望を受け、山県と協議した結果、海軍軍令部は存置する一方で、山県を「臨時会議委員長」に任命し、大山・桂・山本・伊東祐亨軍令部長などを召集し改正審議をすることになった。[146] この段階で軍事参議院設置構想が再び前景化したのである。これを陸軍内で強く推進したのは一〇月一二日に参謀次長に就任したばかりの児玉だった。児玉は山本の意見を容れ大本営条例改正を主張し、「別ニ天皇ニ直隷スル諮詢機関ヲ置キ国防用兵ニ関シ陸海両軍ノ間意見ニ扞格ヲ生ズルトキハ諮詢ヲ竢テ奉答統一ヲ図リ、兼テ重要軍事ニ関シテ諮詢ニ応ジ審議決定ニ当ル」軍事参議院の設置を、参謀総長や元帥、陸相に同意させたという。[147] 児玉は海軍の動きに乗じて、かつて自らが推進した軍事参議院構想を実現しようとしたのである。

この間も陸海軍間の調整が行われた。例えば、条例案では陸軍の教育総監も構成員として名を連ねていたが、海軍が教育総監は「軍政軍令全般ノ衝ニ当ルベキ陸海軍大臣、参謀総長、海軍々令部長ト同等ノ地位ニ置キ職権上参議官タラシムルノ必要ナシト認ム」と反対した結果、陸軍が譲歩し教育総監が構成員から除外された。[148] このように、戦時大本営条例改正を睨みつつ、構成員数で不利になることを避けたい海軍と、海軍を牽制しつつ軍事参議院設置を急ぎたい陸軍の思惑が交錯しながら調整が進み、一二月に前述の「奏議」が上奏された。その内容は、欧州の例を参照し、帷幄での陸海軍「協同一致」による意見調整機関の必要性が強調されたほか、前述の常置される保障のない元帥府や軍事参議官制度では陸海軍統一運用が機能しないとの認識については、一九〇一年の軍事参議院条例案と同じだった。

かくして「奏議」は天皇に嘉納されるところとなり、一二月二八日に戦時大本営条例改正とともに軍事参議院が設置された。軍事参議官条例と都督部条例は廃され、翌年一月には西部都督兼中部都督事務取扱の黒木為楨と東部都督の奥保鞏、教育総監の野津道貫が専任軍事参議官に転補し、日露開戦に際して軍司令官として出征することになる。

おわりに

本章では、明治期における軍事輔弼体制の展開過程を検討してきた。ここまでの議論をまとめておきたい。

明治天皇は明治憲法制定以前から、軍政（陸軍省）・軍令（参謀本部）機関からの帷幄上奏だけでなく、例えば軍事参議官制度の諮詢や監軍部による特命検閲を利用していた。こうした制度に加えて、山県や大山、有栖川宮熾仁親王・威仁親王、小松宮彰仁親王などの個人的・血縁的信頼関係の紐帯に基づく緩やかな人的結合にも依拠して、適宜助言や情報を得ることができていた。明治天皇は、軍政・軍令機関だけに依拠しない輔弼を求めて多角的な軍事輔弼体制の慣例を創出し、軍事事項の裁可を行ってきたといえる。こうした慣例に基づく体制が機能した要因は、明治維新以降の国家運営に携わってきた天皇や山県ら元勲のイニシアティブが強大であったことや、軍の近代化や専門官僚制が発達途上だったことなどが挙げられるだろう。

しかし、日清戦後になると、軍制改革によって監軍部廃止と特命検閲使の不在化が争点となり、元帥府設置構想が浮上した。ただし、その背景には、軍事輔弼体制の一翼を担ってきた山県や小松宮彰仁親王ら現役大将が、陸軍の専門官僚制整備とそれにともなう世代交代の波に押され、現役留置が難しくなってきたことも挙げられる。日清戦後の軍制改革において官制や編制の改正が度重なるなかで、常に裁可が求められる天皇にとって、個人的に信頼する山県や彰仁親王のような元勲級の現役大将は、自らの軍事顧問官として必要不可欠な存在だった。それゆえに、軍側ではひとまず元帥府のような軍事顧問機関を設けることで、山県らを現役に留置し、また現行軍制に抵触しない形での制度設計がなされた。明治天皇が頼る個人的信頼関係や血縁的紐帯に基づく人的結合と慣例が、一応の法的根拠を持つ制度として結実したものの、一方で元帥府に関する明確な職務規定は設けられなかった。こうした弥縫的な制度設計は、元帥府の運用をめぐってさまざまな解釈を惹起することになった。

天皇は、山県ら元勲級大将が集う元帥府を自らの軍事顧問機関と理解し、帷幄上奏による「軍制」事項に疑問がある場合は、帷幄の要職者から構成される軍事参議官ではなく、元帥府への諮詢を重視していた。つまり、天皇は軍当局と異なり元帥府を形式的な制度とはみなしておらず、むしろ信頼する山県らのいる元帥府に積極的に軍事的下問を行い、軍事的意思決定を行うための助言や情報を得ていた。ときには軍当局の上奏とは異なる元帥府の奉答を受け入れ、当局を律するなど、元帥府を活用した軍事指導を行うことができていた。また、山県らは外交が絡む軍事事項を協議する場としても元帥府を活用した。

しかし、天皇の積極的な諮詢に対して、単独上奏可能な元帥間での緩やかな連帯的合議に依拠した元帥府は矛盾を露呈するようになる。元帥府は本来異論を排さない議事が志向されたが、天皇は山県を軸に元帥全員による奉答を重視し、当局と元帥府とのそれぞれの意見を得ることで、「協同一致」による連帯的な輔弼を求めていた。

また、軍政・軍令を執行する当局の認識は天皇と異なっていた。児玉や斎藤がいうように、軍政・軍令機関こそが天皇の「帷幄」での輔弼をしうるという考え方が陸海軍当局にとっての「協同一致」の論理として重視された。天皇と陸海軍当局との間の「協同一致」に対する認識のずれは、防務条例改正問題でみたように、陸海軍間のみならず元帥府と陸海軍当局との間、あるいは元帥間の意見の相違など、複層的な「協同不一致」の問題が生じる要因となりえた。多数決や議長常置などの合議制を備える軍事参議院の設置が児玉や山県ら陸軍首脳により構想されたのは、先行研究で言及される陸海軍間の意見調整機関としての側面や戦時高等司令官要員の確保だけでなく、元帥府の機能を骨抜きにすることで、軍事輔弼体制を解体し、輔弼体系を省部に一元化しようとする元帥府改革が志向された結果だった。一方、多数決制により反対意見を実質的に排するような軍事参議院もまた「協同一致」の論理から乖離していたことは、海軍の反対論にみた通りである。

陸軍当局は、海軍の反対を押し切ってまで、軍事参議院を設置させたものの、これによって天皇の軍事輔弼体制を完全に制度化できたかといえば、必ずしもそうではなかった。当初改革対象だった元帥府が、既存の形で残置されたからである。この理由は明確にしえないが、二点の要因を挙げておきたい。

一つ目の要因は、「老将優遇」の色彩が強い元帥が常置されない可能性が当事者間で認識されていたことである。日露戦後になると野津道貫と伊東祐亨をはじめとして、日露戦争の武勲により元帥府に列せられる大将が続出し、結果として元帥府も軍事参議院と並立することになる。ここで注意すべきは、天皇が野津・伊東の元帥としての宮中席次を従来の規定より下位に位置づけさせていたことである。元帥の席次が首相の次席だったことは第二節で述べた通りであるが、野津・伊東が元帥になった直後、天皇は「現任大臣ノ次大臣礼遇ノ上席トスベキ旨御沙汰」を下していた[149]。つまり、天皇は、山県ら元勲級元帥と日露戦争の武勲によって元帥に奏請された野津・伊東とを、明確に線引きしていたのである。この事実は、天皇にとって自らを支えてくれる助言者としての元帥が山県・大山らであったことを示唆する。なお、異例の措置を受けた両元帥は、第4章で述べる帝国国防方針に関して元帥府が下問を受けるようになった直後の、一九〇八年紀元節宴会時から、天皇の御沙汰により本来の席次である首相の次席（国務大臣の上位）に改められている[150]。

二点目の要因として言及しなければならないのは、児玉をはじめ陸軍当局が軍事参議院条例案とともに立案していながら、いつの間にか立ち消えとなった元帥府条例改正案の行方である。陸軍当局が元帥府条例を改正することで、元帥府の機能を軍事参議院に回収させようと画策したことは前述の通りであるが、なぜ一九〇三年の軍事参議院設置過程では、元帥府条例改正案のみ検討の俎上に上らなかったのだろうか。海軍は軍事参議院設置に当初反対していたが、元帥府自体の廃止にも言及していたため、海軍も元帥府改革そのものには異存なかったはずである。ここで想起したいのは、軍事参議院設置の過程において天皇はいかに考えていたのかという点である。少なくとも天皇は元帥府改正案を含む軍事参議院条例を閲覧しているため、〇一年段階で裁可されなかった理由として、海軍の反対論に加えて天皇の意志が働いた可能性も考えられるのではないか。天皇が元帥府への諮詢だけでなく、山県を筆頭に元帥個人への下問も積極的に行っていたことは前述の通りであるが、表1-2をみると、その傾向は日露戦後も変わらないことがわかる。つまり、軍事参議院という合議的な諮詢機関の成立にともない、第4章で述べるように元帥府という全員一致の慣例を必要とする組織体への諮詢は国防方針関係に限られ、陸海軍が想定するような制度化がある程度進行する一方で、天皇は元帥個人に対して相変わらず下問を通して助言を求めることで、主体的な軍事的意思決定を行っていたと考えられる。日露戦争直前期に元帥府改革が放置された理由は、功労者優遇の側面だけでなく、山県を筆頭とした元帥の存在根拠として、何ら明確な定めのない元帥府条例を残しておきたいという明治天皇の意向もあったと推測される。

いずれにせよ、元帥府の残置は、天皇との個人的・血縁的信頼関係を紐帯とするネットワークによって天皇を軍事的に輔弼する多角的な軍事輔弼体制の慣例が残存することを意味した。必ずしも軍政・軍令機関の統御が効くとは限らない慣例は、日露戦後、そして大正期へと継続されていくことになるが、天皇・元帥・陸海軍当局の三者を交えた具体的な展開は章を改めて論じることとしたい。

第2章　大正天皇の第一次世界大戦
――戦争指導の実態と軍事輔弼体制――

はじめに

本章では、第一次世界大戦前半期における大正天皇の戦争指導の実態を、それを支えた軍事輔弼体制との関係性を交えつつ検討してみたい。

大正天皇といえば、約一五年しか在位せず、しかも病状の進行により、一九二一年に皇太子裕仁親王を摂政に任命し、政治的には引退してしまうため、立憲君主としての治世は実質的に九年ほどしかなく、明治天皇や昭和天皇と比べるとどうしても影の薄い存在にみられがちである。しかも、本格的な政治的経験を積む前に即位したため、即位後の軽率な政治的言動が物議を醸すこともあり、従来の先行研究でも政務能力の低さが指摘されてきた[1]。そのためか、陸海軍を統率する大元帥としての大正天皇像についても、彼自身の軍務への不熱心・無理解という消極的な認識が重なって、ほとんど顧みられてこなかったといえる。しかし実際には、大正天皇も大元帥として日々の軍務をこなし、本章でも述べるように多くの軍事事項の裁可を行っていた。そもそも、大正期は二個師団増設問題に代表される陸海軍軍拡問題や大正政変後の陸軍官制改革問題、さらには日本の第一次世界大戦への参戦など、多難な軍事的問題が山積していた。これらの諸問題に直面した大正天皇は、否応なく問題の処理に迫られることになる。しかし、政務面での低い評価と比べると、軍事面においては指摘されるほどの失点は表出していないように思われる。このことは、単に軍当局による安定的な輔弼と大正天皇本人の軍務に対する没個性的性格だけに起因するものとして解釈してよいのだろうか。

大正天皇の戦争指導と軍事輔弼体制の関係性を検討するために、本章では元帥府の構成員であった元帥個人に着目することにしたい。前章でも論じたように、個々の元帥は、元帥府とは別に単独意見上奏が可能な存在であった。そのため、明治天皇は元帥府や軍事参議院という組織だけではなく、山県有朋をはじめとする元帥個人に下問し、元帥からの助言を裁可の判断材料とすることもあった。問題の性質如何によっては、元帥府そのものだけでなく、元帥個人に助言を求めることができるという多角的な軍事輔弼体制の慣例を、大正天皇がどのように継受しようとしたのかを重視する。なお、元帥府や軍事参議院という組織そのものが大正期以降どのような機能を果たしたのかについては第4章で論じるため、本章では元帥個人に対する下問という慣例に焦点を当てて検討する。本章で詳述するように、大正天皇も明治期以来の慣例を受け継いで、第一次世界大戦に関わる軍事事項などについて、山県ら元帥に下問し、その助言を得ながら裁可を行っていた。こうした助言者としての元帥の存在を基調とする軍事輔弼体制に注目することで、大元帥としての大正天皇が第一次世界大戦の戦争指導などの軍務をどのように遂行できていたのか明らかにしてみたい。以下では、主に宮内庁宮内公文書館所蔵の大正天皇関係の史料を活用しながら、第一節ではまず大正天皇の軍務への姿勢や下問状況を確認し、第二節では第一次世界大戦の戦争指導について詳細に検討する。この成果を受けて、第三節では大正天皇を支えた軍事輔弼体制の意義を考えてみたい。

一　大正天皇の登場と軍事輔弼体制

（1）大正天皇の軍務状況と下問について

まずは大正天皇の軍務状況について確認しておこう。嘉仁皇太子は、一八八九年一一月三日の立太子礼に合わせて陸海軍少尉に任官した。[2]これ以降、先行研究でも指摘されるように、東宮武官の設置など軍事教育体制が整備されるとともに、行啓を兼ねた軍事演習を多く経験しながら、将来の大元帥としての教育を受けてきた。[3]しかし、九一年には嘉仁皇太子の軍事教育の遅れが理由となって、中尉への進級が一年延期されている。[4]また、千坂智次郎東宮武官から財部彪海軍次官への「陸海軍ノ御用掛等ガ進講スル軍事上ノ事等ハ、恐レナガラ毫モ御会得アラセラル丶ノ実ヲ見ル事ヲ得ザル」[5]という発言からうかがえるように、嘉仁皇太子は、長年の軍事教育にもかかわらず、即位に至るまで軍事的素養があまり身につかず、陸海軍関係者からも不安視されていた。

ただし、嘉仁皇太子は軍事それ自体への関心が低かったというわけではなかったようである。例えば、東宮武官を務めた山田陸槌の回想[6]によると、一九〇八年六月に東宮武官に着任した山田は、嘉仁皇太子から陸大在学中の皇族の成績について下問を受けた。山田が皇族の「御勉励ノ御様子ナル旨」を奉答すると、嘉仁皇太子は続けて「陸軍ノ教育ニ於テ、皇族ナリトテ特別ノ取扱ヲナスハ適当ナラズ、例ヘバ学力若クハ能力不十分ナルモノヲ、陸軍大学校ヘ無試験ニテ入学セシムルサヘモ不可ナルニ、入校後其成績左程ニテモナキモノヲ、優良ノ成績ナルガ如ク取扱フハ僻事ナリ。之ハ一般学生ニモ影響スルコトニテ、大学校ノ価値ニモ関スルコト故注意ヲ要ス」と述べたという。このとき陸大には竹田宮恒久王が在学していたが、嘉仁皇太子の発言は、当時無試験での入学が可能となっていた皇族の成績を、「一般学生」と同等に扱うべきだという趣旨であった。山田はほどなく陸大校長に嘉仁皇太子の発言を伝え、のちに皇族に対しても陸大入学試験が実施されるようになったと回想している。[7] また、同年秋の東北行啓において、衛戍病院入院者に胸膜炎患者が特に多いことを気に留めた嘉仁皇太子は、その原因を周囲に下問した。このとき随従していた山田らは回答できなかったため、嘉仁皇太子は後日、寺内正毅陸相に対して下問した。これにより、陸軍内で胸膜炎について本格的な調査研究を行うことになり、その後胸膜炎患者の減少につながったという。このように、嘉仁皇太子は確かに周囲から軍事的素養を不安視され、優等生とはいえなかったものの、一方で軍務そのものにもある程度の関心は払っていたといえよう。

その嘉仁皇太子も、即位後は陸海軍を統率する大元帥としての任務を遂行することになる。その一つの事例として、最も重要な行為である軍事事項の裁可に注目してみたい。表2-1は大正期における軍令関係事項の上奏件数、表2-2（①─③）は侍従武官府の記録が残る一八九六年から一九三二年までの軍令事項裁可書類・上聞書類の件数をまとめたものである。数量的分析となるが、軍令事項の上奏回数、軍令事項の裁可件数はともに、明治・昭和期と比べても遜色がなく、大正天皇も数多くの裁可をこなしていたことがわかる。第一次世界大戦期、特に一九一四年の青島攻略戦前後と一七年から一九年にかけてのシベリア出兵前後は、上奏・裁可件数も多くなっていることも注目される。こうした数多くの裁可を行う際、大正天皇は元帥個人や軍当局者に多くの下問をしていた。次に天皇による軍事的な下問について概観してみよう。

元帥をはじめとした軍事関係者への下問の事例については附表2-1（一一三─一一九頁）を参照されたい。附表2-1の出典について付言しておくと、その大部分は宮内庁宮内公文書館所蔵「大正天皇実録資料稿本」（以下「資料稿本」と表記）に依拠している。「資料稿本」は『大正天皇実録』の各記事の出典の該当箇所を引用して、記事作成の根拠を編集した稿本である。そのため、大正期の「侍従日誌」や「侍従武官日誌」など、現在では見ることのできない史料の一部を垣間見ることができる。また、「資料稿本」では掲載されていても、『大正天皇実録』では省略されている記事も多い[8]。下問の回数や内容も『大正天皇実録』には掲載されていない例が多いため、「資料稿本」の記事と引用される「侍従武官日誌」に依拠して、できる限りの復元に努めたものが附表2－1となる。ただし、前述のように大正期の「侍従武官日誌」は宮内庁書陵部図書寮や宮内公文書館で閲覧に供されておらず、「資料稿本」自体も編纂の都合上必要と判断した箇所の記事しか引用していない[9]ため、下問の全容をうかがい知ることはできない。あくまでも限られたサンプルである点に留意しつつ、以下では附表2－1に従って下問の概要について検討する。

まず、下問の形式面をみると、その特徴として、侍従武官長が御使として元帥に下問事項を伝達、元帥の奉答を覆奏するケースが多いことが指摘できる。大正期に在任した侍従武官長は中村覚（在任期間：一九〇八年一二月～一

表2-1　大正期における軍令関係事項の上奏件数

年	陸軍大臣	参謀総長	教育総監	軍司令官	師団長	直隷司令官	演習統監	海軍大臣	軍令部長	鎮守府司令長官・要港部司令官	直隷司令官	艦隊司令官	特命検閲使	その他
1912		3			1		2			1			1	
1913		5	2		2		2		3				2	
1914	1	17	3		2	2		1	23		1	1	4	4
1915		6	1		2				8		1	2	2	2
1916		6	1		2		1		5	1			7	1
1917		10	1		2		1		9	1	1		4	1
1918	1	25	1		1	1			4	1		1	2	3
1919		6			1	7			4	1	1	1	7	3
1920		11	1	1	2	2	2	1	3	1		1	5	1
1921		4	1	1	1	4	1		3	1		1	5	4
合計	2	93	11	2	16	16	9	2	62	7	4	7	39	19

出典）侍従武官府編「侍従武官府歴史（明治・大正時代）」（1930年7月，昭和館所蔵）101–102頁より作成。
註）参謀総長と海軍軍令部長の奏上回数には，次長による奏上も含む。

表 2–2　1896（明治 29）年〜1932（昭和 7）年までの軍令事項裁可書類・上聞書類件数

①明治	裁可書類		上聞書類	
年	署名	捺印	陸軍	海軍
1896		31		
1897		45	2	
1898		46		
1899		53		
1900		131	8	
1901		76	10	
1902		62	2	
1903		89		
1904		364	5	
1905		337	24	1
1906		100	11	
1907	1	132	13	1
1908		150	23	2
1909		141	27	
1910		125	20	
1911		136	17	
1912		79	15	
合計	1	2097	177	4

②大正	裁可書類		上聞書類	
年	署名	捺印	陸軍	海軍
1912	12	64	20	15
1913	28	125	76	36
1914	32	230	170	69
1915	40	159	131	26
1916	11	136	58	5
1917	24	149	60	16
1918	91	269	174	28
1919	76	230	120	30
1920	59	243	142	11
1921.〜10	30	63	62	8
21.11.25〜（摂政就任）		26		
1922	37	240		
1923	36	182		
1924	29	200		
1925	19	210		
1926	16	171		
合計	540	2697	1013	244

③昭和元〜7年	裁可書類				上聞書類	
年	署名		捺印			
	陸軍	海軍	陸軍	海軍	陸軍	海軍
1926						
1927	36		62	161	99	35
1928	40	4	65	139	124	24
1929	34	2	56	104	60	19
1930	18	7	34	112	78	20
1931	23	2	58	81	72（66）	19
1932	55	1	91	134	88（144）	52
合計	206	16	366	731	521（210）	169

出典）侍従武官府編「侍従武官府歴史（明治・大正時代）」附表 14–17 頁，同「侍従武官府歴史（昭和元年〜7 年）」79 頁より作成。

註）①明治・②大正の「裁可書類」件数は「署名」・「捺印」ともに陸海軍合計数。昭和期の括弧は「支那事情」に関する参謀総長の奏上件数。上聞回数とは別カウント扱いとしている。

三年八月）、内山小二郎（一三年八月～二二年一一月）、奈良武次（二二年一一月～三三年四月）の三名であるが、大正天皇が活発に行動していた時期に長く在任した内山侍従武官長時代の下問が極めて多い。明治期は天皇が徳大寺実則侍従長を経由して下問する事例が多々みられたが、大正天皇の即位と徳大寺の引退によって、その役割が侍従武官長に移行していたようである(10)。大正前期には元帥を召して直接下問し、奉答を受けるケースも散見されるが、基本的には侍従武官長を経由する方式がとられていたといえる。また、参謀総長や陸相・海相など軍令・軍政の当局者に下問する例も確認できる。

次に下問の内容面をみてみよう。附表2-1で判明する下問内容から二種類に大別できるだろう。第一に、年度作戦計画・動員計画・戦時編制などの国防方針に基づいて定期的に策定される案件、第二に、人事や編制に関連する事項、特に一九一四年の青島攻略戦に直接関係する事項である。二点目の詳細は次節に譲り、ここでは一点目を検討する。第4章で後述するように、日露戦後の国防方針制定に際して、明治天皇から元帥府に国防方針について諮詢されて以降、国防方針改訂については元帥府への諮詢を経たうえで裁可されることになっていた。そのため、陸軍では一九〇六年の山県の「封事」上奏以降、毎年の年度作戦計画や動員計画については、山県個人への下問を経たうえで裁可する慣例ができていた。一方の海軍でも先任元帥である伊東祐亨へ年度作戦計画が下問されるようになり、伊東の死後は井上良馨と東郷平八郎に下問がなされるようになったという(11)。

その作戦計画の策定について、天皇はある程度慎重な裁可に努めていた様子がうかがえる。例えば、一九一五年九月二一日、長谷川好道参謀総長が陸軍作戦計画の件を上奏した際、天皇は裁可を留め置き、その夜に侍従武官を召して陸軍作戦計画を研究していた。翌二二日に山県へ、さらに二三日には大山へ下問し奉答を受けたうえで裁可している(12)。同時に上奏されていた大正五年度要塞防禦計画に関しても、侍従武官から参謀本部に「警急戦備ニ於テ臨時配属部隊ヲ附セザル理由並永興湾ニノミ附シアル理由」、「芸予要塞ヲ戦時戦備ニ於テ戦備ヲ取ラシムルニハ如何ニスルヤ」という照会がなされ、二三日に参謀本部部員の高橋捨次郎が参内して説明している[13]。また、同年一〇月一四日には、参謀本部上奏の大正五年度陸軍作戦計画に基づく訓令について、同じく夜に侍従武官を召して研究をしたうえで、翌日に山県への下問を経て裁可している[14]。

以上のように、大正天皇は軍務に不熱心というイメージとは裏腹に、即位後は大元帥として軍務に精励するとともに、軍事事項について当局者からの上奏をそのまま裁可するのではなく、元帥や当局者に適宜下問しながら裁可していたことがわかるだろう。

（2）陸軍官制改革問題と軍事輔弼体制

一九一二年一二月、上原勇作陸相は二個師団増設問題をめぐる対立から、大正天皇に単独辞任の上奏を決行し、第二次西園寺公望内閣は総辞職を余儀なくされた。後継の第三次桂太郎内閣が大正政変により倒れると、政友会の後援を受ける第一次山本権兵衛内閣が成立した。山本首相は行政改革に乗じて、上原陸相の単独辞任の経験から、軍部大臣現役規定の削除を主眼とする陸軍官制改正を行おうとした。周知のように、この改正は陸軍全体から猛反発を受けていた。

こうしたなかで長谷川好道参謀総長と奥保鞏元帥が反対上奏を強行した。上奏内容は、「甲ニ曰ク、仄ニ官制改正ノ事ヲ拝聞ス。事頗ル重大ナルヲ以テ、庶クバ之ヲ相当機関ニ御諮詢相成リタシト。乙ニ曰ク、先ニ官制改正ノ不可ヲ奏セルモ已ニ御決定ト申ス事ニテ已ム得ザルモ、果シテ然ラバ陸相ノ職権ニ関シ分配宜ヲ得セシメラレン事ヲ、云云」というものであった[15]。しかし、天皇から長谷川・奥の上奏の話を聞いた山本首相は「官制改正ノ事ハ臣ノ職責ニ属ス」と答え、この反対上奏を一蹴した。上奏の経緯を山本から聞いた原敬内相は、上奏中の「相当機関」を元帥府だと推測しており[16]、長谷川と奥の反対上奏は元帥府への諮詢を画策することにより、官制改革を阻止しようとする狙いがあったことがわかる。それゆえに原は「元帥等行動甚だ不秩序にして穏当ならず」と、両者の上奏に強く反発していた。官制改革における軍部大臣現役武官制の現役規定削除は、陸軍にとって政府に対する自律性の根拠が覆されることを意味していたため、参謀本部は一部の元帥と連携しつつ、元帥府への諮詢・奉答を利用することで、事態の巻き返しと統帥権制度の堅持を企図していたといえる。

しかし、こうした反対上奏の強行に対しては、さすがの陸軍内でも批判が噴出していた。例えば、陸相辞任後待命中だった上原勇作は、親しい間柄の宇都宮太郎に宛てた書簡のなかで、「参謀本部ヤ奥元帥達ノ主張ニテ如此始末ニ至レリトスレバ、無策ト評シテ可ナリト存ジ申候」[17]と厳しい評価を下している。同じく元帥の大山巌も奥の封事奉呈には事前に反対していたため、上奏強行に驚いていた。[18]こうした奥の単独上奏に対する拒絶反応は、反対上奏によって陸軍部内の亀裂が深まることへの懸念と、軍事的経験に乏しい大正天皇に決断を迫ることへの危機感があったと思われる。また、元帥は単独意見上奏が認められた存在ではあったが、山県や大山のような元勲級ではなく、奥のような日清・日露戦争の武勲に依拠して元帥に奏請された人物が自発的に意見上奏することには、同じ元帥といえども否定的な風潮が陸軍内にあったことを示唆している。

このように、官制改革問題は紛糾を極めたが、山本内閣と陸軍との板挟み状態に悩まされた木越安綱陸相が、状況打開のため聖断を仰ぐ旨を伏見宮貞愛親王に申し入れたことで状況が一変する。貞愛親王は、さっそく木越陸相と長谷川参謀総長を召して直接調停に乗り出し、結果として両者はようやく妥結に至ったのである。[19]当時筆頭格の皇族であった貞愛親王は、第二次西園寺内閣が倒れた直後の一九一二年一二月から内大臣府出仕に命じられ、政治的に未慣熟な大正天皇の政務を支えた。また政友会を基調とする第一次山本権兵衛内閣を支援するなど、政局にもある程度関与していた。[20]木越陸相と長谷川参謀総長との調停という事例からは、軍部内で対立が生じたときも皇族による輔弼が機能し、大正天皇を支えていたことを示しているだろう。

しかし、政治的には山本内閣と連携する貞愛親王に対して、山県は快く思っていなかった。シーメンス事件が発生すると、山県らは大隈重信を後継首相に推挙し、政友会打破の方針を打ち出した。山本についても、大隈内閣の海相に就任したばかりの八代六郎に相当な圧力をかけ、山本と斎藤実の予備役編入の上奏を求めた[21]。斎藤は山本を元帥に奏請することで、現役に復帰させ元帥に奏請、海軍軍令部長に就任させる策も考えていた[22]ようだが、結局果たされなかった。天皇は両者の早急な予備役編入に疑念を抱いていたようで、八代海相に「是デ宜キモノ歟」と二度も下問したが、結局そのまま裁可した。

こうして軍から山本を退場させた山県は、次に内大臣府にも手をつけた。一九一四年四月、大山巌が内大臣に任じられると、貞愛親王は翌一五年一月九日に元帥府に列せられた直後、一三日付で内大臣府出仕を免じられた。これも、山本内閣と連携していた貞愛親王が摂政的な役割を果たすことができないようにした、山県の対抗措置だった[23]。ただし、従来天皇の信任が厚かった貞愛親王[24]は、その後も軍事的な下問を受けるなど（附表2－1参照）、少なくとも軍事面では天皇を輔弼する役割を継続していたようである。このように、官制改革のような軍事問題が噴出しても、天皇は貞愛親王などの輔弼を得て対応できていたといえる。こうした輔弼体制が第一次世界大戦を迎えると、どのように機能したのか、次節で検討する。

二　大正天皇と第一次世界大戦

（1）大正天皇の戦争指導①——青島攻略戦

一九一四年六月、サラエボ事件が発生したことが契機となり、欧州各国を巻き込んだ第一次世界大戦が勃発した。日本では、大隈重信首相と加藤高明外相の強い主導により、協商国側として参戦することを決定し、八月一五日の御前会議を経て、ドイツに対する宣戦布告が裁可された。同日中にドイツに最後通牒が発せられ、同二三日には交戦状態に突入した。こうした大隈内閣による迅速な参戦決定に対して、山県は終始慎重姿勢を崩さなかったが、結局は大隈内閣に押し切られて、他の元老とともに参戦を容認した[25]。

この過程において、御前会議で参戦が決定された直後、慎重な態度をとる山県は、陸海軍の各元帥と軍事参議官を集めて非公式会議を開いている[26]。会議ではほとんどの参加者が御前会議での決定事項を追認したが、奥保鞏は同盟の関係上東洋へ派兵することはやむをえないとしつつ、欧州にも軍を派遣することは用兵上好ましくないので「出兵の一事は篤と御勘考の上断行せられんことを希望す」と、軍の欧州派遣を牽制する発言をして、山県が「奥の意見は誠に堂々たる正論」と認める一幕もあった。これ自体は正式な諮詢に基づくものではなく、山県が陸海軍内で承認を得ることを企図した非公式会議だったと考えられる。少なくとも陸海軍においても、参戦という武力行使をともなう重大事項を非公式の元帥会議で議論し陸海軍の方針を一致させるという、慎重な手続きを踏んでいたといえよう[27]。

さて、大正天皇は、第一次世界大戦に際して戦争指導をどのように行っていたのだろうか。その様子の一端について、『大正天皇実録』は次のように記している。

御座所には戦時中常に参謀本部の上奏を基とし、帝国並びに独逸国両軍の状況を標紙を以て図上に標示せるものを備へしめ、親しく研究あらせられ、或は武官長に命じて問題を奉らしめ、作戦を考究あらせらる。又屢々内山武官長を参謀本部或は元帥公爵山県有朋・同公爵大山巌の邸に遣して作戦の推移に関する御下問あり、出征軍の作戦に軫念あらせらる[28]。

この記事からは、天皇が欧州戦況を常に注視し作戦研究に勤しんでいたこと、山県・大山両元帥に出征軍の行動についてたびたび下問していた様子がわかる。前者については、確かに参謀総長・海軍軍令部長・侍従武官長から戦況報告を受ける機会が多かった。一九一四年を例にとれば、参謀総長四回、参謀次長一回、軍令部長七回、軍令部次長五回、侍従武官長二回となっている。シベリア出兵前後の一七年には参謀総長から八回、翌一八年には少なくとも九回の戦況報告がなされている[29]。また、天皇が内山小二郎侍従武官長を通して参謀本部に戦況報告を求めるケースもあった。天皇の周辺では、欧州の戦況に関する情報収集が日常的に行われていたといえる[30]。

それでは、天皇は山県や大山に対してどのような下問をしていたのか。ここでは青島攻略戦の事例を取り上げて検討する。青島攻略戦は、陸海軍の協同上陸作戦であると同時に、イギリス軍との協同作戦[31]も含めた本格的な戦闘だった。当然のことながら、大正天皇にとって、こうした戦争指導は未知の経験であった。以下では、附表2−1の天皇による下問を、実際の青島攻略戦の戦況推移と照合してみよう[32]。

陸軍は、ドイツへ最後通牒を発する以前から軍事行動準備を進めていた。八月八日には対独作戦要領を策定し、最後通牒を発した翌日一六日に第四・第五・第一八師団に動員を発令した。第一八師団を中軸とした独立混成師団として、約五万一七〇〇人からなる独立第一八師団（師団長・神尾光臣）が編成されることになった。同二〇日には、長谷川参謀総長が対独陸軍作戦要領や第一八師団作戦要領、第一八師団戦闘序列、そのほか野戦電信隊・兵站部編成などについて上奏した。この日、天皇は内山武官長を山県に差遣しているため、おそらく作戦要領や戦闘序列・編制について下問したと思われる。このあと天皇は裁可し、翌二一日に参謀総長が作戦要領や編制などを関係各所に下令している。ちなみに、長谷川参謀総長と岡市之助陸相が八月一八日に拝謁・裁可奏請を行った臨時鉄道部隊編成要領と独立歩兵大隊編成要領[33]については、特に下問された形跡はなく、裁可されている。このことから、天皇は参謀本部からの上奏事項を受動的に裁可していたわけではなかったこと、また下問すべき上奏事項をある程度取捨選択し、特に重要だと判断した上奏事項について山県らに下問しながら裁可していたことがわかる。

独立第一八師団は、海軍との協同上陸作戦により九月二日に龍口への上陸を開始したが、暴風雨の影響もあり、予定より一週間ほど遅れた九月一五日に上陸が完了した。参謀本部は、こうした青島戦線の状況と欧州の戦局の推移を踏まえて、青島攻略を早期に完了すべく、独立第一八師団への兵力追加を決定した。具体的には、野戦重砲兵第二連隊・独立攻城重砲兵第四大隊・臨時鉄道連隊一個・工兵独立大隊一個を主眼とするものだった[34]。八月二九日、長谷川参謀総長は兵力追加案を上奏した。この日、天皇は山県と大山に内山を差遣している。山県は小田原在住であったが、このときは天候不良に遮られたため、内山は翌日も小田原行を試みている。こうして両元帥への差遣を経たうえで天皇は本件を裁可したと思われる。裁可を受けた参謀本部・陸軍省は、独立第一八師団兵力増加にともなう臨時部隊編成要領・同細則も策定し、九月二日午後一時半、長谷川参謀総長が本件と軍兵站勤務令案を上奏したところ、天皇は午後五時までの間に山県と大山おのおのに内山を差遣している。おそらく本件について下問したうえで、裁可したと考えられる。九月五日、臨時部隊編成が実行に移された。

さらに参謀本部は、当時ドイツが青島要塞の戦力補強に利用していた山東鉄道について、独立第一八師団がすみやかに接収し、管理経営を行うことを策定した[35]。これは、陸軍が開戦当初から企図していたもので、九月一五日に政府が山東鉄道占領を決定すると、同二〇日には山東鉄道を押収すべき旨が独立第一八師団に下令された。同二二日には、濰県以西の軍事占領案が閣議決定された。長谷川参謀総長も同日中に、歩兵第二九旅団を山東鉄道の警備と攻城に利用する目的で派兵することを上奏した。長谷川の上奏を受けた天皇はただちに大山のところへ内山を差遣、下問・奉答を経たうえで裁可した。本件により歩兵第二九旅団が派遣されることが決定し、まず山東鉄道沿線に配置され、一〇月下旬には旅団主力部隊が青島攻城戦に参加するようになった。

ただし、この戦力追加は、単にドイツとの青島攻城戦を有利に進めるための部隊動員編成だけでなく、山東鉄道を事実上占領する目的も含意されていたため、必然的に中立国であった中国との外交問題を惹起する可能性がある措置でもあったことに留意したい。中国は開戦当初から中立国の立場をとっていたが、青島を攻略しようとする日本側の要請に基づいて、中立除外地域を広く設定し、事実上日本軍の軍事行動を黙認する姿勢をとった[36]。実際、日本軍の山東上陸に際して、中国は交戦地域境界の指定をドイツ軍に通知せず、日本軍の上陸をそのまま黙認したため、ドイツから猛抗議を受けている[37]。一方、九月二三日に長谷川参謀総長は神尾師団長に対して、ドイツ軍が山東鉄道を利用しないように警備すべき旨を指示した。この指示は外務省から中国政府側にも事前に通告されたが、「支那側承諾ノ有無ニ拘ハラズ実行スル」という強硬な態度で臨んだ[38]。同二四日、日置益在支公使は加藤外相に対して、中国が表面上中立の態度を堅持しつつ、実際には日本側に有利な態度を示している折柄、こうした軍事行動が中国政府を刺激する可能性を危惧し、軍事行動による山東鉄道の接収を見合わせるよう意見具申した[39]。しかし、結局同二六日、独立第一八師団は、支隊を濰県以西に前進させ同県停車場を占領し、ここを拠点として濰県以東の警備を行うこととした。日置公使の懸念通り、中国政府は中立区域である濰県での日本軍の行動を非難し、即時撤兵を要求したが、日本側は中国側の抗議を退けて、一〇月三日に軍事占領を決行した。日本軍の行動は日中関係を悪化させる要因ともなったのである[40]。なお、翌四日に天皇は、第一〇師団から支那駐屯軍に派遣されていた歩兵隊について、その帰還を中止し現地に駐留させることも山県・大山らに下問して裁可していた。

以上のように、青島攻略戦における独立第一八師団の兵力追加は、ドイツとの戦闘だけでなく、山東鉄道経営管理などをめぐる中国政府との外交対立も十分に想定されたうえで企画されたものだった。天皇はこうした事案についても、大山への下問・奉答を経たうえでの慎重な裁可に努めていたといえよう。

さて、兵力が追加された独立第一八師団は、一九一四年一〇月下旬までに青島攻撃準備を整え、同月三一日より青島要塞への砲撃を開始し、本格的な攻城戦に突入した。一一月七日、ドイツ軍降伏をうけて開城規約が締結され、青島攻略戦は日本軍の勝利に終わった。日本軍は、現地に山東鉄道や膠州湾租借地の経営管理を監督する権限を持つ青島守備軍を編成し、軍政体制を敷くことになった。このときも青島守備軍編成要領と守備軍司令官設置について、山県と大山への下問を経てから裁可されている。

（2）大正天皇の戦争指導②——青島攻略戦後の軍事行動

青島攻略戦は一段落ついたものの、その後も天皇は、日中関係の緊迫を背景とした日本の軍事行動をめぐって多くの判断を求められた。一九一五年一月一八日、日本は中国政府の袁世凱大総統に対して対華二十一カ条要求を提示した。その要求は、山東半島におけるドイツ権益の譲渡や南満洲・東部内蒙古の権益期間延長、漢冶萍公司の日中共同経営のほか、日本人顧問設置という希望条項を含め多岐にわたるもので、当然中国政府も強く反発し、交渉は難航した。五月六日、大隈首相・加藤外相以下国務大臣と山県・大山・松方正義の各元老、長谷川参謀総長・島村速雄海軍軍令部長を召集した御前会議が開かれ、同九日を回答期限とする最後通牒が勅裁、[41]翌七日に中国政府に最後通牒を突きつけた。これに先立ち、陸軍は交渉が決裂した場合、ただちに軍事行動を開始できるように準備を進めていた。五月四日、奈良武次支那駐屯軍司令官は、長谷川参謀総長から最後通牒を受け取ると、すぐに北支那派遣隊の出発を要請した。明石元二郎参謀次長から五月八日出発の旨の電信を受けると、翌五日には「時局ニ関シ訓示及準備ニ関スル命令」を下した。翌六日には、松平恒雄天津総領事も奈良に対して、居留民引き揚げに関する軍隊の行動を相談し、「最早引揚命令ヲ下スニ決心」するなど、現地も緊迫した状況だった。[42]

こうしたなかで、翌七日に長谷川参謀総長は、①「台湾守備隊ノ一部派遣ニ関シ命令相成度件」、②「対支応急実施に関シ関東都督ニ訓令相成度件」をそれぞれ上奏し、裁可を奏請した。いずれも交渉決裂の場合の軍事行動を指示する内容だった。具体的には、①は台湾守備隊の一部を居留民保護の目的で福州・厦門・汕頭に派遣するという内容で[43]、②は関東都督をはじめ朝鮮駐箚軍司令官・支那駐屯軍司令官・青島守備軍司令官・中支那派遣隊司令官に対して、応急の軍事行動を指示するものだった[44]。天皇は両件をすぐに裁可せず、山県と大山に下問してから同日中に裁可した。ここで注目すべきは、裁可に際して①の命令の件については、「更ニ勅許ヲ経タル後実行ニ移ルベキ旨」の御沙汰を参謀総長に伝えていたことである[45]。参謀本部の上奏を全面的に認めるのではなく、一部条件つきでの裁可としたのである。

この背景には、山県の考えがあったと思われる。そもそも、山県と加藤外相は開戦以来、たびたび意見が対立しており、対華二十一カ条要求をめぐっても同様だった[46]。特に希望条項が中国に受け入れられず、日本が交代という名目で部隊を中国に「出兵」したことについて、山県は「満蒙問題に付ては兎に角に他の希望条件にて出兵開戦するが如きは不可なり」[47]と、性急な軍事行動に反対していた。山県は、万が一の軍事行動、とりわけ中国本土以外の駐留部隊を派兵することには慎重であったと思われる。いずれにせよ、山県・大山が軍事命令に一部制限を課すことを推奨し、天皇がそれを嘉納した事実からは、参謀本部の上奏を受動的に裁可するのではなく、天皇が山県や大山に相談して状況を見極めつつ戦争指導を行っていた様子が浮き彫りになるだろう。結局、九日に中国政府が要求を受諾したため、本格的な軍事行動には至らなかった。

天皇の軍事的な下問は、兵力動員・編成に直接かかわる事項以外にも行われていた。例えば、青島攻略戦において、独立第一八師団が膠州湾方面に進出し、労山港への上陸を行っていた最中の一九一四年九月二一日、天皇は青島攻囲軍に侍従武官を差遣する件について、山県への下問を経て決定した。これにより、松村純一・田中国重両武官を膠州湾方面へ差遣し、独立第一八師団とイギリス軍を慰問させた。特に協同作戦を実施しているイギリス陸海軍に対しては、天皇・皇后からの御沙汰を伝達している[48]。なお、その後も同地には一〇月・一一月と立て続けに侍従武官が差遣され、日本・イギリス陸海軍部隊に慰問の聖旨が伝えられている[49]。日本とイギリスの協同作戦を実施する現地部隊に対する慰問の配慮についても、天皇は山県に下問しながら慎重に決定を下していたことがうかがえる。侍従武官の差遣に関していえば、一五年六月二一日には、北支那・中支那へ侍従武官を差遣することを山県と大山の両人に下問し、翌二二日、西義一が派遣されることが決定されている。これは、北支那・中支那駐屯の陸軍部隊への慰問が目的であり[50]、一見すればわざわざ山県と大山に下問するほどの重要事項とは思えない。しかし、前述のように、当時日本は中国に対して対華二十一カ条要求の妥協を強いたばかりの時期だった。現地でも駐屯軍の軍事演習をめぐって、中国政府外交部が中止を求めるなど[51]、依然として緊迫した状況にあった。そこに侍従武官を差遣し、各部隊に労いの聖旨を伝達することは、中国を刺激する可能性もあったために、天皇は差遣についても慎重に判断しようとしたのではないだろうか。

（3）大正天皇の戦争指導③——海軍への下問

大正天皇は山県や大山らを中心とした元帥個人に適宜下問しながら、青島攻略戦などの中国戦線における軍事行動を裁可していたが、こうした戦争指導のスタイルは、陸軍だけでなく海軍に対しても同様だった。海軍関係の軍事動員については、海軍側筆頭元帥の井上良馨・東郷平八郎に下問していた。

青島攻略戦後、海軍はドイツ艦隊の追尾とドイツ領南洋群島の占領を行うべく、九月に第一南遣支隊・第二南遣支隊を編成した[52]。第一南遣支隊はマリアナ・カロリン・マーシャル方面、第二南遣支隊は西カロリン方面へ展開した。この過程で、海軍は諸群島占領のため特別陸戦隊を支隊下に編成した。一〇月八日、海相から佐世保・横須賀両鎮守府長官に対して、第一から第六までの特別陸戦隊を編制し、南洋群島へ差遣する態勢を整えるよう内訓が下った[53]。同一〇日には特別陸戦隊定員などが発布され、各隊の指揮官補職や人員の増員が行われた。同一五日には各特別陸戦隊指揮官に任務に関する訓令が下り、その後各隊は諸島に展開、占領作戦に従事した。

各陸戦隊編制の内訓が発せられた一〇月八日、大正天皇が井上に下問し、井上が参内したうえで奉答したことが記録から確認できる。さらに翌九日には東郷を召して特別陸戦隊編制定員について下問していることから、おそらく前日の井上にも同内容を下問していたと思われる。このように、一次大戦中の海軍動員編制関係の重要事項は、海軍側元帥への下問を経て裁可されていたことがうかがえる。

戦時だけでなく平時の動員編制の重要事項についても下問がなされる事例が確認できる。例えば、一九一四年一一月二六日には、井上・東郷の両元帥をはじめ、島村軍令部長・八代海相までも御召を受けおのおの拝謁し、下問に奉答していることが確認できる。具体的な内容は不明であるが、この前日には八代海相から艦隊令制定の件とそれに付随する四件の改正案件が裁可奏請されていた。その日のうちに、関野謙吉侍従武官から下問の電話連絡を受け、八代海相は二六日午前一〇時半に参内しているため、元帥らにも同様の案件の下問があったのだろう。その後、艦隊令その他はすべて裁可され、一一月二八日に公布された。当時、日露戦後の海軍軍拡にともない、弩級戦艦や巡洋戦艦が登場し、海軍は新たな艦隊編制を模索していた。この年七月の「艦隊平時編制」制定と艦隊令制定によって、戦時のみ編制されることになっていた連合艦隊を平時にも編制できるようにし、連合艦隊司令長官の職責を明確にした。また艦隊編制中に初めて戦隊の単位が登場し、水雷戦隊が新たに各艦隊での常設編制となるなど、太平洋戦争期までの海軍の平時・戦時編制の基準が定められた。[55] 艦隊令制定は当時登場しはじめていた潜水艦や航空機も含めた平時・戦時の艦隊編制を整えた点で、海軍の艦隊運用に大きな影響を与えるものであったが、天皇は当局者の海相・軍令部長だけでなく、井上・東郷両元帥を召集してまで艦隊令制定の裁可に慎重を期したのである。そのほか、海軍の年度作戦計画や海軍検閲条例改定などもやはり井上・東郷に下問されていることが確認できる。

以上の事例からうかがえるように、海軍に関する編制や動員などの重要事項については、山県・大山など陸軍側元帥ではなく、井上・東郷ら海軍側元帥への下問を経てから裁可することが慣例となっていたといえよう。

三　大正天皇と軍事輔弼体制の親和性

ここまで青島攻略戦を中心とした大戦前半期の大正天皇による戦争指導を、下問に焦点を当てて検討してきた。あらためてその要点を示せば、①軍事動員や武力行使をともなう事項、外交問題にも触れるような軍事事項については、参謀本部からの上奏をそのまま裁可するのではなく、筆頭元帥の山県・大山らに下問してから慎重に裁可していること、②海軍に関わる動員や編制の重要事項については、山県・大山のような元老的な側面を併せ持つ陸軍側元帥ではなく、井上・東郷の海軍側元帥に下問していること、③下問すべき上奏事項はある程度取捨選択し、さらに同一の軍事事項を複数の元帥に下問する事例が多いことが挙げられよう。ここから浮かび上がるのは、大正天皇による戦争指導とそれを支える軍事輔弼体制が親和的に連関することで、安定的な戦争指導が実現していたという点である。

こうした軍事輔弼体制は明治期からの慣例に依拠するものであった。前章で詳述したように、明治天皇は元来、重要な軍事事項を山県や有栖川宮熾仁親王など、自らが個人的に信頼する現役大将・皇族に下問しながら、裁可を下してきた。日清戦後に元帥府が設置されると、明治天皇は自らの軍事顧問としての役割を積極的に見出し、多くの下問を行い裁可の判断材料を得ていた。日露戦争直前の一九〇三年に軍事参議院が設置されたのちも、山県のような元帥個人に下問を続けることで、裁可のための豊富な判断材料を得てきたといえる。要するに、明治天皇は、軍事面において省部の輔弼以外にも元帥府（あるいは元帥個人）等による個人的信頼関係・血縁的紐帯に基づく輔弼を受けてきた。こうした軍事輔弼体制の枠組みに主体的に依拠することで、ときには省部の意見を抑制し、軍務を安定的にこなしてきたのである。

この軍事輔弼体制の慣例は大正天皇にも受け継がれていくことになる。この点を考えるうえで注目したいのは、①侍従武官府の役割、②大正天皇の個性、③元帥との関係性の三点である。

①については、大正天皇による元帥への下問の背景に、天皇を支える侍従武官長の存在が垣間見える点が注目される。侍従武官府は大正天皇による下問の意味を次のように記録している。

御信任アル大臣或ハ総長・軍令部長ノ申出ニ対シ、御裁可前、更ニ山県或ハ井上元帥ニ御下問アルハ、軍事ニ関スル陛下ノ御経験、未ダ、先帝ノ如ク充分ナル能ハザルヲ以テ、万遺漏ナキヲ期スルタメノ深キ御思召ニ依ルモノナリ。而シテ元帥ノ奉答ニ依リ、直チニ御裁可ニナリ、或ハ更ニ軍事参議院（元帥府）ニ御諮詢ニナリ、或ハ御裁可ナク「更ニ研究セヨ」トノ御沙汰ヲ以テ、之ヲ却下セラルルヲ常トス。[56]

侍従武官府の記録であるため、天皇が自発的に下問して裁可するという描出[57]はある程度差し引いて考えなければならないが、ここで注目すべきは、天皇が軍事的経験不足を認識して、元帥への下問を通して慎重な裁可に努めていたと侍従武官府が捉えていたことにある。

経験不足の天皇が元帥からの助言に頼りながら裁可することに努めていた背景として、差遣者として天皇と元帥の間に立つことが多かった内山侍従武官長の差配があった可能性が考えられる。そもそも、大正天皇への代替わりの時期、陸海軍の間では中村覚侍従武官長の交代が検討されていた。明治天皇が死去した直後、財部彪海軍次官は上原勇作陸相と「侍従武官長ニハ東郷、黒木、乃木又ハ伊集院大将ノ如キヲ据フルノ必要ナキヤノ意見ハ合致セリ」という「閑談」をしていた。[58]大正天皇に近侍する侍従武官長に、現職の中村より年上の乃木希典や黒木為楨、東郷、伊集院五郎らを据えることで、より安定した軍事的な輔佐を行うべきという議論が、明治から大正への代替わり前後にあったことは注目してよい。このあと中村よりも年次が下の内山が着任することになるが、こうした議論ののちに着任した内山には、軍事的経験不足の大正天皇を支える役割が特に課せられていたのではないだろうか。

実際、内山の前任である中村の在任中には、侍従武官長を介する下問の事例が確認できない。また、次章で取り上げるように、裕仁皇太子の摂政時代の一九二四年以降、陸軍側の要望により元帥個人への毎年恒例の戦時編制や作戦計画などに関する公式の下問が廃止されたものの、その後、昭和初期に奈良武次侍従武官長の主導により、元帥への公式な下問が復活したという事例もある[59]。こうした奈良による差配の事例も踏まえれば、内山も侍従武官長としての裁量で、明治期以来の慣例だった元帥への下問の内容や相手の選択を天皇に助言していた可能性も考えられるだろう。

②については、大正天皇という個性が明治期以来の軍事輔弼体制と適合的であったことに注目したい。例えば、一九一四年九月二六日、井上馨と波多野敬直宮相が会談した際、大正天皇がいまだ政治的に慣熟していないことを懸念する井上が、外交のことがわかる人物を内大臣の下に置いた方がよいという趣旨の意見を述べた際、波多野は次のように応答している。

> 老年ノモノニモ人物ガナク、又陛下モ御分リガナイ。大小軽重ノ事ノ御識別が、又申上テモ御分リガナイ。此頃モ内閣大臣ニ食事ヲトノ事ヲ、元老ニ双談シタカト云フ訳。宮内大臣ノ責任デスカラト云フテモソレデモ相談ヲト。然ルニ大事ノ事ニ付テハ其元老ニ相談。山県モ本日長時間拝謁、何事モ御書付ノトキハ宮相ニ相談、股野〔琢〕ニ書付ヲ――書付ノ事、外ブ総理ニハ早ヒ云々ノ談[60]。

やや文意を得にくい箇所もあるが、どうやら大正天皇は大臣との食事の有無のような宮務についても元老に相談しなければ気が済まない性格だったようである。波多野が「大小軽重ノ事ノ御識別」に欠ける天皇に辟易としていた様子がうかがえよう。

こうした天皇の個性は、天皇に近侍する侍従武官も認識していたようである。一九一七年から侍従武官を務めた四竈孝輔は「陸軍作戦綱領の件に関し、内山武官長を小田原山県公の許に差遣はさる。何時迄も実は〔に〕御念の入りすぎたる感なき能はず。世間呼びて大御所と云ふ。また所以なきにあらず[61]」と日記に書きつけている。すでに病状が表出しつつあった時期に侍従武官として着任した四竈の目には、天皇による下問が「御念の入りすぎたる感」に映ったようである。四竈のような侍従武官からみても、天皇が細かいことまで念入りに周囲に相談したがる性格であったことが、天皇による活発な下問による戦争指導スタイルの前提であったといえるだろう。

③の大正天皇と元帥との関係性については、山県と海軍側元帥への下問の意味にそれぞれ注目して考えてみたい。史料上からみえる、元帥が下問を受けた回数にあらためて注目すれば、山県四九回（大山死去までは三八回）、大山二四回、井上一四回、東郷一二回、奥二回、貞愛親王二回、寺内一回で、山県への下問が突出している。筆頭元帥たる山県への下問の多さは一見すれば自然のようにも思えるが、天皇と山県の両者が皇太子時代から疎遠であった背景[62]を想起すれば、この事実は興味深いだろう。

実際、大正天皇は山県を日常から避ける傾向があった。その様子は奈良武次の戦後の回想からも明らかである[63]。

元来〔大正〕天皇は山県元帥や内山大将等のことから一体に軍人をこはがつてゐられた為めだと思ひます。抑々元帥は明治天皇についても御晩年は申上げる事をお聞きにならないと云つてゐた程でしたが、大正天皇に対しても我が儘でいけないといふ見解で、適当に御教育申上げる様にと侍従武官達にも云つてゐたし（私には大正天皇については何も云はなかつた）、又内山大将もこはい様な人でしたので、自然大正天皇は高級将校をこはがつてゐられたのでせう。こんな風でしたから私は御前に出る時はなるべくにこにこして、見え隠れにお仕へいたしましたので、別に私をこはがつてゐられる御様子はありませんでした。

大正天皇が山県や内山侍従武官長に代表されるような軍人を避けがちだったことがわかる。山県は天皇の皇太子時代からたびたび諫言を行っていたが、即位後の政治的言動についても同様だった。その象徴的な事例として、一九一六年の大隈重信首相に対する留任の御沙汰が挙げられる。大隈は天皇に辞意の表明と後任者選定に関する元老への下問を奏請した。しかし、政権授受交渉が難航すると、天皇は元老からの奉答を待たずに、大隈に後任が見つかるまで留任せよと発言した。これは大隈への親近感から思わず漏れた天皇の本音であっただろうが、こうした天皇の軽はずみな言動に憤慨した山県は、諸点にわたる諫言を行った。とりわけ、天皇による下問の意味について、次のように述べている。

由来君主の一言は甚だ重くして国家に至大なる関係を及ほすへきものなれば常に慎重に慎重を重ねて軽々しく事を速断し給ふ可からさる趣を言上し、此の事は兼々折に触れ事に当り進言し奉りし所にてよもや御失念なきことゝ信すれとも、今回の事に付ても陛下より一度留任す可しと仰せありたる以上最早之を御取消相成ること叶はす、従て又曩に臣等に下されたる御下問に対し若し反対の意見を奉答すれは、其の形違勅の姿となるに至るへし、斯くては陛下登極の際賜はりたる勅語の御趣旨にも背くに至り、老臣等補翼〔ママ〕の責を尽すこと能はさるべき旨を言上し、君主の道壮重威厳にして挙止苟しくもすへからさる義を進言したり。(64)

後継内閣選定をめぐってすでに留任と発言した以上、天皇の発言は取り消すことができず、また元老の奉答も実質的に制限されてしまうため、軽々しく発言するものではないと批判している。天皇の下問と軽率な発言という二律背反は、輔弼をめぐる天皇と内閣、あるいは元老との関係性に依拠した明治立憲制の二重構造に動揺をきたしかねないものであった[65]。政局面においても、加藤高明を後継に推す大隈とそれに反対する山県の対立が顕在化していた。大隈の主張が通れば元老の力がそがれる点を危惧する山県は、元老制度の維持を目指し、大隈と攻防を繰り広げていた[66]。こうした事情からも、山県は天皇に慎重な言動を求めたのである。

こうした山県の君主観は、軍事面でも同様であったはずである。例えば、右の諫言のなかで軍務についても言及し、軍人勅諭をよく読んで侍従武官長の試問を受けるように忠告するなど、天皇の軍事経験不足を認識する山県は、軍務の取り組み方に細心の注意を払っていた[67]。従来の研究では、両者の疎遠関係も要因となって、天皇―元老間の信頼関係が基本的に脆弱だったため、積極的な下問も少なかったと評価され[68]、これが大正天皇の政務能力の低評価につながっていた。確かに天皇と山県は性格的にはそりが合わなかったであろうが、一方で軍事事項を裁可する際には、山県への助言を求める傾向にあったことは注目すべきであろう。

ただし、山県と大山はともに元老として天皇を政治的にも支える立場だったため、軍事的な下問を受ける場合も元老的性格があったことは否めないだろう。しかし、山県は、開戦直後の一九一四年八月二三日から翌一五年一月一五日の期間、元帥府において青島攻略戦に従事した[69]という記録がある。元帥府での勤務期間と天皇から多くの軍事的下問を受けていた時期が重なることから、山県は元帥としての資格で下問を受け奉答していたとみなしてよいだろう。また、前述のように海軍事項については井上・東郷のみに下問し、また陸軍事項でも僅少ではあるが、奥や貞愛親王、寺内にも下問していた。このことは、元帥府設置当初から天皇を支えてきた元勲級の元帥だけでなく、日露戦争の武勲などの功績により元帥府に列せられた元帥も大正天皇を軍事輔弼する構造が成り立っていたことを示唆するものであろう。山県や大山の元老的性格だけに収斂しない軍事輔弼構造が存在することによって、天皇は複数の元帥の助言を得て裁可を行う環境に恵まれ、戦争指導を円滑かつ安定的になすことができたといえるだろう。黒沢文貴氏が、以上のような軍事輔弼体制を前提として、大正天皇のことを「幸せな軍事指導者」と評価したのも頷ける話である。[70]

なお、軍当局が軍事事項を上奏する際に、元帥への下問を併せて奏請する場合もあった。例えば、一九一六年六月、大島健一陸相から山県に対して、寺内正毅の元帥奏請について天皇に内奏し嘉納されたため「山県、大山両元帥には内々同意を得候へとも、一応表向に諮問有之様願度旨奏上致御聴許相成候付、明日にも御下問可有之と存候間、御承知置被下度廿五日前後発表可相成様致度存居候[71]」という書簡が送られている。事前に軍当局から元帥に説明し内意を得たうえで、さらに案件によっては元帥への「表向」の「御下問」を奏請するケースもあったことがわかる。いずれにせよ、第一節で述べた奥の反対上奏の事例のように、もし元帥が軍当局と反対の意見を上奏しようとすれば、天皇にどちらかの意見を採択するという責任が生じるため、軍当局にとって、元帥への下問に際しては事前の説明と同意を取り付けておくことが必須だったのではないか。[72]

こうした陸軍当局による元帥への下問の根回しには、特に多くの下問を受けていた山県による陸軍内での権力維持の側面もあったと考えられる。それは、この頃参謀本部に勤務していた沢田茂の次のような回想からうかがえる。[73]

> 大正前期における天皇親率は、山県元帥の補弼〔ママ〕によって保持されていた。元帥は元老として、また軍の長老として、その核心となり精励した。私が参謀本部第二部にいたころ、重要電報は首相、外相、各元帥、軍事参議官等に提出したが、山県元帥からは、毎日副官が質問に来るという熱心さであった。元帥は「いつ、陛下からご下問があるかも知れないので、それに備えるのである」と言われたが、誠に国家の重鎮であり、その忠誠心

には感激した。

この回想からもわかるように、山県は大正天皇の下問に応じるために軍当局から積極的に情報を収集していた。もちろん、大正天皇の輔弼のために情報収集を行うのは当然のことであるが、その一方で山県が天皇の下問を名目に、参謀本部との意思疎通を密にしていたこと自体、山県には陸軍に対する自らのプレゼンスの維持という、別の動機があったのではないかと思わずにはいられない。前述したように、天皇から下問を受けることで山県の「大御所」としての権威も担保されているという、やや皮肉とも読み取れるような四竈の見方も想起すれば、山県が元帥という立場で軍当局から説明を受け、さらに天皇から下問を受けて奉答すること自体が、山県が陸軍部内の動向を把握し、権力を維持する有効な手段になっていたといえる。

以上のように、第一次世界大戦前半期においては、元帥に重要な軍事事項を下問し、奉答を得てから裁可するというプロセスが採用されていた。ただし、その後は大正天皇の病状の進行にともない、下問数も徐々に減少していき、下問内容も特命検閲や作戦計画など、毎年恒例の下問に限られていくことになる。その後、一九二一年に皇太子裕仁親王が摂政に就任し、大正天皇は政治的・軍事的表舞台から退場することになる。

おわりに

本章では、第一次世界大戦前半期における大正天皇による戦争指導の一端と、それを支えた軍事輔弼体制の関係性について検討してきた。

軍事的素質に乏しく経験も不足したまま即位した天皇は、即位直後から二個師団増設問題などの軍事的課題への対応に迫られ、さらに第一次世界大戦への参戦による戦争指導に直面することになる。政務面では未熟な政治的言動が散見される天皇であるが、軍事面では顕著な失点もなく戦争指導をこなしていた。安定的な戦争指導が実現した背景としては、明治期以来の軍事輔弼体制の慣例を天皇や周囲が引き継いでいたことが挙げられる。

日本が第一次世界大戦に参戦すると、陸海軍は青島攻略戦や南洋群島占領などの軍事作戦を実施した。天皇は、これらの作戦やその後の中国大陸での軍事行動について、軍当局からの上奏をただ受動的に裁可するのではなく、陸軍事項は山県・大山、海軍事項は井上・東郷という陸海両軍の筆頭元帥にそれぞれ下問し、その奉答を得てから裁可するスタイルをとっていた。それも、一つの事案を複数の元帥に下問することで、複数の元帥の多角的な助言あるいは賛同を得て、それを判断材料としながら慎重に裁可を行っていた。軍事的経験に不足し、かつ細かいことまで周囲に相談したがる性格であった天皇は、おそらくは内山侍従武官長の助力も得ながら、明治期以来の軍事輔弼体制の慣例に基づいて元帥に下問し、山県ら元帥府側も下問に積極的に応えていた。このことは、天皇が積極的な戦争指導を行ったと解釈するよりは、むしろ元帥の多角的な助言を得たうえで裁可するという明治期以来の慣例を前提として、その慣例に積極的に依拠して輔弼を求めることによって、実現した戦争指導スタイルだったと評価すべきであろう。

以上のように、大正天皇の個性と明治期以来の軍事輔弼体制の慣例が親和的に適合した結果、大正天皇は軍事指導者として、第一次世界大戦の戦争指導などの多難な軍務を乗り切ることができていたのである。逆説的ではあるが、これが、大元帥としての大正天皇像が焦点に浮かび上がらない理由の一つだといえる。また、筆頭元帥の山県も、天皇の下問を受ける元帥という立場を利用して陸軍部内で権力を掌握することができていた。大正天皇と山県のそれぞれが軍事輔弼体制の慣例を積極的に活用することで、軍の統制を行っていたとみなせよう。

ただし、大正天皇の安定的な軍事指導を支えた軍事輔弼体制は、軍事に自信のない大正天皇と筆頭元帥たる山県有朋の存在によって成り立つシステムだった。一九二一年から二二年にかけて大正天皇と山県が政治の表舞台から相次いで退場すると、こうした軍事輔弼体制の構成要素が欠けることになる。このような状況下で軍事輔弼体制がいかに変容していくのか、次章では二〇年代の陸海軍省部の視点を中心に考えていきたい。

附表 2–1　大正天皇による元帥・軍関係者への軍事事項の下問一覧

年	日付	差遣者	対象者	内容	備考
1913	4/28	鷹司照通侍従長	山県有朋		鷹司侍従長（陸軍後備役少将）を山県邸に差遣，午後6時侍従長復命。
	7/7	田内三吉侍従	山県		田内侍従（元陸軍少将）御使差遣。
1914	4/20	内山小二郎侍従武官長	山県・大山巖	〔第2・第7師団対抗演習取り止め・陸軍特別大演習の件〕	4/18 長谷川好道参謀総長，大演習旅行の件を言上。御大礼の関係により第2・第7師団対抗演習取り止め，秋季特別大演習のみ施行につき，野外要務令一部変更について上奏，20日裁可。
	4/23	内山	大山	大正3年度作戦計画の件	4/22 長谷川参謀総長，大正3年度作戦計画に関して上奏。
	4/25	内山	山県	大正3年度作戦計画の件	4/27 長谷川参謀総長，作戦計画につき言上。 5/18 参謀総長，大正3年度特別大演習計画について上奏。
	7/15		岡市之助陸相	防務会議案の件	御召のうえ，下問。7/14 陸相より上奏。
	8/20	内山	山県	〔対独陸軍作戦要領・独立第18師団作戦要領など〕	同日長谷川参謀総長拝謁。左件を含む事項について上奏・裁可。
	8/29	内山	山県・大山	〔独立第18師団兵力増加の件ならびに戦闘序列増加の件〕	同日参謀本部より左件上奏。小田原の山県邸へ29・30両日御使するも，天候・交通不良のため引き返す。
	9/2	内山	山県・大山	〔青島攻略軍連合軍の件〕	午後1時半長谷川参謀総長が青島攻略軍連合軍の件につき奏上。武官長差遣，午後5時帰京。
	9/3	鷹司	山県	〔青島攻略軍の件〕	同日長谷川参謀総長・島村速雄軍令部長拝謁。出征各部隊の行動について奏上。日英陸軍協同作戦に関し独立第18師団長に与えた指示の件，上聞。
	9/4	内山	参謀本部		徳大寺実則公爵邸にも差遣。

(1914)	9/15	内山	大山	〔大正 3 年度動員計画整理要領〕	同日長谷川参謀総長拝謁。17 日裁可。
	9/17	内山	山県	特別大演習施行の件	
	9/20	内山	大山		
	9/21	内山	山県	青島攻囲軍に武官御使奉仕の件	松村純一・田中国重両武官を膠州湾方面へ差遣。
	9/22	内山	大山	独立第 18 師団兵力増加の件	長谷川参謀総長より同件奏上直後に武官長差遣，同日裁可。
	9/27		長谷川参謀総長	大正 4 年度陸軍動員計画要領制定の件	要領制定の下問と独立 18 師団戦況について拝謁・上奏。9/26 も独立第 18 師団の実行計画を上奏。
	10/1		岡陸相	政務官設置の件	下問につき拝謁・奉答。
	10/1		八代六郎海相	海戦法規制定の件	下問につき拝謁・奉答。
	10/2		井上良馨		下問奉答のため拝謁。同日東郷平八郎拝謁。
	10/3	内山	大山	陸軍平時編制改正	
	10/4		岡陸相	「高等工芸ニ関スル技術ヲ修メ又ハ之ニ準ズベキ技能ヲ有スル将校以下充用ノ件」	下問につき拝謁・奉答。
	10/4	内山	山県・大山・東郷平八郎・井上	①第 10 師団派遣の支那駐屯軍歩兵隊の帰遣中止に関する命令を要請する件，②海軍検閲条例改定の件	武官長，各邸に御使。
	10/8		井上		下問奉答につき拝謁。
	10/9		東郷	特別陸戦隊編制定員の件	御召のうえ，下問・奉答。
	10/12	内山	大山		10/12 青島要塞内の非戦闘員・中立国者を避難させるよう青島総督に伝達する旨御沙汰。
	10/29		長谷川参謀総長		下問事項につき拝謁。
	10/30		八代海相		下問事項につき拝謁・奉答。

					長，4年度作戦計画を上奏。
	10/31		伏見宮貞愛親王		臨時御召により御対面。
	11/1		東郷		御召により拝謁。
	11/2	内山	山県		
	11/4	内山	山県・大山		
	11/21		山県	大正4年度陸軍大演習作戦計画	山県を召して下問・奉答。
	11/23	内山	山県・大山	青島守備軍編成要領の件	在京都の山県に打電，山県より意見なき旨返電あり。同日裁可。
	11/26		井上・東郷	〔艦隊令制定の件など〕	下問につき御召，各自拝謁・奉答（島村軍令部長も同時に御召拝謁）。 25日八代海相より裁可奏請。海相は下問につき26日午前10時半参内，侍従武官府に立寄り説明。
	11月下旬	内山	大山	青島守備軍司令官を置く件	午後5時過ぎ内山が沼津の大山邸に御使。 11/26 青島守備軍司令官設置の件を裁可。
	〃	内山	山県		在京都の山県に打電。特に意見なき旨奉答。
	〃	内山	大山		大山邸に御使。
	12/8	内山	大山		
	12/8	内山	山県		
	12/10	内山	山県		
	12/10	内山	大山・伏見宮	大正4年度陸軍作戦計画の件	各邸に御使。
	12/26		井上・東郷		下問事項につき拝謁・奉答。
1915	1/4	内山	山県		同日岡陸相拝謁。
	1/25	内山	山県	〔陸軍平時編制改正〕	武官長御使差遣・28日覆命。

(1915)	1/27	内山	山県	人事の件	同日八代海相，人事の件を奏上。
	1/28		井上・東郷		御召のうえ，下問・奉答。 直前に島村海軍軍令部長が海軍作戦経過概要・軍艦就役の件，軍艦巡航の件を裁可奏請。
	1/29	内山	大山	人事の件	武官長御使差遣，30 日覆奏。
	3/5	内山	山県	〔山東鉄道管理勤務令・同編成・交代要領〕	
	3/5	田中武官	長谷川参謀総長	3/10 奉天会戦（日露戦争）における作戦経過の講話者を召すべき件	御使差遣。 尾野実信少将が講話（長谷川・岡陸相陪聴）。
	3/6	田中	大山		御使差遣，陸軍次官にも御使。
	3/8		伏見宮		御対面（前日御召）。3/7 長谷川参謀総長，外国駐屯地部隊交代の件を上奏。
	3/30		長谷川参謀総長		御召により拝謁。
	5/7	内山	山県・大山	①台湾守備隊の一部派遣に関し命令を要請する件 ②対支応急実施に関し関東都督に訓令を要請する件	参謀総長より裁可奏請のため，武官長差遣，即日覆命・裁可。ただし武官長は参謀総長邸へ御使し，①の命令は実行にあたり「更ニ勅許ヲ経タル後実行ニ移ルベキ旨」御沙汰。
	6/6		井上・伊集院五郎		御召により拝謁。
	6/21	内山	山県・大山	北支那・中支那へ武官御差遣の件	武官長差遣，即日覆命。 6/22 西義一武官に差遣の御沙汰。 8/13 西武官，差遣の覆命。
	8/10	内山	山県		
	9/14		長谷川参謀総長	大正 5 年度陸軍動員計画訓令制定の件	拝謁，下問・奉答。9/14 侍従武官長より裁可奏請のため捧呈。
	9/15	内山	山県	大正 5 年度陸軍動員計画訓令制定	
	9/21		長谷川参謀総長	陸軍作戦計画の件	拝謁，陸軍作戦計画について内意を伺う。21 日夜侍従武官を御前に召して作戦計画を研究する。
	9/22	内山	山県	陸軍作戦計画の件	

	10/8	内山	奥保鞏		10/6 長谷川参謀総長，特別大演習作戦計画予定に関して奏上。
	10/13	内山	山県	陸軍平時編制改正（2 個師団新設要領）の件	
	10/15	内山	山県・井上・東郷	〔大正 5 年度陸軍作戦計画・海軍大演習の件〕	下問に付武官長御使差遣・即日覆命。 10/14 夜，当直の武官を召して大正 5 年度陸軍作戦計画に基づく訓令を親しく研究。 10/15 島村海軍軍令部長が海軍大演習について裁可を奏請する。
	10/22	内山	大山	演習勅語の件	大山内大臣へ武官長差遣・覆命。
	11/29	内山	井上・大山		午後 1 時武官長差遣，即日覆命。この日の午前加藤友三郎海相・東郷拝謁。
	12/3	内山	井上・東郷		下問のため武官長差遣・即日覆命。
	12/22	内山	山県	大正 5 年度陸軍特別大演習の件	下問のため武官長差遣・即日覆命。 12/21 上原勇作参謀総長，大演習につき御内意伺。
1916	3/29	内山	山県	〔陸軍平時編制改定〕	武官長差遣・即日覆命。3/28 陸相・参謀総長・教育総監連署上奏。
	4/10		上原参謀総長	参謀本部服務規則付表中改正の件	下問につき参内奉答。
	5/15		東郷・井上		御召により拝謁。
	6/19	関野謙吉武官	山県		下問につき関野武官長代理差遣。
	6/26	鷹司	山県		御使差遣。
	9/21		上原参謀総長	大正 6 年度陸軍動員計画訓令制令事項	9/19 上奏。下問のうえ，裁可。
	9/25		上原参謀総長	青島守備軍交代の件	下問につき御召・奉答。
	11/1	内山	山県・大		御使差遣。11/2 上原参謀総長拝謁，大正 5 年度特別大

(1916)			島健一陸相		演習に関する奏上。
1917	3/1	内山	山県・奥	軍旗制式改定について	軍旗制式改定に関して諮詢。 2/28 陸相より允裁捧呈，3/1 内山より奈良武次陸軍軍務局長に対し，元帥その他へ諮詢の御内意につき，それが終わるまで裁可しないことを陸相に伝達するよう要請。
	3/20	内山	山県		武官長差遣，即日覆命。3/19 上原参謀総長拝謁，裁可事項奏請（用兵綱領改訂につき）。
	3/27		伏見宮		御召により拝謁。外相も御召により拝謁。
	9/7	内山	山県	〔大正 7 年度陸軍作戦計画策定〕	武官長差遣，即日覆命。 9/6 田中義一参謀次長（総長代理），大正 7 年度陸軍作戦計画策定を要請する件上奏。 9/13 陸軍作戦計画に基づき指示を要請する件上奏。
	9/8	内山	伏見宮	〔大正 7 年度陸軍作戦計画策定〕	武官長差遣，即日覆命。
	9/14	内山	山県	〔大正 7 年度陸軍動員計画訓令〕	武官長差遣，即日覆命。 9/13 田中参謀次長，大正 7 年度動員計画に関する件上奏。9/15 裁可。
	10/26	内山	井上・東郷	〔海軍作戦計画の件〕	武官長差遣，即日覆命。10/24 島村軍令部長，海軍作戦計画の件上奏。
	12/3	内山	大山・井上・東郷		下問のため武官長差遣。
1918	3/13		山県	対露問題	御召のうえ，下問。松方正義・西園寺らと協議，6/7 元老会議，6/29 元帥会議。
	6/12	内山	山県		武官長差遣，即日覆奏。 6/12 上原参謀総長・島村軍令部長，国防方針の件上奏。
	6/13	内山	寺内正毅		武官長差遣，即日覆奏。
	7月頃		山県	シベリア出兵の件	7/8 米国出兵通知→寺内首相上奏→山県に下問→ 7/16 裁可

					賜。
1919	9/30	内山	山県	国防方針に関する件	上原参謀総長上奏（作戦計画・防御計画の件）後，武官長御使。 10/1 参謀総長，同件につき允裁を仰ぐ。
1920	9/18	内山	山県	大正 10 年度作戦計画，要塞計画，動員計画の件	武官長差遣，即日帰京・覆命。9/17 上奏・9/20 裁可。
	9/22	内山	山県		武官長差遣，即日帰京・覆命。
	10/29	内山	井上・東郷	大正 10 年度海軍作戦計画策定・同年度海軍戦時編制制定の件	以前から海相より裁可奏請。武官長，書類を持って差遣，即日覆命。夜裁可。
	12/28	内山	山県	〔大正 10 年度陸軍大演習計画について，特別大演習を皇太子に統裁させる件〕	同日，上原参謀総長上奏。 武官長，山県邸差遣ののちに松方内大臣邸にも赴き，即日覆命・裁可。
1921	7/30	内山	井上	〔特命検閲に関する軍事参議院への諮詢ヵ〕	武官長，御使差遣。8/4 特命検閲に関する海軍軍事参議会開催。
	9/15	内山	山県	〔陸軍特別大演習統監の件〕	午後，武官長御使。 9/14 菊池慎之助参謀次長，御召により拝謁。大演習について参謀総長に対する御沙汰を武官長より伝達。 9/17 上原参謀総長に大演習統監を命じる。
	10/15	内山	井上・東郷	大正 11 年度海軍作戦計画策定・同年度海軍戦時編制制定	午前 10 時山下源太郎軍令部長拝謁・上聞。ただちに武官長御使・下問のうえ裁可。 11/25 皇太子を摂政に任命。

出典）「大正天皇実録資料稿本」94–177（宮：77394–77477）所収の「侍従武官日誌」・「侍従日誌」の記述より作成。そのほか，『大正天皇実録』・侍従武官府編「侍従武官府歴史　明治・大正編」（1930 年 7 月，昭和館所蔵）・四竈孝輔『侍従武官日記』・「参謀本部歴史　大正 2 年」（Ref：C15120047400）・「同　大正 3 年」（Ref：C15120050600）・「同　大正 4〜5 年」（Ref：C15120054400）・「同　大正 6〜7 年」（Ref：C15120057700）・「同　大正 7，8，2〜8，4，30」（Ref：C15120059100）・「同　大正 9，6〜13，12」（Ref：C15120060400）・「同　大正 14〜昭和 3 年」（Ref：C15120062800）を参照した。

註 1）御召拝謁については，何らかの下問があった可能性が高いと判断したケースは記載した。元帥府への諮詢と軍事参議院議長としての下問が明確に判明するケースは除外した。下問内容が不明な場合は空欄とした。〔　〕は上記史料から下問内容が推測できるものを意味する。

2）下問を受けた回数（御召拝謁のような不明確なケースは除外）……山県 49 回，大山 24 回，井上 14 回，東郷 12 回，奥 2 回，伏見宮 2 回，寺内 1 回。

第II部　陸海軍の軍事輔弼体制と軍統制

第3章　軍政優位体制と軍事輔弼体制の相克

——陸軍の軍事輔弼体制再編とその影響——

はじめに

一九二〇年代の陸海軍は、第一次世界大戦前後における大正デモクラシーの風潮と政党内閣時代の到来を迎えると、従来の統帥権独立制度に依拠する超然的な立場を堅持することが困難になり、必然的に政治的な自己変革に迫られることになる。その特徴は、政党内閣時代における軍政優位体制による部内統制システムの確立とその安定的な運用にあった。明治期以来、陸軍では将校の専門職化が進み、日清・日露戦間期には陸軍官僚制が形成されていた(1)。しかし、陸軍の最長老として君臨した山県有朋の死後、陸軍省を率いる田中義一陸相およびその後継者である宇垣一成と、参謀総長を務めた上原勇作元帥を筆頭とする上原派との権力抗争が表面化する。田中や宇垣は、上原派と人事問題や軍縮構想などをめぐる対立抗争を経験した結果、陸相として強力な指導力を発揮することで、軍政機関（陸軍省）が軍令機関（参謀本部）・派閥を統制しつつ政党内閣に適合しようとする軍政優位体制を基調とした部内統制を確立していった(2)。同時期の海軍においても、加藤友三郎海相を中心とした海軍省によって、山本権兵衛に代表される薩派の影響力を抑制しつつ政党内閣と協調する統制システムが志向されていた[3]。ただし、序章でも指摘したように、こうした部内統制システムの確立過程をめぐっては、軍令機関や派閥対立の統制と政党内閣との協調という省部間関係が重視されるため、天皇と軍隊の関係性という視点は必然的に捨象されてきた。

しかし、第一次世界大戦後、「総力戦の衝撃」と大正デモクラシーという問題に直面した陸軍において、国民や社会への問題関心の肥大化による「国民の軍隊」という新しい軍隊論が台頭し、天皇親率という建軍の本義があらためて問われたという黒沢文貴氏の指摘[4]も踏まえれば、政軍関係の観点からも天皇と軍との関係性という変数に目配りしながら、当該期の政軍関係を問いなおす必要があるのではないだろうか。

そこで、本章では一九二〇年代において、軍政優位による省部主体の統制力強化を目指す陸海軍が、軍事輔弼体制を活用した軍統制を行う天皇に対してどのように対抗したのか、特に陸軍における天皇からの自律化の過程とその意義を明らかにしたい。

ここまで論じてきたように、明治・大正天皇ともに軍統制や戦争指導を行う際には、省部（軍政・軍令機関）による輔弼だけでなく、明治憲法の規定外かつ陸海軍省部からも自律的な立場にあった元帥府とその構成員たる元帥個人への下問を通して、当局以外の第三者の助言を得ていた。個人的信頼関係・血縁的紐帯や慣例に基づく軍事輔弼体制に対して、軍政優位による統制力強化を構想する一九二〇年代の軍当局がどのように対応しようとしたのかという問いは、当該期の天皇と軍との関係を考えるうえでも検討に値する論点といえるだろう。

この時期の元帥府については、山口一樹氏によって、上原の参謀総長辞職までの過程において、上原や上原派が終身現役である元帥の権威を利用して、田中や長州閥に対する自派の影響力拡大を図ったこと、元帥の権威の利用という発想が昭和期における皇道派の影響力拡大の方策として継承されていく様相が論じられている[5]。山口氏の研究によって、元帥という存在が兼備する能動性と非公式な権威が、陸軍部内の派閥対立過程においても十分に威力を発揮するものだったことが明らかにされたことは注目される。これに対して、本章では、この抗争が、単なる派閥対立による影響力拡大の有無にとどまらず、上原の元帥としての行動を陸相がいかなる論理で抑えるかという、いわば天皇に対する軍事的な輔弼責任の所在をめぐる陸相と元帥との対立でもあったことに注目したい。つまり、多角的な軍事輔弼体制の中心かつ陸海軍共通の機関たる元帥府・元帥個人の存在意義を、単に陸軍部内の属人的な派閥対立や省部関係の文脈に落とし込むのではなく、陸軍の部内統制システムの確立と陸軍の天皇からの自律化の政治過程において、天皇・宮中や海軍にまでどのような影響を及ぼしたのかという点を重視する。

考察に際しては、①一九二〇年代に天皇から元帥個人に対する公式下問が停止されたこと、②臣下から元帥に奏請された「臣下元帥」がこの時期に減少していったこと、その背景として、①とほぼ並行して陸軍内で「臣下元帥」生産凍結論が台頭していたことに注目する[6]。これにより、陸軍当局が軍政優位による統制力強化を構想すると同時に、省部外の立場から天皇を軍事的に輔弼する元帥府を排除することで、省部主体の統制力強化を図るとともに、天皇の軍統制から自律化しようとする過程を明らかにする。一方、それに対する海軍や天皇・宮中の対応も検討し、海軍・天皇・宮中にもたらされた影響も併せて考えてみたい。

一　元帥個人への公式下問停止問題

（1）陸軍による提起とその狙い

一九二二年二月、元老山県有朋が死去した。元老・元帥として内政外交はもちろん、軍事面でも絶大な影響力を誇り、また明治・大正天皇を政軍両面にわたり輔弼してきた山県の死は、陸軍に大きな衝撃を与えた。これが陸軍内の派閥対立や軍政優位体制の構築に影響を及ぼしたことは前述した通りであるが、軍事輔弼体制という観点でも、明治・大正天皇を筆頭元帥として軍事的に輔弼してきた山県の死は衝撃的であった。すなわち、元帥府創設以来の元勲級の元帥だった大山巌（一九一六年没）に続いて山県までもが亡くなったため、陸軍では天皇の下問に応じて助言すべき筆頭元帥が事実上不在となったのである。山県死去時点で存命の元帥は、陸軍では奥保鞏・長谷川好道・伏見宮貞愛親王・川村景明・閑院宮載仁親王・上原勇作、海軍では井上良馨・東郷平八郎だった。閑院宮と上原を除けば、いずれの元帥もすでに七〇歳を超えていた。山県に次ぐ先任元帥の奥が難聴を理由にたびたび元帥拝辞を願い出たように、病気に悩まされる元帥も多く[7]、山県死後の元帥府は天皇の下問に応じうる体制が整っているとはいいがたい状況だった。また、大正天皇も病状の進行により公務を停止し、二一年一一月には皇太子裕仁親王が摂政に任命されたことで、政治・軍事の表舞台から去っていた。山県の死と大正天皇の退場という状況のなかで、陸軍当局は軍事輔弼体制の再編を目指すようになる。その方策の一つが、元帥個人への公式下問の停止だった。

一九二四年一一月一五日、山下源太郎海軍軍令部長は、大正一四年度海軍戦時編制・作戦計画の上奏・裁可奏請を行った。年度作戦計画や戦時編制は、陸海軍ともに統帥部長から奏上後、元帥への下問を経て裁可されることが毎年恒例となっていた。しかし、この年からその元帥への公式下問が、参謀本部の希望によって計画内容の変更などの例外を除いて原則取り止めとなったのである。ただし、このときは海軍作戦計画に変更があり、また軍令部長交代後初めての立案という理由から、海軍側元帥に非公式ながら下問を奏請した。摂政は井上・東郷へ下問し、異見なき奉答を受けて、同一七日これを裁可した[8]。

参謀本部が公式下問の停止を志向した理由は、①四名の元帥に対する個別の下問が事務的に繁雑であること、②元帥からの異論が生じる可能性を嫌ったこと、という二点に集約される。前述のように、陸軍では毎年恒例の作戦計画も含めて、さまざまな軍事的な下問が筆頭元帥の山県や大山といった元勲級の元帥になされることが多かった。だが、両名亡き今となっては「作戦計画ヲ一々是等多数ノ元帥ニ御下問アラセラルルハ実際上相当ノ困難」[9]と、全員に下問する必要性とその難しさを陸軍は認識していた。そして、参謀本部が何よりも憂慮していたのは、②の元帥中に異論が生じた場合「元帥会議開催ヲ必要トスル虞モアリタル」[10]ことだった。つまり、山県のような筆頭元帥がいない場合、元帥全員に下問する必要が生じ、さらに異論がある場合は元帥会議開催が想定されていた。元帥会議を開催する場合、元帥全員一致の奉答が慣例となっていたため、もし異論が噴出するようなことがあれば、事態の収拾がつかなくなる可能性が高かった。山県存命中であれば山県一人が代表して下問を受けて奉答すれば事足りていたが、山県のような力量を持つ元帥が不在だと、異論を抑えることが困難だという認識が参謀本部にあったのだろう。異論の噴出を抑えるための事前の元帥への根回しに相当の労力が割かれることを考えると、参謀本部としては、元帥府や軍事参議院への諮詢と同様に、単独意見上奏も可能だった元帥個人への下問をなるべく抑制し、その制度化を図ろうとしたと思われる。

参謀本部の意図をさらに掘り下げてみたい。一九二四年の元帥への公式下問の停止は、実は前年一一月段階ですでに陸海軍間で合意されたものだった。二三年一一月一二日、奈良武次侍従武官長と河合操参謀総長が「年度作戦計画及動員計画の上奏裁可に際し元帥に御下問の要否に関し相談」[11]し、その翌日奈良は山下海軍軍令部長にも同件を相談した。山下も「元帥に御諮詢を申出る程重要のものにあらず」[12]と同意したため、正式に決定された。

なぜ参謀本部はこれほどまでに元帥からの異論を恐れていたのか。鍵となるのは上原勇作の存在である。特に注目すべきは、奈良と河合が相談した一一月は、河合が参謀総長に就任してから初めての年度作戦計画上奏を控えた時期だったことである[13]。河合は一九二三年三月に参謀総長に就任したが、前任者は上原だった。参謀総長時代の上原は、シベリア出兵などをめぐり、田中義一陸相らと対立を繰り返してきた過去があった[14]。後述するように、上原は二一年四月に元帥府に列せられているが、この措置は田中が上原を参謀総長から引退させることを含意したものであった[15]。いわば田中は上原を懐柔するために元帥に奏請したのである[16]。当時の四名の陸軍側元帥のうち、上原は皇族元帥の閑院宮に次いで若く、参謀総長を退任したばかりで意気盛んであった[17]。田中に近い立場の河合[18]からみれば、参謀総長としてたびたび田中と意見衝突を繰り返してきた上原が、元帥の資格で作戦計画に異を唱える可能性は十分に想定できただろう。

また、一九二四年策定の大正一四年度陸軍作戦計画において、大改訂が行われた点も見逃せない。陸軍では従来、米・露・支の三国連合軍を対象とする「対三国作戦」を策定していたのに対して、海軍では三国のうち一国の相手に焦点を絞る「対一国作戦」に重点を置くべきと、その主張が対立していた。そのため、両統帥部の主任課長間ではすでに二三年一一月段階で、一四年度作戦計画では、出来るだけ形式を統一させることが協定されていた[19]。その後、陸海軍間の折衝は困難を極めたものの、最終的には陸軍が海軍の主張に譲歩することになった。すなわち、米・露・支それぞれを対象とする「対一国作戦」を策定し、「対三国作戦」については作戦方針のみの策定にとどめ、「概ネ海軍作戦計画ノ精神ニ合致」する形での改訂が進められたのである[20]。こうした陸海軍の実務者間交渉による陸軍作戦計画の大改訂作業が、河合の参謀総長就任後から始まったことを踏まえれば、従来の「対三国作戦」の策定方針をとっていた前任の上原が、新しい作戦計画に対して何かしらの異を唱える可能性は十分に考えられたはずである。その場合、事前の説明段階でも労力が必要となることはもちろん、万が一天皇からの下問の段階で反対論が上奏されようものなら、参謀本部の責任が問われる事態に発展することは必至だった[21]。その最悪の可能性を摘む対策として、公式下問自体を取り止めることが考えられていたのではないか[22]。上原を天皇の下問から排除するためには、元帥府の慣例上、元帥全員への下問自体を停止せざるをえなかったのである。

（2）海軍による非公式下問の継続

ところで、この一連の過程において、海軍は陸軍の公式下問停止の要請には歩調を合わせつつも、非公式ながら海軍側元帥への下問を継続する独自路線を貫いた。海軍では、陸軍と比べて元帥が少なかったため、作戦計画について当初は伊東祐亨・井上良馨、伊東死後は井上・東郷平八郎の両元帥が持ち回りで下問を受けることが通例となっていた[23]。そのためか、東郷は公式下問の停止に同意はしたものの、「多少不満」の様子[24]だったという。山県への下問が圧倒的に多かった陸軍とは異なり、海軍側は井上・東郷両元帥に下問されることが多かったため、強いて下問を廃止する理由は見当たらなかった。そのため、海軍の場合、作戦計画変更を理由に、井上・東郷両元帥が非公式に下問を受け、両元帥に異見なき旨を確認したうえで裁可されるプロセスを踏むことになったのである。なお、非公式下問が実現したのは、奈良が事前に「本年は殿下の御発意」によって下問するよう摂政に根回ししたことによるものだった[25]。元帥への下問という行為を奈良が重視していたことがうかがえる。

一九二七年九月、奈良は鈴木貫太郎海軍軍令部長の海軍年度作戦計画の内奏に合わせて、陸軍側元帥が三名に減少したことを理由に、「明年からは協定を取り止め、陸海軍とも御諮詢を願うべきとの考え」のもと、海軍が陸軍との協定中も実質的に下問を奏請していたことを挙げながら、従来通り天皇から下問があるように言上し、昭和天皇に嘉納された[26]。なお、奈良は「武官長ニ於テ御下問アラセラルル如ク取計フ（精神ハ陛下ノ御発意ナルコト勿論ナリ）」[27]ことによって、武官長の差配ではあるものの、天皇から元帥への公式下問を形式的にも継続させることを志向していた。こうした奈良の取り計らいもあり、海軍ではこののちも三四年の東郷の死去まで、原則として元帥への事前説明と下問が継続された[28]。しかし、陸軍では作戦計画改訂の年もあったにもかかわらず、非公式な下問はおろか、事前説明すらも再開されることはなく、事実上の廃止状態だった[29]。以上のように、山県という筆頭元帥を失い、元帥からの異論が出ることを回避すべく下問自体を事実上廃止したい陸軍と、それとは逆に下問を継続した海軍との間で、認識のずれが生じていたといえる。

二　「臣下元帥」生産凍結論と陸海軍

（1）「臣下元帥」奏請条件

元帥個人への公式下問が縮小されるなか、時を同じくして陸海軍間ではもう一つの問題が進行していた。それは、臣下から元帥に奏請される「臣下元帥」の生産凍結問題だった。皇族出身からなる「皇族元帥」と「臣下元帥」を合わせると、一九一〇年代には陸軍六名、海軍四名（死後追贈一名含む）が元帥に奏請された。しかし、二〇年代に新しく奏請された元帥は、陸軍では上原と久邇宮邦彦王（死後追贈）だけで、海軍に至っては島村速雄と加藤友三郎の死後追贈の事例のみだった。つまり、二〇年代に元帥の生産自体が途絶え、三〇年代にかけて必然的に元帥の高齢化と減少が進行していくことになったのである。

それでは、「臣下元帥」の生産が途絶えるようになった背景には何があったのだろうか。この点は先行研究でも言及されてはいるものの、その全容が解明されているとはいいがたい[30]。そこで、ここでは「臣下元帥」に焦点を当てて、この時期に陸海軍間で合意されていた「臣下元帥」の奏請条件について検討してみたい。奏請条件を海軍側の記録から確認すると、前提として①「平時臣下ノ元帥ハ濫リニ造ラヌ」という平時の「臣下元帥」生産凍結論があり、②「日清、日露戦役ニ司令長官、司令官、少将参謀長ノ経歴」という「武勲ノ最低標準」があったこと、③六年以上（内規上はさらに八～一〇年ほど）の大将在職が求められたことという三点である。この史料自体は、「支那事変ノ進捗ト現在元帥府ハ皇族ノミナル状況ヨリ陸軍方面ニ於テハ、臣下ノ元帥ニ就キ考慮シアルガ如キヲ以テ元帥問題ニ関係アル事項ニ就キ考慮」するために海軍内で一九四〇年に作成されたものであるが[31]、その作成経緯については第6章で解き明かすことにして、ここでは条件そのものに注目したい。

まず②③から、海軍では元帥奏請の基本的要件について、日清・日露両戦役における少将・参謀長以上の軍歴を「最低標準」として求め、かつ大将を六年以上経験している者に限定していたことがわかる。そして、①では「臣下元帥」は平時には「濫リニ造ラヌ」という、いわば平時の「臣下元帥」生産凍結が陸海軍間で合意されていた。ただし、これは「従前ヨリ陸海軍ノ間ニ了解セラレタル所ナルモ、殆ンド絶対ニ造ラヌト云フ程窮屈ノモノニ非ズ」という程度に海軍が認識しているものであり、また「文書ノ記録ナキモ首脳者間ノ一般的了解」だったことにも注意しておきたい。つまり、この奏請条件は、武勲の最低標準が原則でありつつも、こうした条件をもって全く奏請しないというわけではなく、また明文化された規則でもなかった、ということがわかる。

「皇族元帥」と一九三〇年代以降に奏請された「臣下元帥」は別として、陸軍では上原勇作（二一年四月元帥）、海軍では加藤友三郎（二三年八月元帥）がともに日露戦争で少将・参謀長として出征しており、両者が日清・日露戦争の武勲に依拠して奏請された最後の世代だった。ここで注目すべきは、平時の「臣下元帥」生産凍結を基調とする右記の奏請条件が加藤友三郎海相と田中義一陸相時代（一八年九月～二一年六月）に陸海軍間で合意されたものだったことである[32]。

こうした合意がなされた背景には、陸海軍個別の事情があったと思われる。陸軍では、田中陸相が参謀総長の上原を引退させる方策として元帥奏請というカードを切ったことは前述の通りであるが、上原の元帥奏請は必ずしもスムーズに行われたものではなかった。前陸相の大島健一が反対したのである。大島は、上原が日露戦時に第四軍参謀長だったほかは「何等攻城野戦の勲功なきに元帥たるべきは適当ならざるべき趣」を理由に反対したが、田中はその反対を押し切ったという[33]。元帥府設置当初から山県の元帥副官を務め、その後元帥府御用掛も務めた[34]大島が、武勲不足を理由に元帥奏請に反対していた事実は重い。また、田中は原敬首相に上原の元帥奏請の理由として、「同人〔上原〕元帥とならざる内は海軍の島村速雄も元帥たる事を得ず、其次は現海相〔加藤〕昇進すべき順序なれば即ち跡はつかへ居る様の次第なり」と説明しており[35]、陸軍の上原から海軍の島村・加藤へと元帥奏請が続くことが一つの既定路線となっていたようである。ここから推測するに、上原の元帥奏請前の時期に、田中陸相が上原の軍功不足という批判を回避するために、加藤海相と協議して上原の経歴に合致する②の条件を含んだ奏請条件で合意したのではないかと思われる。

（2）海軍の部内統制と「臣下元帥」奏請条件

ところで、この元帥奏請条件は、加藤海相にとっても利点があったように思われる。なぜなら、陸海軍の合意により、海軍では元帥奏請の基本的要件を兼ね備える大将級が一律に排除されることになったからである。

まずは当時の海軍内の事情を振り返っておこう。海軍では、元帥の人数が少ないこともあり、前述のように、井上良馨・東郷平八郎両元帥が天皇の下問に奉答する役割を担う体制が敷かれていた。そのため、両元帥の海軍内における影響力は山県に匹敵するほど強く、基本的には人事案や重要政策は両元帥の内意を得ることが慣例となっていた[36]。この時期の加藤海相は、山本権兵衛に代表される海軍内薩派の支配構造からの脱却を図るべく、元帥との協調関係を重視していた。つまり、海相が人事や政策面の重要事項を常に東郷ら元帥に報告し、元帥からの同意を方針決定の「権威」とすることが、海相による部内統制の安定化につながっていた。特に加藤は、「海軍の神様」であり軍令部長も務めた東郷との協調を重視していた。例えば、ワシントン海軍軍縮条約批准時には、非公式海軍軍事参議官会議で一部参議官が反対論を主張したが、東郷の叱責により加藤支持でまとまったように[37]、東郷は海軍の方針決定に重要な役割を果たしていた。このように、加藤海相と東郷との協調により、海軍内での山本の影響力は低下し、相対的に東郷の影響力が強まった[38]。

また、こうした部内統制は軍令部に対しても同様に行われた。加藤海相時代の海軍軍令部長は、加藤と海兵同期（七期）の島村速雄だったため、加藤は東郷・井上両元帥に加え、島村との協調関係を維持することで、軍令機関を含めた部内統制の安定化を実現していた。加藤が海相時代に軍部大臣文官制導入にも意欲をみせたことは知られているが、その過程で軍政・軍令を文官海相のもとに一元化させる軍令部処分案を考慮するほどだった[39]。一方、文官大臣制議論に触発される形で、一九二二年から二三年にかけて軍令部内では高橋三吉第二課長らにより軍令部の権限拡大をともなう組織改革案が検討されていた。しかし、海相の権限を軍令部に移行することは逆に文官大臣の是認につながりかねず、また井上・東郷両元帥が海相主体の軍政優位による部内統制を支持するなかで、結局は加藤寛治軍令部次長や末次信正第一班長らの判断で、原案は立ち消えとなった[40]。加藤海相と井上・東郷両元帥との協調関係は、軍令部の安定的な統制にも寄与していたといえる。

ただし、当時の政界全体における薩派の結束力は強固であり、昭和期にかけて勢力を維持し続けたことが先行研究でも指摘されている[41]。実際に一九二〇年代以降の薩派は山本権兵衛の「準元老」化を目指してたびたび政界での運動を展開していたが[42]、こうした山本や薩摩系の擁立運動は海軍においても同様に展開されていた。例えば、海相の指導力の源泉だった東郷・井上がともに薩派という事情から、一時期両元帥や斎藤実が山本権兵衛の元帥奏請運動を展開し、加藤に拒否されたこともあった[43]。また、一九一七年に元帥に奏請された伊集院五郎（鹿児島県出身）については「伊集院元帥ノ出来タルハ山本伯ヲ防禦ノ為ノ苦肉策ナラズヤ」[44]という噂が当時飛び交うほどであり、山本自身あるいは薩派に近い人物を元帥に奏請することで、海軍内薩派や山本の影響力を持続させるような運動が展開されていたようである。このように、山本ら海軍内薩派の勢力が健在な状況において、加藤は元帥奏請条件を陸軍と合意するに至ったのである。

特に注目すべきは、元帥奏請条件の合意により、加藤と島村より年次が下の海軍大将全員が条件②を満たさず、奏請の対象外になったことである。加藤・島村（ともに一九一五年八月大将進級）の次の大将進級者は、海兵同期の吉松茂太郎・藤井較一（一六年一二月進級）[45]だった。吉松は日露戦時に大佐・艦長を務め、戦後の一九〇五年一一月少将に進級した。藤井は〇五年一月に第二艦隊参謀長に就任、日本海海戦に参加したが、少将進級は吉松と同じ〇五年一一月だった。つまり、両者ともに加藤・島村と同期でありながらも、わずかなキャリアの差により、条件②の日清・日露戦時に少将・参謀長以上での出征という武勲の「最低標準」に絶妙に合致していなかった。なお、その次の大将進級者は、一八年七月の八代六郎（海兵八期）・加藤定吉（一〇期）・山下源太郎（一〇期）・名和又八郎（一〇期）・村上格一（一一期）・東伏見宮依仁親王の六名であるが、年次上位の八代の少将進級は〇七年一二月であるため、海兵八期以降の大将進級者は、やはり奏請条件②に合致しないことになる。

加藤が年次下位にあたる大将の元帥奏請の可能性を排除した背景には、薩派やそれに連なる立場にある人物の元帥奏請の可能性を排除する狙いもあったと思われる。実際、元帥奏請条件に合致しなくなった大将のなかには、薩派系も多数含まれていた。例えば、上原が元帥に奏請された一九二一年四月段階で、山本の娘婿である財部彪（海兵一五期・一九年一一月大将）、鹿児島県出身で山本の海相秘書官も務めた野間口兼雄（一三期・二〇年八月大将）といった薩摩閥直系のほか、山本の海相秘書官経験者である名和又八郎・黒井悌次郎（一三期・二〇年八月大将）・栃内曽次郎（一三期・二〇年八月大将）が現役だった。加藤は特に財部の存在を警戒していた向きがある。財部は加藤の後任海相になるが、当初加藤は東郷の強い推挙にもかかわらず、「先のシーメンス事件の余焔の尚不可なるものあり[46]」という理由で財部を後継とすることに否定的だった。最終的には、東郷の希望や財部自身の海軍次官などの豊富な軍政経験を考慮し、財部を後任に据えた[47]ものの、加藤が薩派直系の財部と緊迫感のある関係性にあった[48]のは確かである。

こうした山本や薩派の影響力が色濃く残る当時の海軍内事情も勘案すれば、加藤は財部などの薩派系統の大将が将来的に元帥になる芽を摘むために、元帥奏請条件②を陸軍と合意することで、自身と島村より年次が下の大将の元帥奏請を一律に不可能にしたとも考えられよう。そのため、日清・日露戦争の武勲という「最低標準」を求め、明文化もなされていない奏請条件は、元帥府設置当初から存在したものではなく、田中陸相と加藤海相がそれぞれ部内統制力を強めるために、あと付けで設定した条件だった。いわば、元帥奏請条件は、田中陸相と加藤海相それぞれの事情を如実に反映した結節点だったともいえる。

三　陸軍による軍事輔弼体制再編と海軍・宮中

（1）宇垣陸相の「臣下元帥」生産凍結論

ところで、陸海軍間の「臣下元帥」生産凍結論は、「宇垣陸相、財部海相ノ間ニ改メテ話合ヒアリタリ」と記録されているように、宇垣一成陸相と財部海相時代（一九二四年六月〜二七年四月）[49]に合意が再確認されていた。この合意の再確認にはどのような背景があったのだろうか。実は陸軍側には合意を積極的に再確認すべき事情があった。その要因の一つが一九二四年の清浦内閣陸相詮衡問題だった。

一九二四年一月成立の清浦奎吾内閣の組閣過程において、田中陸相の後任をめぐって、田中が宇垣（陸軍次官）を、上原元帥が福田雅太郎（軍事参議官）を推薦し対立した。上原の推薦に対して、田中は三長官会議と各軍事参議官の合意が必要であるとの論理を盾に、河合参謀総長や大庭二郎教育総監の後援を受けつつ、宇垣を陸相に就任させた。この問題では、田中と上原の人事的対立のみならず、陸相の推薦方式をめぐる問題が複雑に絡み合っていた。[50] 陸軍においても、重要人事や政策について事前に元帥に相談して合意を得ること自体は山県の存命中からあった。[51] また前述のように、上原や上原派が元帥の非公式な権威を行使して、部内の影響力拡大に努めた点も踏まえれば、[52] 上原の行動は山県存命中からの陸軍内の慣例に基づくものであったが、田中は三長官会議と軍事参議官の合意の必要性という論理を持ち出すことで、その慣例を排斥した。しかし、上原と田中の対立はその後も尾を引き、上原や福田による単独上奏の可能性すら取りざたされるほどだった。[53] 結局、陸相に就任したばかりの宇垣が上原と三度会見して調停に乗り出すことになった。[54]

両者間の争点は多岐にわたっていたが、そのなかで焦点の一つとなったのは、後任陸相の選出について元帥に相談する慣例があるか否かという点だった。宇垣はこの点に強く反発し、「陸軍部内ニ於テ上原元帥ノ同意ヲ得ルヲ以テ正当ナル慣例ト考フルコトハ従来ニ於テ未聞ノ事」と明快に否定した。そして、田中が福田陸相案を三長官や軍事参議官の合意がないことを理由に独断で排除したことは批判しつつも、この問題は「内閣組織ノ経緯中ノ出来事ナリ。而シテ主トシテ清浦、上原、田中ノ関係事ナリ。然カモ政治的範囲ニ属ス。即チ陸相選定経緯ノ可否ナリ。而シテ元帥或ハ大将ノ資格ニ於テ行レタル事ニアラズ事ト信ズ」と主張する。そのために、この問題は「大権発動スル迄ノ内情ニ類スルモノ」であり、公的に行われることではないと断言してみせた。[55] つまり、元帥には陸相推薦のような大権行為に関わる責任はないと宇垣は認識していたのである。元帥への相談という「慣例」が認められてしまえば、陸相権限と統制力の低下は避けられず、宇垣としてはこの一線は絶対に譲れるものではなかった。

結局、宇垣と上原の話し合いは、宇垣が上原に対して、陸軍の長老として本問題を水に流すように要求し、上原も妥協したため事態は収束した。ただし、騒動の落着後、宇垣が日記に次のように書き記していることは注目される。

余の就任に反感を有するの士は少なくない。殊に上原元帥、福田大将は正面よりして田中批難の提議を呈出せられたり。敗者の愚痴、報復の意義が主因に外ならぬ。余は適当に将又厳正に裁断的の判決を与ふる前に感情の融和に勉め、河合、大庭、山梨〔半造、元陸相〕諸先輩も之れに努力せられたるも其効果なかりしを以て、余は断乎たる裁決的意志を両者に与へたり。爾後表面上には杳として本問題の声を聞かざるに至りたり。大局を忘れ軍部の威信維持の必要を忘れ区々たる個人の面目や利害に執着して盲動するの先輩少なからず。痛恨に堪へず。為に陸軍の面目を傷け尊厳を軽からしめたる事は少なくない。元帥や大将の濫造の弊茲に至りしなり。田中、大島、山梨諸氏の人気取り政策の結果の産物と認むるを至当とせん。機を見て之を廓清することは軍紀を粛清するの要道である。之を決行するの必要がある。[56]

宇垣は上原という元帥との直接対決を経験したことで、「元帥や大将の濫造の弊」を明確に認め、長老格軍人の老朽淘汰の必要性を痛感した。この時期は宇垣軍縮をめぐって、上原と福田雅太郎・山梨半造・尾野実信・町田経宇の四大将が反対したこともあり、彼らの存在は宇垣にとって軍縮の阻害要因にもなっていた[57]。事実、一九二五年五月の人事異動では、この四大将が予備役に編入された。宇垣―財部間で「臣下元帥」生産凍結論の合意があらためて確認されたのは、まさに陸相問題を経たあとの時期だった。政党内閣と協調しつつ参謀本部を抑えるという軍政優位体制を志向する宇垣は、部内で非公式な影響力を及ぼしうる元帥の生産を凍結することが望ましいと考えていたのではないだろうか[58]。

また、元帥の輔弼に対する宇垣の認識が極めて厳しいものだったことも注目される。前述の元帥への公式下問の停止も、まさに宇垣と上原間における元帥の輔弼責任をめぐる対立の延長線上で発生していたものだった。実際、陸相詮衡問題の終息後、上原に近い町田経宇は、牧野伸顕宮相に陸相の選定について、陸軍の長老として「最公正中立之立場」にある「奥、川村之両元帥に御諮詢相成事」が最も公平な方法であると書き送っている[59]。同じ薩派ということもあろうが、陸相選定という重要事項について、牧野に天皇による先任元帥への公式下問を促すよう働きかけた事実は、上原派による下問の政治利用[60]と捉えられても仕方がないだろう。こうした上原派の策動も踏まえれば、宇垣は天皇の下問に応じる元帥の存在を警戒せざるをえなかったと思われる。なお、このような元帥個人への下問に対する考え方は、白川義則陸相時代の陸軍省内でも継承されていた[61]。

以上の点を踏まえれば、「臣下元帥」生産凍結論は、陸軍部内の対立の渦中にあった宇垣の強い意向により陸海軍間で再確認されたと思われる。すなわち、平時の生産凍結論はもともと田中陸相・加藤海相時代に、陸海軍おのおの部内事情から合意されたものであったが、陸軍では、山県亡きあとの陸相の統制力強化を目指す観点から、田中・宇垣両陸相が山県以来の「慣例」を盾に人事などに介入しようとする上原と対立を繰り広げており、特に宇垣は上原との対立を経て、元帥による陸相権限への介入を排除しようとし、その結果、海軍と「臣下元帥」生産凍結論を再合意したのである。

（2）海軍における「臣下元帥」奏請運動の展開

ところで、「臣下元帥」生産凍結論の再確認は、陸軍にとっては元帥排除による陸相の統制力強化を目指すのに適したものだったが、一方の当時の海軍事情には必ずしも適合するものではなかった。前述のように、海軍では加藤海相が東郷をはじめとする元帥の支持を得ることで、軍令部を含む部内統制力の強化を図っていた。元帥との協調関係は、財部、岡田啓介と続く歴代海相にとっても必須だった。特に薩派の財部は、海相による軍政・軍令の統制を認める東郷らに、よりいっそう依存するような形で政策遂行などの部内統制を行った[62]。しかし、陸軍との合意により「臣下元帥」の生産が困難になった当時の海軍にとって、元帥の高齢化[63]が切実な問題となる。先任の井上が一九二九年三月に死去すると、元帥はすでに八〇歳を過ぎた東郷のみとなった。当然ながら、井上死去当時に元帥奏請条件を満たす現役大将は皆無だった[64]。

ただし、井上死去に先立つ一九二七年末から二八年にかけて「臣下元帥」奏請運動が海軍内で展開されていたことは注目される。その対象となったのは、斎藤実と山下源太郎だった。

斎藤[65]は、一九一四年に予備役に編入されていたが、一九年の朝鮮総督就任時に現役復帰したという特殊な事情があった。朝鮮総督時代にはたびたび元帥奏請の話が持ち上がっており、これを加藤が首相時代に拒否したことがあった。また、財部が海相時代に運動したこともあったという[66]。朝鮮総督退官直前の二七年一二月六日、井上元帥が岡田啓介海相に斎藤の元帥奏請を申し入れた。しかし、岡田から相談を受けた田中義一首相は、斎藤が「閲歴貫禄人格ニ於テ元帥ニ値スル人物」であることには異論ないが、朝鮮総督就任にあたり軍隊統帥上の理由から一時的に現役復帰した「所謂条件附ノ準現役」であり、純粋の現役とみなすべきではないとして、斎藤の元帥奏請を明確に否定した。岡田もこれを受けて井上に奏請不可能の旨を伝えて、この問題は沙汰止みとなった。斎藤の場合は、元帥奏請条件の適合性というよりも、一度現役を離れた経歴がネックとなり、実現には至らなかったのである。なお、岡田海相が東郷の意見を聴取した際、東郷は「元帥ハ功一級デモ賜ハツタ人ニナラバ格別ダガ……但シ斎藤ガ伯爵ニ陞ルノハヨカロウ」と述べ、元帥奏請には相当の武勲が必要であり、陞爵以上の格があるという認識を示していた。また、のちにこの顚末を井上から聞いた財部が「シーメンス事件云云にて沙汰止みと為れりとは一驚を吃せり」と日記に記すように[67]、斎藤の政治的キャリアの問題も伏在していたようである。

山下[68]は、軍令部長などを歴任し、かつ人格徳望が傑出した人物として海軍内での人望が厚かった。一九二八年七月の退役に際して、海軍から元帥奏請はしない前提だったが、内閣側から元帥奏請の有無について確認があったこと、鈴木貫太郎軍令部長が岡田海相に話をもちかけ、また財部軍事参議官の関与説も浮上していたことから[69]、海軍省内で再度検討されることになった。結果的に、(i)元帥を平時に造らないという合意は「尊重スルノ要アリ、又之レヲ尊重スルヲ有利」とすること、(ii)山下は「其ノ閲歴人格ニ於テ陸海軍ノ大将中ニ比類ナキ迄卓抜」しているものの、奏請条件②の武勲には該当しないこと、(iii)大将任官後約一〇年の山下が元帥になると、財部（大将任官後八年半）も元帥にすべきという議論が台頭するため、陸軍とのバランス上不可であること、(iv)武勲の要件を最重要視する東郷の同意も得られないだろうこと、という主に四点の理由から奏請は見送られた。特にここでは(i)平時の元帥生産凍結を陸軍と合意している点がネックとなっていた。海軍は、山下の奏請を認めれば、海軍だけでなく陸軍でも「之レヨリ元帥濫造ノ漸ヲ披クコトトナル」可能性を恐れていた。そのため、海軍は陸軍との合意を厳守し、山下の元帥奏請を見送ることに決定した。この方針は岡田から鈴木・財部にも説明され、了承されている。ただし、仮に陸軍との合意を考慮しなかったとしても、東郷も重視する武勲に合致しないため、山下の元帥奏請は厳しかっただろう。

この時期に財部や鈴木、井上らが「臣下元帥」奏請運動を展開したのは、井上・東郷の高齢化が進行するなかでの元帥の補充という側面もあったと思われる。斎藤と山下は武勲の要件には合致しないが、その功績と人格徳望により検討された。しかし、東郷の発言に象徴されるような武勲の基本的要件の重視と陸軍との「臣下元帥」生産凍結の合意が足かせとなり、ついに元帥の生産は叶わなかったのである。

こうした事情もあってか、井上の死後、財部海相は一九二九年一一月の定期人事異動内奏の際、奈良武官長に「元帥を作るや否研究の談」をしていた。[70] これは海相を長く経験している財部が、海相による部内統制の強化や天皇の下問に応じるための元帥の補充を考慮したものだったと考えられる。この定期人事異動では、財部の同期で盟友だった薩派の竹下勇大将が予備役に編入され、三月の井上の死去と相まって、海軍内薩派の勢力は明らかに衰退の一途をたどっていた。[71] 前述のように、斎藤・山下の元帥奏請運動に財部は関与しており、「臣下元帥」の生産には積極的だったことを踏まえれば、財部としては海相の統制力維持のために元帥の補充をしたいという考えもあったと推測される。

この一連の過程で、岡田海相が宇垣と財部に陸海軍間の合意を確認した際、宇垣は「元帥ハ平時ハ造ラヌコトニナリ居レリ」と断言したのに対して、財部は「其ハ今後絶対ニ造ラヌト定メタルニハアラズ、平時濫ニ造ラヌト云フ了解ナリ」と「臣下元帥」生産に含みを持たせるような発言をしていた。[72] こうした言動からも財部ら海軍は「臣下元帥」生産に否定的ではなく、むしろ生産の機会を探っていたと考えられる。前述の元帥奏請条件に「殆ンド絶対ニ造ラヌト云フ程窮屈ノモノニ非ズ」と記されていたことは、その証左といえよう。

また、財部海相期には元帥の再生産に関する制度化も検討されていた。財部海相はある時期に山梨勝之進人事局長に対して、「元帥ハ二種トシ、皇族ニハ称号制ノ現制ヲ適用シ、臣下ニハ元帥ヲ階級トシ定限年令ヲ附スル方法ヲ研究セヨ」と指示したという。[73] つまり、「皇族元帥」を称号という一種の名誉職にすることで、元帥になった長老皇族を責任ある要職から外すこと、終身現役が保障される「臣下元帥」に対して階級制・停年制を導入することで、「臣下元帥」の高齢化を防止しつつ、奏請に必要な武勲など、この時期には実現不可能になっていた奏請条件を緩和し、平時から安定的な生産を可能にすることを含意したものだったとも考えられる。財部の指示の背景には、山本権兵衛もこの時期に元帥の高齢化にともないその職務の遂行が難しくなるという理由で、元帥停年制を主張していたことも影響していると思われるが、[74] 一九二九年九月段階でも財部の持論として確認できる。[75] いわば、停年制導入により「臣下元帥」の生産から引退までを制度化することで、海相の統制力を維持する意図も込められていたのかもしれない。しかし結局、「臣下元帥」の制度化の議論がこれ以上盛り上がることはなかった。

このように、海軍内では財部らを中心として、海相による統制力を強化・維持するために、「臣下元帥」再生産や停年制導入による元帥の制度化を志向したものの、「臣下元帥」生産凍結論を唱える陸軍との協調関係を優先し、また武勲の基本的要件も変更されることはなかったため、ついに「臣下元帥」の再生産と制度化とのいずれも達成されることはなかったのである。

（３）鈴木荘六参謀総長後任問題

以上のような陸軍主導による元帥府の排除策は、海軍との温度差はありつつも、省部主体の統制力強化を確立させていった。それでは、従来の軍事輔弼体制を解体しようとする陸海軍の動きは、天皇と軍の関係にはどのような影響を及ぼしたのだろうか。宇垣による、元帥個人への下問と「臣下元帥」生産との抑制という方策は、単に派閥抗争の延長線上で派生したものだけではなく、天皇に対する輔弼責任が元帥にないという信念に基づいたものだった。しかし、元帥の輔弼責任をめぐる問題は再度顕在化することになる。それが一九三〇年二月の鈴木荘六参謀総長後任問題だった。[76]

これは、停年を迎える鈴木荘六参謀総長の後任をめぐり、金谷範三（当時軍事参議官）を推す宇垣陸相と武藤信義（当時教育総監）を擁立する上原が対立した問題である。対立自体は、宇垣対上原という清浦内閣陸相詮衡問題と同じ構図で発生したものだったが、ここで重要なのは、清浦内閣時の問題は陸軍部内で解決されたのに対して、本問題は二つの異なる意見が実際に天皇に上奏され、陸軍部内の意見不一致に宮中側が巻き込まれたことである。

問題の経緯を確認しよう。鈴木の停年が迫ってきた一九二九年一二月段階で、宇垣は先任元帥の奥に後任の相談をした。[77]翌三〇年二月八日には奥と閑院宮を個別訪問し、後任に金谷を推すことについて意見を具陳、両人の同意を得た。一〇日には三長官会議を経て、上原と会談した。しかし、上原は武藤を推薦し、宇垣と意見が一致しない事態が発生した。翌一一日、宇垣は再度上原と協議を試みるも議論は平行線をたどった。「内奏の際御下問があれば上原の意見を奏上せよ」という上原に対して、宇垣は「元帥の意見を奏上して御採納にならねば夫れ迄で済みませうが、人事を統督する責任大臣の意見が万一採納にならぬと申すことになれば、道義上は兎に角輔弼の責任上事体が紛糾致すかも知れませぬが」と応酬したものの、上原も「政治問題化するかも知れぬ、夫れも止むを得まい」[78]と譲歩しなかったため、一三日に宇垣は金谷案と上原の反対意見を併せて上奏するに至った。

上奏を受けた天皇は、鈴木貫太郎侍従長と奈良武次侍従武官長に相談したうえで、まず閑院宮を召して「上原を同意せしむる道なきや」と非公式に下問した[79]。閑院宮は「大臣奏請の通り御決定ありて可然、自分も大臣の意見に同意しある所なり」と答えたが、天皇は「勿論大臣の意見通りにするとしても一応上原を呼びて聞きて遣るべきか」と反問した。閑院宮は「上原を御召になりて意見を御聞取りに成ることは穏かならず」と直接の下問には反対し、代わりに奈良から上原に天機奉伺を薦め、ついでに上原の考えを聴取する形式を提案し、天皇に受け入れられた。

奈良の取り計らいにより、一三日のうちに上原へ参内の連絡がなされ、翌一四日、上原が天機奉伺のため参内し、天皇からの非公式の下問に対して「断然と金谷反対の意見を申上げず唯武藤の方可あらんと信ずる旨奉答」した。上原の意見を聴取した天皇は最終的に「陸相の責任を重んじ」て宇垣案を裁可したのである[80]。しかし、天皇・宮中側が上原への非公式の意見聴取を行ったことに対して、宇垣は強く反発した。一三日に閑院宮が天皇に拝謁した直後、宇垣に上原への非公式下問の方針を話した際、宇垣は次のような発言を残している。

夫れは穏当なる御取計ひとは思はれませぬ。御践祚の節特に優諚を賜はりし殿下〔閑院宮〕及西園寺元老は何時でも意見を奏上せられ又御下問ありて可然と考へます。問題の何たるを問はず！　然るに世間では元老の此行為に対してすら色々と非議を試みるものある今日に於て、此二方以外のものに責任大臣の奏請せる事件に就き御下問あるが如きは穏当を欠くと思ひます。各種の御会談の場合に御物語りになり考へを申上げるは何等差支なきも、問題が責任大臣の手より公事として奏上せられたるものを只の元帥などに御下問になる如きは形式の如何なる途を経るにしても穏かとは思はれませぬ〔……〕武官長が個人として問題を側聞し自己の思付きにて訪問し意見を聞き何か御話のありし際に申上げる程度のものならば、単に宮中の事に止まるから彼是申す必要もなきと思ひますが、聖旨に基きての発動としては責任政治の本義に鑑み適当なりとは申上げ兼ねます。

昭和天皇即位に際して「優諚」を受けていた元老西園寺公望や閑院宮とは異なり、元帥は常に公的な下問を受ける性質のものではなく、陸相の輔弼責任に基づく帷幄上奏についても、元帥に関与する資格はないというのが宇垣の認識だった。

しかし、宮中側の認識は宇垣のいう「責任政治の本義」と真っ向から対立するものだった。一件が落着したあとの二月一九日、宇垣と奈良が面談した際にこの件に話が及ぶと、大臣の内奏について元帥への意見聴取は不都合という従来の見解を示す宇垣に対して、奈良は「元帥の意見を徴せらるゝは大臣の責任を軽んずるものにあらず差支なし」と反駁し、後日閑院宮と会談した際にも「宇垣陸相の憲法上輔弼の責任に付ての解釈は至当ならざる旨を断然と申上げ」ている[81]。そもそも、これまでにも奈良や昭和天皇は、人事などの軍事事項について元帥（上原）と宇垣の意見が一致しているかどうかを気にかける傾向があった[82]。海軍における作戦計画の公式下問を復活させた奈良にとって、天皇による元帥への意見聴取はごく自然の成り行きだった。また、鈴木侍従長も参謀総長後任問題が前景化する以前から、奈良に対して後任人事には元帥の同意を得ておく必要性を説いていた[83]。奈良が「何故侍従長が深く此問題を心配するや解せざるも、余は元帥の同意は必要とすべきも表向き諮詢することは成るべく避くるを可とせんかと答え置きたり」と日記に記すように、鈴木は元帥の内意を得ること、さらには下問することの必要性を強く考えていたようである。鈴木は軍事輔弼体制の慣例が根強く残る海軍出身ということもあり、軍の問題について元帥に同意を得ることの重要性を自覚していたと思われる。[84]このように、昭和天皇に近侍した鈴木貫太郎や奈良武次ら軍出身の宮中勢力は、一貫して元帥府や「臣下元帥」の必要性を重視する言動を繰り返していた。そもそも大正期においても内山小二郎侍従武官長が大正天皇と山県有朋ら元帥府との間を取り持ち、大正天皇の軍務の安定化に貢献していたように、元帥府や元帥個人の存在は天皇の軍事指導の遂行上、必要不可欠な要素だという認識が、宮中内の軍関係者の間で浸透していたといえる。

このように、大臣の上奏事項を元帥個人へ下問することについて、宇垣と宮中側で認識の齟齬がみられた。「責任大臣」の上奏に介入される余地はないという理解を示す宇垣に対して、宮中では元帥への下問によって複数の助言を得ることで裁可を行う軍事輔弼体制の慣例が意識され続けていたといえる。ただし、奈良も人事問題について「表向き諮詢」することは回避した方がよいと考えていたように、大正期と比べて元帥個人への公式下問のハードルが上がっていたことは紛れもない事実だった。元帥に非公式な形でしか下問できなくなった時点で、軍事輔弼体制の慣例は天皇・宮中からみても明確に動揺していたのである。

おわりに

本章では、一九二〇年代の軍が、省部主体の統制力強化を目指すべく、天皇の軍統制から自律しようとする過程を、元帥府の排除という視点から考察してきた。

山県有朋の死は、陸相を中心とする軍政優位体制が成立していく転換点として位置づけられる一方、明治期以来の軍事輔弼体制の慣例にも大きく影響を与えた。すなわち、軍政優位による部内統制システムを真に確立させるためには、参謀本部の統制のみならず、省部外の立場から明治・大正天皇を軍事的に輔弼してきた元帥府を主軸とする軍事輔弼体制の慣例の清算が必要不可欠だった。とりわけ宇垣陸相は、上原との対立という属人的要因も影響していたにせよ、軍政・軍令機関が天皇の輔弼を全面的に担うべきという確固たる信念を持っていた。田中・宇垣両陸相期の陸軍省・参謀本部によって、公式下問の廃止と「臣下元帥」再生産凍結論が推進されることで、元帥府は職務的にも人事的にも軍事輔弼体制から排除された。軍政優位体制による部内統制システムは、陸軍が政党政治に柔軟に適合するという意味では合理的な体制だったといえるが、それは天皇の軍事的助言者を排除するという代償により成り立つものだった。

その一方、海軍では軍事輔弼体制の慣例が根強く残っていた。そもそも、山県のような元勲級の筆頭元帥が存在せず、元帥自体の絶対数も少ない海軍では、日清・日露戦時の武勲に依拠する形で元帥に奏請された井上と東郷が長らく天皇の下問に応じるという、陸軍とは異なる軍事輔弼体制の慣例が確立していたため、公式下問自体を廃止する必要性がなかった。それゆえに、海軍は両元帥の輔弼責任を重視する観点から、元帥への公式下問を非公式に継続し、のちに公式復活させるなど、陸軍とは異なる動きをみせた。

また、海軍では歴代海相が元帥との関係性を維持し、政策決定などに関しては元帥の同意を得ることで、部内統制力を強化していた。つまり、海軍にとって元帥との協調関係は、政党内閣と協調し軍令系を抑えるという軍政優位体制を維持するための有効な手段だった。そのため、天皇に対する輔弼責任と部内統制上の役割という両面からみれば、海軍では軍事輔弼体制の慣例が親和的に作用していたといえる。しかし、「臣下元帥」生産凍結問題が浮上すると、輔弼責任外の元帥を抑制するために「臣下元帥」生産凍結に積極的な陸軍に対して、陸軍との合意と武勲の基本的要件という二つの足かせに拘束された海軍にはジレンマが生じた。こうして海軍では、「臣下元帥」減少と東郷の高齢化・絶対的権威化とが同時進行しながら、ロンドン条約問題を迎えることになる。

このことは、第5章で詳述するように、一九三〇年代の海軍における軍政—軍令関係にも大きな影響を及ぼす。すなわち、ロンドン条約に反対した海軍艦隊派は、海軍唯一の元帥として絶大な権威性を帯びた東郷を擁立しながら、海軍軍令部の権限強化や条約派追放人事を断行し、最終的に海相中心の部内統制ガバナンスの崩壊へとつながる。さらに、元帥府と元帥が天皇の軍事的助言者から排除されたことは、それを推進した陸軍自体の統制弱体化をもたらす一因にもなる。こうした点を念頭に置きつつ、次章では、世論を二分する政治問題にまで発展したロンドン条約批准問題に焦点を当てて、陸海軍関係の変容を検討することにしたい。

第4章　陸海軍「協同一致」の論理の動揺

——ロンドン海軍軍縮条約の衝撃——

はじめに

本章では、ロンドン海軍軍縮条約（以下、ロンドン条約）批准問題を題材として、元帥府・軍事参議院の機能を「協同一致」の論理という視点を交えて検討することで、昭和戦前期における陸海軍関係の一端を明らかにしてみたい。

前章で述べたように、天皇による軍事輔弼体制を活用した軍事指導に対して、陸軍は軍政優位による省部主体の統制力強化を目指し、元帥府・元帥を輔弼構造から排除することで、天皇の軍事指導からの自律性を獲得していった。一方、これまで元帥との協調関係を重視してきた海軍は、陸軍の元帥府排除の動きになかば巻き込まれる形となり、元帥を再生産できないまま一九三〇年代を迎えることになった。陸海軍はそれぞれ温度差があったものの、ここでも「協同一致」の論理によって歩調を合わせ、従来の軍事輔弼体制からの脱却を図ったといえる。それでは、こうした「協同一致」の論理は、一九三〇年代の陸海軍省部にとってどのように機能したのだろうか。この点を検討することは、省部主体の統制力強化のために、元帥府を排斥し天皇の軍事指導からの自律化を図りたい陸軍と、陸軍ほどの強硬姿勢をとりにくい海軍との、微妙にすれ違う関係の内実を、より深く考察することにもつながるだろう。

一九三〇年代以降の陸海軍関係は、軍部の政治的台頭の過程や日中戦争以降の戦争指導体制構築という課題を考えるうえで重要な論点だった。序章でも述べたように、近年は政治主体としての海軍に関心が集まり、独自の政治的特徴を有する存在として、陸軍とはまた異なる政治的動向が分析されてきた。(1) 特に手嶋泰伸氏は、海軍の組織的特徴として、独特な管掌範囲認識による行動選択を挙げ、昭和戦時期において、政策面では表面的には陸軍との意見一致を示しつつも、陸軍から他の政治主体への要求に海軍側の組織利害を組み込むことで、陸軍への牽制を図ろうとしていたことを明らかにしている。(2) 手嶋氏は、こうした海軍の政治的特徴がすでに三〇年代なかばの軍縮体制脱退や予算問題でも作用していたこと、陸海軍の「共に国防を担当するという意識が、軍部間の不一致は国家の破滅をもたらすという認識をもたらし、結果として陸海軍の間には他の省との間ではみられない、緩やかながらも配慮し合う関係」を見出し、陸海軍が互いの組織利害に支障をきたさない範囲で協同連携をとることで、他の政治主体への発言力の増大につながっていたことを指摘する。(3) 当該期の海軍の政治的役割が陸軍にとって無視しうるものではなく、むしろ陸海軍双方の意識的な協同歩調が政局に影響を与えていたことを明らかにしており、陸海軍関係を考えるうえで注目すべき視角といえよう。ただし、手嶋氏は陸海軍関係を通した政局の理解に重点を置いているため、基本的には政策や予算立案を担う海軍省主体の海軍側の論理と、その海軍と実際に折衝する陸軍省との関係性を分析の軸に据えている。そのため、動員計画や作戦計画の実務を担う参謀本部や海軍軍令部による陸海軍連携の考え方は、そこまで重視されていない。

この点に関連して、藤井崇史氏がワシントン海軍軍縮条約破棄時の陸海軍関係について、一九三三年の軍令部条例改正によって兵力量決定権を確保した軍令部が一方的に条約破棄や独自の軍備増強を急ぐことに対して、陸軍側の軍拡が不利になることを懸念していた参謀本部が、海軍の独走を防ぐために元帥会議か陸海軍合同軍事参議会（後述）の開催を想定していたと指摘している。[4] 参謀本部を中心とする陸軍が、海軍による過度な独走を強く警戒して表面的な意見一致を求めることで、海軍を牽制していたという事実は重要であろう。

両統帥部がのちの戦争指導体制の中核として、陸海軍の協同作戦を担当することに鑑みれば、手嶋氏や藤井氏の指摘を踏まえつつ両統帥部による陸海軍関係の模索を検討の俎上に載せることは、天皇からの自律化を図る陸海軍の関係性を問うことはもちろん、戦時期の戦争指導体制構築を背景とした、陸海軍間の対立と協調の政治過程のより多角的な理解にもつながるのではないか。

こうした問題関心から、本章では陸海軍が大前提としてきた「協同一致」の論理がいかに変遷していくのかという視点を取り入れて、この時期の陸海軍関係の変容を考えてみたい。検討に際しては、大きく二つの問題を重視する。一点目は、日露戦後以降の元帥府・軍事参議院の役割である。第1章でも述べたように、陸軍当局は合議制などを備えた軍事参議院を設置することで、元帥府の機能を制限する元帥府改革を志向した。この試みは結局失敗に終わったわけだが、両機関は日露戦後に並立した状態で運用されるようになった。元帥府と軍事参議院への諮詢内容は、後述するように国防用兵事項と戦闘用兵事項にそれぞれ限定され、特に国防方針は陸海軍両統帥部による諮詢奏請と元帥会議の開催・奉答を経て、裁可されることになる。天皇の主体的な諮詢をともなわない裁可プロセスは、一見すれば形式的な手続きにすぎないため、先行研究でもほとんど注目されてこなかった。[5] しかし、国防方針策定に際して、明治期以来の元帥全員一致という慣例に依拠していた元帥会議の奉答を得ることは、政府に対して国防用兵事項への介入の正当性を主張するために、陸海軍の共同歩調姿勢が必須だった両統帥部にとって、陸海軍「協同一致」による輔弼責任の所在を具現化するうえで必要不可欠な合意プロセスであった。このことは同時に、陸海軍省部が「協同一致」の名のもとに元帥府・軍事参議院という組織体への諮詢と奉答プロセスを制度化し、場合によってはこれをさまざまな局面で利用できる可能性を秘めていた。こうした視点から、第一節では元帥府と合議制諮詢機関である軍事参議院という組織体に注目し、日露戦後以降の役割を検討する。

二点目に、一九三〇年のロンドン条約批准問題を事例として、天皇に対する輔弼責任の担保としての「協同一致」の論理が陸海軍関係にどのように作用したのかを検討する。周知のように、ロンドン条約批准過程においては、回訓問題を端緒とする兵力量決定権の所在をめぐる統帥権問題が大きく取り上げられ、海軍内の艦隊派と条約派の攻防に焦点が集まった。[6] 統帥権問題をめぐっては、陸軍側が積極的に海軍と連携することで政府や議会に対応しようとしたことが指摘されてきた。[7] ただし、参謀本部がなぜ政府に対する統帥権の優位を強く主張しなければならなかったのかについては深く検討されていない。後述するように、参謀本部が統帥権問題に固執する背景には、兵力量決定権の所在への関心だけでなく、陸海軍協同作戦計画の策定や陸軍側軍縮の成否が懸案事項として浮上していたことがあった。[8] こうした統帥権解釈にとどまらない参謀本部側の陸海軍連携に対する考え方は、さらに検討される余地があるだろう。特に本章では、条約批准時の慣例となっていた元帥会議ではなく、海軍単独軍事参議会が開催された点に注目する。多数決制の軍事参議会によって条約否決を目指す海軍艦隊派の策動があったことは従来指摘されているが、「協同一致」の連携により軍縮条約を批准してきた陸海軍がなぜ最終的に元帥会議ではなく軍事参議会の、しかも海軍単独の開催を選択したのかという点はあまり重視されていない。いざとなれば多数決で奉答内容を決しうるという可能性を内包する軍事参議会開催は、「協同一致」の論理に反する危うさも含意するのではなかったのだろうか。第二節と第三節では、元帥会議と軍事参議会の会議体との性質差を踏まえつつ、主務担当の両統帥部間で海軍単独軍事参議会開催への道程において、いかなる交渉がなされていたのかを併せて検討することで、「協同一致」の論理を前提とする陸海軍関係への影響を考えてみたい。[9]

一　日露戦後の元帥府と軍事参議院の機能

（1）日露戦後の軍事参議院

第1章でも指摘したように、日露戦争以前の陸軍当局は「協同一致」の論理を用いて、軍当局と異なる意見を上奏することがあった元帥府の機能喪失を狙った元帥府改革と、合議制の軍事参議院設置とのそれぞれを正当化して推進しようとしたものの、軍事参議院設置後も元帥府は従前の形で残置された。また、軍事参議院が元帥府の代わりとして十分に機能したかというと、必ずしもそうではなかった。

その一例として、前掲表序-3の明治期から昭和戦時期に至るまでの軍事参議院への諮詢事項を確認しよう。大きな特徴として挙げられるのは、天皇の諮詢による軍事参議会は、設置直後の陸海軍合同打ち合わせ会と太平洋戦争直前の帝国国策遂行要領に関する諮詢の二例を除いて、陸海軍個別に開催されていたことである。これは、軍事参議会は陸海軍個別に開催できるという規定（軍事参議院条例第八条）によるものであることが推測される。そのためか、諮詢事項については、条例上では「重要軍務」と規定されているのみ（同条例第一条）である一方で、陸軍の場合は特命検閲事項をはじめ歩兵操典などの諸典範類が、海軍では特命検閲事項のほか海戦要務令の制定・改正が諮詢されており、いわば陸海軍個別の作戦用兵事項に関する審議が主だったことがわかる。また、いずれの諮詢事項も陸海軍両大臣や両統帥部長、陸軍教育総監による奏請を経て諮詢されるなど[10]、諮詢事項とその手続きには事実上の制約が加えられていた。この背景として主に二点推測することができる。

一点目は、明治天皇が軍事参議院設置後も依然として元帥への助言を求めていた事実が挙げられる。前述のように、元帥府は結果的に軍事参議院と並立することになったが、その背景には日露戦後の老将優遇という人事的側面のほかに、明治天皇が元帥府という組織体、さらには山県有朋を筆頭に元帥個人にも下問して、裁可の判断材料として陸海軍省部以外の助言や情報を得ようと努めていたことも起因していると思われる。明治天皇は、省部の輔弼以外の個人的信頼関係・血縁的紐帯に基づいた輔弼者（機関）から助言を得るという慣例に依拠することで、主体的に助言を求めながら軍事事項の裁可を行い、軍を統制してきた。軍事参議院設置後も、相変わらず山県ら元帥個人に下問し続けていたことは注目される。[11] 第1章でも述べたように、軍事参議院設置案と元帥府改革案が明治天皇に内奏されていながら裁可されなかった事実に鑑みれば、軍事参議院設置による元帥府の機能の骨抜きを含意した元帥府改革は、陸軍側に有利な軍事参議院設置に「協同一致」の論理を用いて反対した海軍の意向に加えて、明治天皇自身が消極的だったことが要因だったと考えられる。いずれにせよ、日露戦後も明治天皇は山県ら元帥個人に積極的に下問して軍事指導を行っていたため、天皇にとって助言を得るための諮詢機関としての軍事参議院の比重はさほど高くはなかったといえる。

二点目に、日露戦後の軍事参議院の奉答が必ずしも省部の意向と合致するとは限らなかったことが挙げられる。例えば、一九一一年四月に教育総監から上奏・諮詢奏請された騎兵操典改正案は、軍事参議会では可決に至らず、明治天皇から再検討を命じられた教育総監部が翌年二月に修正案を上奏し再度諮詢奏請した結果、陸軍軍事参議会で可決され、ようやく裁可に至った。[12] このように、軍事参議院は、作戦用兵や軍隊教育などの戦闘用兵事項に関して、陸海軍両大臣・両統帥部長・陸軍教育総監による輔弼を担保するための諮詢機関として運用されるようになっていった。この運用は昭和期まで続き、前掲表序-3からもうかがえるように、昭和天皇は公式軍事参議会に臨御することが多かった。また、二九年一二月、武藤信義教育総監から輜重兵操典改正の上奏を受けたが、このとき操典改正について軍事参議院への諮詢奏請がなかった。これに対して天皇は先例に反すると疑問を呈し、すぐに裁可しなかった。[13] こうした事例からも昭和天皇が公式軍事参議会への諮詢・奉答を経て戦闘用兵事項を裁可するプロセスを殊更に重視していたことがうかがえる。その一方、序章でも指摘したように、軍当局の奏請案に反する奉答がなされる可能性も秘めており、陸軍当局は、陸海軍省部の「協同一致」の輔弼に掣肘を加えかねない存在として警戒していた。

以上のような背景から、軍事参議院は、天皇の軍事上の諮詢を広く受ける機関というよりも、実質的に陸海軍個別の作戦用兵事項に関して、省部の「協同一致」の輔弼責任を保障するための諮詢機関として、元帥府の代替という設置当初の意図からかけ離れた形で制度化されたうえで、運用されることになったといえる。

(2) 帝国国防方針と元帥府の運用

以下では元帥府の運用についてみていきたい。軍事参議院設置後、しばらく元帥府への公式な諮詢は確認できず、諮詢が再開されたのは日露戦後の一九〇六年一二月の、山県有朋上奏の帝国国防方針案に対してだった。これ以降、元帥府は帝国国防方針を主とする国防用兵事項に関する諮詢を受けることになるため、この山県の上奏は元帥府にとって一つの転機になったと考えられる。そこで、まずはこのときの経緯を確認しておきたい。

前述のように国防方針策定には、参謀本部第一部の田中義一が中心的役割を果たしていた。田中は陸海軍間における日露戦後の国防の意思統一を図るために、「随感雑録」を起草し、それをもとにして一九〇六年八月、山県に「帝国国防方針案」(以下、田中案)を提出した。同年一〇月、山県は田中案に修正を加えたうえで、国防方針制定の必要性を記した「封事」に「帝国国防方針案」(以下、山県案)を添付して上奏した[14]。山県は次のようなプロセスでの裁可を想定していた。

国防ノ方針ニ関シテハ陸海両軍ノ当局者ニ於テ各定見アルヘキハ論ヲ待タスト雖モ臣有朋自ラ揣ラス、敢テ私案ヲ草シテ叡覧ニ供ヘ謹テ聖鑑ヲ仰ク。若シ幸ニ叡慮ニ副フコトヲ得ハ俯シテ願ハクハ之ヲ元帥府ニ諮詢アラセラレンコトヲ。然ルトキハ臣等慎重審議之ヲ陸海両軍ノ当局者ニ質シ又内閣総理大臣ニ商議シテ政略戦略ノ一致ヲ図リ更ニ案ヲ具シテ聖断ヲ仰カントス。

山県は国防方針制定協議を開始する前に、私案を元帥府へ諮詢するように奏請し、一二月一四日に諮詢された。元帥府は即日元帥会議を開き、山県案を認め陸海軍両統帥部同士の商議を希望する旨を奉答、ただちに参謀本部と海軍軍令部間で制定に関する商議が開始されることになった[15]。

ここで注意したいのは、山県の採用した制定プロセスが、田中の想定とは異なっていたことである。田中は陸海軍両統帥部と政府関係者間での実務的な協議のあと、陸海軍首脳と首相間の協議を経て、天皇の裁可を受けることを考えていた。しかし、山県は田中案を容れず上記のプロセスを採用した。山県と田中間の認識の乖離は、陸海軍間の折衝過程で田中が海軍側の委員だった財部彪に語った次の話からも明らかである。

山県元帥ノ奏上ハ参謀本部ハ知ラズ、但シ久シキ以前ヨリノ考ノ如ク又大島〔健一、参謀本部第四部長〕ハ知レリ。又之ヲ仰下シニナルニハ是非陸海軍大臣ニモ共ニ御渡シナラザレバ行カズトノ考ニテ、大島ヨリ山県元帥ニ申上タルモ、已ニ総長、軍令部長ニ仰下ニナリタシト奏上後ナリシ故其運ニ至ラザリシコト、且ツ夫ハ間ニ合ハザリシ故、セメテ総長ヨリ陸軍大臣ヘ能ク咄セラレタシト元帥ヨリ総長ニ咄セラレタルモ、自己ノ責任ヲ恐レ陸〔ママ〕大臣ヘ相談セラル丶ノ雅量ナカリシ[16]〔……〕

山県の「封事」上奏について、田中は知らされておらず、参謀本部内でも大島のような山県に近い一部の人間にしか知らされていなかったようである。また、山県は当初から陸海軍両大臣への下付も想定しておらず、統帥部側のみでの策定を志向していたことがわかる。

山県が元帥府への諮詢をあえて奏請したのは、この手段を取ることで、内閣や陸海軍両省との事前の合意形成をスキップして、統帥部主導による早期策定を目指したからだった[17]。山県は、国防方針策定過程で省部間の折衝を省く手段として、元帥府という場を利用することを見出したといえよう。これ以降、元帥府への諮詢事項は統帥部が作成した国防方針策定・改訂案に限られるようになった。つまり、参謀総長・海軍軍令部長による諮詢奏請を受けた天皇が元帥府に諮詢し、その審議・奉答を経てから裁可するという形式がとられるようになったのである[18]。

国防方針はその後、統帥部による案文作成、一九〇七年二月一日の両統帥部長による上奏ののち、三月の西園寺公望首相への下問・覆奏を経て、四月一六日に再び元帥府へ諮詢された。同一九日、元帥会議が開催され、山県が元帥府を代表して、方針案は適当であり、すみやかに実現させるべきという趣旨の奉答を行い、国防方針制定に至った。

三度の国防方針改訂の際には、元帥府への諮詢・奉答が首相への下問と前後して行われ、元帥府奉答と首相覆奏が完了した段階での裁可というプロセスが重視された[19]。一九一八年改訂の場合、両統帥部長による改訂案上奏後、まず寺内正毅首相への下問・覆奏が行われたうえで、次いで元帥府への諮詢とその奉答がなされてから、天皇が統帥部・陸海相・内閣へ裁可の御沙汰を伝えるとともに、内閣に国防方針と兵力量を下付して審議させている。一方、二三年改訂では、統帥部による改訂案上奏後、まず元帥府への諮詢・奉答を経てから加藤友三郎首相へ国防方針のみ下問・覆奏するという手順がとられた。また、機密保持を理由に元帥会議は開催せずに、統帥部主務者が各元帥を個別訪問し、各元帥が奉答書に署名したうえで、先任元帥の奥保鞏が代表して奉答していた。三六年改訂の場合も、二三年改訂の先例を踏襲し、元帥府への諮詢・奉答ののち、広田弘毅首相への下問が行われている[20]。なお、元帥府への諮詢に先立って、事前に陸海軍元帥へ内示して了承を得ることが慣例となっており[21]、明治期のような統帥部と元帥府の意見対立を未然に防止して、両統帥部と一致の奉答を作出していたといえよう。

一九一八年改訂と二三年改訂において、元帥府への諮詢と首相への下問の順番が前後するのは、軍側の政府への対応方針が異なっていたことが関係していたと思われる。一八年改訂で首相への下問が先行した理由は、同改訂を主導した参謀次長田中義一が、軍拡のために所要兵力などの「秘密主義」を放棄して、政党・内閣との協調を重視する方針をとったためであり、二三年改訂はその反動という指摘がある[22]。

実際、田中は一九一六年、大山巌に国防方針改訂の必要性をまとめた「国防統一ニ関スル議[23]」という意見書を提出している。意見書では、国防方針改訂は「参謀総長及海軍軍令部長ハ一般政務ノ外ニ超然卓立シテ帷幄ノ機務ニ参画シ唇歯輔車和衷協同以テ補翼[ママ]ノ責ヲ竭サザルベカラズ」という陸海軍の「協同一致」を前提として遂行すべきであることと、統帥部において制定された国防方針を内閣側に移して遂行させることの意義を説いていた。しかし、こうした田中の方針は二三年の改訂過程では採用されなかった。また、田中は改訂過程において陸海軍の意見対立により「協同一致」が叶わない場合は、天皇の「聖断」を求めることになるため、「至尊ノ軍事最高顧問タル元帥府」が「公正ナル裁決案ヲ具状」し、あるいは軍事参議院が「諮詢ニ対シテ研鑽審議適確ナル意見ヲ復奏」することで、天皇の「聖断」を補佐する必要があると説いていたが、これもまた注目される。田中には陸海軍「協同一致」に並々ならぬこだわりがあった。例えば、田中の陸軍時代の功績の一つとして一〇年の在郷軍人会設立が挙げられるが、木村美幸氏によれば、一四年に海軍が在郷軍人会に加入した際に出された「在郷軍人に賜りたる勅語」において、元来在郷軍人会加入に消極的だった海軍が、陸海軍「協同一致」を明示することに反対だったにもかかわらず、田中は「陸海一致」という文言を挿入させたという[24]。つまり、天皇の勅語に陸海軍「協同一致」の論理を織り込むことで、消極的姿勢を崩そうとしない海軍を在郷軍人会に拘束させる狙いがあったといえる。こうした議論を敷衍すれば、国防方針改訂に際し、仮に陸海軍の意見対立が避けられない場合には、天皇への「協同一致」の輔弼責任の保障を名目に、元帥府や軍事参議院を利用して陸軍側に有利な策定を進めるといった意図を有していたのではないかと思われる。[25]

このように、山県の「封事」上奏以降、国防方針改訂のような国務・統帥に跨る国防用兵事項を裁可する際には、陸海軍の「協同一致」による輔弼責任を元帥府の奉答によって保障することを含意した運用がなされていたといえる。また、こうしたプロセスを踏む背景には、その時々の政治状況に応じた陸海軍当局の思惑が通底しており、元帥府が明確な職務規定や議事規程を持たないため、そのつど柔軟な運用ができたといえよう。こうした運用が行われることによって、陸海軍統帥部は、統帥権独立を根拠とする政府に対する自律性を堅持しつつも、国防用兵事項については積極的に介入していくことを正当化していたのである。

また、この時期には、国防用兵事項や作戦用兵事項の裁可プロセスへの応用だけでなく、軍当局は実際の政局面でも元帥府や軍事参議院という組織体を利用することもあった。すでに第2章で、第一次山本権兵衛内閣時の陸軍官制改革問題において、参謀本部が元帥府を利用して官制改革の阻止を企図したことは述べたが、こうした問題は大正政変前後にほかにも起きていた。例えば、二個師団増設問題によって第二次西園寺公望内閣と陸軍が対立した際に、陸軍内では上原勇作陸相の単独辞任によって寺内正毅を擁立するプランが検討されていた。[26] そのプランでは、もし西園寺首相が山県に「首席元老ノ立チ場陸軍軍人ノ最高級古参ノ位置ニ訴ヘテ」陸軍部内の統制を依頼してきた場合、山県が「国防ニ関スル問題ハ元老トシテ私議ス可キ筋ノモノニアラズ、元帥トシテモ陛下ヨリ御下問アレバ別ナレドモ、一個人トシテ陸軍ノ要求ヲ緩和スル如キ責任ヲ執ル能ハズ」として拒否すること、それでも西園寺が陸軍の要求を容れない場合、陸相と参謀総長が「首相ノ主張ハ国防ノ関係上自分等ノ職責ニ対シテ到底同意スル能ハザル旨」を奏上するとともに、軍事参議院への諮詢を奏請することが想定されていた。これは、首相から元老としての山県に陸軍部内を説得するよう要請があったとしても、元帥の職責は天皇の下問への奉答にとどまるという建前のもとにこの要請を拒否し、さらに陸相・参謀総長が構成員である軍事参議院を活用することで、内閣に圧力をかけることを狙ったものであろう。

西園寺内閣総辞職後、三度首相に返り咲いた桂太郎もまた軍事参議院の利用を画策していた。桂は、軍事参議院を利用することで師団増設などを含む国防方針を決めようとしていた(27)。また、桂が軍事参議院のメンバーに加えて外相・蔵相・朝鮮総督・台湾総督・各植民地軍司令官などからなる「国防会議」を組織して、軍拡のような経済・財政問題が絡む軍事問題を決する場を設けようとしたという新聞報道もあった(28)。このように、陸軍出身の桂首相は天皇の軍務諮詢機関として機能しはじめた軍事参議院を利用して、軍の統制を試みつつ軍事と政治の接合を図りうる機関に衣替えさせようとしていた。序章で述べたように、陸軍当局が軍事参議院を「多頭政治」の弊害になりうると警戒したのも、この前後の時期であったことは注目される。

以上のように、二個師団増設問題や陸軍官制改革問題は、政府に対する陸軍の自律性が脅かされる危機であったため、陸軍はその対抗措置として元帥府や軍事参議院を利用して、政府からの自律性を堅持しようと画策していたことが指摘できる。

(3) ワシントン海軍軍縮条約批准時の元帥会議開催

一九二二年三月のワシントン海軍軍縮条約(以下、ワシントン条約と表記)に関する諮詢は、国防方針関係以外では初の事例となった。その端緒は、海軍軍令部が参謀本部に諮詢奏請を提案したことによる。軍令部の提案を受けた参謀本部は次のように記録している。

条約批准奏請ノ際総理大臣ヨリ国防兵力及防備ニ関スル事項ハ元帥府ニ下問アラセラレンコトヲ請フヲ至当トスルモ、若シ此ノコトナク又至上ヨリモ別ニ下問ノコトナキニ於テハ、統帥府ト没交渉ニ了リ事ノ兵力防備ニ関スル部分ヲモ通常政務ト同視スルノ嫌アリ。元来本条約ノ締結調印ニ先ダチ先ヅ国防方針ヲ定メ之ニ因ル国防兵力及用兵ヲ決定スルヲ正当ノ順序トスルモ、今回ノ条約中兵力防備ニ関スル事項ハ事唐突ニ決定セラレタルヲ以テ右等正当ノ順序手続ヲ経ルノ暇ナカリキ。故ニ便法トシテ条約批准ニ方リ右兵力防備関係事項ヲ元帥府ニ下問アラセラレンコトヲ乞フハ至当ノ処置トシ軍令部提案ニ同意スルヲ可トス。[29]

軍縮条約批准にあたり、所要兵力と防備計画が内閣の主導により改訂となることを避けたいが、国防方針改訂では時期的に間に合わないと海軍軍令部と参謀本部は考えていた。実際、ワシントン条約は、全権を務めた加藤友三郎海相による主導と原敬首相の海相事務管理兼任によって、終始一貫して内閣主導の批准が進められており[30]、海軍軍令部は主体的な関与が抑制されていた。そこで両統帥部は、条約批准に際して「便法」として国防方針改訂の代わりに元帥府への諮詢という形式をとることで、内閣との「没交渉」を回避することを企図していたのである。海軍軍令部の提案によって、両統帥部は、天皇に対する陸海軍「協同一致」の輔弼責任を明示するとともに、その後の国防用兵事項改訂の主導権を内閣・海軍省側に握られることを回避しようと試みたといえる。

元帥府への諮詢奏請が合意されたあと、元帥会議開催に向けて主務部の参謀本部第一部と海軍軍令部第一班が協議し、三月二五日に海軍軍令部が元帥に諮詢案を内示したうえで、同三〇日に諮詢奏請、翌日元帥会議開催という経緯をたどっている。この過程でもう一点注目したいのは、前述のように元帥会議には議事規程がないため、その構成員や段取りなどは時々の状況に応じて選択され[31]、議長たる先任元帥の意向が反映されやすかったことである。ここでは、当時の先任元帥、奥保鞏の元帥会議開催に関する意見[32]をみてみよう。

奥は今回の諮詢について「殆ンド最初ノ御催トモ見ルベキモノ」であるため、古参元帥として慎重に取り扱い「将来ノ例トナリテ支障ナキ様」努めたいとしたうえで、会議開催について意見を述べている。そのなかで注目すべき点は二点ある。①元帥府は軍事参議院と異なり会議体ではなく、議長や幹事などの役割分担が明確ではないため、先任元帥が議長として諮詢から奉答までを主導すること、また異議が生じた場合は議長が対処すること、②元帥会議には陸相・海相は出席しないものと解釈し、また参謀総長は会議席上では元帥としての立場ではない、というものである。

①から、元帥会議の構成員や運営は、先任元帥によるその時々の判断に左右されていたことがわかる。②の陸相・海相が出席しないという原則は、元帥会議が基本的には統帥部によって運用されることを意味しており、実際に両統帥部長は先任元帥の命により参加することになっていた。例えば、諮詢奏請者の上原勇作参謀総長はすでに元帥だったが、参謀総長として元帥会議に出席していた。しかし、奉答文には元帥のみが署名することになっており、上原はこのとき署名をしなかった[33]。つまり、元帥会議の奉答者は元帥に限定され、両統帥部長は議題の性質上出席は認められるものの、賛否表明権はなかったのである。ただし、これはあくまでも原則であり、他の元帥会議では陸相・海相も出席する例がみられる[34]。ワシントン条約時の元帥会議では、前述のように統帥部が政府主導の改訂となることを避けたいがために、国務大臣である陸相・海相の参加を回避したのである。

元帥会議の奉答には、元帥全員の署名など何らかの形での陸海軍元帥一致の意思表示が求められた点[35]も特徴的である。例えば、一九二四年一〇月の宇垣軍縮に関する元帥会議は、陸軍のみに関係する事項のため、海軍側元帥への諮詢の有無について、陸軍省と参謀本部間で協議され[36]、最終的に先任元帥の奥の判断に一任された。奥は「本諮詢に付ては海軍元帥を除外する能はず、依て書類写しを海軍元帥に送付し諒解を求め、会議に出席すると否とは海軍元帥の意見に任せ、若し会議に出席せざれば奉答書には陸軍元帥だけ署名することにすべし」という意見を述べた。これは事実上、陸軍側元帥のみで元帥会議を開催し、奉答書に署名した事例だが、事前に海軍側元帥と調整したうえでの奉答プロセスだった。最終的に海軍側元帥は事前に内示を受けたうえで、元帥会議には出席しなかった。[37]このように、議事規程のない元帥会議は適宜柔軟な形態で開催されていたが、これは単独意見上奏が可能だった元帥の集合体である元帥府にしかできないことであった。つまり、議事規程のない元帥府は明治期の慣例を継承して、両統帥部からの諮詢奏請に対して陸海軍元帥が全員一致の奉答をすることで、統帥部による天皇に対する「協同一致」の輔弼責任を保障し、内閣の輔弼と対等に国防用兵事項へ関与するという政治的意図を具現化するための諮詢機関として機能していたといえる。

ただし、本来重視されるべき陸海軍間の「協同一致」の内実は、陸海軍間で十分共有されていたわけではなかった。例えば、参謀本部と海軍軍令部は毎年国防方針に基づいて年度作戦計画を立案し、裁可を仰ぐことになっていたが、一九二九年二月、海軍軍令部長が鈴木貫太郎から加藤寛治へと交代したのを機に、軍令部は参謀本部に対して、陸軍の「対乙作戦」（＝対露作戦）計画は中国の中立を侵害することになり、結果的に対米作戦を含む「対数国作戦」の必要に迫られてしまうため、対露作戦は「支那ノ主権ヲ侵害セザル場合ニ限リ行フベキ旨」を覚書として交換するように申し入れている。[38]参謀本部は、対露作戦は「自衛ノ見地」から発動すべきものであり、中立侵害の判定は「政戦両略ノ関係ヨリ判定スベキ旨」を述べ、覚書交換の必要には及ばないと返答し、この問題は沙汰止みとなった。海軍は、元来済南出兵に否定的だったことからもうかがえるように、[39]中国の主権を侵害するような「対数国作戦」を伝統的に認めていなかった。一方で、参謀次長が「対乙作戦ハ支那ノ中立ヲ侵害スベキコト当然ニシテ問題トナラズ」と放言しているように、陸海軍「協同一致」の国防方針により立案されているはずの対露作戦一つみても、両統帥部間の意見は一致しているとはいいがたいのが実情だった。このように、必ずしも十分な内実をともなっているとはいえないながらも、天皇の輔弼を名目とした表面的な「協同一致」を演出することで、政府に対する自律性を確保しつつ、国防用兵事項決定への関与を正当化していた陸海軍だったが、次節以降で検討するロンドン条約の統帥権問題において、こうした「協同一致」の論理が動揺することになる。

二　ロンドン海軍軍縮条約批准時の陸海軍連携

ロンドン条約批准は国防用兵事項が中心であり、ワシントン条約の前例に倣えば元帥府への諮詢・奉答がなされるはずであった。しかし、紆余曲折を経て最終的には海軍単独軍事参議会開催で落ち着くことになる。これは、のちの一九三四年ワシントン条約破棄に関わる元帥会議開催と比較しても異例のことであった。なぜ軍事参議会開催という結末になったのか、以下考えてみたい。

（1）回訓問題をめぐる陸海軍連携

まず、ロンドン条約批准と統帥権問題の経緯を確認しておこう。[40]一九二九年一一月二六日、浜口雄幸首相と加藤寛治海軍軍令部長が訓令案を上奏、裁可を受けて、訓令が発せられた。海軍の三大原則は、①補助艦対米総括比七割堅持、②大型巡洋艦の七割比率、③潜水艦の自主所要量、というものだった。しかし、翌三〇年三月一四日に日本全権団から対米比率七割以下を含む請訓が到達すると、海軍軍令部は猛反発し、状況は一気に緊迫したものになった。四月一日に浜口首相が回訓案を上奏、裁可を受けたが、その前後で加藤軍令部長の帷幄上奏と鈴木貫太郎侍従長による阻止といった出来事も発生し、ここから統帥権問題に発展していくことになる。

それでは、統帥権問題の端緒となった回訓問題をめぐって、陸海軍当局はどのような対応をとったのだろうか。実は全権請訓から回訓までの約二週間、海軍は回訓案への対応を陸軍と協議していなかった。[41]海軍軍令部では、迂闘に陸軍に支援を求めれば、将来の陸軍軍縮での師団数削減に関連して陸軍側の要望に拘束され、陸海軍協同の比島作戦などに影響が及ぶのではないかという懸念があった[42]。一方、陸軍は陸海軍が「協同一致」して対処することを主張し、参謀本部では内閣に対して「今七割以下に低下するに於ては陸海軍協同作戦を実施するを得ず」と申し入れる方針を決定していた[43]。つまり、陸軍は海軍の兵力量が七割以下に制限された場合、陸海軍が想定する比島作戦などの協同作戦が難しくなり、結果的に国防方針や用兵綱領に影響を及ぼすことを懸念していたのである。特にこの時期、浜口内閣の財政緊縮政策にともなう軍制改革という政治的課題を抱えた陸軍では、宇垣陸相率いる陸軍省が参謀本部との協議を重ねながら改革案の立案を模索していた[44]。さらに、この時点で近い将来における国際軍縮会議の開催が見込まれており、陸軍省と参謀本部ともに海軍軍縮とその後の陸軍軍縮の趨勢を踏まえつつ軍制改革を行うことを想定していた[45]。そのため、国防用兵の見地から軍制改革や協同作戦に対応する参謀本部としては、陸軍に先立って国際軍縮を行う海軍側の動向に無関心ではいられず、回訓問題について「海軍より何等公式に申入れなきは甚解し難き処なり[46]」と海軍側の対応に不信感を抱いていた。このように、回訓問題をめぐっては、軍制改革や協同作戦の改定を見据えて、海軍と「協同一致」して内閣に対抗したい陸軍側と、逆に陸軍との連携を可能な限り回避したい海軍側との温度差が存在していたことが注目される。

（2）統帥権問題に対する陸海軍の対応策

回訓問題に端を発した統帥権問題は、四月二一日に開会した第五八回帝国議会で紛糾し、世論を二分する問題へと発展した。その焦点は、条約調印による所要兵力決定に関して、内閣・海軍省と海軍軍令部とのどちらにその決定権があるのかというものであり、当初から参謀本部が敏感に反応し統帥権解釈について海軍に照会していた[47]。従来政府と両統帥部との「協同一致」によって成立していた兵力量決定のあり方が、政府優位に変化しかねない事態に陥ったとき、陸海軍連携という意味において統帥部はどのような対策を講じようとしていたのだろうか。その一例として、回訓後から五月一九日の財部海相の帰朝までの間に、海軍軍令部で作成されたと思しき「回訓ノ決定発付ニ当リ政府ノ執リタル処置ガ統帥権ニ及ボス影響[48]」という文書をみてみたい。この文書では、まず焦点になっている編制権について、従来は海軍大臣と海軍軍令部長の両者による「協同輔翼」、すなわち「協同一致」の輔弼に拠るべき性質とみなされており、過去の兵力量改訂が統帥部で立案されてきた「実際上ノ慣習的事実」を重視すべきだという。そのため、浜口内閣が軍令部との「協同輔翼」を無視したことは問題であり、本来ならば、慎重審議の手段を尽して「飽ク迄意見ノ一致ヲ得ル」ことが「協同輔翼」として当然だと主張する。もし仮に両者の協議で意見が一致しない場合は、①「軍事参議官会議又ハ元帥会議ヘノ御諮詢奏請」、②「閣僚及帷幄輔翼機関ヲ包含スル御前会議ノ招集奏請」で慎重な審議を経て裁可することが「穏当ナル処置」だという。

一方、参謀本部も五月二日に「倫敦会議善後策ニ関スル研究[49]」という文書を作成していた。その趣旨は、議会終了後に両統帥部長連名で内閣に対して回訓手続きへの遺憾の意を表明すること、条約批准前の元帥会議において両統帥部長の意志を含めて奉答すること、枢密院に対して「其ノ奉答ヲ元帥府ノ奉答ト歩調ヲ一ニセシメ、且ツ政府ノ犯シタル手続上ノ非ヲ戒飭セシムルニ努ム」という措置を講じるべきだというものだった。このように、陸海軍ともに回訓が軍政・軍令機関間の意見一致による「協同輔翼」に背いた点を問題視しており、「協同輔翼」を守るための手段としての軍事顧問機関への諮詢奏請の必要性を主張していた。ただし、参謀本部が陸海軍「協同一致」を含意した元帥会議あるいは陸海軍合同の軍事参議会開催を志向したのに対し、海軍軍令部の諮詢奏請論はあくまで海軍省と軍令部間の「協同輔翼」という原則を維持させることに力点を置いており、陸海軍の「協同一致」の連携自体には関心が薄かったことには注意したい。

その後、財部海相らが帰朝すると、海軍内では海軍軍令部の要求により、兵力量決定が海軍大臣と海軍軍令部長の「協同輔翼」事項であることを確認する覚書が作成されることになった。五月二九日の海軍非公式軍事参議官会議で、兵力量決定に関する協定が審議され、兵力量決定については従来通り海相と軍令部長間で意見一致すべきという覚書が仮決定された。これに対して、統帥権問題解決のために依然として陸海軍合同の軍事参議会奏請を想定していた参謀本部は、覚書が「従来ノ解釈、慣習ハ有効ナルヲ認ゼラレタルモノニシテ、近ク開催セラル、気運ニ在ル陸海軍々事参議院会議ニ於テ本問題ヲ議スルノ要ナキニ至ルヤモ知レズ、単ニ兵力量ニ関シテ議セラル、ナラン」(50)と歓迎する向きを示していた。しかし、財部海相は、海相が兵力量決定を行う際には海軍軍令部長と意見一致するべしと、海相に最終決定権があるような文面に修正し、海軍側の元帥・軍事参議官に承認を求めようとしたため、加藤海軍軍令部長が反発し交渉が難航した。

六月三日、末次信正軍令部次長が陸軍に対して、海相との絶縁状態にあるため、「之レヲ収集〔ママ〕スル道ハ権威アル軍事参議院会議ニ依ルノ外ナ」いと要請した。海軍軍令部はこの間、参謀本部と没交渉だったが、海軍省との攻防で苦境に立たされるや否や、すぐに参謀本部との連携を模索しはじめたのである。これにはさすがの陸軍も難色を示し、岡本連一郎参謀次長が軍事参議会奏請には賛成するも、「海軍大臣軍令部長間ノ確執大ナルニ於テハ参議院会議開催ノ実現サヘ困難ナルベキヲ虞ル、故ニ之レガ実現可能ナル如ク努力セラレタル後陸軍側ノ手続ヲ進ムル事トセン」と返答している。このように、海軍軍令部は覚書原案を軍事参議会の場で確定させるべく(51)陸軍に協力を要請する一方、元来陸海軍の「協同一致」の対応を志向してきた参謀本部は、海軍側の意見不一致の状況での軍事参議会開催に難色を示していた。

その後、六月一〇日の加藤辞職上奏、谷口尚真の海軍軍令部長就任という流れを経て、六月二三日の海軍非公式軍事参議官会議において、「海軍兵力ニ関スル事項ハ従来ノ慣行ニ依リ之ヲ処理スベク、此場合ニ於テハ海軍大臣海軍軍令部長間ニ意見一致シアルベキモノトス」という覚書が合意され、即日上奏・裁可された。従来の「慣行」

が明文化されたことで、海軍省は軍令部の編制権介入を容認し、のちの軍令部権限強化へとつながることになった。[52] これで兵力量決定の所在をめぐる統帥権問題は一段落し、次の焦点は枢密院への諮詢前に行うべき軍事顧問機関（元帥府・軍事参議院）への諮詢問題へと移っていく。

三　海軍単独軍事参議会開催とその影響

（1）軍事参議院議事規程問題

前述のように、海軍が単独で軍事参議会を開催した背景として、軍政系を中心とする条約派と軍令系を主とする艦隊派との間の攻防があったことが指摘されている。その構図を確認すると、艦隊派は、軍令部長を辞職した加藤寛治や末次信正ら現役将官や軍令部系統、さらに小笠原長生ら予後備役将官グループが結集し、海軍内に隠然たる影響を持つ東郷平八郎元帥と伏見宮博恭王（軍事参議官・海軍大将）を擁立していた。一方、条約派には財部海相をはじめとする海軍省系のほか、谷口海軍軍令部長や岡田啓介軍事参議官らがおり、浜口内閣や宮中の支持を受けつつ、反対論を展開する東郷や伏見宮の説得を続けるという状況だった。

東郷は、財部海相の早期辞任を求めると同時に、先例の元帥会議ではなく海軍単独の軍事参議会を志向していた。その表向きの理由は、海軍側元帥が自分だけなので、できる限り広く専門家の意見を集めるため海軍軍事参議会としたいというものだった。[53] 東郷の発言の裏には、態度不鮮明な陸軍側元帥を除外して、海軍単独軍事参議会を開催したいという艦隊派の本音が伏在していた。[54] これに対して、軍政系・条約派はあくまでも先例に基づいて、元帥会議開催の方向で調整を進めようとしていた。[55] 両者の間で会議開催方針が異なる背景には、軍事参議院議事規程の問題が存在していた。

軍事参議院議事規程第三条前段では、「参議会ノ議事ハ過半数ヲ以テ決ス。可否同数ナルトキハ議長ノ決スル所ニ依ル」と規定されており、議事を過半数で決することと、可否同数の場合は議長判断によることが明記されていた。条約派の間では、もし賛否が別れた状態で軍事参議会を開催した場合、慣例上海軍単独開催になり、なおかつ右の規程の解釈次第では賛成反対同数になる可能性が高いと懸念されていた[56]。というのも、第三条をめぐっては、①皇族の投票権の有無、②議長の投票権と裁決権両立の可否、という二つの問題が伏在していたからである。①は当然伏見宮のことを指しており、②は議事規程第三条の可否同数の場合の議長裁決と投票権が両立するか否かという問題で、東郷が議長表決権を根拠として自らに投票権と裁決権があると提起した[57]ことで争点化したものであった。いずれも第三条には明記されていない問題であったため、このような解釈が生まれる余地があった。つまり、もし皇族投票権と議長投票権が認められた場合、軍事参議会は賛成三（財部・谷口・岡田）と反対二（東郷・加藤）という従来の構図において、伏見宮が反対票を投じ、東郷が議長権限によって否決するという、軍政系・条約派にとって最悪のシナリオが想定されえたのである。当然、諮詢に対して軍事参議会が反対の奉答をすれば、「陛下が責任当局として輔弼の責にある軍令部長と海軍大臣の提案をおとりになるといふ御聖断[58]」を下し、結果的に反対した三名は辞表奉呈を余儀なくされ政治問題化することが必至だった。そのため、軍政系・条約派や内閣・宮中としては何としても議事規程が争点として浮上することを阻止せねばならなかった。

まず①については、「軍事参議官としては当然表決に加はつてもよいのであるけれども、社会的に皇族といふ御身分からして、殿下の御一票でこの重大な案件が左右されるといふことは、殿下のために考へても頗る問題である。この際できることなら殿下は表決にお加はりにならぬ方が皇室のために最もとるべき方法[59]」と財部がいうように、内閣や宮中は皇族の投票自体を問題視していた。「陛下の監督権」によって伏見宮の投票を回避させることも考慮されたが、皇族といえども投票権を有する軍事参議官である以上は、投票させないようにすることは「非常な矛盾」ではないかという牧野伸顕内大臣の意見で頓挫した[60]。牧野も伏見宮の表決参加を阻止したいというのが本音だったが、天皇が皇族を直接統制することには懸念を示したのである。

そこで、内閣や宮中は②の議長問題について、議長裁決権のみ有効と認めることで事態打開を図ろうとした[61]。しかし、これよりも早く東郷の提起を受けた陸海軍当局が議事規程第三条を再検討していた。海軍省が議長は裁決権のみ有するという解釈を示したのに対し、海軍軍令部は「純理」としては権限が両立するが、実際に行使するか否かは「議長たる本人の意志に依る」という、曖昧ながらも東郷の主張を認めるような解釈を示していた。七月一〇日に海軍省より照会された陸軍省は、市制第五三条を例に挙げながら、投票権と裁決権は両立するという解釈を示した[62]。この結果、東郷の主張通りの解釈で合意ができ、一二日には谷口海軍軍令部長が東郷に報告してしまった。これにより、議事規程の解釈上では否決の可能性が高まったため、これ以降、条約派は東郷と伏見宮の説得に注力せざるをえなくなった[63]。

最終的には、昭和天皇が東郷に「元帥は凡てに付達観するを要す[64]」と諭しその態度を軟化させたことや[65]、財部海相が一連の問題の責任をとって批准後に辞任すること、軍事参議院の奉答書にも国防兵力量に欠陥があることを理由とした補充計画の必要を認める文言を盛り込むことを条件として説得したため、東郷と伏見宮は賛成に回った。こうして、海軍は七月二一日と翌二二日の連日、非公式軍事参議官会議を開催し、国防欠陥の文言を中心に加藤らと論議、最終的な合意が得られ、翌二三日の海軍単独軍事参議会において、条約に関わる国防用兵事項が全会一致で可決・奉答されるに至った。

以上のように、ロンドン条約批准過程ではワシントン条約時の先例と異なり、海軍単独の軍事参議会への諮詢・奉答という手続きを踏むことになった。この背景には、専門的な審議をしたいという意向を示す東郷を担いで、軍事参議会の表決で否決に持ち込もうとする危惧の念があった。これは、陸軍と比して元帥が劣数の海軍にとって、議事規程がなく全員一致を慣例とする元帥会議では難しいものだった。このことは、従来の慣例を破るだけでなく、議長権限や皇族の投票権の有無といった、これまで問題とされてこなかった議事規程の欠陥を前景化させたのである。

（2）両統帥部間の協議

軍事参議会開催をめぐっては、上層部で議事規程を中心とした駆け引きがなされる一方で、実際の主務担当である参謀本部と軍令部との間でも調整が同時進行していた。本項では、実務面での調整過程を主に参謀本部側の視点からみることで、軍事参議会開催の意義を逆照射してみたい。

七月一日、畑俊六参謀本部第一部長は及川古志郎軍令部第一班長から、海軍内では軍事参議院と元帥府のどちらに諮詢するか目下未定[66]だが、軍令部中堅層が海軍軍事参議会を希望する一方で、海軍省側は議論紛糾を憂慮し軍事参議会を回避し、元帥会議で大綱のみの審議奉答にしたいという海軍内の状況を聴取した[67]。これを受けて、参謀本部では「倫敦会議ノ結果ニ基ク国防問題ニ関スル元帥会議ヲ開催セラルル場合、従来ノ慣行ニ依リ陸軍側元帥ノ出席ニ異存ナシ。但シ其議題内容ハ陸海軍令機関ニ於テ予メ充分協議ノ上決定スルコトト致度」とする方針を決定した[68]。翌二日、永野修身海軍軍令部次長が参謀本部に対して「倫敦会議ノ結果ニヨル兵力量ヲ以テ国防用兵ニ変化ノ有無」という元帥会議の議題を提示してきた。

しかし、東郷の強硬姿勢に苦慮する海軍側の状況を察知していた今井清参謀本部作戦課長は岡本参謀次長に対して、海軍部内で意見が統一されないのであれば「元帥会議ニカケルカ、カケヌカ所デハナイ」という見解を示した。さらに「海軍部内ノ意見合致シ、コウ云フ風ニスレバ成リ立チ相ダト云フ案ヲ見セテ来テ、ソレニ対シ当部ニ於テ審議シ討究シ陸軍側元帥ニ当部ノ所見ヲ申述ベ元帥会議ニ出場セシムル様セザルベカラズ」と主張したため、七月一日決定の陸軍の元帥会議参加方針を保留することになった。

その後、海軍側の会議開催方針は迷走し、同七日、陸軍は海軍側から海軍単独軍事参議会を開催したいとの提示を受けた(69)。これを受けて陸軍上層部は、翌八日、国防方針・用兵綱領に変化がない限り、海軍の意向により陸軍側元帥が無理に出る必要はないが、「国防ノ根本」を議するなら陸軍側も出席する必要あり、という方針で一致した。つまり、海軍内の紛糾に巻き込まれることを憂慮し、「国防ノ根本」に関連する事項を議題の範囲に入れないという条件ならば、海軍単独軍事参議会開催の申し出を受け入れる方針で落ち着いたのである。

東郷の説得に苦慮する海軍軍令部は、一時「陸軍元帥を加へて論議」することによって、東郷の反対を封じ込めようという趣旨の元帥会議案を再提示するなど(70)、よりいっそうの混迷をみせたが、最終的には東郷が強硬姿勢を軟化させたことで海軍単独軍事参議会開催論に傾きはじめた。七月一四日、谷口海軍軍令部長は金谷範三参謀総長を公式訪問し、「倫敦会議ニ於テ調印セラレタル海軍ノ兵力量ニ関シテハ其欠陥ニ対シ所要ノ施設ヲナスニ於テハ、用兵綱領ニ示ス陸海軍ノ協同作戦ヲ実行シ得ルモノナル事並ニ右ニ従テ国防方針ニ改訂ヲ加フルノ要無キモノナルコト異存無之」とする覚書を手交し、ここに海軍単独軍事参議会開催で落着した。

ただし、この交渉を陸軍側で主導したのは、陸軍省と部長以上の参謀本部上層部であり、実は参謀本部の中堅幕僚層、特に主務の第一部の考えと懸隔があったことに注意したい。第一部の中堅幕僚層は、「国防ノ根本ニ触ルル問題ニ対シテハ陸軍側元帥参加ノ要アリトナス。陸軍従来ノ主張ハ前例ニ徴スルモ毫モ変化ナキモノトス」と考えていた。前述の七月八日の上層部の決定方針についても、本来陸海軍が「協同一致」して事態に対処しなければならないにもかかわらず、回訓問題以降ほとんど陸軍側と没交渉になっていた「海軍側ノ反省」を促すための意思表示であると認識しており、明らかに上層部の認識とのすれ違いが生じていたのである(71)。

そもそも陸軍内では、海軍から対米七割比率堅持決定や回訓問題について陸軍に事前の協議がなかったことに対する不満が根強かった。[72]前述のように、国際軍縮会議や軍制改革を控えた陸軍にとって、海軍の兵力量変化は陸海軍の協同作戦計画や国防方針・用兵綱領改訂にも影響を及ぼしうるものであり、同時に噴出した統帥権問題と併せて陸海軍「協同一致」の輔弼の原則に基づいて対処すべきという考えがあった。それゆえに軍事参議会開催問題では、東郷を戴く艦隊派への対応に苦慮する海軍に陸軍側が翻弄されることが多く、さらに陸軍省・参謀本部上層部と参謀本部中堅幕僚層との間の認識差も浮き彫りになったのである。

陸軍省や参謀本部上層部は、陸軍側元帥が海軍側の紛争に巻き込まれることを警戒するとともに、海軍の補充計画に含まれる海軍航空隊拡張予算を承認することを嫌ったため、[73]国防事項に抵触しないという条件で海軍単独の軍事参議会開催を容認した。しかし、元帥会議か陸海軍合同参議会の開催を主張していた参謀本部第一部、とりわけ作戦課の中堅幕僚層は、予算問題や政治責任を理由に海軍への干渉を回避する陸軍省と参謀本部上層部を、「軍政屋流」だと痛烈に批判していた。

なぜ参謀本部第一部作戦課の中堅幕僚層は、陸軍側元帥を元帥会議や軍事参議会に参加させることに固執したのだろうか。その理由は、七月一四日の軍事参議会開催が正式決定されるその瞬間まで、第一部作戦課作戦班長の塚田攻中佐が起草していた「倫敦条約批准ニ関スル問題」という文章からうかがい知ることができる。その要点は以下の二点にまとめられる。第一に、陸海軍の「協同一致」による輔弼責任の保障という点である。塚田は、浜口内閣が条約批准を優先するあまり、従来の慣例に反し海軍単独の非公式参議会のみを開催して、枢密院への諮詢奏請を急ぐような「邪道ヲ横行」させようとするのではないかと警戒していた。こうした政府の横暴の根本原因は、回訓問題で「海軍ガ陸軍ヲ敬遠シタルコト」が挙げられ、陸海軍連携の拙さに付け込まれた結果だという。塚田は特に統帥権問題が紛糾したことについて、回訓前の段階において「陸海一体トナリ政府ニ対セシナラバ斯ク如キ失体ハナカリシナラン」と記している。つまり、回訓問題において陸海軍の「協同一致」の論理が動揺したことが、統帥権問題を惹起したと塚田は認識していた。統帥権擁護のためにも、批准に関わる元帥会議（軍事参議会）と枢密院会議は「国防能力制限問題ニシテ政治ト軍事トノ相異事項」であり、「批准ノ可否ハ軍事上ニ立脚スルモノナルヲ以テ軍事機関ノ諮詢ヲ先決トスルヲ当然」と主張していた。これは、政府が条約批准を優先し、不可分であるはずの国防関係事項と切り離そうとしていることへの批判だった。

第二に、陸海軍の協同作戦計画や軍制改革への影響という点である。塚田は、元帥会議か合同軍事参議会の開催が必須としているが、その理由は、陸軍も「国防ノ根本問題ニ関係アリト認ムル」からであった。なぜ陸軍の参加にこだわるのか。少し遡った六月二四日、塚田は海軍軍令部宛の書簡を起草している。その書簡の要点は、陸海軍協同作戦への懸念にあった。陸海軍は「固ヨリ倶ニ統帥輔弼ノ責ニ任ズベキ僚友」として、現在の国防方針や兵力量に関する前述の三大原則を堅持することが重要であるため、陸軍は海軍軍令部の唱える三大原則に賛成してきたという。その最大の理由として、用兵綱領で規定される陸海軍協同作戦に悪影響を及ぼしかねないことへの懸念が挙げられている。「唇歯ニ勝ル密接ナル関係」にある陸海軍協同作戦の要点は、太平洋上の海戦を有利に展開することを前提とした、太平洋上の根拠地攻略にあり、その攻略作戦に含まれる上陸作戦成功と後方連絡の安全確保とを期すためには海軍艦隊の「庇護」が必要であるというのが、塚田ら第一部作戦課の発想だった。

実際、この時期の陸軍は軍制改革だけでなく、協同作戦の策定作業も進めており、海軍との間で「上陸作戦綱要」策定に向けて共同研究を行っていた。「上陸作戦綱要」策定過程を検討した岩村研太郎氏によれば、この過程で陸軍は協同作戦における統一指揮官設置の必要性も研究していた[74]。これは、共同研究や演習を進めるなかで海軍との作戦遂行に不安が生じたことが一因だった。陸海軍双方が対等な立場での「協同」作戦を遂行するためには、海軍の対米七割兵力量の堅持はさることながら、両軍間の一致した信頼関係も必要不可欠であったが、この段階では陸軍は完全に自信を持つには至っていなかったのである。塚田が書簡で「唯恐ルルハ国防ノ危機ニ直面シテ万一海陸両統帥部間ニ意見ノ扞格ヲ来スガ如キコトアリシ場合ニ於テ、国防ノ危難ヲ倍加スルコトニシテ邦家ノ不祥事之ニ過グルモノナカルベシト存候」と、海軍に警告を発しようとしたのも、こうした協同作戦の帰趨に関する参謀本部の強い懸念が背景にあった[75]。特にロンドン条約批准過程における陸海軍間の微妙な「協同不一致」の蓄積が参謀本部第一部の不満を増大させ、一連の過程が「第一部ガ夢ニモ知ラズシテ事ガ運バレタ」と憤慨したのであった。

このように、海軍との協同作戦計画策定や軍制改革に迫られている参謀本部第一部（特に作戦課）にとって、陸海軍元帥の全員一致による決議という慣例に基づく元帥会議の開催は、統帥権問題で動揺する天皇への「協同輔翼」の責任の所在を明示することで、陸軍を軽視する海軍や、政治問題に配慮する陸軍省[76]を牽制しつつ、陸海軍「協同一致」の論理の維持を可能にする方策だった。しかし、参謀本部中堅幕僚層の熱望とは裏腹に、陸軍省と参謀本部上層部は海軍との妥協の道を選び、海軍単独軍事参議会開催に至ったのである。

（3）枢密院側の認識

ところで、批准最大の難関だった枢密院は軍事参議会開催をどのように認識していたのだろうか。枢密院は、浜口内閣による枢密院弱体化策に反発し、倉富勇三郎議長や平沼騏一郎副議長らはロンドン条約批准反対を志向していた[77]。その状況下で、軍事参議会開催問題が浮上したとき、枢密院は軍事参議会の場で多数決によって議案が決することを懸念していた。倉富と平沼は、元帥会議において全員一致での批准反対の奉答がなされるとの情報を事前に得ていた。しかし、七月一四日に平沼から軍事参議会での多数決による条約可決の見込みを伝聞した倉富は、浜口内閣が性急な諮詢奏請を進めるために、東郷のような反対者を抑えて可決しようとすることは「実ニ無理ナルコトニテ言語道断」であると批判し、枢密院としても政府に何らかの「対案」を用意する必要があると述べている。[78]倉富は東郷のような反対論を抑えようとする「無理ナル多数決ハ甚ダ不都合」であると認識していた。平沼は「左様ナル無理ナルコトヲ為スハ後日ノ為ニ悪結果ヲ生ズル虞アリ」と同意し、もし内閣が軍事参議会のみ開催させようとするならば、ワシントン条約時の先例である元帥会議開催を奏請すべきという要求を主張していた。

ただし、東郷が軍事参議会開催を希望する旨を把握した倉富は、翌一五日、二上兵治書記官長と枢密院の対応を協議するなかで、平沼と同様の元帥会議開催論を提示する二上に対して「尚更之ヲ要求スルハ無理ナラン」と慎重な姿勢を示していた。さらに「仮リニ無理ナルコトニテモ、軍事参議院会議ヲ開キ多数決ニテ可決シ其決議ニ基ク御諮詢奏請シタリトセバ其決議ニ無理ガアルト云フ理由ヲ以テ条約ニ反対スル訳ニハ行カザルナランヤ」[79]と述べるなど、軍事参議会の多数決での決議の不当性を政府批判の論理として用いて条約反対を唱えることも模索していた。一方、枢密院のなかでも内閣の条約批准のやり方に批判的だった伊東巳代治（審査委員長）は、軍事参議院による奉答後、補充計画の具体的内容については「政治上ニ付最高顧問タル枢密院アルト同様軍事ニ付テハ最高顧問トシテ元帥府アル故、枢密院ヨリ元帥府ノ御下問アリ其奉答ハ御下付ノ願フガ相当ナリ」として、枢密院による元帥会議開催奏請論と、元帥会議開催まで枢密院での審議をストップさせる審査停止論を、セットで主張していた。[80]前述のように、元帥会議開催奏請論は平沼・二上らも当初は念頭に置いていたが、倉富は元帥府に会議の規則がない以上枢密院からの諮詢奏請には無理があり、仮に元帥会議を開催したとしても、軍事参議会議長だった東郷が軍事参議会の決議を覆す可能性は低いという理由で、伊東の元帥府諮詢論には同意できなかった。[81]枢密院は、浜口内閣による性急な枢密院への諮詢奏請にはもとより反対であったが、軍事参議会で多数決による票決がなされる事態に発展した場合、枢密院内部で同じ「最高顧問」たる元帥府諮詢奏請論を口実とした反対論が盛んとなり、審議が紛糾する恐れが生じていた。軍事参議院の奉答後、倉富ら枢密院側は、内閣に対して軍事参議会奉答文の閲覧をしきりに要求するようになる。これは、紛糾したと考えられていた軍事参議会の奉答内容を正確に把握することで、内閣と軍側の意見不一致を理由に条約反対を主張する可能性を探るためであったが、実際に軍事参議会の奉答文に接した倉富らは、期待していたような内閣と軍側の対立を指弾できる内容でないことに失望し、奉答文を用いて内閣を批判するという有効な手段を失った[82]。実際、その後の枢密院の審査会において、各枢密顧問官が補充計画に関して加藤前軍令部長のそれまでの言動を持ち出して海軍内の意見不一致の存在を指摘しても、財部海相はそのつど軍事参議会の場において加藤を含む全員一致の意見が奉答された事実を盾に、彼らの攻撃を回避した[83]。

このように、海軍単独軍事参議会による奉答は、陸海軍関係の観点では「協同一致」の論理の綻びによる陸軍の不満を体現するものであった一方で、枢密院のような他の国家機関に対しては、その内実はともかくとして、海軍の軍政・軍令機関の表面的な「協同一致」を提示し、結果的に枢密院の審議方針にも影響を与えうるものとして、有効に作用していたといえる。

おわりに

本章では、天皇からの自律化を強める陸海軍省部が、「協同一致」の論理に基づく陸海軍関係をどのように展開してきたのかについて、日露戦後の元帥府・軍事参議院の制度化とロンドン条約批准問題を題材に考察してきた。本章の成果をまとめておきたい。

日露戦後、元帥府の代替機関として設置されたはずの軍事参議院は、明治天皇が依然として元帥個人に助言を仰ぐという多角的な軍事輔弼体制によって軍事指導を行っていたため、元帥府に代わる助言機関にはなりえなかった。その代わりに陸海軍それぞれの軍政・軍令機関の「協同一致」による輔弼責任を保障するための助言機関として機能するようになる。明確な議事規程がない元帥府は、両統帥部の国務と統帥に跨る国防用兵事項の諮詢奏請に基づく天皇の諮詢に対して、元帥全員一致による奉答を行うことが慣例化していた。陸海軍統帥部が諮詢奏請、元帥会議開催・奉答を経て裁可を仰ぐというプロセスは、陸海軍省部が天皇への全面的な輔弼責任を建前とする陸海軍「協同一致」の論理を演出することで、政府と対等に国防用兵事項決定に携わり、その主導権を政府に掌握されることを回避するための正統性を仮託したものだったといえよう。つまり、陸海軍統帥部は、統帥権を根拠とする軍の自律性を確保しつつ、国務と統帥に跨る国防用兵事項への介入を可能にするという、政軍関係の文脈において元帥府や軍事参議院を利用していた。このことは同時に、必ずしも軍当局と意見一致するとは限らない能動性を秘めた元帥府・軍事参議院という組織体への諮詢を制度化し、省部が軍事顧問機関の機能を制御する意味合いもあったといえる。

しかし、こうした「協同一致」の論理を動揺させたのが、ロンドン条約時の回訓問題に端を発する統帥権問題だった。本問題の陸軍側主務担当の参謀本部（特に第一部）は、従来の慣例に基づき、条約批准に関わる国防方針と兵力量改訂を、元帥会議開催によって政府と両統帥部の「協同一致」の連携で行うことを当然視していた。だが、統帥権問題が発生すると、陸海軍連携がおろそかになった。すなわち、海軍部内では艦隊派が、海軍側唯一の元帥として絶大な権威を帯びた東郷や皇族大将の伏見宮を擁立し、多数決制・議長表決権を利用して海軍単独軍事参議会の場で批准反対に持ち込もうとしたため、条約批准を目指す条約派は艦隊派への対応に忙殺され、海軍省―海軍軍令部間の「協同一致」の維持に精一杯となってしまった。このような経緯から、海軍はもともと陸軍への助力を忌避していたこともあり、参謀本部との連携が必然的に後景化していってしまった。こうした海軍の不誠実な態度に対して、陸軍は当然ながら不満を募らせていく。陸軍側の内部は、近い将来の陸海軍協同作戦や軍制改革な

料金受取人払郵便

千種局承認

8046

差出有効期限
2026年 7月
31日まで

郵便はがき

4 6 4-8 7 9 0

0 9 2

名古屋市千種区不老町名古屋大学構内

一般財団法人
名古屋大学出版会 行

読者カード

本書をお買い上げくださりまことにありがとうございます。
このはがきをお返しいただいた方には図書目録を無料でお送りいたします。

(フリガナ)
お名前

〒

ご住所

電話番号

メールアドレス
メールアドレスをご記入いただいた方には、小会メールマガジンをお届けします（月１回）

購入された
本のタイトル

勤務先または
在学学校名　年齢　歳

関心のある分野　所属学会等

ご購入のきっかけ（複数回答可）
A 店頭で
B 新聞・雑誌広告（　）
C 図書目録
D 書評（　）
E 人にすすめられた
F 教科書・参考書
G 小会ウェブサイト
H 小会メールマガジン
I SNS（　）
J チラシ
K その他（　）

購入された
書店名　都道府県　市区町村

本書ならびに小会の刊行図書に関するご意見・ご感想
小会の広告等で匿名にして紹介させていただく場合がございます。あらかじめご了承ください。

ご注文書

（代）金引換サービス便にてお届けしますので、お受け取りの際に代金をお支払いください。

（定）価（本体価格＋税）と手数料 300 円を別途頂戴します。手数料は何冊でも 300 円です。

	冊数

全国の書店、生協書籍部、ネット書店でもご注文いただけます

どの国防用兵事項の改定を念頭に対応しようとした点では一致していた。だが、陸海軍「協同一致」の元帥会議を断念することでその後の予算問題などで海軍に拘束されるリスクの回避を選択した陸軍省・参謀本部上層部と、それとは逆に、あくまでも元帥会議か合同軍事参議会の開催によって陸海軍協同の輔弼責任分担を求めることで、海軍を暗に牽制しながら連携維持を図ることを目指した参謀本部第一部作戦課の中堅幕僚層との間で、指向性が異なったまま軍事参議会開催に至った。このように、ロンドン条約という世論を二分する問題に直面したとき、「協同一致」の論理と本来的に相反する多数決制や議長表決権といった議事制度が抱える潜在的問題が、一気に表面化したのである。[84]枢密院も多数決による議決の行方を注視していたように、天皇への奉答を全員一致か多数決で決するという議事の問題は、陸海軍が「協同一致」して他の政治主体に影響力を及ぼすためにも、重要な要素だった。

海軍単独軍事参議会開催により陸軍が「協同一致」の論理を演出できなかったことは、それまで陸海軍当局が重視していた、省部が天皇への全面的な輔弼責任を担うための前提であるはずの「協同一致」の論理が少なからず動揺したことを意味していた。こののちの満洲事変や上海事変でも、海軍は組織利害に拘泥した行動を選択し、陸軍との連携をおろそかにしていた。[85]参謀本部はこの反省から、一九三四年のワシントン条約破棄過程では、海軍に対して元帥会議か合同軍事参議会の開催を強く要求し、条約破棄を急ぐ海軍や逆に消極的な態度をとる陸軍省との折衝のすえ、陸海軍合同の元帥会議開催を実現させた。[86]これは、条約破棄に関して天皇に対する「協同一致」の輔弼責任を陸海軍で分担することで、海軍軍令部条例改正によって軍令部の権限強化を果たしていた海軍に国防用兵事項改訂の主導権を握られるのを回避することを目指した結果だった。とはいえ、政府や天皇からの自律性確保のために「協同一致」の論理に依拠してきた陸海軍関係が、ロンドン条約の段階で大きく動揺してしまったことは、その後の陸海軍間の相互不信を惹起し、ひいては日中戦争以降の政策面や陸海軍協同作戦での不統一などの陸海軍対立の淵源になったと捉えることができる。

ただし、参謀本部は陸海軍「協同一致」の論理を具現化するための制度的な裁可プロセスとして元帥府に意義を見出したが、これは必ずしも一過性のものではなく、その後の戦時期においても元帥府活用という手段は潜在的に認識され続けた。第6章で論じるように、日中戦争以降、大本営設置によって政戦略一致や陸海軍「協同一致」を目的とした本格的な戦争指導体制の確立が焦眉の課題となると、陸軍内では陸海軍「協同一致」を実態的に具現化させる輔弼機関として、長らく途絶えていた「臣下元帥」の再生産をともなう元帥府活用構想を展開することになる。

こうした点も意識しつつ、次章では、ロンドン条約問題によって陸海軍関係に亀裂が生じ、さらに陸海軍部内の統制も混乱した一九三〇年代において、陸海軍省部が天皇からの自律性を確保しつつ、どのように部内の統制力を強化しようと試みたのかについて、最後の「臣下元帥」として軍に君臨した東郷平八郎と陸海軍の権力構造との関係性に焦点を当てて考察してみたい。

第5章　陸海軍の統制力強化構想と「臣下元帥」

——最後の「臣下元帥」東郷平八郎と陸海軍——

はじめに

本章では、一九三〇年代前半における陸海軍省部による統制力強化の模索について、最後の「臣下元帥」東郷平八郎の存在と陸海軍による「臣下元帥」奏請運動に注目して検討する。

前章で取り上げた一九三〇年のロンドン海軍軍縮条約批准問題は、日本政治史上の重大な岐路となった。条約批准に反対する海軍艦隊派や陸軍の一部、右翼勢力から統帥権干犯問題が提起され、大きな政治問題に発展した。これを契機として陸海軍は統帥権の独立を盾に政治的発言力を強めていき、政党内閣制は崩壊の一途をたどることになる。その余波は、震源地である海軍の権力構造にも大きな影響を及ぼした。第3章で論じたように、従来の海軍では海軍大臣を中心とする海軍省が、海軍の元帥と協調しながら海軍軍令部を統制する構図が成り立っていた[1]。このいわゆる軍政優位体制は、特に二〇年代の政党内閣時代において、陸海軍ともに政党内閣の一員である陸軍大臣・海軍大臣による部内統制システムとして機能していた[2]。しかし、ロンドン条約問題を通して、海軍内で影響力を増しつつあった加藤寛治・末次信正ら艦隊派は、皇族の伏見宮博恭王を海軍軍令部長に擁立した。伏見宮の影響力を背景に、艦隊派は「大角人事」と呼ばれる海軍条約派将官の追放人事や海軍軍令部条例改正を敢行し、軍令部の権限強化を果たしたのであった。その後、艦隊派が没落すると、海軍の権力構造は伏見宮を中心とした体制[3]に収斂していくことになる。

こうした艦隊派の台頭と軍政—軍令関係の変動を語るうえで外せない重要人物がいる。それが当時海軍唯一の元帥だった東郷平八郎である。東郷は終身現役の元帥として圧倒的な権威を具備し、彼の意向は海軍の意思決定を左右するほどの影響力があった。しかし、ロンドン条約批准時すでに八〇歳を超えていた東郷は政治的判断力が衰える一方、艦隊派や小笠原長生ら予後備役将官グループといった取り巻きに擁立され、艦隊派の勢力伸長と軍令部の権限拡大に貢献したのである。[4]

この時期の東郷の政治的動向については、田中宏巳氏による先駆的な研究がある。[5] 田中氏は、東郷の側近である小笠原長生の日記（以下「小笠原日記」）を発掘し、その内容を分析することで、東郷と小笠原ら予後備役将官を中心とした「東郷グループ」が、伏見宮の海軍軍令部長擁立や軍令部権限強化など、海軍内の人事や政策決定に強い影響を与えたことを明らかにした。さらに、東郷は陸軍にも影響力を及ぼすようになり、陸海軍間における「元老」的役割を果たしたと指摘する。[6] このように、東郷平八郎の存在は、一九三〇年代の海軍内の権力構造と陸海軍の政治的動向を捕捉するうえで、無視しえない論点である。ただし、田中氏の議論は、「小笠原日記」を重視する分析手法ゆえに、小笠原の政治工作の影響を強調しすぎる傾向があるように思われる。なぜなら「東郷グループ」の主軸である小笠原らはあくまでも予後備将官であるため、本来は陸海軍の意思決定構造や政局に直接関与しえない、いわば権力の「周縁」に位置している政治勢力だからである。[7] それゆえに東郷を介した非公式な政治工作を行うことで、海軍の意思決定過程や政局に干渉しようと努めていたといえる。彼らが海軍内で影響を及ぼしうる、その力の源泉は、東郷が終身現役の元帥として海軍に君臨していた事実に求められるはずである。

東郷は一九三〇年代の海軍において皇族を除く唯一の元帥だった。当時の陸軍側元帥には上原勇作がおり、彼らは日清・日露戦争の武勲に依拠して臣下から奏請された「臣下元帥」だった。しかし、三三年に上原が、翌三四年には東郷が相次いで死去したことで、陸海軍の「臣下元帥」は途絶える。最晩年の東郷が陸海軍唯一の「臣下元帥」として存在した点を踏まえれば、この時期の海軍権力構造の変動について、東郷個人の権威性に依拠する非公式な政治工作の視点だけでなく、東郷が終身現役という制度的保障を帯びる元帥府の構成員であるという点にも留意しながら、検討を行う必要があるのではないだろうか。海軍の軍政—軍令関係の変動について、海軍の省部関係だけでなく、元帥府・元帥との関係性という視点も導入する意義があると思われる。

前述のように、東郷の死によって、天皇の軍事顧問である元帥府で唯一の「臣下元帥」が消滅することになる。その一方で、東郷死去の直前期には陸海軍で「臣下元帥」の奏請運動の機運が高まっていた。特にこの奏請運動は陸軍皇道派や海軍艦隊派が展開していた。当時は海軍の艦隊派と条約派の対立だけでなく、陸軍部内でも皇道派と統制派による派閥対立が生じはじめ、部内統制も混乱していく時期だった。そもそも、一九二〇年代以降の陸軍の革新運動において、田中義一—宇垣一成ラインの長州閥打破や総力戦体制構築を期待する部内の広範な支持を得て、陸軍大臣や教育総監という三長官ポストに就任できた荒木貞夫や真崎甚三郎ら皇道派にとって、部内統制の確立は自らの勢力を維持するためにも必要不可欠だったはずであるが、同時期に発生した「臣下元帥」奏請運動はどのような意味を持つものだったのか。この点について山口一樹氏の研究[8]が参考になる。山口氏は、従来の研究で人事的・政策的志向の対立に焦点が当てられてきた皇道派と統制派の派閥抗争をめぐり、主に皇道派による部内統制構想に注目し、彼らが元帥の再生産や皇族の統帥部長、三長官会議などを活用することで、陸軍部内を統制しようと試みたことを検討している。ただし、陸軍部内における統制構想に力点が置かれるため、皇道派の統制構想とそれに対抗する統制派との抗争が、海軍との関係性、さらには官僚集団としての「軍部」と天皇との関係性に及ぼした影響にまでは関心を寄せていない。この点を踏まえつつ、陸海軍における「臣下元帥」奏請運動の意義をあらためて検討してみたい。

また、これまで論じてきたように、陸軍では海軍よりも早くから元帥に依存しない省部主体の統制体制が志向されてきた。その過程で元帥に代わり存在感が高まっていたのが軍事参議官だった。この時期の陸軍では陸相は自らのリーダーシップで部内を統制するよりも、省部の要職者や元帥を包含する軍事参議院の構成員、すなわち軍事参議官との合議を重視するようになっていた。[9] それにともない、軍事参議官が陸軍内で非公式に活発化し、二・二六事件では非公式軍事参議官会議が事態収拾に乗り出すことになる。[10] 本章でも省部主体の統制として非公式軍事参議官会議が果たした役割を重視するが、その一方で本来的には天皇の諮詢を受けて初めてその権能を発揮できるはずの軍事参議官が、その権能を超えて非公式に行動したことの意味に注目し、陸軍の統制ガバナンスに与えた影響を考える。

さらに、東郷の死は、昭和天皇にとって省部外の立場から助言しうる軍事的輔弼者が不在になることをも意味していた。軍の統制という政治的課題を抱える天皇や宮中にとって、「臣下元帥」の不在はいかなるインパクトを及ぼしたのだろうか。このことは、天皇の軍事輔弼体制の変容と天皇による軍事指導という論点にも大きな示唆を与えると考える。本章では特に、一九三〇年代の「皇族元帥」であり、皇族長老でもある陸軍の閑院宮載仁親王と海軍の伏見宮博恭王の存在に注目したい。彼らは「皇族元帥」だったが、三〇年代前半に相次いで参謀総長・海軍軍令部長に就任する。これは皇族の権威によって軍の統制を図ろうとする軍内外の試みであったが、[11] その反面、天皇を支えるべき「皇族元帥」が統帥部の代表者となることも意味していた。

以上の点を踏まえ、本章では、一九三〇年代前半から二・二六事件までを射程に入れつつ、「臣下元帥」としての東郷の存在が軍政―軍令関係などの海軍権力構造や陸海軍の部内統制システムの変動に及ぼした影響と、昭和天皇・宮中にとっての軍事的な輔弼者の不在という二つの側面を紐づけて考察することで、三〇年代陸海軍において省部独自の統制力強化が志向されていく過程を捉えなおしてみたい。主な史料として田中氏が活用した「小笠原日記」[12]などを用いて検討する。

一　最後の「臣下元帥」東郷平八郎と海軍の軍事輔弼体制

（1）東郷平八郎への期待と皇族統帥部長の登場

まずは一九三〇年代前半期における陸海軍の部内統制体制について整理しておこう。これまで指摘してきたように、二〇年代の陸軍は、「臣下元帥」の生産凍結や元帥個人への下問停止といった措置によって、元帥府・元帥を職務的にも人事的にも排除し、省部主体の部内統制力の強化を目指してきた。元帥府の排除を推進した宇垣一成のあとに陸相に就任した南次郎は、軍政系統のキャリアが浅く、陸相として必ずしも十分な部内統制力を有していたわけではなかった。そのため、南は陸軍三長官会議や非公式の軍事参議官会議を開催し、三長官や軍事参議官の合意を得つつ陸軍部内の方針を決定していた[13]。南は二〇年代の宇垣とは異なり自らのリーダーシップを抑制し、三長官や元帥を抱合する軍事参議官との合議によって部内を統制する手段を選んでいた。この当時の陸軍では上原勇作という「臣下元帥」は存命だったものの、海軍の東郷ほどの圧倒的な権威を備えていたわけではなかった。それゆえに、三〇年代前半期は、軍事参議院の構成員かつ軍の要職者（あるいは要職経験者）である軍事参議官との合議が部内統制の基軸になりつつあった。つまり、陸軍は元帥に依存する部内統制体制から脱却した形での統制力強化を志向していたといえよう。

その一方、海軍では、第3章で論じた通り、歴代の海相が井上良馨・東郷平八郎両元帥と協調することで部内統制力を強化していたため、依然として「臣下元帥」の存在が必要不可欠だった。そのため、海軍は元帥への公式下問の継続や「臣下元帥」再生産を試みるなど、軍事輔弼体制の慣例を維持しようとした。しかし、結局陸軍との合意に拘束される形で「臣下元帥」の再生産を実現できなかった。一時は海軍内で「臣下元帥」の階級制・停年制導入といった元帥の制度化も検討されたものの、これも実現しなかった。そのため、一九二九年に海軍の先任元帥である井上良馨が死去すると、唯一の「臣下元帥」としてすでに八〇歳を超えていた東郷の圧倒的な権威化が進み、ロンドン条約批准問題を迎えたのであった。

さて、ロンドン条約批准時に強硬な反対論を唱え海軍内外に大きな混乱を招いた東郷であったが、条約問題後は財部彪の後任である安保清種海相に働きかけ、艦隊派の意向に沿うような海軍補充計画を議会で通過させるなど[14]、その影響力は艦隊派寄りの言動を繰り返しながら増幅していった。こうした東郷に対して、陸軍は個別案件を事前に説明するなど、東郷への配慮の姿勢をみせるようになっていた。例えば、満洲事変直前の九月一〇日、南次郎陸相が東郷を訪問し、「軍革案並ニ朝鮮ニ二師団ヲ移スコト及ビ満洲朝鮮へ派遣ノ軍隊ハ爾後成ルベク変換セザルコト（即チナルベク永住セシムル方針）等」を説明し了承を求め、東郷は「必ズ実現ヲ期スベキコト及ビ来年ノ軍縮ニ対スル覚悟ヲ激励」した[15]。当時、南陸相は軍制改革と朝鮮駐在師団の常置化といった外地兵備改編構想について、財政事情から消極的な第二次若槻礼次郎内閣との交渉に苦慮していた[16]。また、必ずしも盤石な部内統制力を有さず三長官や軍事参議官との合議に依存していた南には、右の課題を乗り切るために東郷の了承を得ることで、海軍からの異論を抑えつつ、若槻内閣に対抗する狙いがあったのではないかと思われる[17]。その後も陸軍は海軍との連携上、東郷を無視できず、陸海軍の関連事項について東郷から事前に了承を得るなど[18]、一定の配慮に努めていた。

周知のように、満洲事変勃発後、軍をいかに統制するかが重要な政治的課題として浮上する。この課題を克服するために、主に宮中方面からは重臣会議・御前会議召集論が浮上し、その召集範囲に東郷の名が挙がることも珍しくなかった。例えば、関屋貞三郎宮内次官は、東郷や岡田啓介・清浦奎吾・高橋是清ら「諸長老をして随時意見を上奏」させるような「特殊の職制」に関する私案を河井弥八侍従次長に示している(19)。また、当時各方面から期待を集めていた平沼騏一郎も、軍部統制の切り札的存在として、海軍長老の山本権兵衛や陸軍側元帥の上原勇作よりも東郷の影響力に期待をかけていた(20)。海軍内では一九三二年二月二八日、財部彪が、斎藤実に「第一次西園寺内閣ノ時朝鮮問題等ノ為山本〔権兵衛〕軍事参議官及伊東〔祐亨〕元帥（軍令部長ノ資格カ）ヲ閣議ニ伊藤公等ト共ニ列席ヲ求メラレタルコトアリタリ。目下モ元帥等ヲ重臣会議如キニ招請スルト云フ如キコトハ時宜ヲ得タルモノナルベシ」と過去の例を引きながら語り、お互いに「共鳴」し合うなど(21)、「元帥」（＝東郷）の「重臣会議」への召集も選択肢の一つだと認識していた。このように、東郷は当時の政界や海軍の一部において軍の統制を達成しうる可能性を持つ「重臣」的存在とみなされていた。こうした東郷への期待を背景として、海軍の艦隊派や陸軍皇道派から皇族権威利用論が浮上することになる。

閑院宮と伏見宮の統帥部長就任については、陸軍や艦隊派、平沼騏一郎ら各界勢力による、皇族長老の権威によって軍の統制を図ろうとする試みの一環だったことが明らかにされている(22)。実際、海軍内では艦隊派の加藤や小笠原らが満洲事変よりも前の一九三〇年段階で伏見宮の軍令部長就任を画策していた。例えば、三一年六月一八日に小笠原は東郷に「加藤大将ガ一昨々日元帥訪問ノ上開陳シタル殿下ヲ軍令部長ニ奉戴ノ件ニ関シテハ、昨年長生ガ拝謁ノ上御願申上御内諾ヲ得居ルヲ以テ準備ナラバ実現スベク元帥モ確信居ラルヽコト、及陸軍ノ一部ニテモ参謀総長ニ皇族様奉戴シタキ切望アリ、長生ガ之ニ対シ意見ヲ述ベタル顛末ヲ告グ(23)」と述べているように、満洲事変以前に伏見宮から軍令部長就任の内諾を得ており(24)、陸軍の一部でも皇族参謀総長推戴の動きがあった。満洲事変勃発直後の九月二三日、加藤が平沼・荒木貞夫と協議した結果、「閑院、伏見両宮殿下ヨリお使〔ママ〕ヲ以テ西園寺公ニ上京ヲ促シ、同公ヲ始メ山本伯、枢密院議長、以下最高幹部ノ会議ヲ催シ時局ニ善処スベシトノ決議」をして、翌日小笠原を介して伏見宮と東郷からも同意を得ていた[25]。皇族長老の両宮を動かすことで、元老や重臣らによる最高会議開催を画策して、事態の打開を図ろうとしていたのである。その後、陸軍の一部将校によるクーデター計画（十月事件）が発覚し、軍の統制がより強く要請されるなかで、東郷は閑院宮の内大臣就任論を唱えるようになった。それは東郷が「先年伏見宮〔貞愛親王〕殿下ガ内大臣府御用掛ニナラセラレタル例モアルカラ、此ノ際閑院宮殿下ニ内大臣府ニおすわりヲ願ハヾ其ノ御徳望ニヨリ軍部ハ必ズ静謐ニナルト思フ。今ヤ側近ニハ徳望ノ人ガ大切ナノデ手腕トカ力量トカハ必要ハナイ」（傍点・ひらがな原文ママ）というように[26]、閑院宮の「御徳望」によって軍の統制強化を図る趣旨だった。小笠原らは閑院宮の内大臣府御用掛就任を陸軍側に働きかけたものの[27]、結果的には陸軍側の意向により[28]、一二月に閑院宮が参謀総長に、翌年二月に伏見宮が軍令部長に就任した。当初は両宮の同時就任が画策されていたようだが、谷口尚真海軍軍令部長が突如辞意を撤回したため、立ち消えとなった。谷口の辞意撤回を聞いた東郷は激怒し「財部か岡田の入知恵か、谷口に辞職勧告せよ」と叱責しようとしたほどだった[29]。事実、財部は谷口に辞意撤回を働きかけていた[30]。前章でみたように、ロンドン条約批准過程で伏見宮の去就に悩まされた財部には、伏見宮の要職就任とその背後にいる加藤・小笠原ら艦隊派への強い警戒心があったのである。

　こうした認識は海軍内外である程度共有されていたものだった。例えば、岡田啓介軍事参議官は「例の予後備の連中」が東郷の口から伏見宮推戴を主張させるので、「海軍大臣としても東郷元帥の一言には従はなければならない」と苦言を呈し、大角岑生海相も皇族が責任をとるべき事態に発展することを危惧して「なるべく殿下方は、責任ある地位に立たれない方がいゝのだ」と述べている[31]。このように、海軍省や軍政系の間では、皇族の政治責任回避が志向され、軍令系による伏見宮の政治利用に危機感を抱いていた。

（2）艦隊派・皇道派による東郷・伏見宮の政治利用

しかし、こうした懸念は現実のものとなっていく。伏見宮擁立に成功した加藤ら艦隊派は、伏見宮と東郷を政治利用することで、勢力伸長を画策していた。海軍軍令部長就任からまもない二月二四日、伏見宮が昭和天皇に拝謁した際、天皇が高橋是清蔵相と荒木陸相の意見対立を念頭に「どうも今の政府には統一がないやうで非常に困る」と発言すると、伏見宮が「誰か適当な人物がお話相手に出て、御安心遊ばすやうにしたいものだ」と答える一幕があった。大角海相が「拝謁の場合、どうか殿下から政治談は遊ばさないやうに」と伏見宮に注意したように[32]、皇族としては軽率な発言だった。ただし、この「政治談」は伏見宮の個人的見解というよりも加藤や小笠原らの希望によるものだった。彼らは二月二〇日段階で伏見宮に上奏の決心を促し承諾を得ていた[33]。このときの様子について小笠原は日記に次のように記す[34]。

> 午前九時千坂中将来訪。加藤大将ノ東郷元帥ニ関スル最重要ノ伝言ヲ齎ス。仍テ午后三時東郷元帥ヲ訪ヒ、陛下ヨリお〔ママ〕召ノアリシ節ハ必ズ参内セラレタキ旨ヲ屢々陳述シ、且ツ加藤大将本日軍令部長ノ宮殿下ニ伺候シ右ニ関スル言上ヲナシ、殿下ヨリ奏上ヲ乞ヒ奉ル旨ヲ告ゲ終ニ元帥ノ承諾ヲ得。

この記述から、伏見宮のいう天皇の「お話相手」として想定されていたのは、東郷のことだったと思われる。結局東郷の参内は実現しなかったが[35]、加藤・小笠原は伏見宮と東郷を利用して宮中への政治工作も画策していたのである。

五・一五事件後、元海軍大将の斎藤実が挙国一致内閣を組閣した。斎藤の首班指名に際して、元老の西園寺公望は従来の慣例に反して、一部閣僚や「重臣」らと面会、意見を聴取したうえで斎藤を奏薦した。五月一九日に上京した西園寺は、二一・二二日の二日間で、首相経験者の若槻礼次郎、山本権兵衛（山之内一次が代理で面会）、清浦奎吾のほか、牧野伸顕内大臣・荒木貞夫陸相・大角岑生海相・近衛文麿貴族院副議長、さらには東郷・上原両元帥と面会した(36)。首相経験者のみならず、陸相・海相と両元帥が西園寺の意見聴取対象者になったことは、当然ながら軍関係者によるクーデター後という特殊な事情によるものだった。のちに宮中で検討された重臣案からも元帥は除外されるが(37)、一時的にせよ元帥は「重臣」に相当する役割を果たしたといえる。このように、加藤や小笠原らは海軍部内の統制に限らず、東郷や伏見宮を利用して宮中方面への政治工作も展開していた。

陸軍では、皇道派やそれに近い平沼騏一郎の勢力が、政変対策として東郷への下問を画策するような動きもみられた。一九三四年の四月から五月にかけて、陸軍内では、東京市長だった実弟の汚職問題に関連して林銑十郎陸相が辞意を漏らすなど、その進退が取りざたされていた。こうしたなかで、真崎らは斎藤実内閣の政変も想定しており、特に宇垣一成や南次郎が台頭することを強く警戒し、政変対策を行おうとした。例えば、同年四月一二日に真崎は国本社の竹内賀久治から「政変ニ際シ東郷元帥ニ御下問アル様努力中ニ付援助」を要請され(38)、翌日真崎は本庄繁侍従武官長に「政変ノ際ニハ東郷元帥ニモ御下問アル如ク機ヲ見テ申上ゲ得ザルヤ」とその可能性を探った。しかし、本庄は「海軍ノミト云フ訳ニ行カズ、陸軍トナラバ殿下ナル故、此御参加ハ考ヘモノナリ」と答えた(39)。つまり、下問があるならば陸海軍両方の元帥になされるべきだが、陸軍側元帥である閑院宮が皇族であるため、政変に関連する下問を受けることは望ましくないというのが本庄の認識だった。そのため、真崎は東郷への下問という策に消極的になったが(40)、五月に入り平沼が海軍の加藤を首班とする内閣論を唱えると、真崎もこれに同調した(41)。同時に東郷への下問工作も再開したようで、五月二七日には「元帥ハ未ダ加藤擁立ニ同意シアラザルモ之ヲ纏メ得ル見込ハアリ(42)」という状況になった。

しかし、すでに東郷の病状は重く、真崎の「予ハ某事件ノ進行中ノコトヲ知ル故、一層ニ恢復ヲ祈ルコト切ニシテ今後一週間ニテモ健全ニ致シタキモノナリ」[43]との願いもむなしく、五月三〇日に東郷はこの世を去った。その後もしばらくは加藤首班内閣の工作が続いたが[44]、結局進展することはなかった。このように、東郷が死去するその瞬間まで、陸軍皇道派勢力も東郷への下問を利用して政変を誘導しようとしていた。こうした陸海軍の動きは、次項以降で論じるような、海軍軍令部の権限強化や「臣下元帥」奏請運動につながっていく。

（3）海軍内権力構造の変動と東郷・伏見宮

海軍部内においても、加藤・小笠原らは東郷と伏見宮の権威を十二分に利用して、部内人事や軍令部の権限強化を推し進めようとした。彼らは一九三二年七月一六日に伏見宮に拝謁した際に、①「軍令部ノ権限ヲ拡張シ海軍省以上ニ置クコト、特ニ人事行政モ少クモ部長ノ同意ヲ得ルコト」、②停年が近い岡田啓介海相の後任に大角岑生を据えること、③「加藤大将、末次中将ノ身上ニ付御保護」を要望した[45]。こうした要望に対して、軍令部長となった伏見宮は積極的に行動する。岡田海相の後任問題では伏見宮が東郷の後援を受けつつ、大角の擁立に動いた結果、一九三三年一月、大角が海相に就任した[46]。

特に転機となったのは、一九三三年の軍令部条例改正と省部事務互渉規程改正である。これにより、従来海相と軍令部長による協議で決定されていた兵力量の立案権などが軍令部に移行するなど、軍令部の権限は大きく強化され、従来の海相（海軍省）優位の体制は大きく動揺した。

ただし、昭和天皇は改正案件の裁可について憂慮を示した。事前に本庄繁侍従武官長から内奏を受けた天皇は、条例改正に関する海軍の奏上允裁の手続きについて牧野内大臣に意見を求めた。牧野は、西園寺への意見聴取を唱える鈴木貫太郎侍従長の意見は退ける一方、大角海相と東郷に下問すべきと奉答した。九月二五日に大角海相が上奏すると、天皇は軍令部長の起案に際して政府との連絡の支障をどのように避けるのか、首相に改正の件を相談したかなどについて下問し、前者については文書での奉答を求めると同時に、東郷のもとに本庄を差遣して公式に下問して、最終的に大角と東郷の奉答を受けたうえで裁可した。[47] 第3章で述べたように、元帥個人への下問は一九二〇年代に抑制されていたため、軍令部条例改正は、昭和天皇による元帥個人への正式な下問の数少ない事例だった。元帥への正式下問が制限されるなかで、天皇が牧野内大臣の助言を得たうえで東郷への正式な下問に踏み切ったことは、軍令部条例改正に対する昭和天皇の憂慮を示すものであると同時に、元帥としての東郷を通して海軍を律しようとした行動だったといえる。

さて、事実上の人事権を握る伏見宮のもとで、艦隊派は大角海相と連携して軍政系統の条約派将官の更迭を断行した。その粛清ぶりは伏見宮自身も躊躇するほどの大規模なもので、[48] 海軍内外から批判が噴出した。斎藤首相が「要するに、やはり海軍が注意しなければならないところは、東郷元帥と殿下のところだ」と断言したように、[49] 東郷と伏見宮という海軍の二大権威が政治利用される現状を海軍条約派や宮中側は問題視し、加藤らへの批判にもつながっていったのである。[50]

このように、海軍の権力構造に影響を及ぼした伏見宮であるが、海軍内の政策決定過程では常に東郷重視の姿勢を堅持していた。例えば、一九三四年度海軍予算編成の協議過程[51]では、海軍は第二次補充計画のために七億円近い予算を提出し、大蔵省と激しく対立したが、大角海相は自身と伏見宮の辞職を盾に一歩も引かぬ姿勢で交渉し、結局予算案は五億円程度で妥協された。伏見宮は予算交渉も大詰めの一一月二二日、小笠原に「今度ノ予算コソ国家重大中ノ重大事ニテ若シ海軍ノ希望通リユカネバ、自分トシテモ軍令部総長トシテ国防ノ責ヲ完ウスルコト能ハザレバ海相ト共ニ辞職ノ決心」を伝えた。[52] 小笠原は、辞職をほのめかすことで内閣に揺さぶりをかけられればよいと考え、伏見宮の決心に同意した[53]が、一二月一日にも伏見宮が「予算主張通リ通過セズ大角海相ニシテ辞職ノ場合トナラバ、予モ国防ノ職責ヲ尽ス能ハザルヲ以テ総長ノ職ヲ退ク決心ナレバ此ノ事ヲ東郷元帥ニ伝ヘクレヨ」と繰り返し辞職の意向を示すと、小笠原もいよいよその事態の重さに気づいたのか、即答を避けてただちに東郷に相談した。話を聞いた東郷は「殿下在セバコソ海軍ノ統制モ取レ居ルナレ。一旦御退職トナランガ如何ナル軟弱者ガ総長トナランモ知レズ。然ラバ海軍ノ前途誠ニ憂慮ニ堪ヘネバ、殿下ニ於カセラレテハ厳然御現職ニアラセラレ国家ノ為メ海軍ノ為メ御尽力アラセラル、コト希望ニ堪ヘズト東郷ガ申シタト言上シ呉レヨ」と落涙しつつ述べた[54]。翌二日、小笠原が伏見宮に東郷の諫言を伝えると、伏見宮は「御眼ヲシバダ、カセラレ暫時御熟考ノ後」、「東郷元帥ガ然程マデ申呉ル、ナラバ初志ヲ翻ヘシ元帥ノ希望ニ副フヤウニ致スベシ」と述べ、辞職を思いとどまった[55]。両者のやり取りからもうかがえるように、伏見宮は海軍内の重要問題には一貫して東郷の意向を確認しつつ動いていた[56]。東郷や小笠原らもまた伏見宮の権威性により部内の統制を確立しようとする反面、急進的な行動を取りがちな伏見宮を抑制する役割も果たしていたといえる。

一九三四年に入ると、伏見宮は加藤や末次らに不信感を抱くようになり、海軍省側もその機会に乗じて軍令系の追放人事を敢行する[57]。伏見宮の不信の背景には、加藤らによる露骨な条約派追放人事や自身の政治利用に対する反発があったが[58]、三四年五月の東郷の死去も要因の一つだったといえる。このように、伏見宮の絶対権威化は「臣下元帥」の消滅とパラレルな関係で進行していったのである。

（4）陸海軍による「臣下元帥」再生産運動の展開とその帰結

ところで、一九三〇年代前半期には、「臣下元帥」の消滅と並行する形で新たに「臣下元帥」を再生産しようとする動きがあった。陸軍では武藤信義、海軍では加藤寛治の元帥奏請運動がそれである。陸軍では、三〇年に最古参の奥保鞏が死去したあと、三二年に皇族の梨本宮守正王が元帥府に列したものの、閑院宮は参謀総長として統帥部に属し、陸軍側唯一の「臣下元帥」上原勇作も病気がちだったため、梨本宮以外の陸軍側元帥は事実上不在の状態だった。この頃から陸軍は「臣下元帥」再生産の意向を海軍側に示すようになっていた。例えば、三二年の伏見宮博恭王の元帥奏請について海軍から相談された松浦淳六郎陸軍省人事局長は、「自分ハ着任後間モナク将来ハ元帥ヲ作ルヲ可トスルノ意見ヲ述ベ置キシモ、陸軍大臣ノ意見ヲ聞ク前ニ海軍ヨリ先鞭ヲ付ケ」てほしいと述べていた[59]。第3章で述べたように、「臣下元帥」の奏請には平時の生産凍結という制約や武勲の高いハードルが課せられていたが、この陸海軍間の合意は文書で記録されたものではなく、実際に伏見宮の元帥奏請時にもこの点が確認されるなど[60]、その運用には弾力性があった。人事局長である松浦の発言はこうした背景も念頭にあったものと思われる。こうした議論が展開されつつ、三三年七月の停年を控えた武藤の元帥奏請の動きが出てくる。

一九三三年三月、荒木貞夫陸相は大角海相に「予テ上原元帥ハ健康ヲ害シ居ラレ元帥自身モ後継者ノ必要ヲ唱ヘラレテ居リ、自分モ元帥ノ必要ヲ認ムル故武藤大将ヲ元帥ニ奏請シタク御同意ヲ乞フ旨」を相談した。大角は「海軍ニハ山下大将ノ如キ立派ナル人ガ元帥ニナラレザリシ関係モアレド今度陸軍ノ申出ヲ拒否スル理由ハナシ」と応じ、東郷と伏見宮の同意を得たうえで荒木に異存なき旨を回答している[61]。四月二四日には荒木が武藤の元帥奏請、裁可を受け、五月三日に武藤は元帥府に列せられた。

日清・日露戦争の武勲基準を満たしていない武藤が「臣下元帥」に奏請された背景には、陸軍皇道派による擁立運動があったと思われる。当時、南の後任陸相として、陸軍部内で横断的な支持を集めていた荒木貞夫が就任していた。荒木は党派的人事を推進し部内から批判を浴びることになったが、その一方で、三長官や軍事参議官との合議を重視し部内統制を行う手法を南から継承した。荒木陸相期には非公式軍事参議官会議が頻繁に開催されるようになり、人事にもこの会議の意向が反映されるようになっていた[62]。さらに荒木は皇道派の中心人物である参謀次長の真崎甚三郎とも緊密に連携し、参謀本部を抑えながら部内統制を行っていた。しかし、真崎は一九三三年六月の大将進級にともない参謀次長の離職を余儀なくされた。真崎の参謀次長交代は、皇道派勢力の打破を目指していた

ジョン・ダン著　湯浅信之訳

ジョン・ダン全詩集［新装版］

A5判・734頁・10000円

彼は「思想を感覚的に把握する」ことができた、というT・S・エリオットの再評価以来、ジョン・ダンの名は、イギリス文学の中に揺るぎない位置を占めている。本書は、「魂の修辞」を駆使したこの「形而上詩人」の全詩業を、機敏な日本語で現代に甦らせた訳者多年の労作である。

978-4-8158-1161-7

ジャコモ・レオパルディ著　脇功／柱本元彦訳

レオパルディ カンティ［新装版］

A5判・628頁・9000円

今ははや心よ黙せ……。ニーチェからカルヴィーノまで、また漱石から三島まで、多くの魂を共振させた近代イタリア最大の詩人レオパルディ。西洋文学の深い流れを汲んだ「思索する詩人」が、ペシミズムの極限に見出した世界とは。その詩と散文の代表作を、彫琢された日本語で見事に再現。

978-4-8158-1162-4

フランチェスコ・ペトラルカ著　池田廉訳

ペトラルカ 凱旋［新装版］

A5判・344頁・6000円

ルネサンスを先導した詩的知性の結晶——古代ローマ世界から人間精神の規範を汲み取り、キリスト教信仰と融合させつつ、ヨーロッパの知的宇宙の全体をアレゴリカルな叙事詩に形象化、西洋の文学・芸術に絶大な影響を及ぼした、イタリア・ルネサンスの金字塔。鏤骨の訳文と詳細な訳注。

978-4-8158-1163-1

マーティン・ヘグルンド著　宮﨑裕助／木内久美子／小田透訳

この生

—世俗的信と精神的自由—

A5判・388頁・5800円

有限性の忘却に抗して、今ここにある生の哲学へ。「死後の生」を超え、我々が〈自由な時間〉を生きる社会とはいかなるものか。ハイデガーやデリダの難解さを脱し、アーレントとは別の仕方で、グローバル資本主義下の人間の条件を洞察、それを超え出るヴィジョンを提起する。

978-4-8158-1160-0

リッカルド・カリマーニ著　藤内哲也監訳　大杉淳子訳

ヴェニスのユダヤ人

—ゲットーと地中海の500年—

A5判・3

隔離か、共生か——。差別と寛容の狭間で、豊かな文化を育んだヴェネツィアのユダヤ人たち。16世紀から現代にいたるヨーロッパ・地中海世界の激動の歴史のなかで、金融業や商業、さらには政治・宗教・思想などの領域で活躍した「シャイロッ

-4-8158-1156-3

上田　遥著

食の豊かさ 食の貧困

―近現代日本における規範と実態―

A5判・368頁・5400円

「善き食生活」とは何か――。「崩食」を背景として、栄養学や伝統・自然など多様な指針が乱立するいま、食の豊かさ／貧困をどう再定義するかが問われている。社会学と倫理学を結び合わせて「食潜在能力」の考え方を提示し、歴史的考察と現代の食卓調査から私たちの食生活を問い直す。

978-4-8158-1166-2

B・ファン・バヴェル著　友部謙一／加藤博／大月康弘／田口英明訳

市場経済の世界史

―見えざる手をこえて―

A5判・388頁・5400円

ユーラシアにおける市場経済の展開を、中世に遡る超長期的スケールと、異なる地域・時代を包摂する統一的視座で捉え、成長から自壊に至るメカニズムを、気候変動や感染症ではなく市場内部の性質から解明。歴史を理解する枠組みを大胆に刷新し、近代と経済をめぐる数々の通説に挑む。

978-4-8158-1159-4

田所昌幸／相良祥之著

国際政治経済学［第2版］

A5判・360頁・2700円

政治学と経済学の間で専門分化が進む一方、今日の世界では、政治と経済がいっそう密接に結びついている。その広大な領域といかに向き合うのか。社会科学の古典や歴史的知見に学びつつ、大国間の角逐が激化する時代の、エコノミック・ステートクラフトの動向も織り込んで改訂した決定版。

978-4-8158-1157-0

遠藤　乾編

ヨーロッパ統合史［第2版］

A5判・432頁・3600円

政治・経済から軍事・安全保障、規範・社会イメージにわたる複合的な国際体制の成立と変容を膨大な史料に基づいて描き出し、今日にいたるヨーロッパ統合の全体像を提示した最も信頼できる通史。加盟や脱退、戦争、通貨、移民・難民など度重なる危機の中、統合はどこに向かうのか。

978-4-8158-1165-5

三品英憲著

中国革命の方法

―共産党はいかにして権力を樹立したか―

A5判・…

国家による社会のコントロールはいかに深化し、共産党への忠誠競争を生み出したのか。国共内戦期、土地改革のうねりの中で農村の権力構造が激しく流動するさまに着目、エスカレートする暴力と従軍への圧力を捉え、今日の中国のルーツをな

4-8158-1167-9

南らの策動によるものであった。真崎の交代によってただちに皇道派の勢力が減退したわけではないが、参謀本部には南の影響力が入り込むようになっていた[63]。こうした陸軍部内の状況と、武藤が上原勇作や荒木・真崎ら皇道派に近しい人物であり、満洲国建国まもない時期に関東軍司令官の要職にあったことを踏まえると、武藤の元帥奏請の画策[64]は、武藤を元帥にすることで関東軍司令官更迭を回避するとともに、病臥に伏せる上原に代わる後ろ盾を擁立する皇道派の意図があったと考えられる。ただし、五・一五事件時の教育総監だった武藤の元帥奏請には陸軍部内でも批判的にみる向きもあった[65]。そのため、武藤個人に「臣下元帥」としての十分な権威性があったとはいいがたいものの、一方で東郷のような「臣下元帥」の存在感が軍内外で高まっていたこの当時においては、個人の権威性を度外視してでも自派に近しい「臣下元帥」を維持することに意義があったといえる。三長官や軍事参議官との合議を重視して部内を掌握してきた荒木・真崎らにとって、「臣下元帥」の再生産は部内統制力を強化する方策として魅力的な案だったと思われる。

ところで、大角海相が陸軍側の要請を承認したのは、大角の背後に艦隊派が控えており、必然的に陸軍皇道派に近い立場だったことも影響しているだろう[66]。実際、小笠原の周辺では武藤の将来について協議されており[67]、元帥奏請が加藤ら軍令系と荒木陸相との間で事前に合意されていた可能性もある。その一方で、この年の一月に海相を辞職していた岡田は武藤元帥奏請の話を聞いて次のように述べている。

> 陸軍ニテハ海軍ノ大東郷ノ如キ中心人物ナキ為重大事項ノ処理ニ不便ヲ感ジ居ルガ如ク此ノ点無理モナキコトナリ。若シ元帥ヲ作ルトセバ武藤大将以外ニハ此ノ附近ニハナカルベシ。海軍トシテハ之ヲ真似シテ対抗的ニ作ルハ考ヘ物ナリ。一生ヲ通シテノ栄誉ナレバ左程傑出シアラザルニ無理ニ作レバ困ルコトアルベシ。戦功等ニ依リ天ノ声トシテ自然ニ出来ルヲ待ツノ外ナカルベシ。

岡田が、「大東郷ノ如キ中心人物」不在の陸軍では「重大事項ノ処理ニ不便」だと同情的であり、東郷のような「臣下元帥」の必要性を認めていたことがうかがえる。艦隊派に距離が近い大角と、それとは逆の立場にある岡田の双方が、陸軍側の「臣下元帥」再生産に否定的ではなかった点は注目されてよいだろう。ただし、大角は後述する加藤寛治の元帥奏請に動くが、岡田は武勲を盾として海軍が「臣下元帥」を作ることには否定的だったことにも留意したい。

こうして陸軍の待望と海軍の容認により、一二年ぶりに「臣下元帥」が再生産された。しかし、武藤は七月に病に倒れ、同月二七日にはこの世を去ってしまった。わずか二か月の元帥だった。後継者を欲していた上原も一一月八日に跡を追うように死去した。こうして陸軍の「臣下元帥」は海軍よりも早く途絶えた。

陸軍の武藤元帥奏請と連動する形で、一九三三年頃から艦隊派の間で加藤寛治を元帥にしようとする動きが表出する。三三年六月、高橋三吉軍令部次長が加藤を訪問し「元帥問題に付大角考慮す」と告げている。[68] 九月一七日には「終に元帥え昨日大角と打合せ之事報告す」というように、大角や軍令部上層部が加藤の元帥奏請を画策していた。[69] 海軍中堅幕僚層でも呼応する動きがあり、同年一月一八日には艦隊派に近い石川信吾中佐が「少壮の元帥推薦」を加藤に伝えている。[70] 小笠原も五月一〇日に小林省三郎駐満洲海軍部司令官と面会し、「満洲ニ関スル重要事項及海軍側トシテ元帥ニ関スル意見ノ交換」を行い、一九日には東郷と「海軍側元帥ニ付意見ヲ交換」している。[71] この一連の動きから、海軍の艦隊派や小笠原らは、陸軍の武藤元帥奏請の動きを意識しながら、加藤の元帥奏請運動を計画していたようである。小笠原は斎藤実内閣が成立して以来、加藤や末次の保護を伏見宮に求めていた。[72] 斎藤内閣の岡田啓介海相によって、加藤らが更迭される可能性を危惧したためであろう。岡田海相の辞任後もきたるべき東郷亡きあとに備えて、「加藤元帥」を作ることで艦隊派の影響力を残しておこうと画策していたことは想像に難くない。しかし、この運動は、加藤らが伏見宮の信用をなくしたこと、加藤の政治的言動を問題視する宮中で

「加藤元帥」が忌避されたことで、次第に低調となっていった[73]。それでも小笠原らは三五年夏頃まで運動を続けていたが[74]、結局同年一一月に加藤は予備役に編入された。このように、陸軍皇道派と海軍艦隊派が連動した「臣下元帥」奏請運動は、「臣下元帥」に勢力維持や部内統制の方策としての意義を見出していた彼らが、東郷の死後を見越して自派の影響力を維持させるべく進めた戦略だったのである。

ところで、岡田が陸軍の「臣下元帥」再生産を容認しながらも、海軍「臣下元帥」の再生産には否定的であったことに象徴されるように、海軍内で艦隊派が東郷や伏見宮を政治利用することへの反感と比例して、元帥自体への否定的な認識が前景化していたことは注目される。

やや遡るが、一九三二年二月に谷口軍令部長が更迭された前後の時期に、財部が左近司政三海軍次官や岡田とともに、東郷の反谷口的言動とその背後にいる小笠原らへの憂慮を協議するなど[75]、東郷や小笠原らへの懸念が共有されていた。条約派の間で東郷への懸念が高まるなかで、財部は二月一九日に山本権兵衛を訪問し、「東郷元帥ノ識見ノ偏狭ニ陥ルヲ防止スルノ必要」を語った。それに対して山本は「大山元帥ハ将来ハ元帥等ヲ作ラザルヲ可トストノ咄アリタル」ことや「伊藤公ハ何等カ御諮詢ニ応ズルモノ必要ナルベシトノ意ヲ洩サレタルコトアリタル」ことを話している[76]。伊藤博文の発言の引用から推測するに、山本も天皇の下問に応じるべき存在（制度）を否定するわけではなかったが、その一方で元帥それ自体に対しては否定的な見方を持っていたことがうかがえる。ロンドン条約批准問題時にも、東郷の執拗な強硬姿勢を強く懸念し、「此上至上より元帥へ特旨あるか、誰人か〻特旨を伝ふるかの外に途なき」と天皇による御沙汰で東郷を説得するしかないと主張したこともあったように[77]、山本は周囲に担がれる東郷を冷めた目で見ていた。大山巌の発言が具体的にいつ、どのような文脈なのかは不明であるが、少なくとも財部が東郷の高齢化への懸念を示したのに対し、山本が過去の大山の発言を引用しながら呼応した事実は注目に値する。つまりこのことは、両者が元帥の高齢化によって、その「識見」が「偏狭ニ陥ル」ことにつながると認識し、今後の「臣下元帥」再生産に否定的になっていたことを示唆している。前述のように財部は東郷の重臣化構想に言及しており、東郷の存在自体を否定するわけではなかったものの、それでも高齢化する「臣下元帥」への対応に苦慮していたのである。

以上のように、財部や岡田ら海軍省を中心とする条約派・軍政系の間では、一九二〇年代までは軍政優位の統制力を確立するために、海相の強力な支持基盤だった「臣下元帥」の安定的な再生産が志向されていた。しかし、三〇年代の艦隊派による東郷の政治利用という現実を目の当たりにして、「臣下元帥」の存在は部内統制の阻害要因として否定的に認識されるようになっていったのである。

二　昭和天皇と「皇族元帥」

(1)皇族統帥部長就任と昭和天皇・侍従武官長

前述のように、海軍の「臣下元帥」再生産の可能性が遠のいていくなかで、昭和天皇や宮中側の視点から「臣下元帥」の不在は何を意味したのだろうか。ここで注目したいのは天皇と閑院宮・伏見宮のような皇族長老との関係性である。特に天皇は、満洲事変以前から陸軍内で問題が生じると真っ先に閑院宮に下問するなど[78]、軍の統制について皇族長老にも期待する節があった。しかもこの頃、弟の秩父宮雍仁親王や東久邇宮稔彦王といった青壮年皇族が陸軍の一部と結びつきを強めていた。彼らの動向に神経を尖らせていた天皇にとって[79]、軍の統制という問題で期待できる存在は、閑院宮を筆頭とする皇族長老だったといえる。

しかし、その閑院宮と伏見宮が統帥部長に相次いで就任したことは、皇族長老が統帥部の代表者となることを意味していた。とりわけ、軍の実務を離れて久しく参謀総長就任当時六五歳を超えていた閑院宮は、比較的早い段階から天皇との間で意思疎通の齟齬が生じることがあった。例えば、一九三三年九月に北支那駐屯軍交代を奏請した際、兵力増加の有無の下問に対して、本来は裁可済みの既定部隊の半数を交代するだけだったにもかかわらず、閑院宮は「思違ひ」により三個中隊を増加する旨を奉答し、天皇から兵力増加について内閣との打ち合わせの有無を問われても「内閣のことは存じませぬ」と答え、不審に思った天皇に裁可を保留された[80]。このときはすぐに鈴木貫太郎侍従長と本庄繁侍従武官長が事実関係を閑院宮と天皇のおのおのに言上したため、無事裁可されたものの、こうした閑院宮の誤解は、省部勤務経験の乏しさも相まって、天皇との意思疎通の限界を露呈するものであった。

このように天皇は参謀本部からの上奏を留めおくことが多かったが、そのことは参謀本部が天皇への不満を募らせる一因にもなった。一九三二年一月に参謀次長に就任した真崎甚三郎は、閑院宮の代わりに帷幄上奏する機会が多かったが、天皇が参謀本部からの上奏をすぐに裁可しない頻度が高いことに対する不満を隠そうとせず、参謀本部内で天皇や宮中方面への反発を醸成する要因となっていた[81]。

天皇の真崎不信は参謀次長就任直後から陸軍内で認識されていたが[82]、その原因の一つとして、元老西園寺公望の秘書を務め、政界情報に精通していた原田熊雄が、一九三三年段階において侍従武官長である本庄繁（三三年四月就任）の力量不足を推察していたことは興味深い。前任の侍従武官長だった奈良武次は、天皇の意向や軍当局の意見について適宜「取捨選択の妙を発揮」して両者間の連絡役をこなすことができていたが、本庄は両者の意見をそのまま相手方に通してしまう傾向があるため、「起さないで済む問題までが自然と問題化」していると観察していた[83]。

一〇年以上侍従武官長として天皇に近侍した奈良は、鈴木荘六参謀総長後任問題やロンドン条約批准過程において天皇がたびたび下問しているように、天皇の信頼が厚い日常的な相談相手だった。満洲事変勃発後も、例えば熱河作戦について、国際連盟脱退の恐れを憂慮して一度承認した作戦を「統帥最高命令」により中止させたいと強く要望する天皇に対して、もし中止させれば紛擾を惹起して政変に発展する恐れがあるとして熟慮を求めるなど[84]、奈良は単なる天皇と軍当局間の連絡役にとどまらず、両者の意思を巧みに調整することで、天皇と軍の関係をつなぎとめようと努力していた[85]。

本庄は侍従武官長就任当初こそ「どうも陛下が軍事に御熱心でない[86]」と不満を漏らしていたものの、一九三五年の天皇機関説事件では、天皇機関説を支持していた天皇の意向に寄り添って、林銑十郎陸相や真崎教育総監（三四年就任）に学説排撃に深入りしすぎないよう注意するなど[87]、天皇に近侍するうちにその性格を理解し、天皇と軍当局間の連絡役、さらには意見調整役としての要領も得るようになっていた[88]。奈良前侍従武官長と同様に徐々に近侍スタイルを確立させた本庄だったが、一方の天皇自身は真崎教育総監更迭時（後述）に本庄が真崎を擁護していると観察するなど[89]、本庄のことを完全には信頼していなかった。そもそも満洲事変勃発時の関東軍司令官だった本庄に対して天皇は好印象を抱いておらず、奈良の後任候補として浮上した際にもたびたび不満を表明していた[90]。二・二六事件でも、娘婿の山口一太郎大尉が加担していたため、本庄は青年将校に同情的だった[91]。こうした点もあって、天皇から本庄は必ずしも公平な立場で侍従武官長を務めているとはみなされておらず、深い信任があったとはいえなかった。

以上のように、陸軍で「臣下元帥」が不在となり、かつ「皇族元帥」筆頭の閑院宮も統帥部の代表者になったことは、かえって天皇を軍事面で支えるべき中心軸が失われる事態を招き、天皇と軍当局の相互不信の要因となったといえる。また、本来助言する立場であるべき元帥が減少すると、相対的に侍従武官長の天皇―軍当局間の意見調整役としての役割が重みを増すようになる。しかし、侍従武官長には現役軍人が就任する以上、就任当初の本庄のように軍当局寄りで動くこともあり、天皇と軍との間の意見調整を十分に行いえないこともあった。このように、

「臣下元帥」の不在と「皇族元帥」の統帥部長就任は、昭和天皇の軍事的助言者がいなくなるだけでなく、天皇と軍との間の意志疎通の齟齬をきたす原因にもなり、天皇の軍統制をよりいっそう困難にする構造的な要因となったといえる。

(2) 皇族統率問題と昭和天皇の不満

このように、皇族や侍従武官長との関係性が変動するなかで、天皇は皇族統率という問題を抱えるとともに、「皇族元帥」しかいない元帥府の実情に懸念を示すようになる。それは一九三四年のワシントン海軍軍縮条約廃棄の裁可過程における元帥会議開催時に表われていた。

元帥会議奏請決定後の一〇月一二日、出光万兵衛侍従武官が元帥会議奏請日程を内奏したところ、天皇は、元帥府の閑院宮と伏見宮は今回の計画当事者（参謀総長・軍令部総長）であり、元帥府専任が梨本宮一人のみの状況での元帥会議開催は「全く形式に過ぎずや」と疑問を呈した[92]。同月二三日にも元帥会議奏請の予定について出光より内奏を受けると、ロンドンで日本と英米が予備交渉を開始したことに言及し、二九日の元帥会議予定日までに何らかの進展があった場合、「元帥会議を延期せしむる事あるべき諒解」を前提に内許を下している。つまり、天皇は元帥会議が形式的であることに疑義を抱いており、また元帥会議の結果が海外に及ぼしうる影響を懸念していたのである[93]。二九日の両統帥部長による元帥会議奏請時にも、なぜ条約破棄を急ぐのか、現在の元帥府には奏請者の閑院宮・伏見宮以外には梨本宮しかおらず、「可決明瞭なるべきものなるに、果して形式的の元帥会議を開くの要ありや」と下問し、伏見宮が後者の質問に「仰せ誠に御尤もなるも、事重大なるが故に慎重なる取扱を必要」とするためだと奉答している。両宮の拝謁後、本庄から「元帥会議に諮詢あらせらるゝことは、仮令一人と雖ども元帥の存在せらるゝ間は事を慎重に遊ばす上に必要の事なる旨」を奏上したことで、ようやく天皇も開催の御沙汰を下した。

天皇が元帥会議開催を留保したのは、軍が条約廃棄を急いでいたことへの懸念だけでなく、皇族長老の言動に対する憂慮も背景にあったと考えられる。例えば、伏見宮が七月一一日に皇族の資格で拝謁しながらも、軍縮会議について海軍の意見を記した封書を提出したが、天皇は全く取り合わなかった[94]。さらに鈴木侍従長に「皇族が個人として如斯ことを奏上せらるるは御維新当時は或は有之しならんも、憲法発布後如斯ことはあるまじきこと」であると述べ[95]、結局封書も伏見宮に返却された。天皇は周囲の側近に各自の管掌範囲を厳守することを求めたが、伏見宮は自発的な意見を述べる傾向が強かったため、天皇は皇族長老たる伏見宮に自制を促したのである。天皇が元帥会議奏請の内奏を受けていたにもかかわらず、あえて両宮に直接質問したのは、本庄もいうように「皇族統率の上にも必要」だと認識されていたからだった[96]。ただし、本庄は伏見宮の内奏について、皇族が私的拝謁で天皇の判断を求めることは慎むべきであるが、軍事に関する談話まで差し止めることは穏当ではなく、天皇も「只承り置かるゝ程度に御止め遊ばさる」べきだと日記に記している[97]。天皇が皇族に厳密な管掌範囲を求め「皇族統率」を実践することで、かえって皇族との意志疎通の機会が減少することを本庄は懸念していた。

（3）真崎教育総監更迭問題と「臣下元帥」の再発見

天皇は「臣下元帥」不在の状況下で皇族統率や陸海軍統制のあり方を模索していたが、さらに天皇を悩ませる事態が発生した。一九三五年七月の真崎甚三郎教育総監の更迭問題である。

荒木のあとに陸相に就任した林銑十郎陸相は、統制派の永田鉄山軍務局長とともに皇道派の勢力削減を狙っており、皇道派と統制派の駆け引きが激化していた。一九三五年七月、林陸相は部内統制確立のために皇道派の排除を企図し、その代表格である真崎教育総監を更迭すべく、参謀総長閑院宮の支持を取り付けたうえで、陸軍三長官会議の場で真崎が猛反発するなかで更迭を強行した。陸軍内部では三長官会議の担任規定に関する議論が盛んだったが[98]、宮中側は林陸相が閑院宮・梨本宮両元帥の同意を得たうえで更迭人事を内奏したという事実を問題視していた[99]。

三長官会議が行われた七月一五日、林陸相の内奏通知を受けた本庄は「種々苦慮の結果」、あらかじめ天皇に林陸相の上奏内容とその事情を説明し、「両元帥の御同意をも得たりと云ふ以上、法理上御允許を給はるの外なかるべし」と内奏した[100]。その後、林の内奏を受けた天皇は、更迭人事による陸軍の統制への影響や三長官の内規への抵触の有無を林に下問するなど、真崎更迭が及ぼす影響を懸念していた。

翌一六日朝、本庄は前侍従武官長の奈良武次や鈴木侍従長、菱刈隆大将の意見を聴取したうえで[101]、教育総監更迭は三長官協議権の価値を低下させ軍の統制にも関わるので、この際は閑院宮・梨本宮両元帥を召して「憂慮を尠からしむる様善後処置に努むべく御沙汰あらせらるゝを宜しかるべく存ずる旨」を内奏した。天皇は「〔林陸相上奏の〕事前ならば兎も角、事後に於て効果なかるべし」と下問したが、本庄は「陸相に於て元帥の同意を経来れりとして内奏せる以上、事前の御下問は如何かと存ず。又効果仮令少なしとするも、事の重大性を認められ充分其善後の事にまで慎重に御処置遊ばされたりとせば、其一般に与ふる効果は必ずや相当之れあるべく、不満のものも之を納得せしむるに便なるべし」と言上し、天皇も同意した。さらに真崎の更迭人事は「余儀なき結果かと認めたり」と言う天皇に対し、本庄は「兎に角大臣の今回人事に対して採りし処置は、法理上は否定し難く、軍事参議官に諮詢さるゝことも将来に悪例を遺すべく、従て、元帥に於て御同意なりし以上、御裁可は当然と拝す」と奉答している。つまり、両元帥の同意を取り付けた林陸相の処置を「法理上」否定できない性質のものとみなし、三長官会議紛糾が陸軍に及ぼす悪影響を是正するために、両元帥に御沙汰を下すべきというのが本庄の論理であった。本庄の提案を受け入れた天皇は一六日午後、閑院宮・梨本宮両元帥を召し、一時間にわたり話し込んだ。

この問題で閑院宮が参謀総長・元帥として及ぼした影響は大きかった。真崎の教育総監更迭に際して、閑院宮は更迭を積極的に支持していた。[102] 真崎は三長官会議の前に閑院宮と直接会談するなどの対応を講じたが、事態打開には至らなかった。[103] 八月には永田軍務局長が刺殺された相沢事件も発生するなど、陸軍統制は混乱を極め、閑院宮の参謀総長在職を「陸軍の癌」とまで言い放つ青年将校も出る始末だった。[104] 宮中側でも閑院宮に対する不満の蓄積が認識されていた。本庄は八月末に湯浅倉平宮内大臣に今回の騒動の顚末を語り、それが宮中に与える影響として、第一に「重臣の常に軟弱なる輔翼を申上ぐることに関係を持するとなす事」、第二に「上層皇族に対する批難を因由するの嫌あること」を挙げている。[105]「上層皇族」とはおそらく閑院宮や伏見宮のことを指すのだろう。この点は天皇自身も強く自覚していた。天皇は、林の上奏に対応するなかで本庄に「宮様の元帥以外に陸海軍共各臣下の元帥のあることが必要なり」と繰り返し述べていたという。この発言の真意は、おそらく「臣下元帥」そのものが不在の状況において、「皇族元帥」の存在感が前景化せざるをえないことへの危機感の発露であろう。東郷亡きあと、軍の重大問題が発生した場合に天皇からの下問に応じ、かつ部内統制の要となりうる「臣下元帥」の必要性があらためて再認識されていたといえる。

同様の認識は軍の側にもみられた。前述の加藤元帥奏請運動の際に、山本英輔（当時海軍軍事参議官）は「加藤元帥」に難色を示す伏見宮に加藤の功績が元帥に適任である旨を述べ、「殊ニ東郷元帥ナキ後海軍ノ中心人物トナリテ統制ヲ図ル要アリ、又目下元帥ハ宮様方計リナル故、臣下ノ元帥モ加ハル方ガ元帥会議ノ結果累ヲ皇室ニ及ボスヲ避クル為ニモ都合ヨキヲ以テ御考慮ヲ願フ」と陳述していた。[106] これが「加藤元帥」実現のための説得の論理であることを差し引いても、東郷亡きあとの海軍統制の要としての元帥の必要性と、「皇族元帥」のみで構成される元帥会議の危険性とを理由に「臣下元帥」再生産を主張していた点は注目される。特に後者は天皇の懸念とも一致していた。軍事輔弼体制の慣例が失われるなかで、軍部統制や皇族の責任回避という観点から「臣下元帥」の存在意義が「再発見」されつつあったのである。

三　二・二六事件と軍事参議官

前述のように、陸軍内では陸相と軍事参議官との合議による省部主体の部内統制が慣例化し、軍事参議官の存在感が高まっていた。しかし、実際には皇道派と統制派の派閥対立が激化し、二・二六事件が発生した。こうした状況で軍事参議官の存在は部内統制上どのような意味を持っていたのか。本章の最後に付言しておく。

南・荒木両陸相は、部内統制の一環として軍事参議官との合議を重視したが、そのあとの林陸相は軍事参議官会議や三長官会議に頼らない形での統制を志向した。しかし、相沢事件によって林が退陣を余儀なくされ、川島義之が後任陸相に就任すると軍事参議官会議が再び活性化するようになった(107)（ただしこの軍事参議官会議はあくまでも陸相が定例的に招集して開かれる非公式会議であり、天皇からの諮詢による軍事参議会とは異なる会議体だったことには留意しておきたい）。

二・二六事件時、青年将校による軍部暫定政権樹立の期待を背景に、陸軍の高官は軍事参議官が中心となって事態収拾を図ろうと試み、非公式軍事参議官会議において「蹶起ノ趣旨ニ就テハ天聴ニ達セラレアリ」との有名な文言を含む、青年将校に好意的な陸軍大臣告示が案出された(108)。非公式軍事参議官会議の開催を提起したのは、軍務局軍事課長の村上啓作だった。二六日午前中に宮中で真崎から事態の対処方法を尋ねられた村上は、「討伐スルカ否カノ決定ヲ願フコト、之ガ為非公式軍事参議官会議ヲオ願シテ、要スレバ正式ノ軍事参議官会議ヲオ願ヒシマス」と回答した。真崎は「自分モソウ思フ」と応答する一方、「正式軍事参議官会議ノコトハ自分ハ気ガ付カナカツタ」

とも述べた[109]。この場に居合わせた前侍従武官長の奈良武次も「正式ニ軍事参議官会議ヲ開クガ宜カラウ」という意見だった[110]。このように、村上の提案が端緒となり、午後から非公式軍事参議官会議が開かれ、陸軍上層部の対応が検討されることになったのである。

村上が非公式軍事参議官会議や正式軍事参議会を提起した背景には、反乱軍を討伐しない事態収拾方針を正式に裁可させる意図があった。非公式軍事参議官会議で議論が展開されたが、青年将校に同情的な荒木・真崎をはじめとする軍事参議官たちは当初、反乱軍の鎮圧に消極的だった[111]。このなかで村上は事態収拾方針の裁可について「御裁可ヲ仰グ為ニハ軍事参議官会議バカリデナク閣議並枢密院ノ議ニ附サネバナラヌ」と考えていた[112]。これは、「反逆トシテ討伐セザル方針ニテ善後措置ヲ致シタシ」という方針について、正式軍事参議会の決議を経ることで、陸軍上層部の総意として具現化させ、さらに閣議と枢密院会議を経由させて天皇の裁可を得ることを含意したものだったと考えられる。実際には、村上のプランは閣議や枢密院会議まで持ち出すことに否定的な軍事参議官の賛成を得られず[113]、実現しなかった。陸軍将校の蜂起という非常時とはいえ、陸軍上層部が天皇の諮詢に基づく正式軍事参議会を利用して、反乱軍を討伐しないという穏便な収拾方針を裁可させる構想が一時的にでも浮上したことは、陸軍による軍事参議院の政治利用と捉えられかねないものだった[114]。

一方で、軍事参議官が告示案を主体的に作成し事態収拾を図ったことに対して、天皇に近侍する侍従武官や参謀本部には懸念を示す向きもあった。陸軍大臣告示[115]の起案過程において、告示案を見た中島鉄蔵侍従武官が「軍事参議官ハ其ノ様ナコトヲスベキ性質ノモノニ非ズ」と述べ、本庄侍従武官長もそれに同意した[116]。本庄は「軍事参議官同意ノ意味ハイケナイ」、「軍参ガ非常ノ時デアリ、多少ノ間違ハ仕方ガナイ、軍参ハ高級先任ノ意味ダ」という趣旨のことを軍事参議官側に述べたという[117]。中島と本庄の言動は、軍事参議官が天皇の諮詢を待って奉答するべき職務であることを考慮したものだった[118]。また、参謀本部は当初から鎮圧方針を示していたが、杉山元参謀次長は軍事参議官の干渉によって事態収拾が妨害されることを憂慮し、川島陸相に対して「軍事参議官は陛下の御諮詢ありて始めて御奉答申上ぐべき性質のものなるに、いろいろと干渉せられては困る。事態の収拾は責任者たる三長官において処断すべき」旨を申し入れていた[119]。川島陸相はこれを了解したが、非公式軍事参議官会議において荒木が「もとより軍事参議官において三長官の業務遂行を妨害せんとする意思毫もなし。ただ軍の長老として、道徳上、この重大事を座視するに忍びず、奉公の誠を致さんとするものなり」と述べたため、杉山らは静観を余儀なくされたという[120]。このように、中島や杉山はそれぞれ立場が異なるものの、両者ともに軍事参議官が本来の職責を超えて活性化していることへの懸念を示していたといえる。

その後、陸軍大臣告示が出されたが、事態収拾には寄与しなかった。さらに真崎と阿部信行、西義一の三名の軍事参議官は青年将校と会見したが、真崎らは軍事参議官の職責を盾にして、青年将校からの期待とは裏腹に微温的な態度をとり続けた[121]。結局は昭和天皇の断固鎮圧の意思によって、ようやく陸軍の鎮圧方針も定まり、青年将校らの投降によって事件は収束した。事件終結後、軍事参議官たちの多くは、事件の責任をとっての辞職・予備役編入を余儀なくされた。二・二六事件時の軍事参議官在職者は、林銑十郎・真崎甚三郎・荒木貞夫・阿部信行・西義一・植田謙吉・寺内寿一・東久邇宮稔彦王・朝香宮鳩彦王だったが、林・真崎・荒木・阿部が予備役に編入され、西が教育総監、植田が関東軍司令官、寺内が陸軍大臣に就任した。陸軍の軍事参議官自体が、一時的にではあるが皇族を除き一掃されたのである。この背景には、陸軍部内の中堅幕僚層からの、統制を混乱させた要因としての退陣の突き上げがあった。筒井清忠氏はこれを「軍事参議官辞職クーデター」と称したが[122]、こうした動きは陸相と軍事参議官の合議制による統制手段が無効化されていく過程でもあった。その後、統制派主体の陸軍中堅層は、陸軍三長官会議などの合議制や年功序列といった陸軍の伝統的な官僚的体質からの脱却を目指し、軍部大臣現役武官制を復活させるとともに[123]、陸軍大臣―陸軍次官ラインによる省部主体の部内統制の回復が目指された[124]。その過程では

「臣下元帥」奏請といった動きはみられなくなった[125]。このことは、省部主体の統制を目指す統制派が、元帥との人的結合や軍事参議官との合議を重視した皇道派を放逐するとともに、軍事輔弼体制の慣例を完全に清算する過程でもあったことを意味していた。

おわりに

本章では、一九三〇年代における陸海軍省部の部内統制について、最後の「臣下元帥」東郷平八郎と海軍の部内統制システムの視点を軸としつつ考察してきた。

陸軍は元帥府・元帥に依存する統制システムから脱却したが、一九三〇年代に入り部内統制が喫緊の課題として浮上すると、省部の要職者と元帥を含む軍事参議官との非公式な合議による意思決定を志向するとともに、海軍側唯一の「臣下元帥」東郷平八郎との連携を模索することで、省部主体の部内統制を強化しようと試みた。特に荒木や真崎ら陸軍皇道派は、東郷への下問による政変対策も模索するなど、東郷を政治利用しようとする構想をみせた。この文脈において、荒木陸相ら皇道派は、自派に近い武藤信義を元帥に奏請したのだった。つまり、皇道派が陸軍部内で勢力を伸長させる時期において、元帥に依存する形での部内統制への揺り戻しがみられたといえる。このことは、陸軍部内の統制が混乱するなかで、省部の要職者にとって二〇年代までは抑制すべき対象だった「臣下元帥」の存在意義が皇道派によって再発見されていく過程でもあった。しかし、その武藤と上原勇作が相次いで死去したことで、その試みは挫折した。

その一方、海軍では依然として東郷の影響力が強かった。ロンドン条約問題以来、東郷を取り込んだ海軍艦隊派や予後備役将官グループは、皇族長老の伏見宮博恭王を擁立し、政界・宮中へのアプローチを含む広範な政治工作を試みることで、条約派追放や海軍軍令部条例改正を推進した。

こうした海軍の軍政—軍令関係の変動は、終身現役たる「臣下元帥」の性格を帯びた東郷の権威を背景として行われ、艦隊派にとっても東郷の存在は海軍の意思決定に関与しうる唯一の経路だった。そのため、艦隊派はきたるべき「東郷死後」を見据え陸軍における元帥奏請運動に呼応し「加藤寛治元帥」を実現させることで、海軍内での立場の確保を狙ったが、宮中側の警戒により頓挫した。「臣下元帥」の再生産を封じられ、伏見宮の信任も失った艦隊派は権力構造の周縁へと追いやられていった。さらに海軍内では東郷の政治利用による部内統制の混乱という苦い経験から、「臣下元帥」の生産を忌避する風潮が醸成され、元帥の影響力が排除されていった。艦隊派の行動は、陸軍と比べて元帥府・元帥を重視する傾向にあった海軍全体の雰囲気を一変させ、そのまま戦時期に突入していく。こうして海軍における軍事輔弼体制と部内統制は、明治期以来の慣例に依拠する元帥府中心の体制から、省部主体の体制に転換していくことになる。

前述のように、陸軍では元帥に依存せず統制力を強化する方策として、非公式軍事参議官会議による合意形成という手段がとられた。しかし、この統制手段は二・二六事件において事態収拾に寄与せず、むしろ混乱を惹起した。二・二六事件では非公式軍事参議官会議だけでなく、天皇の諮詢による正式軍事参議会も一時想定されるなど、軍事参議院の政治利用も企図されていた。序章でも示したように、日露戦後の陸軍は、天皇の諮詢機関としての軍事参議官の権能が肥大化すると「多頭政治ノ弊」に陥ると警戒していたが、三〇年代に活性化した非公式軍事参議官会議はまさに「多頭政治」的な性格も帯びはじめ、逆に省部の統制力の減退を招いたといえる。このように、天皇の軍務諮詢機関であるはずの軍事参議官が本来の職分を超えて活性化したことは、「臣下元帥」が消滅するなかで陸海軍省部が進めた独自の統制力強化の試みを象徴する現象であったと同時に、両組織が「天皇の軍隊」

という本分を超越した結果でもあった。

以上をまとめれば、真崎・荒木ら陸軍皇道派や、加藤ら海軍艦隊派がその勢力を伸長させた要因は、東郷平八郎や上原勇作、閑院宮・伏見宮といった元帥との関係の緊密さや、三長官会議・非公式軍事参議官会議のような合議制にあったといえる。その彼らが東郷・上原の最晩年に「臣下元帥」の奏請運動を展開したのは、その権力の源泉を維持し部内統制を行うために必然のことだった。しかし、皇道派も艦隊派も閑院宮・伏見宮ら「皇族元帥」の信用を失ったことで勢力を減退させはじめ、二・二六事件後の粛軍過程で陸軍の軍事参議官が放逐されたことで、その凋落は決定的なものになった。その後の陸海軍においては、陸軍皇道派や海軍艦隊派が依拠していた「臣下元帥」や軍事参議官との「多頭政治」的な合議制が排除され、陸海軍省部主体の統制ガバナンスが志向されることになる。

こうした陸海軍省部における「臣下元帥」や軍事参議官の排斥は、同時に軍事輔弼体制の慣例が失われたことも意味した。これによって、軍の統制を憂慮したのが昭和天皇だった。とりわけ、閑院宮や伏見宮といった皇族長老が、陸海軍統制という政治的課題の名のもとに、統帥部長として省部側に取り込まれたことは、昭和天皇にとって信頼すべき助言者が不在となることを意味していた。この点に関連して、財部彪がロンドン条約問題の責任をとり海相を辞職した際の次のような発言は注目される[126]。

皇族が責任ある地位に立たれて強ひてその職務上の権利を普通の人と同じやうに行はせられるといふことは——或は正当に行はせられるならいゝけれども、いろ〳〵容喙がましいやうにあたりからおさせ申すといふことは、皇族のためにも皇室のためにもならぬ。イギリスあたりにはパースナルＡＤＣ〔イギリス国王付侍従武官〕といふものがあつて、キングの側に付いてゐる名誉職のやうなもので、海軍大将でも元帥でも実権はないのだ。かういふ制度が日本の皇族にもかへつてよくはないかと思ふ。

ロンドン条約問題を経験した財部は、皇族が「責任ある地位」にあることの危険性を強く認識していた。元帥個人の地位の制度化が果たされず、高齢の「臣下元帥」や皇族長老が部内統制の混乱を惹起したために、「臣下元帥」や皇族長老の抑制が懸案として浮上した。天皇も、本来「キングの側」にあるべき閑院宮や伏見宮のような「皇族元帥」が省部に取り込まれたとき、自らを支えるべき輔弼者の必要性を再認識することになる。このことは、日中戦争勃発後、天皇が元帥府復活を希望したことを通じて、軍事輔弼体制の再構築という形で表出する。天皇と陸軍が「臣下元帥」の再生産を望む一方、海軍はそれに最後まで抵抗することになるが、こうした戦時期の元帥府と軍事輔弼体制の展開については、章を改めて論じる。

第6章　戦時期の元帥府復活構想と昭和天皇の戦争指導

――戦争指導体制と軍事輔弼体制の交錯――

はじめに

太平洋戦争に敗れた日本では、一九四六年五月から東京裁判（極東国際軍事裁判）が開廷され、多くの戦犯が裁かれた。この東京裁判において、検察側は日本の国家構造を調査しつつ、天皇の訴追の可能性も探っていた。その過程で検察側は、実は元帥府と軍事参議院にも関心を示していた。例えばヘンリー・ノーラン検察官は、裁判のなかで「憲法外の国憲的機関」として、元老や重臣、御前会議と並んで元帥府・軍事参議院を紹介している[1]。彼に言わせれば「此れ等は憲法に依り創られた形式的構造に生気を与へるものである。何となれば此れ等は伝統の力に依り天皇に対し進言を為す権能を有する」機関なのであった。また、ノーランは大本営を説明する際に「其の構成人員は会員でないところ元帥府を除いては本質的には軍事参議院と同じである」と、軍事参議院と大本営を同質の存在だと指摘している[2]。本論で述べるように、公判前の木戸幸一や東条英機に対する尋問においても、検察側は軍事参議院と大本営・統帥部との違いなどの質問を繰り返していた[3]。検察側は大本営や統帥部と並ぶ存在として、元帥府・軍事参議院の権能を追及していたのである。

こうした検察側の関心を、戦時期の元帥府と軍事参議院をめぐる動向とリンクさせて考えると、新たな発見が得られる。例えば、前掲表序-3からわかるように、日米開戦直前の一九四一年一一月に、帝国国策遂行要領の公式の陸海軍軍事参議会が開催されている。陸海軍合同による公式軍事参議会の開催は、軍事参議院設置直後の〇四年一月の打ち合わせ会以来、二度目だった。つまり、設置以来開催されてこなかった陸海軍合同の軍事参議会が、日米開戦を目前にして突如開かれたのである。さらに注目すべきは、四四年六月のサイパン島陥落に際して、昭和天皇が統帥部によるサイパン島放棄の計画をそのまま裁可せずに、元帥府に諮詢した事実である。本論で詳述するように、天皇は議長として元帥会議を自ら開催し、参集した元帥から原案支持の奉答を受けてから統帥部の作戦計画を裁可したのだった[4]。こうした点に鑑みれば、東京裁判で検察側が両機関に関心を持つのも無理はないだろう。

それでは、前述のような、戦時期の元帥府・軍事参議院をめぐる事象からは、どのような意義を見出せるだろうか。これまで本書では、一九二〇年代から三〇年代にかけて、陸海軍において元帥府・元帥が人事的にも職務的にも排斥され、陸海軍が天皇の軍事指導から自律化していったことを指摘してきた。しかし、戦時という特殊な状況は、陸海軍省部が抑制したはずの軍事輔弼体制を再び浮かび上がらせる。陸海軍は、当時の政治課題だった戦争指導体制の構築という観点から、元帥府に新たな価値を見出し再活用しようと試みたのである。

一九三七年に日中戦争が始まると、当時の政府や陸海軍の間では、「国務」と「統帥」の統合による、政戦略一致と陸海軍一致を同時に達成できるような強力な戦争指導体制をいかに構築するかという焦眉の課題が浮上し、さまざまな機構改革が試みられた。天皇を頂点としつつも、「国務」と「統帥」の分立をはじめとする極めて分権的な権力構造に依拠した明治憲法体制において、如上の国務・統帥の分立や陸海軍間対立が問題となり、その統一の実現が求められたのである。

このような改革の代表例として、一九三七年一一月の大本営設置が挙げられる。陸海軍による作戦遂行といった統帥機関としての機能だけでなく、政戦略一致を志向する陸軍省の中堅幕僚層や近衛文麿内閣が、参議制設置などの内閣制度改革とセットで大本営を設置することで、「国務」と「統帥」を統合しうる政治力の一元化を狙ったとの見解[5]があり、また戦時期の各内閣における内閣機能強化の施策と戦争指導体制との相関関係などが指摘されている。[6]国務と統帥の統合だけでなく、陸海軍一致も重要な課題だった。戦時期の陸海軍関係については、日米開戦過程における陸海軍間、軍政・軍令機関の対立や、妥協を繰り返す陸海軍関係の動態が注目され、[7]明治期から確立・運用されてきた陸海軍の官僚制システムの硬直性が浮き彫りとなった。ただし、こうした研究は明治憲法体制に立脚する内閣や陸海軍統帥部といった、省部間の権力関係の動態に焦点を当てたものであり、明治憲法体制の頂点に君臨する天皇の存在を織り込んだ戦争指導体制の強化という観点はあまり重視されていない。

この観点に立つと、内閣機能強化や「天皇親政」の名のもとに国務と統帥を統合しようという試みがみられた点が注目に値する。森茂樹氏は、日中戦争勃発から太平洋戦争初期にかけての御前会議の成立と運用を詳細に検討した。すなわち、御前会議という「天皇親政」による統合が志向されるも、結局は明治憲法体制の単独輔弼システムに依拠する内閣や軍などの各輔弼機関の組織利害に阻まれ、内閣側が御前会議の運用面を定式化することで、天皇の意思決定が介在する「天皇親政」の構図が抑制されたと指摘されている。[8]「天皇親政」の戦争指導体制という構図は、明治憲法体制の分権的な輔弼システムの統合の可能性を秘めたものであり、御前会議以外の手段についても、戦時期全体を通した「天皇親政」による政戦略と陸海軍統合の試みという視点はさらに深められる余地があるように思われる。

明治憲法体制を克服しうる統合主体であった昭和天皇個人と戦争指導体制との関係に目を向けると、序章でも述べたように、昭和天皇の積極的な戦争指導者像という論点が定着している。特に日中戦争以降については、統帥部への積極的な下問を通して情報を把握し、作戦計画に関して意見表明も行いながら戦争指導に関与したという、軍事指導者としての昭和天皇像が明らかにされている[9]。天皇の軍事面における主体的かつ属人的な軍事指導の側面が描き出された意味では極めて重要な成果である。その一方で、明治憲法体制という国家構造を勘案すると、昭和天皇が戦争指導に際して、軍事的な輔弼システムをどのように活用していたのかという点は、あまり重視されてこなかった。軍事指導者としてこれまで以上に戦争指導への関与を強めていく天皇にとって、陸海軍省や両統帥部、内閣といった既存の輔弼機関以外からの助言や情報は、自らの政治的・軍事的意思決定を行う際の重要な判断材料だったはずである。日米開戦直前あるいは戦争末期に重臣からの意見聴取を行っていた事実[10]は、開戦や終戦という重大な時局に際会した天皇が、周囲からの積極的な輔弼を求めていたことを示唆するものだろう。

また、「最後の元老」西園寺公望亡きあとに天皇を輔弼すべき存在であった重臣や内大臣等の宮中勢力の動向も注目されている[11]が、軍事面における同様の視点は、積極的な戦争指導者という天皇像や、大本営や御前会議の設置・運用による内閣と軍の権力関係の変化という視角によって、かえって後景化してしまっているようにも思われる。だが、サイパン島放棄に関する重大な軍事的決定に際して、昭和天皇が異例のタイミングで元帥会議を開催した真意を振り返ってみることは、戦争指導体制のあり方だけでなく、天皇による戦争指導という論点にも示唆を与えうるのではないか。

これまで論じてきたように、陸海軍は省部主体の統制力強化を実現するため軍事輔弼体制を抑制し、天皇の軍事指導から自律化した。しかし、戦時という特殊な状況のもとで政戦略一致・陸海軍協同一致の戦争指導を行うために、陸海軍省部は「天皇親政」を標榜した戦争指導体制の構築を目指す必要に迫られ、それとともに昭和天皇の戦争指導も活性化しはじめる。この要因について、戦争指導体制と軍事輔弼体制の関係性を意識しながら検討する意義があるだろう。さらに、天皇の戦争指導という論点は天皇の戦争責任と密接不可分の関係にある。東京裁判において検察側が元帥府・軍事参議院に関心を持っていたことはすでに述べたが、元帥府・軍事参議院のような軍事輔弼体制が、東京裁判での天皇の責任に関する議論[12]においてどのように扱われたのか、という点にも留意してみたい。

そこで、本章では、日中戦争勃発から太平洋戦争の終盤までの期間を対象とする、戦争指導体制の強化の試みという問題について、軍当局以外の軍事的助言機関である元帥府を中心とする軍事輔弼体制の強化という視角を導入する。これによって、天皇親政による、より重層的な戦争指導体制の構築が図られていく過程とその意義を描き出していく。

考察に際しては、日中戦争開始以降、昭和天皇や東条英機が、戦争指導体制の構築と並行して軍事輔弼体制を強化すべく、元帥府復活構想と「臣下元帥」再生産を推進していた点に注目する。前章までで述べたように、陸海軍当局による軍政優位体制の確立過程で「臣下元帥」の再生産が抑制された結果、一九三四年の東郷平八郎の死去により「臣下元帥」は不在となった。元帥府の構成員は三名の「皇族元帥」のみとなり、そのうちの閑院宮載仁親王と伏見宮博恭王はそれぞれ統帥部長であったため、元帥府は事実上解体されていた。しかし、本論で詳述するように、天皇は重大な時局が差し迫ると、閑院宮と伏見宮の両統帥部長更迭と元帥府復活をセットで希望するようになり、その意を受けた東条の主導によって四三年に三名の「臣下元帥」が再生産された。

なぜ東条は元帥府復活構想を積極的に推進したのか、彼の戦争指導体制構想に着目して明らかにしたい。一九四四年の東条首相兼陸相による参謀総長兼任は、明治憲法体制の分権構造に対する重大な挑戦だった。結果的にこの試みは挫折するが、東条が参謀総長兼任を断行したのは、陸海軍協同一致の作戦が思うように進まない状況下での陸海軍統合に向けた打開策という側面が強かった[13]。東条は従来制度の改変よりも、政策決定の手続きや運用の仕組みの変更を通して、明治憲法体制に依拠する陸海軍官僚制システムの打破と戦争指導体制の強化を図ろうとしたという指摘[14]も踏まえると、東条の「臣下元帥」再生産の意図を検討することは、彼の戦争指導体制の構想[15]をより立体的に解明する一助にもなるだろう。

以下、第一節では、日中戦争勃発後、昭和天皇が戦争指導体制構築の障壁となっていた皇族総長の更迭と元帥府の復活を希望し、専任の「皇族元帥」からなる元帥府が再設置される過程を検討する。第二節では日米開戦前後の時期に、陸海軍のさまざまな思惑が交錯しながら「臣下元帥」再生産論が台頭し、実際に「臣下元帥」が再生産されるまでの経緯を俯瞰する。そのうえで、第三節では、戦局の悪化にともなって天皇や東条の間で元帥の「重臣」化構想が浮上する過程とその帰結を考察する。

一　皇族総長更迭と元帥府復活構想

（1）日中戦争の勃発と参謀総長閑院宮載仁親王

日中戦争が始まり戦争指導体制の確立が志向されるなかで、当時の内閣や陸軍、昭和天皇らの間で問題となったのが、当時すでに七〇歳を超え、在職期間も六年を数えていた参謀総長、閑院宮の存在だった。閑院宮が陸軍の部内統制に混乱を惹起する要因だったことは前章で指摘した通りであるが、戦争指導という点でも問題の種となっていた。例えば、大本営政府連絡会議には皇族総長ではなく、次長が出席するため、意思疎通という観点において内閣側から不満が出ていた[16]。また、一九三八年三月から閑院宮に代わって参謀次長が軍事事項を代理で上奏する機会が増えた。これは、百武三郎侍従長によると「異例ナルモ皇族殿下参謀総長ナルタメ動モスレバ参謀本部ノ下情通セザル嫌アリ。聖上陛下ノ御思召モアリ、陸軍側諒解ノ上報告上奏代行ノ姿ニテ時々拝謁スルコト、ナレルモノ」

であった。[17] 天皇も閑院宮が軍事事項の詳細にまで必ずしも精通していない点を懸念し、異例の措置をとったのである。

盧溝橋事件発生後も天皇は統帥部の意向をそのまま上奏する閑院宮に不満を募らせていた。七月一一日、閑院宮に対してソ連の動向を下問すると、閑院宮は「陸軍では立たんと思つてをります」と奉答し、天皇が「それは陸軍の独断であつて、もし万一ソヴィエトが立つたらどうするか」と重ねて下問すると、閑院宮は「致し方ございません」とのみ答え、天皇は「非常に御不満の御様子」であったという。[18] また、八月九日に閑院宮が作戦上奏を行った際には、閑院宮が内閣による外交工作を把握できていないことが発覚し、天皇が「自ラ各部ノ連絡ヲ執ラザル可ラズト嘆息」する有様であった。[19] 百武侍従長が、外交工作に関与する石原莞爾参謀本部第一部長が閑院宮に報告を上げないことが原因だと推察していたように、[20] 閑院宮は参謀本部内でも重要な情報を把握し切れていなかった。百武は上記の閑院宮の不手際と天皇の嘆息を受けて自身の日記に次のように記す。

一触即発国交断絶ノ危機ニ際シ統帥権ノ至上ハ国政不統一ヲ招来ス。蓋シ既ニ国交断絶シタル后ニ於テハ何等ノ支障ナカルベキモ、最モ大切ナル外交ノ終末ト開戦ノ時機トノ前後ニ於ケル補弼〔ママ〕ノ責任ハ充分ニ尽サレザルノ嫌アリ。永久ニ遵守スベキ各高等幹部間ノ覚書ニテモ作リ置クノ要アルベシ。

天皇と閑院宮間の戦時中の意思疎通の齟齬はその後も頻繁にあったようで、参謀本部内ですら「総長殿下ガ穿ツタ所ヲ御存知ナキハ幕僚ノ努力ノ不足モアルベケレド大体御健康ニ相当ノ御無理ガアルニアラズヤト拝察セラル。殿下モ其ノ御感ノ様ニ拝セラレタリ」[21] と、閑院宮の健康状態に仮託しつつも暗に批判的な認識があったほどだった。同じく統帥部長だった伏見宮と比べても閑院宮の主体性の低さは明白だった。例えば、一九四〇年九月の大本営政府連絡会議において、軍令部総長の伏見宮から星野直樹企画院総裁に「辛辣な御質問があつて、相当に手きびしくお言葉も鋭かつた」のに対して、閑院宮は「そこに何等の自発的御言動がな」く、単に陸軍を代表して質問条項を読み上げるだけだった。東条陸相が「どうも閑院総長宮には困つたな」と嘆いたように[22]、陸軍内部でもその問題点が認識されていた。このように、天皇と陸軍の連携を軸とする戦争指導において、各方面からの期待に応えられない閑院宮に対する忍耐は限界に達しつつあった。

（2）侍従武官長の調整不足と軍事的輔弼者の不在

天皇と陸軍の連携による陸海軍統制という意味では、閑院宮だけでなく、当時の侍従武官長だった宇佐美興屋の能力不足も問題だった。宇佐美は、二・二六事件後に辞職した本庄繁の後任として侍従武官長に就任したが、就任当初から「今の侍従武官長〔宇佐美〕も悪い人ぢやあないけれども、陛下のお言葉なりお気持を真に酌みとり得る素質の人を、やつぱり武官長に持つて行くことが陸軍として必要ぢやあないかと思ふ」[23]と原田熊雄に評されていたように、奈良武次や本庄と異なり、天皇と軍当局間の意見調整役の機能を十分に果たせていなかった。例えば、一九三六年末に関東軍が内蒙古への進出を画策した綏遠事件についての下問に対しても「陸軍は少しもこのことについては存じません」と奉答したため、天皇が「いかにも武官長があまりに迂闊である」と湯浅倉平内大臣に話し、湯浅から中島鉄蔵侍従武官を介して宇佐美に注意が与えられた[24]。また、三九年に陸軍がソ満国境に二五個師団を配備しているという情報を伏見宮から聞いた天皇が、宇佐美に事実関係を陸軍当局に確認せよと命じたところ、宇佐美は陸軍当局に確認しようとせず、その場で奉答するだけで済ませていた。湯浅内大臣自身や百武侍従長も宇佐美を注意したが、宇佐美は「どうもかう陸軍の意思と陛下の御意思との間に距離があつては困る」と述べるだけであった[25]。

こうした宇佐美の言動について、松平康昌内大臣秘書官長は「陛下が『言つてはいけない』と仰せになつたことは先方に通ずる例が非常に多く、『言へ』とおつしやつたことは寧ろ自分だけ含んでおいて言はなかつたりする」ケースが多い[26]と嘆き、さらに「陛下の侍従武官長であるといふ建前よりも、陸軍の武官長という風な形で、何を陛下がお訊ねになつてもそれに対して抗弁して、陛下の御意思を陛下の軍隊である陸軍に伝へるといふ段取りになつてゐない」と批判し、宮中側近の間で更迭論が浮上していた[27]。

宮中の文官だけでなく、海軍出身の百武侍従長もまた宇佐美の調整力の低さを強く懸念していた。時期がさかのぼるが、一九三七年六月一九日、黒龍江上の乾岔子島などへのソ連軍の侵入によって、日ソ間の国境紛争である乾岔子島事件が発生した。北支問題の緊迫化を重くみた天皇は、参謀総長と米内光政海軍大臣への直接下問を希望し、その旨を宇佐美から当局に伝達させた。しかし、宇佐美の伝達能力に疑念を持つ天皇は、百武に「侍武長ガ使命ニ対スル了解徹底セルヤニ関シ内大臣ト相談スベキ旨」を命じた。百武は湯浅倉平内大臣と相談したうえで宇佐美に来席を求めて、伝達の詳細を聴取した。百武は「大体聖慮ヲ通シアル如キモ聊カ枝葉ニ走レル点マデモ軍部ニ伝フルトコロアリ。混雑シオルトコロナキヤヲ恐ル」と日記に記すように、なおも宇佐美の伝達ぶりが心配だったようで、その後さらに宇佐美と余談を抜きにして話し合い、「聖意ノ主要点ノミヲ能ク軍部ヲ通シ置キ、以テ主客転顚倒シテ混雑ヲ来スガ如キコトナキ様ニスルノ大切ナル旨ヲ注意」した[28]。こうした事例からも、宇佐美侍従武官長が天皇—陸軍間の連絡役として力不足であり、天皇や宮中側近からも強く懸念されていたことがうかがえる。

実際に百武が宇佐美の代わりに天皇—陸軍間の調整に乗り出したこともあった。一九三八年七月、ソ連兵が張鼓峰付近を不法越境する騒動が発生した。この対応をめぐり、七月二〇日に閑院宮が朝鮮軍の兵力使用奏請を上奏した。天皇は「若シ蘇聯ニシテ飽クマデ対抗シ来ル場合ニハ全面的対蘇戦トナル虞ナキヤ」と下問したところ、閑院宮からは「先ヅ左様ノ事ハナカルベキモ全然無シトハ確言出来ザル旨」の奉答があった。「参謀本部ト雖モ今ヤ対支戦争丈ニテモ手一杯ニシテ此際蘇聯ト事ヲ構フルコトヲ欲セズ、従テ当時ノ陸軍ノ方策ハ危険千万ニ見ヘタリ」と百武侍従長が感じたように、陸軍の方針は楽観的であったため、天皇も裁可せずに留め置いた[29]。この後拝謁した板垣征四郎陸相は、兵力行使の必要性を説明したが、天皇は「御言葉中比諭ヲ満洲事変ニ採」りながら、兵力行使の不可を厳命した。ここに、板垣陸相は自身と陸軍全体への不信任を自覚し、進退問題に発展した[30]。

この問題で板挟みとなった宇佐美は両者を仲立ちできず、ただ「苦心」するばかりだった。状況を見かねた百武侍従長は七月二二日に天皇に拝謁し、板垣の進退問題で「武官長苦慮致シオル旨」を上聞に達したところ、天皇は「陸軍不信任、陸相不信任ナドト申ス訳ニアラズ、信任スレバコソ其過誤ナカラシメンガ為メ訓諭スルナリ。信任セザル様ナレバ何モ言ハズ。此義侍従長ヨリ武官長ニ伝ユル様ニ」と述べた。百武がすぐに宇佐美に天皇の意向を伝え、板垣への伝達を要請した[31]結果、板垣の進退問題は落着した。しかし、本来は天皇と陸軍の間を仲介すべき宇佐美が主体的な問題解決に動くことができず、侍従長の百武が仲介する始末だった。ただし、宇佐美にも言い分はあった。前述の一九三九年に湯浅と百武から注意を受けた際、宇佐美は湯浅に対して、陸軍には「中心になる人物」が不在のため「陛下の思召をお伝へしてもそれが通らないやうでは、かへつて聖徳に瑕がつくやうなことがあつてはよくないと思つて、今まで陛下のおつしやる通りにもしなかつたのだ[32]」と述べており、天皇の意向に沿って陸軍を統制しうる中心軸の不在が、宇佐美の行動様式に影響を及ぼしていたことがうかがえる。この年の五月、宇佐美は侍従武官長を退任した。背景に天皇の宇佐美への不満があったことは、後任の畑俊六についての「今度の武官長はいゝよ」という天皇の発言から容易に察せられる[33]。

こうした状況を反映してか、この頃の宮中側近の間では、天皇の軍務を輔弼すべき者の不在が問題視されるようになっていた。前述したように、乾岔子島事件が発生したときに、天皇は参謀総長と米内光政海相への直接の下問を希望した。そこで、天皇は事前に湯浅内大臣を召し、北支地方の中央化の問題について、日本が中国の希望を容れ、さらに御前会議開催によって方針を定めることを提案した。これに対して、湯浅は中国の希望受け入れは慎重に検討すべきこと、御前会議開催は十分な効果が期待しがたく、「要は統帥の確信さへあれば差支なし」と奉答した[34]。その結果、天皇は参謀総長と杉山元陸相に乾岔子島事件による対ソ戦備状況や中国と開戦に至った場合の見通しについて下問するに留めた[35]。

以上のように、日中戦争開始前後の時期において、閑院宮が参謀総長としての役割を十分に果たせず、御前会議開催の効果も期待できないなかで、天皇は直接統帥部や陸相に下問するようになっていたが、宮中側近にはこの点を憂慮する向きもあった。百武侍従長は一九三七年六月時点で「聖上親ラ軍部ノ意見然カモソハ〔ママ〕政治ニ関連スルモノヲ尋問セラル丶、等、統帥権ノ限界又ハ統帥権ニ関スル常侍輔弼ノ人必要ナルヲ思ハシム。蓋シ陸海軍大臣ノ統帥部ニ対スル屈服ノ余弊茲処ニ至ル乎[36]」と懸念していた。統帥権を前提とした陸相・海相による部内統制の限界と、それを補うための「統帥権ニ関スル常侍輔弼ノ人」の必要性は、盧溝橋事件以前から認識されていた。しかし、陸相・海相が皇族長老を擁する統帥部に「屈服」を余儀なくされる状況下で、「常時輔弼」にふさわしい人物は事実上不在だったのである。

(3) 皇族総長更迭と「元帥府確立」論

一九三九年にノモンハン事件が発生すると、閑院宮の更迭論が浮上する。ノモンハン事件では植田謙吉関東軍司令官ら前線指揮官・幕僚をはじめ、参謀本部の中島鉄蔵参謀次長・橋本群第一部長らがその責任を問われて、予備役編入という極めて重い処分を受けていた。閑院宮についても「皇族と雖責任をとらる丶が可なり」という更迭論が陸軍内からも浮上していた[37]。天皇も更迭に理解を示し、閑院宮自身も辞職の意向を示したが、このときは後任難の事情も重なり、中国の新中央政権樹立まで留任する案が浮上し、結果的に閑院宮は留任した。その後、中央政権樹立のめどがついた四〇年三月頃、再び閑院宮更迭論が出てきたが、今回は閑院宮が乗り気ではなかった。そこで、沢田茂参謀次長が密かに秩父宮雍仁親王や蓮沼蕃侍従武官長を介して天皇の内意を探ると、天皇は「参謀総長としてよりも元帥として助けて貰ふが可なり」[38]と、あらためて更迭に理解を示した。しかし、肝心の閑院宮が、更迭に異存はないものの「時機は暫く待て」[39]とはぐらかすばかりであったため、話は進展しなかった。

この頃には宮中方面でも、皇族総長が陸海軍の意思疎通に支障をきたす存在として明確に認識されていた。一九四〇年九月六日、天皇と木戸幸一内大臣は「陸海軍一致の必要」について話をしている。木戸が陸海軍間の協議において「総長宮の御在職が運営上相当問題」になっている旨を言上すると、天皇もその事情を承知しており、自らの主催で御茶会を開き意思疎通を図ってはどうかと木戸に話していた。[40]他方、三国同盟の交渉が進み、九月一五日には木戸が三国同盟につき御前会議奏請の可能性を天皇に奏上し[41]、翌一六日に三国同盟の締結が閣議決定された。近衛首相から閣議決定を聞いた天皇は時局に関して懸念を示し、対米開戦に至る場合の海軍の態度や敗戦の場合の首相の決意などを下問している。[42]

かかる状況において天皇は一つの決断を下す。翌一七日、天皇は蓮沼侍従武官長を召し「両総長宮御勇退、元帥府確立等につき思召」を伝えた。[43]その意図は「愈々重大なる決意を為すときとなりたるを以て、此際両総長宮の御交迭を願ひ、元帥府を確立すると共に、臣下より両総長を命ずることとしたし」[44]という点にあった。三国同盟締結のタイミングで統帥部長を臣下から任命し、閑院宮と伏見宮を元帥府専任に据える希望を示したのである。

思召を受けた蓮沼と、すでに前日に天皇から意向を聞き意見具申もしていた木戸[45]は相談のうえ、東条陸相・及川古志郎海相と協議した。陸軍はただちに賛成したものの、海軍が同意せず一九日にあらためて「此際総長宮の現職を去らるゝことは絶対に困る」と申し入れてきた。そのため、木戸は次善策として「陸軍の総長宮に御勇退を願ひ、海軍との権衡上更に皇族を御願ひするの外なからん」と天皇に奉答している。しかし、東条と阿南惟幾陸軍次官は「海軍の動向如何に不拘、此際総長は臣下を以て充てたき希望」が強かったため、陸軍内では総長更迭の調整が本格化し、一〇月三日、ついに閑院宮は参謀総長を退任し元帥府専任となった。一方、伏見宮は海軍の反対もあり翌年四月まで続投した。皇族総長の更迭という天皇の意向を受けて、更迭に積極的な陸軍と消極的な海軍の温度差がうかがえる。

ところで、天皇は皇族総長更迭とともに「元帥府確立」の意向を示していた。一見すると、更迭の建前にすぎないようにも思えるが、実際にはより深い含意があった。そのことは、阿南が書き残した自筆のメモ帳をみると明瞭になる。メモ帳には天皇からの思召があった九月一七日付で「一、元帥府ノ設置、活用ノ御希望。職務ヲ執ラハレアルコトガ不可。二、条約発表後直チニガヨカラン。政府ト談合、御責任ガカヽル時局。三、両大臣ニテ相談セヨ。最後ハ勅命已ムヲ得ザレバ陛下ヨノ（ママ）御示モアル。畑」と書き記されている。[46] この記述からは、天皇が元帥府をあらためて設置し、活用したいという意向であること、また皇族総長に時局の責任がかかることを懸念し、三国同盟締結後すぐの両総長の更迭と元帥府専任を望んでいたこと、そして、やむをえなければ、勅命という最終手段までありうるという強い意志があったことが読み取れよう。なお、「畑」は畑俊六のことで、天皇には畑を参謀総長に据えたいという意向があったらしく、阿南が畑の総長就任を模索していたこともあったという。[47]

さらに、阿南は九月一九日付で「一、海軍難色、元帥問題。統制上、後任者ナイ。二、陸海両統帥部ガ一致協力為第一義。三、他ノ宮様ヲ陸軍ガ頂クカ？」とメモに記している。[48] 一の「海軍難色」の記述から、海軍は「統制上」の理由から伏見宮に代わる後任者がいないと難色を示し、陸軍は陸海軍協同一致の観点から他の皇族の推戴も考慮していた様子が見て取れる。また、阿南がわざわざ海軍の動向と「元帥問題」を併記していることは、陸軍が総長更迭だけでなく、元帥府活用問題を真剣に考えていたことを推測させる。

こうして、天皇による「元帥府確立」と閑院宮更迭を契機に、陸軍は「臣下元帥」再生産を本格的に検討しはじめたと思われる。それは、海軍が一一月四日に「支那事変ノ進捗ト現在元帥府ハ皇族ノミナル状況ヨリ陸軍方面ニ於テハ、臣下ノ元帥ニ就キ考慮シアルガ如キ」という理由で、過去に陸海軍間で合意されていた元帥奏請条件（第3章参照）を再確認していることからもうかがえよう。ただし、海軍は条件を再確認した結果、「要スルニ元帥ハ人格徳望、武勲、一世ニ卓絶スルヲ要シ右ノ諸慣例ト対照シ茲数年ハ実際問題化スルニ至ラザルベシ」と結論づけており、この段階では「臣下元帥」再生産に消極的であった。[49]

天皇は、元帥府専任となった閑院宮・伏見宮・梨本宮守正王三名の「皇族元帥」に自らの意思決定を支える役割を求めていた。例えば、一九三九年八月八日の五相会議では、三国同盟締結を提案した板垣征四郎陸相に対して、平沼騏一郎首相や有田八郎外相が締結反対を唱え、激しい意見対立が生じていた。その際、天皇は閑院宮に板垣の翻意の可能性を下問し、閑院宮は翻意困難と奉答した。それでも天皇は諦めきれず、湯浅内大臣に梨本宮から板垣を説得させることの可否を下問している。[50] このように、天皇は三国同盟締結にひた走る陸軍を抑止する役割を、閑院宮だけでなく、元帥府以外の軍職に就いていない梨本宮にも期待していた。また、やや時期が下るが、四一年八月一一日、近衛首相が当時交渉していた日米巨頭会談の開催について、天皇は木戸に対して、もし失敗した場合「真に重大なる決意」をしなければいけないと語り、御前会議の形式について言及している。すなわち「従来の御前会議は如何にも形式的なるを以て、今回は充分納得の行く迄質問して見た」いとして、御前会議の構成員から軍務局長ら事務方を除外し、首相・外相・蔵相・陸相・海相・企画院総裁・両統帥部長とともに、三名の元帥も加えることを提案し、近衛とよく相談するように希望したのである。[51] 前述のように、この頃の御前会議は、内閣と陸海軍間での調整後に開催の奏請が行われるなど、天皇の意思決定を介在させない機関として運用の定式化が行われていた。[52] ただし、御前会議の結果が裁可を受け国家意思として扱われる以上、その出席者には輔弼責任が求められる。天皇の希望した構成員は、日露戦争前に行われた御前会議の構成員と類似している。[53] 天皇は重大な時局に際して、各輔弼者による実質的な協議と意思決定が行われていた明治期のような御前会議を求めていた。天皇の皇族総長更迭の希望は、重大局面で皇族に責任が及ぶことへの配慮だったことは容易に想像できるが、一方で「皇族元帥」に自らの輔弼者としての役割を求めていたともいえる。天皇の提案は結局実現しなかったものの、「真に重大なる決意」をすべきときの御前会議に「皇族元帥」の参加を求めたことは、「皇族元帥」としての輔弼を積極的に求めることで、自らの意思決定を陸海軍に十分に反映させることを企図していたといえる。

二　太平洋戦争期における「臣下元帥」再生産論の台頭

（1）鈴木貫太郎の「臣下元帥」再生産論

前述のように、「臣下元帥」再生産に消極的だった海軍も、一九四一年に入ると少しずつ再生産容認論に傾きはじめた。その契機は、鈴木貫太郎が海軍に「臣下元帥」再生産論を申し入れたことにあった。四一年四月上旬頃、鈴木（当時枢密院副議長）は及川海相を訪問し、「自分ノ持論ナルモ、〔五〕一・一五、二・二六事件等ハ臣下ニ元帥ナキガ故ナリ。上原〔勇作〕元帥ガ余リ細目ニ口ヲハサマレ問題ヲ生ジタルコトアルモ、政府ニ対シ天聴ニ達スル前ニ元老アルガ如ク元帥ヲ置クヲ可トス」(54)と話した。鈴木が「自分ノ持論」としながら、五・一五事件や自らも襲撃された二・二六事件の発生理由を「臣下元帥」の不在に求めていたこと、元老と比べながら「臣下元帥」再生産の必要性を説いていたことは興味深い。

鈴木の申し入れの真意はどこにあるのか。彼の輔弼観が一つの手がかりとなるだろう。戦後、鈴木が天皇の戦争責任と輔弼の関係性について回顧した際、天皇の戦争責任は「スベテ輔弼ノ責任者ガ負フベキモノダ」と否定する一方、天皇が直接決断を下した事例として二・二六事件と終戦の聖断を挙げている。[55] 特に前者は当時「輔弼スベキ側近ノモノガ居ラナカツタ」ために天皇が自ら鎮圧を命令したと述懐しており、右に引用した鈴木の発言を踏まえれば、鈴木が軍事的な輔弼者の有無に関心を寄せていたことがわかる。皇族総長の存在についても「宮様ガ参謀総長・軍令部総長ニナラレル様ニナツタラ戦ハ敗ケダト思ツタ」という見解を示していた。すなわち、戦争は経験豊富な「主将」が幕僚を活用しながら全責任を持って「主動」しなければならないのに、「宮様ヲ首班ニ据ルノハ責任回避ニナリ、銘々勝手気侭ニヤルコトニナル。統制モトレナイ」と、皇族総長を頂点とする戦争指導体制の問題点を指摘していた。こうした問題意識を持つ鈴木が、輔弼者としての「臣下元帥」に着目するのは自然なことだった。

こうした鈴木の輔弼観に関連して、侍従長時代の鈴木が牧野伸顕内大臣らとともに、御前会議や重臣会議を開催させることで、天皇の政治的意思を直接反映させることを志向していたと、先行研究で指摘されている。[56] 特に輔弼責任を有する内閣以外にも重臣級の人物が御前会議などに参加し、国家意思決定の調整役になるべきだと考慮していたという。[57] こうした議論を敷衍すれば、日米間の緊張が高まりつつあるこの時期に、鈴木は国家意思決定の調整役としての「元老」的存在として、「臣下元帥」をその候補に考えていたのではないかと推測される。実際、鈴木は伝統的に元帥の存在を重視する海軍の出身であり、侍従長時代の彼に、軍の問題について元帥の同意を得ることを重視する傾向がみられたことは、第3章でも指摘した通りである。また、戦争末期に開かれた、小磯國昭内閣総辞職後の後継首班を決める重臣会議において、鈴木は召集される重臣の範囲について「一体御召になる範囲は必しも固定するの要はない」と発言している。なぜなら「西園寺公等も時に応じ山本〔権兵衛〕伯や東郷〔平八郎〕元帥の意見等も聴かれたことのある様に記憶」しているからであった。[58] この発言自体は、当時鈴木が推進していた牧野伸顕の重臣化を念頭に置いたものであったが、[59] こうした過去の「記憶」を引き合いに出していることから、鈴木は「臣下元帥」も重臣のように意見聴取の資格を有する存在だとみなしていたといえよう。つまり、鈴木の「臣下元帥」再生産論は、「最後の元老」西園寺亡きあとにおいて、かつて海軍の要だった東郷平八郎のように、「軍事上の元老」として軍の統制と輔弼の役割を担うことを期待したものだったといえる。鈴木の「持論」は、一九三〇年代以来「臣下元帥」が不在となり、陸海軍が元帥に依存せずに省部独自の統制力を強化する試みが思わしくないなかで、「臣下元帥」の復活による天皇主体の統制と戦争指導体制への揺り戻しの流れを示唆するものだった。

なお、鈴木の申し入れに対して、及川海相は「臣下ノ元帥ニ七十年ヲ年齢満限トスルヲ適当トス」[60]と回答した。「臣下元帥」再生産自体は否定しないものの、停年制を設けることで終身現役保障を撤廃しようという考え方が、この頃すでに出現していたことには留意したい。

（2）参謀本部による「臣下元帥」再生産論

鈴木の元帥論と前後して、陸軍、特に参謀本部側も「臣下元帥」再生産を検討していた。一九四一年四月一八日、参謀本部の柴田芳三庶務課長が高田栄軍令部首席副官に「庶務課意見」（四一年三月作成）なるものを送付した[61]。その内容は、陸軍の武藤信義以来、元帥が奏請されない状態が続いているが、「今日ノ情勢ハ臣下ノ元帥ヲ是非共必要」だと進言するものだった。その理由の第一として元帥府強化の必要性を挙げている。つまり、「未曽有ノ聖戦ヲ遂行シツヽアル今日コソ元帥府ガ最モ活動スベキ秋」であるから、現任の三名の「皇族元帥」だけでなく、「更ニ臣下ヲモ之ニ列セシメラレ元帥府ヲ更ニ強化シ、此ノ重大時局ニ於ケル最高顧問タルノ実ヲ挙ゲ得ル如クスルヲ要ス」と強調している。

第二の理由として、「軍身体［ママ］ニ於テモ身分安固タル長老ヲ置キ過グルヲ抑制シ及バザルヲ鞭撻シテ、一ハ以テ軍ノ進歩向上ヲ図リ、他ハ以テ軍ノ団結ヲ保持鞏化スルヲ必要」とするというように、軍の統制上の観点から元帥府を活性化する必要性が挙げられている。とりわけ、「過去ニ於ケル臣下元帥ノ功罪ニ関シテハ遠キ昔ノ物語リトシテ聞及ブモ、其ノ弊害ノ反面ノミニ懲リテ前途ノ必要性ヲ無視スルハ一考ヲ要スベシ」と、わざわざ過去の元帥の功罪に言及しつつも、その「前途ノ必要性」を強調している。元帥の功罪とは一九三〇年代の陸海軍統制の攪乱要因となった東郷平八郎や上原勇作のことを指しており、おそらくは「臣下元帥」再生産に消極的な海軍への配慮だろう。また、「目下元帥ノ具体案」として、陸軍大将の寺内寿一と杉山元の経歴を上原勇作と比較しており、参謀本部は明確に元帥府活用と「臣下元帥」再生産を唱えていた。

参謀本部はなぜこの時期に「臣下元帥」再生産を海軍に提案したのだろうか。管見の限りでは、その意図を直接物語る史料は見当たらないが、開戦が差し迫ってきたタイミングで、参謀本部内で元帥府を利用しようとする考えが顕在化していたことに注目したい。

やや時期が下るが、九月六日の御前会議において帝国国策遂行要領が決定され、同二五日には、外交期限を一〇月一五日とする「政戦ノ転機」の要望が統帥部で定められた[62]。統帥部で開戦準備が着実に進む一方で、海軍省は依然として曖昧な態度をとり続けていた。もともと海軍省では対米避戦論が主流であり、及川海相も消極的態度に終始し[63]、参謀本部は不満を募らせていた。外交面でも海軍出身の豊田貞次郎外相を中心に、近衛首相とフランクリン・ローズベルト大統領の直接会談により局面打開を図る日米巨頭会談の実現が模索されていた。

こうした状況において、早期開戦を目指す参謀本部は局面打開の策を講じていた。田中新一参謀本部第一部長は九月二八日付の自身の日誌に「総長〔杉山〕ヨリ　日米会談」という項目を記している。そこでは「引摺ラレル、見送ルヲ適当トスル意見アルベシ、之ハ困ル」、「引摺ラレル恐アリ（米、政府共ニ）、ヨロシイ――会フノデ一時待チ呉レトイフ態度ニ出ラル時ハ困ル」と書きつけている。もし巨頭会談が実現した場合、開戦時期が延びることを杉山と田中が懸念していたことがわかる[64]。ここで注目すべきは、こうした記述に続いて「元帥、軍事参議官ガ如何ニ使ハレタルヤ」、「元老問題」、「元帥会議ノ件」という記述が箇条書きされていることである（傍線原文ママ）。これは遷延する開戦決定への対応策だと思われ、元帥や軍事参議官の利用が検討されていたことがわかる。日誌原文では元帥の字が朱筆で囲まれていること、「元帥会議」を検討の俎上に載せていることを踏まえると、杉山と田中が「元帥会議」開催による海軍牽制を想定していた可能性がある。実際、その動きがあった。翌二九日、田中が一〇月二日開催予定の連絡会議で開戦決意を提議すべきと要求すると、武藤章軍務局長が「統帥部ガ内閣ヲ倒シタル形ヲ取ルハ不可」という政治的判断から拒否した。そこで、田中は次の一手として「元帥府ヲ代表シ閑院元帥殿下ヨリ開戦決意ノ必要ニ就キ上奏相成ル様工作セントシアリ」[65]と、元帥府による上奏を企図したのである。序章でも指摘したように、当時の陸海軍内部でも、元帥府が自発的な意見上奏をなしうる存在と解釈されていた点[66]を踏まえれば、田中は元帥府から自発的に開戦決意を上奏させることで、海軍や内閣、陸軍省を牽制しようとしたことがわかる。

その後も海軍省を中心に曖昧な態度に変化はみられなかった。一〇月一六日に第三次近衛内閣が総辞職すると、田中第一部長は同日付の日誌で「情勢判断　政変対策」として、「海軍軍令部ト海軍省トノ意見ヲ一致セシムルコト」を検討している[67]。その実現のための方策として、①「軍令部ト意見ガ一致スル海相ヲ出スマデ組閣ニ同意ハ与ヘザルコト」、②「元帥ニ依ル海軍ノ意見一致ヲ慫慂スルコト」、③「所要方面ニ陸軍ノ真意ヲ徹底セシムル手段ヲ講ズルコト」などが挙げられている。組閣不同意という強硬手段や元帥の利用による海軍内意見の一致を通して、軍令部寄りの海相を出現させることが田中の考えだった。海軍側元帥である伏見宮は軍令部総長退任後も海軍に強い影響力を誇っており、この時期には閑院宮[68]とともに開戦論に傾いていた。実際、伏見宮は一〇月九日に天皇に拝謁し、早期開戦が有利だとして御前会議開催を奏上[69]、同月二七日には嶋田繁太郎海相に「速ニ開戦セザレバ戦機ヲ失ス」と持論を展開した[70]。開戦論に傾斜する伏見宮を利用して海軍部内を牽制することが参謀本部の想定だったと思われる。結局、このプランは実現しなかったが、参謀本部が元帥府を利用して海軍を牽制し、開戦を決意させるという構想を練っていたことは確かである。

こうした海軍牽制の観点から、参謀本部の「臣下元帥」再生産論を振り返ると、「庶務課意見」が作成された一九四一年三月前後は、対南方施策要綱や企画院による物動計画をめぐり陸海軍間の調整が難航し、参謀本部の海軍に対する不満が高まっている時期だった。(71) このように、陸海軍協同一致による戦争準備が思うように進展していなかった状況を考慮すれば、陸海軍の意見対立により調整困難な局面において、単独意見上奏が可能で、かつ全員一致が原則である元帥府の上奏を利用して天皇に直訴することで、海軍を拘束し陸海軍の意思統一を図ること、これが参謀本部内で画策されていたプランだったと考えられる。そして元帥府をより有効に活用するためには、「皇族元帥」だけでなく「臣下元帥」を再生産することで、陸軍側元帥の人員を増やしておく必要があったのではないか。

(3)「皇族元帥」間での折衝

省部間における「臣下元帥」再生産議論の活発化と呼応するかのように、「皇族元帥」の間でも再生産論が協議されていた。(72) 七月中旬頃、閑院宮と梨本宮、伏見宮が会談し、その場で梨本宮とともに伏見宮に対して「従来臣下ヨリハ元帥ヲ出サヌコトトナリ居ルモ、武功卓抜ナル大将ハ臣下ニテモ元帥トスルコトニシタラドウカ」と提案した。これに対して伏見宮は「殆ンド全部ガ認メル人格徳望武功卓抜ノモノハ元帥トスルニ異議ハナイ」と「臣下元帥」の再生産には同意した。ただし、①元帥は年齢満限の六五歳手前で奏請すること、②「臣下ノ元帥ガ其ノ職ニ絶ヘナクナル終身元帥ト云フコトモ適当ナラヌ故、七十五才位ノ年限満限ヲ附スルト共ニ、病気等ニテ其ノ職ニ耐ヘザルモノハ辞任スルコトトナルヲ適当ト考ヘル旨」（傍線原文ママ）という条件を付している。両宮は①には異存なく同意したが、②は閑院宮が「其等ノコトハ考ヘテ居ラナカッタ。本日ハ臣下ニテモ元帥トナル道ヲ講ジ然ルベシト云フコトノミ考ヘ来レリ」として明答を避けた。結果的に臣下から元帥を奏請する点では意見が一致したものの、停年制の可否については事務当局で研究することとして保留扱いとなった。

閑院宮と梨本宮が「臣下元帥」再生産を提案した意図は明確にしえないが、提案時の状況から推測するに、陸軍当局からの事前工作によるものであろう。[73] おそらく海軍の消極的な姿勢により話が進まないため、陸軍側が両宮から伏見宮へのアプローチを図ったとみられる。一方で伏見宮による元帥停年制の逆提案は、前述の及川海相の意見と一致するものだった。つまり、陸軍との関係上「臣下元帥」再生産自体には同意するが、元帥停年制導入を条件とすることが海軍の一致した基本方針であった。海軍が停年制導入にこだわった理由は後述するが、閑院宮の反応から察するに、停年制導入論は陸軍の想定外だったようである。いずれにせよ、皇族会談の結果「臣下元帥」再生産それ自体では陸海軍間で意見が一致したのであった。

（4）東条英機の「臣下元帥」奏請

一〇月一八日、東条内閣が成立すると、東条首相は積極的に「臣下元帥」再生産を推進しはじめた。組閣後まもない同月二四日、東条は九月六日の御前会議決定の再検討状況などと合わせて、元帥府活用策として「臣下元帥」の奏請および元帥に停年制を設けることを上奏した。[74] 停年制導入はおそらく海軍の意向を受けたものだと思われる。[75] この上奏に対して、天皇は「臣下元帥」奏請には同意したものの、「停年ハ如何カ、東郷元帥ノ如ク病中迄モ重要事ニ奉答セシ例モアリ」と強く反対した。[76] 上奏後、木戸を召した天皇は、「元帥の性質」からみて停年制は「面白からず」と述べ、木戸も「誠に御正論」だとして停年制不可に同意し、蓮沼侍従武官長を通して東条に伝達させている。[77]

東条はなぜ組閣後一週間もたたないうちに元帥府活用策を上奏したのだろうか。その理由は主に二点ある。一点目は、「天皇親政」の名のもとに戦争指導体制の強化を志向したことである。このことは、東条が天皇に上奏した同日、嶋田海相に「陛下ハ近時軍事ニ関シ非常ニ御軫念アリ。元帥府ヲ活用シテ御安心出来ル様致度シ」[78]と述べていることからもうかがえる。東条は「天皇親政」の戦争指導体制のために、一九四一年七月に大本営と連絡会議の宮中設置を行った。前者は両統帥部長が宮中で執務をとること、後者は主要閣僚が毎日宮中大本営に参集することなどが主眼であり、実際に両統帥部長は七月一九日から午前中のみ宮中での執務を開始した[79]。東条の狙いは「御前会議ノ現状ハ型式的ニシテ日露戦争当時ノ如クナラザルハ適当ニアラズ。重大事項ニハ真ニ御前会議ニ於テ討議シ速ニ之ヲ実行ニ移ス如クスル必要アリ」というように、御前会議を活発化させ政戦略の一致を期すことにあった[80]。また、東条が陸相就任当初から一貫して志向していた陸海軍協同のための意思統一という意図もあったと考えられる[81]。東条は「天皇親政」を掲げながら、政戦略一致と陸海軍の協同一致を進めるために戦争指導体制の強化を推進し、その一環として天皇の元帥府活用の希望を具現化しようとしたといえる。

二点目に、「軍事最高顧問」として軍事的輔弼責任を明確化しようとしたことが挙げられる。一一月三日、参謀総長と軍令部総長が帝国国策遂行要領中の国防用兵に関する事項について、元帥府と並立する軍事顧問機関である軍事参議院への諮詢を奏請し、翌四日に陸海軍合同軍事参議会が開催された[82]。陸海軍合同の軍事参議会はこれが唯一の事例であり、前例がないと反対する統帥部を東条が抑え込んで開催させたものであった[83]。合同軍事参議会開催は、天皇の「御軫念」を少しでも和らげようとする試みである一方で、軍事参議官の軍事上の責任を明確にさせることによる重臣への対抗措置という一面もあった。一二月一日の御前会議直前に天皇が重臣会議開催を希望した際、東条は、輔弼責任のある政府と両統帥部が御前会議で重要事項を決定していること、責任を有する軍事参議官が軍事参議会で諮詢に奉答していることを理由に、開戦決定に何ら責任を有しない重臣の意見を徴することに反対している[84]。東条に言わせれば、日露開戦時の御前会議を構成した元老とは異なり「今ノ重臣ハ総理大臣ヲ経験セル経歴カアルト言フダケデ質カラ言ヘバ必ズシモ良イワケテハナイ[85]」のであった。つまり、東条は、天皇の御前では正規の輔弼責任者（政府・統帥部）が国策を審議・決定し、軍事上の重要事項について諮問がある場合は、軍事顧問機関である元帥府や軍事参議院を活用することで輔弼責任が果たされるという論理によって、軍事に責任のない重臣による軍事事項を含む国策決定への干渉を排除しようとしていたのである。東条が「臣下元帥」再生産に積極的に動いたのは、「天皇親政」を軸とする陸海軍協同一致の戦争指導体制確立と重臣対策を含意した元帥府活用論を念頭に置いたものだった。

ところで、前述のように天皇は停年制を明確に拒否した。それは「元帥ハ其ノ武勲ニ対シ「東郷ノ如ク」終生奉仕セシメ、殊偶ヲ賜ハリ度キ御内意[86]」によるものだった。一九四三年に東条が停年制を再度上奏した際にも、天皇は「元帥と云ふものは軍の長老であり、自分の軍に関する相談相手故終身官として大事にするものと思ふのに、之を停年制にするのは不可解である」、「軍の元老に対して事務的な処理をすることはよくない。病気だつたりして参内出来ねば侍従武官を差遣の上意見を聞けばよいではないか」と繰り返し述べている[87]。天皇は、政治面で元老や重臣からの意見聴取を重視してきたのと同様に、元帥の軍事的助言を重視していた。それゆえに元帥停年制導入論に強く反対していたのである。

（5）海軍の「臣下元帥」停年制導入論

天皇の反対を受けて、東条は停年制導入案をすぐに撤回した[88]。結局、開戦前の「臣下元帥」再生産は実現せず、開戦後も陸海軍間で継続審議となった。しかし、海軍は停年制導入を諦めたわけではなかった。このことは、一九四二年一月に海軍内でまとめられた「元帥奏請ニ関スル意見」からうかがえる[89]。この意見は、従来「臣下元帥」は武功卓抜の者のなかから厳選する方針であったため、山本権兵衛や斎藤実ら「軍ノ政ノ功労者」であっても元帥に奏請せず、「国難戦無クシテ経過スル場合ハ臣下ヨリ元帥ヲ出スコト無キ」慣例だったことを確認する。そのうえで、天皇や鈴木貫太郎の意向を受けて「軍ノ長老トシテ武功卓抜ノ士ガ元帥ニ列セラレ永ク奉仕スルコトハ軍ノ統制上緊要」であること、「軍ノ最高府トシテ大元帥ヲ捕翼〔ママ〕スルコト又緊要」であることを理由に、「和平長キ場合ニ於テモ臣下ヨリモ武功卓抜ノ士ヲ元帥府ニ列セシムルハ適切」であるとして、「臣下元帥」の再生産自体には同意する。ただし、元帥の「終身制」は妥当ではあるものの、健康悪化によりその職務を果たせなくなることは不適当であるとして、七五歳の停年制と辞退制を設け、その後は国務大臣の前官礼遇のような形で処遇すべきとまとめている。海軍は天皇の元帥停年制反対論を承知しながらも、なお停年制導入に積極的だった。

なぜ海軍はこれほどまでに停年制にこだわったのだろうか。その真意は沢本頼雄海軍次官の意見[90]からうかがえる。「臣下元帥」を「此ノ情勢ニテハ必至ト認メラル」としながらも、やはり元帥停年制（七〇歳または七五歳）を主張した沢本は、その理由として、高齢化による軍事参議会議長の辞退といった職務上の困難を挙げている。これはもっともらしい意見ではあるが、別の理由として、「如何ニ卓抜ナル人モ年齢ニハ勝テズ、判断力ヲ衰〔ママ〕ヘ周囲ノ取巻連ニ利用セラル、ニ至ル嫌アリ」と書かれた一文にこそ、海軍の真意があるとみなすべきだろう。つまり、海軍が最も懸念していたのは、高齢化した元帥が「周囲ノ取巻連」に担がれることで、部内統制の攪乱要因になるのではないかという点にあった。特に沢本にはこうした懸念が強かったようで、前年一〇月の東条による「臣下元帥」奏請に関する上奏の話を聞いて、嶋田海相に「東郷元帥モ晩年ハ独自ノ意見ニ非ズシテ取巻連ノ指令ニ随従セラレタルノミ。終身官トスルハ注意ヲ要ス[91]」と意見具申していた。要するに、一九三〇年代の海軍が晩年の東郷に部内統制を乱された過去のトラウマから、元帥停年制を定めることでその暴走を予防しようとしていたのである。

こうした海軍の空気を反映してか、一月二〇日に東条と嶋田の間で「臣下元帥」奏請についての協議が行われた際[92]、蘭印攻略後に陸軍の寺内・杉山、海軍の永野修身の元帥奏請を提案した東条に対して、嶋田は今の時期の奏請は論功行賞とみなされてしまうこと、海軍の適任者が軍令部総長の永野のみで「最モ重視スベキ艦隊ヨリ其ノ人無キガ如キハ海軍大臣トシテイタイ処ナル故現在ニテハ見合悪シ」（傍線原文ママ）という理由で永野の奏請に反対した。戦局の進展にともない「武功者ヲ元帥ニトノ空気」が出てきたら奏請すべきだとして、永野の武勲不足を盾に反対したのである。それどころか、嶋田は停年制の議論を蒸し返して、「停年ニ関シテハ御上ノ御言葉モアルモ、停年ヲ設クル方可ナラン。年ト共ニ御奉公モ意ノ如クナラズ、ソコニ取リ巻キガツクコトモ宜シカラズ。適当ノ時辞退スルヲ要スルガ此レガ本人ノ願出ニヨルカ大臣ガ申シ入ル、コトモ困難故停年ヲ置クヲ可トス」と主張し、東条に「停年問題ハダメダ、キツパリ申シ上ゲタ故動キガ取レヌ」と難色を示されている。海軍が武功や停年制を理由に陸軍の要請に応じようとしなかったため、結局元帥奏請は戦争の進展と両総長の退任時期を見計って行うこととし、議論はいったん沙汰止みとなった。

一九四三年四月、山本五十六連合艦隊司令長官が戦死し、その功績から元帥が追贈されると、陸軍側から再び三大将の元帥奏請が提案された。海軍内ではやはり時期尚早という空気であったが、今回は陸軍単体でも奏請するという東条の強い意向が伝わると、海軍もようやく重い腰を挙げ[93]、五月一八日に嶋田海相と伏見宮が元帥問題について協議した[94]。嶋田は「東郷元帥ノ晩年、同元帥ヲ担ギ其ノ徳ヲ傷ツケハセヌカトノ虞ガアリマシタ事例モアリマスノデ、之ヲ防止スル為停年ヲ設クルコト」も考慮するというように、停年制導入の条件に再び言及した。伏見宮は、「臣下元帥」奏請には賛成だが、「上原ノ如クヨボ〳〵シテ役ニタ、ヌ様ニナツテモ尚元帥ダト善悪ノ問題」であるとして、二通りの考え方を示した。「元帥トシテ御用アリ、重大ナ御相談ノトキ真ニ役ニ立ツ」と考えるなら停年制を設けるのも一案であるという考え方と、「元帥ハ今迄立派ダッタトノ廉ニ依リ元帥トナス。ソレヨリ後ハ体ガ弱リ頭ガ鈍ッテモ問題トセヌ、又止ムヲ得ヌ」として停年制を設けない考え方であった。そのうえで「［元帥が］一人ニカツガル、コトハ他ガ見テヤル海軍ガ注意スルコト、シ、オ上ノ御考ト同一ニテ停年ヲ設ケザルヲ可トス」

と、天皇の意向を尊重し停年制導入を棚上げする考えを示した。伏見宮の鶴の一声によって、海軍はついに停年制導入論を撤回し[95]、陸軍の元帥奏請に賛成した。六月二一日には寺内・杉山・永野の三大将が元帥に奏請され、同日中に元帥府に列せられた。ここに東郷以来の「臣下元帥」が復活したのである。

ここまで、一九四一年前後から四三年にかけての「臣下元帥」再生産過程を追ってきた。それは、天皇の元帥府復活の意向を汲みつつ、陸海軍協同一致による戦争指導体制の確立という観点から「臣下元帥」再生産を目指した陸軍と、それに消極的な海軍との折衝の過程であった。陸軍が「臣下元帥」再生産に積極的だったのは、海軍に対する戦争指導の主導権の掌握を画策する参謀本部と、天皇の輔弼体制強化と重臣対策を狙う東条の考えがかみ合った結果だったといえる。その一方で、海軍は元帥府復活構想に一貫して消極的だった。これは、戦争指導の主導権を狙う陸軍への対抗という側面よりも、海軍内部の権力構造が背景にあったと考えられる。前章で指摘したように、海軍では三〇年代に艦隊派と条約派の対立を経て軍令部の権限強化が進むなど、部内統制が大きく混乱した。艦隊派の後ろ盾だった東郷の死後、艦隊派の没落とともに、海軍の権力構造は軍令部総長の伏見宮を軸とする形に変遷していた[96]。前述のように、主体性が低い閑院宮と異なり、伏見宮は軍令部総長として主体的に戦争指導に関与しようとしていた。そのため、海軍は伏見宮を軍令部総長から更迭させる必要性もあまり感じていなかった。「臣下元帥」再生産に関する伏見宮の一連の発言からもわかるように、伏見宮は軍令部総長退任後も海軍内に大きな影響力を及ぼしていたため、戦争指導や部内統制という視点を踏まえても、海軍にとって「臣下元帥」を再生産する意味は陸軍より薄かった。むしろ、「臣下元帥」の再生産による「東郷の再来」の可能性にリスクを感じたはずである。それゆえに、海軍は天皇の意向を承知しながらも、武勲不足と停年制導入を訴えながら陸軍を牽制していたのである。

三　戦争末期の戦争指導体制と元帥府復活構想の帰結

（1）東条英機の参謀総長兼任と「元帥府強化」策

前述のように、「臣下元帥」が再生産されたが、これで天皇が希望する元帥府が復活したかといえば、必ずしもそうではなかった。なぜなら永野・杉山には統帥部長としての、寺内には南方軍総司令官としての職務があり、元帥府専任は「皇族元帥」の三名のみという構成は実質的に変わっていなかったからである。戦局が悪化すると、統帥部長の杉山と永野への不満が募り、両総長を更迭する建前論として「元帥府強化」の論理が宮中方面から表出しはじめた[97]。

両総長の指導力不足が決定的となったのが、一九四三年中頃から四四年二月にかけて陸海軍間で発生した航空機生産割当問題だった[98]。戦局の悪化と軍事戦略をめぐる陸海軍の「協同不一致」が顕在化してくる状況下で、海軍は航空戦力を最重要視し、陸軍側に航空機の割当を要求していた。問題は簡単には解決せず、ついに天皇が陸海両大臣・両統師部長の四名で協議して解決をするように指示する事態となった。これを受けて東条は蓮沼侍従武官長に「如此問題について一一聖慮を煩はすは誠に申訳なき次第なればる（ママ）のみならず、元帥として両軍の長老が之を纏め得ずとあるにては誠に面白からざるを以て、両総長に於て互譲の精神を以て取纏むるを至当と考え、杉山総長に次官を以て伝えたる結果、総長は永野総長と会見したる模様なるも、其結果は不調に終りたる様子なり[99]」と話している。杉山と永野は元帥である一方で統帥部長の立場でもあったため、容易に歩み寄ることができなかった。東条は、陸海軍の長老たる元帥が陸海軍間の「協同不一致」を調停できずに、天皇の「聖断」によって事態解決が図られるという事実に危機感を抱いていた。元帥に天皇の軍事面の輔弼を求めていた東条からすれば、元帥が機能せず結果的に天皇に「聖断」を要請せざるをえない事態にまで発展したことは、とても看過できるものではなかったはずである。とはいえ、航空機の割当は兵力量の問題であるため、本来的には統帥事項に属し、陸軍省側が容喙できる問題ではなかった[100]。結局、両総長間の協議は難航し、二月九日に天皇が両総長を召し「互譲の精神を以て速かに取纏むる様」[101]に直接指導した。これを受けて翌一〇日に四者会談が開かれ、一応の解決をみたのであった。この一連の過程は、東条に陸海軍協同一致や内閣・統帥部の一元化、そして軍事輔弼機関としての元帥府・元帥の機能強化の必要性をあらためて意識させたはずである。

そこで、東条は二月一八日に木戸に対して、現状打開策として次のような提案を行った[102]。すなわち、統帥一元化、内閣改造、「天皇御親政の実を示す」ために宮中に大本営を設置し、閣議も宮中で開催することの三点である。特に統帥一元化については「陸海軍統制を更に強化一元化」することを目的として、①杉山参謀総長の更迭と東条の総長兼任、②「元帥府の強化活発化、出来得れば常時宮中に在りて陛下を輔佐し奉る」こと、③両総長は宮中内で執務することを挙げている。①は東条の陸相兼参謀総長の提案であり、東条は天皇の賛成の意向を背景に、反対する杉山を押し切り更迭を実現している[103]。しかし、ここでは同時に提起された②の「元帥府の強化活発化」の方に注目したい。東条にとって、②の「元帥府の強化活発化」は単なる参謀総長更迭の建前論にとどまらなかった。杉山の総長更迭を議する三長官会議において、東条は「此非常ノ際ナル故、私ガ兼ネルガ最善ト思フ。此今日迄元帥府ガ機能ヲ発揮シテヰナイ。一週間ニ一度位ハ、元帥、宮中ニ参集サレ、有力ナル献策アリ度[104]」と述べて杉山の説得にかかっていた。海軍でも嶋田海相が永野総長更迭に動いた。嶋田は永野に陸軍と歩調を合わせるべきことに加え、「永野元帥ハ開戦前ヨリ重大時局ヲ担任サレ武勲赫々今ノ中ニ元帥府ニ入リ、杉山元帥ト共ニ元帥府ノ機能ヲ発揮サレ、万一将来至難ノ時局ニ際会スルコトモアラバ収拾ニ当ラルヽヲ海軍ノ為切要ト認ム」と説得を試みた。永野も難色を示したが、伏見宮の意向を受け最終的に承諾し[105]、同二一日に両総長更迭と東条首相兼陸相・嶋田海相による両統帥部長兼任が実現した。東条は、杉山と永野を統帥部長から退任させるだけでなく、「臣下元帥」として元帥府専任に据えることで、軍事的な輔弼体制の強化を模索していた。

杉山と永野の元帥府専任にともない、東条は元帥府の「活発化」策として、二一日のうちに宮中に元帥府用の部屋を設け、週一回のペースで定期的な元帥会合を開催させるようにした。[106] こうした取り計らいにより、元帥府「強化」という側面は形式的には達成されたといえる。大本営の連絡会議と閣議もそれぞれ宮中で開催されるようになり、[107]「天皇親政」の戦争指導体制の強化が図られたのである。なお、東条内閣総辞職後、宮中での閣議は開催されなくなったが、元帥府の定期会合は継続されている。[108]

(2) 陸海軍統合構想における軍事輔弼機関

こうした東条の元帥府活用策には、当時陸海軍間で進展していた陸海軍統合構想も関係していた。開戦前から参謀本部で大本営改革構想が検討されていた形跡があるが、[109] 戦況の悪化にともない一九四三年夏頃から参謀本部・軍令部・陸軍省の中堅幕僚層の間で、陸海軍両統帥部の統合を軸とする研究案が本格的に検討されはじめていた。[110] 陸軍は陸海軍両統帥部が並立する弊害を統合構想で解消しようと考えていたが、軍令部・海軍省の首脳陣は、幕僚長の人選難や統合にともなう陸軍の主導権拡大の恐れから反対した。従来の体制による陸海軍協同一致の作戦遂行はもはや困難であるという考え方が陸海軍中堅幕僚層の間で急速に浸透していた一方、海軍首脳陣は、陸軍への不信感から陸海軍並立にこだわっていた。[111] その後、東条が参謀総長を兼任する前後から具体的な検討案が表出するようになる。四四年二月一八日、真田穣一郎参謀本部第一部長が坪島文雄侍従武官に対して、「国家興廃ノ危局ニ方リ大本営陸海軍部ヲ合一スルコト極メテ緊要ナリ。日露戦前迄ノ如ク陸海軍ノ統帥ヲ一本トスルコトヲ要ス（統帥ノ一元化）」と相談した。[112] 参謀本部では「本案ハ既ニ参謀本部ハ総長迄パスシ、陸軍大臣モ亦同意」の段階まで進んでいたが、「海軍側ハ軍令部ノ部長以下ハ異論ナキモ、総長ハ「仮リニ自分ガ幕僚長トナルモ陸戦ニ関シ決裁ノ自信ナシ、又他ノ陸軍ノ幕僚長ガ海軍作戦ノ決裁ヲナスモ之ヲ信用シ難シ」ト言ヒ同意セズ、海軍大臣ハ一層反対堅固ナリ」と、海軍側の難色甚だしい状況だった。意見を求められた坪島は、「統帥ノ一元化」の必要性に同意し、その早期実現の手順として、①陸軍側の意思を確定すべきこと、そのためには省部や陸軍側の軍事参議会で結束を緊密にすべきこと、②大本営連絡会議において陸海軍で協議し、「意見一致セザレバ両者ノ意見一致セザルコト、即両者ノ意見ヲ具シテ上奏」し、③「陸海軍連合ノ軍事参議院ニ御諮詢」すること、④「尚要スレバ元帥府ニ御諮詢」したうえで、聖断を仰ぐことを提起している。陸海軍の意見対立を天皇が裁断する場合、当然ながらその判断責任が天皇に課せられる。そのため、統帥の一元化に際しては、陸海軍の意見一致が不可欠であるが、二つの意見を天皇が「御聖断」するために、元帥府・軍事参議院への諮詢が提起されていたことが、両者のやり取りからうかがえる。

その後、陸海軍統合の検討が本格化し、三月七日には陸軍から海軍へ大本営幕僚総長制が提案された[113]。この案は、参謀本部と軍令部とは別に大本営幕僚部を設置するもので、トップの幕僚総長が統帥・軍政両面の陸海軍協同に関する事項を奏上し、勅裁後に両統帥部長や陸海軍両大臣に伝達することを想定したものだった。一方の海軍は、陸軍の大本営幕僚総長案には難色を示し、さまざまな案を検討していた。海軍内で「最適」とされたのが、両統帥部長の下に陸海軍第一次長を中心とした大本営総参謀部を設置する案であった。この案は現状の制度運用の改善による一元化を目指すものであり、その改善点は、①「AB〔陸海〕両統帥部ノ見解ハ率直ニ御前ニ於テ交換シ反対意見アル場合ニハ直接御裁断ヲ仰グ。之ガ為元帥、軍事参議官ヲシテ積極的ニ輔弼ニ任ゼシム」、②大本営総参謀部を宮中内に設置し、陸海軍第一次長の下に参謀本部、軍令部それぞれの機関の部署を移すというものだった[114]。本案でも天皇の御前で両統帥部の意見が一致しないような場合には、元帥あるいは軍事参議官に「積極的ニ輔弼」させることが想定されていた。海軍案からうかがえるように、陸海軍統合という最重要課題の解決のために、天皇のもとへの統帥部一元化が図られるとともに、その輔弼責任を担保させる存在として、元帥府と軍事参議院が「再発見」されつつあったのである。

ただし、陸海軍統合に際して元帥府・軍事参議院が有効に機能するかどうか、疑問視する声もあったことは否めない。坪島が軍事参議院・元帥府への諮詢を提起したことは前述の通りであるが、それと同時に自身の日記に「結局、大本営機構ノ改正ナリ。最高幕僚長タル人ナカルベシ。陸海軍ノ合意ナクテハ参議院モ元帥府モ議決セザルベク、此ノ不一致ノ侭御聖断ハ仰ギ難カルベシ」とわざわざ朱書していたように[115]、坪島は陸海軍の意見不一致の状態では元帥府・軍事参議院が「議決」することは厳しいと冷静に分析していた。陸海軍統合問題はトップの幕僚長に誰を据えるかが主眼だったため、この時期の元帥府や軍事参議院に陸海軍の協同一致を有機的に実現させるような機能はないのではないか、というのが坪島の考えだった。このように、元帥府活用の有効性への疑問はありつつも、陸海軍統合の一方策として、天皇の聖断を支えるべき存在としての元帥府活用が陸海軍統帥部で真剣に検討されていたことは特筆に値するだろう。

（3）「元帥重臣化」構想の浮上とその帰結

ところで、この時期の東条の元帥府活用構想は、軍事面だけでなくより広い意味での活用も含意されていたようである。統合構想が取りざたされていた三月上旬頃、真田参謀本部第一部長の日記には東条の言として次のような記述が残されている[116]。

統帥ノ輔翼者ニアル東條モ島田[嶋]大将モ、軍令部総長ノ御意見ヲ、元帥府ニ活動ヲ出来ル様、陛下ノ御相談役デ

ナケレバナラヌ。陛下ノ御膝下ニハ、統帥モ国務モ、御諮詢役ノ元帥府ガ側近ニ形造ラル、形ニ置カル、ガ可ナラズヤト考フ

メモ書きのためやや意味がとりづらい箇所もあるが、つまり、元帥府は天皇の「御相談役」でなければならず、統帥面はもちろん、国務面に関しても、元帥府が「側近」として天皇を補佐すべきだと東条は考えていたのである。

東条の発言の裏には、前述の陸海軍統合の輔弼責任の担保という側面のほかに、重臣対策という政治的思惑も含意されていた。東条が天皇の周辺から重臣をなるべく排除しようとしていたことは前述の通りであるが、この頃には重臣や皇族を含む宮中や政界の間で、嶋田海相更迭を主目的とした反東条内閣運動が活発化し、東条も重臣や皇族の動きを強く警戒するようになっていた[117]。こうした状況で、松村義一貴族院議員が東条に参謀総長兼任の措置について「重大なること故重臣に相談されたか」と尋ねたところ、東条が「元帥に相談した」と回答していた点は注目される[118]。参謀総長兼任という重要事項について、元帥の承認を得たことを盾に重臣への協議を拒否していたのである。東条はこうした論理を繰り返し用いることで[119]、重臣や皇族による反対運動を牽制するとともに、現役軍人の長老である元帥こそが、統帥面における陸海軍一元化と国務面における政戦略一体化を補佐しうる存在だと考えていた。いわば、「統帥」と「国務」の両面を輔弼しうる「元帥重臣化」構想も視野に入れていたといえる。

東条が「元帥重臣化」を考慮していたのとほぼ同時期、奇しくも天皇も元帥府に同じような期待を抱いていた。一九四四年以降、米軍のサイパン島上陸など戦局が悪化の一途をたどるなかで、六月二二日、天皇は木戸内大臣に「戦局の愈々決戦段階に入りたるにつき、今後政府の決定する方針につき、場合によりては重臣に諮問したしとの思召」を伝えた。重大戦局を迎えるにあたり、開戦直前に重臣から意見を聴取したときと同様に、重臣への「諮

問」を希望した。重臣からの意見聴取の希望は開戦直前の四一年一一月以来であった。これに対して木戸は「元帥を加ふるの可否等研究を御約」している。[120] つまり、木戸は意見聴取対象者に元帥を加える、いわば「元帥重臣化」の検討を天皇に言上したのである。元帥の「重臣」化をどちらが言い出したのかは判然としないが、元来徹底した情報管理を行っていた木戸が重臣による情報漏洩を嫌って天皇と重臣の過度な接触を阻んでいたことや、[121] 重臣の法制化などに消極的だったという指摘[122]を踏まえると、元帥の話を持ち出したのは天皇の可能性が高いだろう。いずれにせよ、天皇と木戸との間で話し合われた「元帥重臣化」構想は、軍事面だけでなく、国務面でも元帥の輔弼を求めていたという点で、東条の考えと一致していた。

こうした状況で天皇はサイパン島放棄に関する作戦指導について、元帥府に諮詢したのであった。サイパン島への米軍上陸段階からサイパン島確保を統帥部に強く求めていた天皇[123]は、サイパン島放棄の作戦方針に対して一貫して反対の立場であった。しかし、マリアナ沖海戦の敗北によって、サイパン島をめぐる戦況は絶望的となった。それでも天皇はサイパン島奪回を嶋田軍令部総長に命じたものの、軍令部はサイパン島への再上陸は困難と判断して、奪回作戦放棄方針を決定し、六月二四日に上奏したのであった。天皇はサイパン島放棄の作戦計画をすぐに裁可せずに、元帥府へ諮詢した。その際、天皇側は「元帥会議ヲ free talking ノ型式ニ導ク様ノ希望」を軍側に申し入れ、[124] 従来の形式にとらわれない形での元帥会議が準備された。

翌二五日午前、宮中において天皇が親臨し、自らが議長を務める形で元帥会議が開催された。元帥会議に参集した伏見宮博恭王・梨本宮守正王・永野修身・杉山元各元帥はそれぞれ統帥部の決定を支持した。だが、天皇はそれでも諦めきれないかのように、「外ニ発言アルカ」とさらなる意見を催促した。最終的に、杉山が重ねて統帥部支持を繰り返すに至り、天皇は「元帥府トシテノ意見ヲ纏メテ呉レ」と言い残し退席した。その後、伏見宮が元帥府を代表して、あらためて作戦指導を支持する旨を奉答した。天皇はただちに両統帥部長を召して「昨日ノ上奏ノコトハ差支ナシ。実行ニ方リテ迅速ニヤル様ニ」と述べ裁可したのである。[125]

翌二六日、サイパン島奪回派である直宮の高松宮宣仁親王は昭和天皇に対して、元帥会議は「何ントオ答ヘシテモ形式的ナモノデアル、準備期間モナイ、而モソレハ統帥系統ノモノデ、戦争指導上モット深ク考ヘヲメグラス上デ決定[126]」すべきと手紙という形で主張したが、天皇は「元帥会議上奏御決定ノコトナレバヒックリ返ヘスコトナシ」と応じた。高松宮は「ヒックリカヘスニアラズ、「サ」確保ト云ヒ実行セザル虚[ママ]ニ問題アリ」となおも食い下がったが、「ヒツコイ」という天皇の一言で趨勢は決した。[127] サイパン島陥落を機に政界や陸海軍内の反東条勢力による倒閣運動が活発化し、七月一八日、東条内閣は総辞職に追い込まれた。それ以降、元帥府について天皇・陸海軍の双方から具体的な動きはなく、ついに「元帥重臣化」構想は消滅したのである。

以上のように、天皇の期待に反して、元帥府は有効に機能しなかった。ただし、天皇の軍事的意思決定の輔弼という側面では意義があったように思われる。天皇と木戸との間で「元帥重臣化」構想が話し合われたその日に、天皇は高松宮とも会談していた。高松宮がサイパン島喪失を憂慮する意見を述べるとともに、「皇族ヲ何ニア[ママ]御相談相手ニナサル御思召ナキヤ」と尋ねると、天皇は「政治ニハ責任アツタカラ出来ヌ」と答え、高松宮が「統率ノ方モ責任アルベシ、結局御たよりになる者なしトノコトデセウカ」と切り返すと、「ソレハ語弊アリ」と天皇は応じている。[128] 天皇が皇族を責任ある「相談相手」とみなさないことへの高松宮の不満がうかがえる。[129]

こうした天皇の行動原理は、直接の輔弼責任のある者の意見を重視し、逆に皇族であっても輔弼責任のない外野の意見を遠ざけるという性格に起因している。[130] 戦争状況の悪化にともない、一九四三年頃から各皇族が天皇にさまざまな進言を行っていたが、天皇は直接の輔弼責任がない者の意見は正面から取り合おうとしなかった。[131] これは、当時は軍令部参謀にすぎなかった直宮の高松宮に対しても同様だった。ただし、皇族の軍事的意見がすべて遮断されたわけではない。例えば、七月一七日に東久邇宮稔彦王と朝香宮鳩彦王が軍事参議官の資格で拝謁し、陸海軍統帥一元化の方策として、東条の統帥部長兼任の解消や大本営に海軍出身幕僚長を置くことなどを提案したときには、天皇も両宮の提案を「理想案」とし、幕僚長の人選難のため実施できないが研究すると約束している[132]。こうしたやり取りからは、元帥や軍事参議官のような輔弼責任の職責を有する皇族の場合は、天皇も意見に耳を傾ける意思があったことを物語っている。サイパン島放棄をめぐる元帥会議において有効な献策が出されなかったことは、確かに天皇の期待に背くものだった一方で、元帥会議の奉答は高松宮のような直接的な輔弼責任のない皇族の意見を退ける正当性を天皇に与えるものだったといえる。その意味において、元帥会議の開催は、天皇や東条が志向していた天皇の軍事的責任を担保する役割を確かに果たしたのである。

（4）東京裁判と軍事輔弼機関

元帥府復活による戦時期の軍事輔弼体制は、戦争指導体制の強化という面では失敗に終わった。だが一方で、昭和天皇の軍事的な意思決定の輔弼主体としての役割、つまり天皇の軍事的責任の分散化という意味では、外形的ではあるがその役割を発揮していた。「はじめに」で言及した、東京裁判における検察側の元帥府・軍事参議院への関心はその一例である。

東京裁判におけるノーラン検察官による元帥府・軍事参議院に関する陳述は「はじめに」で述べたが、別の検察官もまた両機関に注目し、その機能の違いを追及しようとしていた。例えば、ソリス・ホーウィッツ検察官は、元帥府について「理論的には此の団体は陸海軍事項に関する天皇の最高諮問機関であると思惟されて居るが併し実際は殆ど或は全然権限の無い純粋の名誉団体に過ぎない」と低く評価していたのに対して、軍事参議院は「其の機能は一般に総ての陸海軍の政策に助言し総ての行政及び戦術上の機関を統合するにある。用兵及び作戦に付ては関与しない」と軍政上の影響力を強調していた[133]。また、公判前に行われた木戸幸一への尋問[134]では、検察側のベンジャミン・サケットから「軍事参議院と大本営は、その職責上どんな関係がありましたか」、「この二つの役割の違いは何ですか。その役割が違っていないなら、陸海軍軍人から構成される大本営と陸海軍軍人から構成される軍事参議院が両方置かれているのはなぜですか」といった質問がなされ、木戸は軍事問題について統帥部に助言する諮問機関である旨を回答していた。軍事参議院が陸軍大臣や参謀総長など省部の要職者を含む軍事参議官から構成されているため、検察側からみれば軍事参議院の存在は大本営や統帥部と区別しがたかったと思われる。A級戦犯として逮捕された荒木貞夫・真崎甚三郎・土肥原賢二らが専任の軍事参議官経験者だったこともその要因であろう[135]。

こうした尋問で注目すべきは、東条英機が元帥府の機能性の低さを指摘し、天皇の輔弼主体としての統帥部の責任を強調していた点である[136]。東条は、元帥府・軍事参議院について質問された際に、戦争指導をめぐる統帥部と政府の関係を説明しはじめ、さらに内大臣や宮内大臣、侍従長、侍従武官長など天皇を周辺で支える職務にも言及するとともに、これらの職務には統帥部と連絡し統帥事項に介入する権限がなかったことを指摘した。そのうえで元帥府について「天皇は直接元帥府と相談なされました。併し此の機関は大して活動的ではなかつた、といふのは大部分の構成員が高齢であつたからです。それ故実際上天皇は困難なる立場にありました」、「天皇は統帥事項につき天皇をお助けする人を一人も持つて居られませんでした。首相及び諸閣僚が政務に関し奏上した時天皇は内大臣の意見を求めることは出来ました。参謀総長が統帥問題に関し奏上した場合天皇は元帥府の外には相談すべき機関は何も持つて居られなかつたのです」と述べていた。

東条の回答からは、元帥府は天皇の軍事上の相談相手であったが、有効に機能することはなかったという彼の論理が垣間見える。また、別の尋問で軍事参議院と大本営の違いを問われた際に、東条は「両者ハ全然違ツテヰマシタ。大本営ハ機密保持ヲ要スル作戦用兵ニ関係ガアリ、従ツテコレラノ事柄ニ関シテハ軍事参議院ニ諮リマセンデシタ。軍事参議院ハ研究、検閲、軍事教育、軍事訓練ノ如キ多クノ事項、並ニ一般ニ軍事的事項ニ関スル意見ノ開陳ニ関係ガアリマシタ」と述べていた。[137] 前述のように、東条は日米開戦前に明確な意図をもって公式軍事参議会を開催させたが、尋問では軍事参議院の一般的な役割を述べるにとどまっている。

東条が戦時中に天皇の意向に沿って復活させた元帥府や軍事参議院について、東京裁判の尋問過程でその実際上の機能を否定してみせたことは、天皇の軍事的な免責を主張する一つの論理だったのではないだろうか。東京裁判において、検察側が統帥部・大本営と並び立つ存在としての元帥府・軍事参議院に注目し、その権能を東条が否定してみせるという構図自体が、元帥府や軍事参議院が軍事的な輔弼主体として認識されていたことを浮き彫りにするものだったといえる。つまり、昭和天皇や東条らが戦時中に構想した元帥府・軍事参議院の現実的な役割は、あくまでも戦争指導体制と軍事輔弼体制の強化という対内的な調整弁的機能であった一方、軍事輔弼体制の再構築が試みられたことは、図らずも戦後の戦犯裁判における天皇の軍事的責任の所在を対外的に説得しうる論理も内包していたのである。

おわりに

本章では、日中戦争以降の戦争指導体制の構築過程について、元帥府復活構想による軍事輔弼体制の強化という視点から検討してきた。

日中戦争が始まると、主体性がなく部内の情報に精通していない閑院宮のような皇族総長の存在が戦争指導の阻害要因と認識されるようになった。そのため、天皇は陸海軍への下問を通して情報収集に乗り出し、さらに三国同盟締結という重大局面に直面すると、ついに皇族総長更迭とともに元帥府復活を要望した。構成員不在の元帥府を復活させることによって、自らの輔弼体制の強化を希望したのである。

天皇の意向に敏感に反応したのが陸軍だった。一九二〇年代に「臣下元帥」を排除した陸軍では、三〇年代の部内統制の混乱期に一時「臣下元帥」の存在意義が再発見されたこともあった。しかし、省部主体の統制を重視する統制派が部内を掌握して以降、「臣下元帥」の奏請が具現化することはなかった。しかし、戦時期に突入すると、陸軍にとって「臣下元帥」の再生産と元帥府の復活が重要な意味をもって構想されはじめた。すなわち、陸海軍共通の軍事顧問機関かつ自発的な意見上奏が可能な元帥府に、政戦略一致・陸海軍協同一致による戦争指導体制を目指す陸軍にとって、「天皇親政」による戦争指導体制の強化と、海軍の牽制の可能性を秘めた、魅力的な存在であった。日米開戦前の参謀本部が元帥府を利用することで、海軍を開戦決意に持ち込もうと画策していたことは、その証左であろう。

東条内閣が成立すると、「臣下元帥」再生産の動きが本格化する。東条の「臣下元帥」再生産の狙いは、「天皇親政」による戦争指導体制を構築するために、天皇の希望する元帥府や軍事参議院を活用して天皇の軍事的意思決定を輔弼することによる、天皇の不安の払拭と、軍事上の責任を持たない重臣の意思決定過程からの排除という政治的意図を含意した、軍事輔弼体制の強化にあった。ただし、東郷平八郎死後の海軍は、最晩年の東郷に対するトラウマが根強く、停年制導入論に固執するなど、天皇の意向を無視してでも「臣下元帥」の制度化を志向し、早期の再生産を目指す陸軍にとっての障壁となった。

戦局が悪化の一途をたどると、東条や陸軍は陸海軍統合による統帥一元化を模索しはじめる。「天皇親政」による陸海軍統合に基づく戦争指導体制を構築するためには、大本営の一元化などの機構改革だけでなく、その構築によって生じかねない天皇の軍事的判断の責任を代わりに負う輔弼機関が必要となる。そこで再浮上したのが元帥府活用論であった。参謀総長兼任という荒技を繰り出した東条は、統帥面と国務面双方の輔弼機関として元帥府を活用するという「元帥重臣化」構想をも想定していた。これは反東条運動を展開する重臣への対抗措置という側面もあった。内閣や軍の側から統制できない非制度的な重臣や皇族に対抗するためには、同じように職務規定が曖昧な元帥個人の集合体である元帥府を持ち出すことが有効策だった。陸海軍統帥部でも戦争指導体制の一元化の進展と比例して、輔弼機関として元帥府に求められる役割が相対的に上昇していた。天皇もまた東条と同様に元帥による輔弼に期待し、サイパン島放棄に関する諮詢を行ったのであった。

一九四五年二月二六日、東条は重臣の一員として天皇に拝謁した際、今後の戦争指導体制のあり方について次のように述べている。

> 第一に肝要なことは政戦両略ともに陛下御親政、御親裁の下にあることを明瞭に顕現することなり。東条在職中にも申せしが如く、このことは形の上に直ちにわかるようにするを要す。即ち大本営を真に陛下の御膝元にあることをはっきりさせることなり。大本営陸軍部、大本営海軍部と分在しあることは国民の異様に感ずるところなり。次に閣議も総理大臣の住宅である官邸で行うことをやめ、宮中において催すべきものと思う。在職当時、これを実行せしも今は旧に返りたり。次に枢密院、元帥府が眠っていてはならぬ。陸海軍もまた渾然一体なるべし。(138)

東条の「天皇親政」による戦争指導体制構想は、権力の座を退いてなお健在であった。陸海軍統帥一元化・政戦略一致を目指して省部の機構改革を推進すると同時に、軍事的責任を持たない重臣を「排除」するために元帥府・軍事参議院を天皇の政治的・軍事的判断の責任を担保する輔弼機関として活用すること、いわば省部一元化と対になる形での軍事輔弼体制の強化こそが、東条の目指した戦争指導体制構想だったのである。

明治期の元帥とは異なり、杉山や永野のようなセクショナリズムに依拠する陸海軍官僚制のなかでキャリアを重ねた「臣下元帥」から構成される戦時期の元帥府は、確かに有効に機能することはなく、その限界が浮き彫りとなった。しかし、昭和天皇が戦時期全体を通して元帥府復活を希望し、実際に元帥会議開催も行っていたことからわかるように、天皇は元帥府のような輔弼機関を求めていた。つまり、軍事的意思決定をする際には多角的な情報・助言ルートが必要不可欠であるため、昭和天皇は統帥部など既存の輔弼機関への指導だけでなく、要所では軍当局以外の輔弼主体に対して積極的に輔弼を求めることで、より重層的な戦争指導を行おうとしていたのである。職務規定が曖昧ながらも明治期より天皇の下問に応じてきた元帥府は、正規の輔弼体系を重視する天皇にとって、軍当局や職権を超えて進言する皇族とは異なり、積極的な助言・情報を求めうる輔弼機関として適合的な存在だった。参謀本部や軍令部が明記されておらず、軍事的な輔弼責任が明確ではない明治憲法体制において、天皇の軍事的意思決定を支えるべき軍事輔弼機関が、軍当局の外側に求められていたといえる。従来いわれている昭和天皇の「積極的」な戦争指導を、明治憲法体制の国家構造に位置づけなおすと、積極的に輔弼を求めることで分権構造の統合を試みつつ、より慎重な戦争指導を行う昭和天皇像も提示しうるだろう。

東条たちが復活させた元帥府や軍事参議院は、戦時中には有効に機能しなかった一方、奇しくも敗戦後の東京裁判において、天皇の戦争責任を回避するための外形的な論理として顕在化した。元帥府・軍事参議院の活用を誰よりも推進してきた東条その人が、東京裁判において両機関の機能を否定することで、両機関は天皇免責に関する間接的な機能を果たしたのであった。

以上のように、元帥府・元帥を中心とする軍事輔弼体制を解体し、天皇の軍事指導から自律性を獲得してきた陸海軍は、戦時の特殊状況において、「天皇親政」の戦争指導体制を実現するべく、昭和天皇の希望を容認し「臣下元帥」の再生産によって元帥府を復活させた。このことは、軍事輔弼体制の再構築による天皇の軍事指導への揺り戻しが起きたことを意味していた。昭和天皇の戦争指導は、陸海軍省部による天皇の軍事指導からの自律化が弱まる局面において活性化したものだったといえる。

終章　近代日本の天皇と「軍部」

一九四五年八月一四日午前一〇時二〇分、昭和天皇は永野修身・杉山元・畑俊六を召集した。三名の「臣下元帥」に終戦の意向を伝え、彼らの所見を聴取しようとしたのである。永野・杉山は徹底抗戦を唱え、他方畑はポツダム宣言受諾もやむなしと、それぞれ意見を奉答した。「臣下元帥」の意見をひとしきり聞いた天皇は、終戦決定の意向をあらためて示し、今後の事態収拾に尽力するように命じた(1)。そして、その後すぐに御前会議に臨御し、鈴木貫太郎首相以下列席者の前でついに終戦の「聖断」を下したのであった。「聖断」の直前に「臣下元帥」に対して自らの決心を披瀝したことは、これが昭和天皇にとって単なる形式的な儀式ではなく、御前会議の前に済ますべき統帥面における御前会議のような認識だったことを示唆しよう。

さて、ここまで近代日本における天皇と陸海軍による軍統制・戦争指導について、元帥府を中心とする軍事輔弼体制という視角から通史的に分析を行ってきた。この分析は、元帥府・元帥という軍事輔弼体制を通して、それまで体系的に検討されてこなかった天皇制と軍の関係性を陸海軍官僚制のなかに落とし込む試みでもあった。本論の詳細な要約は各章末に譲るが、以下ではあらためて本論の大まかな成果を整理しつつ、その意義を考察したい。

一　天皇の軍事輔弼体制——明治天皇・大正天皇の軍事指導と陸海軍

第Ⅰ部では、明治・大正期における天皇による軍事指導という側面を重視し分析してきた。第Ⅰ部の成果を時期で区分すれば、明治天皇が元帥府を軸とする軍事輔弼体制の慣例を創出し、立憲制の範囲内で軍事指導を行った始動期と、その軍事輔弼体制の慣例を継承した大正天皇下の軍事指導という安定期に分けることができる。

(1)明治天皇による軍事指導と軍事輔弼体制の創出

明治期の内閣制度創設以降、陸軍は軍政（陸軍省）・軍令（参謀本部）機関による帷幄上奏を慣例化させ、内閣の干渉を受けずに天皇に軍事事項を直に上奏しうるプロセスを形成していった。陸軍において軍の専門化と官僚化にともなう内閣からの自律化が進行する一方、明治天皇は軍の統制を行うための手段を構築しようとしていた。すなわち、明治天皇は、軍政・軍令機関による帷幄上奏だけに依拠して意思決定を行うのではなく、軍事参議官への諮詢や監軍部による特命検閲の利用、あるいは山県有朋や大山巌、有栖川宮熾仁親王などとの個人的・血縁的信頼関係に基づく紐帯に依拠しながら助言や情報を得ることで、軍事事項の裁可を行っていた。省部以外の輔弼を活用しながら軍事的意思決定を行うことで、明治天皇は安定した軍事指導を行おうとしたといえる。こうした明治天皇のスタイルは、平時の軍の統制だけでなく、戦時の戦争指導にも有効に作用した。日清戦争では、大本営において軍統帥部や伊藤博文・山県らの国家指導者だけでなく、有栖川宮や小松宮といった皇族とも緊密に連携をとることで、明治天皇は自身初の本格的な戦争指導を乗り切った。このように、明治天皇は明治憲法体制確立以前からの、個人的・血縁的信頼関係に基づく人的結合を用いる慣例に依拠することで、平時の軍の統制や日清戦争の戦争指導を行っていたのである。

しかし、日清戦後、軍の専門化・官僚化がよりいっそう進展すると、明治天皇が依拠してきた人的結合による軍事輔弼体制は転換点を迎える。軍制改革による監軍部廃止と特命検閲使の不在化という制度的課題や、陸軍の専門官僚制形成にともなう世代交代の必要性と山県ら建軍の功労者の処遇という人事的課題が発生したのである。従前の人的結合による軍事輔弼体制を維持し、かつ既存の官制に影響を与えないために、元帥府条例という法的根拠はあるものの、その職責や運用面の規則は設けられないなど、制度的には極めて曖昧な形で元帥府が設置された。

陸海軍当局からすれば、元帥府は「軍事上に於ける最高顧問」と銘打ってはいたが、前述の理由から弥縫的な制度設計で設置したにすぎない機関であった。しかし、その元帥府に価値を見出したのが明治天皇であった。明治天皇は具体的な職掌を持たない元帥府とその構成員の元帥個人に対して、当局からの上奏内容を積極的に下問した。ときには省部の上奏ではなく元帥府の合議による奉答を採用することで、明治天皇は陸海軍省部との権力均衡に配慮しながら軍の統制を行っていたのである。法的根拠はありつつも具体的な職掌を有しない曖昧な制度であった元帥府の弾力性が、天皇と陸海軍省部の権力均衡の維持に役割を果たしたといえる。また、自発的な単独意見上奏が可能な能動性を具備した元帥個人の集合体である元帥府は、国務面における元老や重臣、あるいは内閣における国務大臣が天皇に対して個別に責任を負う単独輔弼制を形態面で模した存在として捉えることができる。

このように、明治天皇の軍事指導の特徴は、軍政・軍令機関の意見だけで軍事指導を行うのではなく、必要に応じて第三者の立場にある機関や個別の人物から情報や助言を入手して、それを軍当局の意見とうまく調整しつつ、判断を下す点にあった。軍当局の帷幄上奏だけに依拠しない点において、バランス感覚に優れた軍事指導を行っていたと評価できるだろう。

（2）軍事指導者としての大正天皇

明治天皇の死後、軍事輔弼体制の慣例は大正天皇にも継受された。軍事的経験が乏しいまま即位した大正天皇は、第一次世界大戦への日本の参戦という軍事的課題に直面した。大正天皇は、武力行使・軍事動員や外交問題にも関連する繊細な事項など、さまざまな軍事事項について単に統帥部からの上奏をそのまま裁可するのではなく、陸軍では山県・大山、海軍では井上良馨・東郷平八郎に下問し、彼らの助言を得ながら慎重に裁可を行っていた。大正天皇という個性と明治期以来の多角的な軍事輔弼体制の慣例が親和的に作用することで、大正天皇は軍事的な経験不足を補いつつ、安定的な軍事指導を実現できていたといえる。

大正天皇の軍事指導者像は、明治天皇や昭和天皇と比べてどうしても埋没化しやすく、あまり注目されてこなかった。しかし、少なくとも軍事面においては、明治天皇や筆頭元帥の山県らが形成してきた慣例に基づく軍事輔弼体制に対して、大正天皇が積極的に輔弼を求めることで、その軍事指導は円滑に遂行されていた。以上のように、明治期に創出された、元帥府を中心とする軍事輔弼体制による天皇の軍事指導は、大正期に最も安定的に機能していたと指摘することができる。

（3）明治・大正期における天皇の軍事指導と軍事輔弼体制

以上のように、明治天皇と大正天皇は、軍事輔弼体制の慣例を活用しながら軍事指導を行っていた。それでは、明治天皇が創出した軍事輔弼体制は、明治憲法体制という枠組みにどのように位置づけられるだろうか。ここでは、近代国家形成において重要な論点となってきた天皇・宮中の「制度化」論を相対化する視座を提示したい。序章でも述べたように、坂本一登氏が指摘するような天皇・宮中の「制度化」は、確かに政治面では明治天皇や宮中勢力の能動性を立憲君主制の枠組みに当てはめ、明治立憲制を成立させた点において重要である。ただし、軍事領域においては軍事輔弼体制の慣例が創出され大正期まで持続したという本書の分析を踏まえると、「天皇の制度化」ないし「大元帥の制度化」は十分ではなかったことが指摘できると考える。

先行研究では、明治天皇は、陸軍紛議を経て人事権の直接的な行使などによる軍統制を放棄し、立憲君主としての役割を受容していったとされる。しかしその一方で、明治天皇は、完全に陸海軍省部の意向を受容したわけではなく、人的結合による軍事輔弼体制の慣例を創出し、軍事的意思決定を行いながら間接的に軍統制を行う手段をとった。元帥府設置後も明治天皇は、元帥府の奉答を採用し軍当局のすべての上奏を嘉納しないことで、ときには陸海軍省部のコントロールを行っていた。このように、明治天皇は明治憲法体制における立憲君主という自らに課せられた役割を受容しつつも、同時に元帥府・元帥を媒介として間接的な軍統制を行うことで、立憲君主の矩を超えない範囲内でフレキシブルな軍事指導を行っていたといえる。

このように、天皇が意思決定する際に、軍事輔弼体制の慣例を活用し陸海軍省部以外の助言・情報経路を保持することで、天皇の裁可には客観性や正統性が付与されるとともに、省部からみれば自らの上奏が必ずしも裁可されるわけではないという状況が創出されていた。明治立憲制においては、統帥権が内閣や議会から独立し、政治からの容喙が不可能だっただけでなく、軍事領域の内部においても、天皇と陸海軍省部との関係性は十分に制度化されていなかった。むしろ両者の関係は、不確実な要素をともなった天皇の軍事指導によって規定される可変的なものだった。このことが明治天皇と大正天皇による軍統制の安定要因となったのである。以上のように、軍事領域における「天皇の制度化」が十分でなく、慣例的で不確実な要素を帯びた元帥府・元帥個人の存在を媒介した天皇の軍事指導が実現していた点は、天皇・宮中権力の「制度化」論を明治立憲制の弾力性という視点から捉えなおすための一つの視角になりえよう。

それと同時に、軍事輔弼体制の中心だった元帥府が、天皇の軍事的意思決定に安定性を付与していただけでなく、明治・大正期における軍統制の安定要素になっていたことも指摘しておきたい。序章でも述べたように、明治期における軍統制の安定要素として、山県をはじめとする藩閥出身の有力者、元勲が建軍期から軍を掌握していたことが挙げられる。確かに長州閥のような藩閥統合型の政軍関係が機能していたことは重要な要因であるが、一方で本書の視点からいえば、軍事輔弼体制における元帥府・元帥の存在も重要な要素だったと考えられる。三谷太一郎氏が指摘するように、明治・大正期の日本では、政治的近代化と軍事的近代化が同時並行的に進展したが、その政軍両面の統合主体となったのが藩閥だった。近代日本の軍事は、統帥権の独立という形で制度的には政治と分離する一方で、伊藤や山県のような藩閥指導者がシビリアンとミリタリーを兼ねることで、陸海軍に対するシビリアン・コントロールが行われ、それが大正期まで持続した(2)。その一方、本書の分析を踏まえると、藩閥指導者による政軍統合型の軍統制が機能した背景として、軍事輔弼体制のような天皇中心の前近代的かつ緩やかな人的秩序が浮かび上がる。つまり、山県のような藩閥指導者は、明治の元勲や藩閥指導者という属性だけではなく、軍事輔弼体制の枠組みから派生した元帥という属性によるミリタリー的正統性を得たことで、実体的な軍のコントロールを行うことができたのである。このように、政軍一体の近代化が進行する過渡期においては、天皇を核とする前近代的な人的結合秩序に由来する軍事輔弼体制が、政軍統合主体として軍の統制というガバナンス的側面を規定していたといえる。以上の点を踏まえると、明治・大正期の陸海軍では、単に藩閥結合型の部内統制が成り立っていただけではなく、軍事輔弼体制の慣例を媒介とした天皇・元帥結合型の部内統制システムが、天皇―軍関係も安定させつつ作用していたと評価できるだろう。

二　陸海軍の軍事輔弼体制——陸海軍の自律化と昭和天皇の軍事指導

第Ⅱ部では、天皇の軍事指導から視点を回転させ、陸海軍省部がどのように部内統制を試みたのかについて、陸海軍おのおのが元帥府・元帥を排除することで、天皇の軍事指導から自律化し、省部独自の統制力を強化していこうとする過程から検討した。この過程を時期区分すれば、①一九二〇年代陸軍における天皇・元帥からの自律化という転換期、②三〇年代の陸海軍による元帥府・元帥の利用による統制力強化と、海軍における天皇・元帥からの自律化という展開期、③戦時期の、元帥府の活用による戦争指導体制の構築という結末期に分けることができる。

(1)天皇の軍事指導からの自律化と「軍部」の成立

先述のように、明治天皇と大正天皇は、軍事輔弼体制の慣例の枠内で、元帥府・元帥と連携しながら軍の統制や戦争指導を行ってきた。しかし一方で、陸海軍省部、特に陸軍からすれば、元帥府は当局の上奏による裁可が不安定になるという意味で、排斥すべき存在だった。軍当局の要職者を構成員として議事制度などの官僚制的合議制を整備した軍事参議院設置と、元帥府の機能を骨抜きにする元帥府改革とを同時に画策したことは、天皇の軍事指導の制度化構想にほかならなかった。しかし、軍事参議院設置後、明治天皇は、元帥府や軍事参議院という組織体ではなく山県ら元帥個人への下問を活発に行ったように、個人的・血縁的信頼関係の紐帯に基づく人的結合から、それより派生した元帥個人への下問に切り替えることで、軍事事項の裁可と軍の統制を継続した。大正天皇もこうした軍事輔弼体制の慣例を継受し、特に第一次世界大戦時には陸海軍の各元帥への下問によって、戦争指導を乗り切ることができた。大正天皇の戦争指導も元帥府や軍事参議院という組織体を介さずに、元帥個人と直結する人的結合によって行われたものだった。このように、明治～大正前期の陸海軍省部は、軍事参議院設置と元帥府改革による天皇の軍事指導の制度化構想に失敗したのであった。

しかし、天皇・元帥結合型の統制手段だった軍事輔弼体制は、大正天皇自身の政治的退場と筆頭元帥山県有朋の死去により、大きな転換点を迎えた。第3章でも論じたように、明治期以来の陸軍官僚制の定着と、政党内閣時代における陸相の強力なリーダーシップによる部内統制という軍政優位体制を確立しつつあった陸軍当局は、田中義一・宇垣一成両陸相の主導により、元帥個人への下問範囲の縮小や「臣下元帥」生産凍結論などの抑制策を展開し、その結果、元帥府は職務・人事の両面において輔弼体制から排除されていった。これにより、陸軍においては、明治期以来の軍事輔弼体制の慣例が消滅し、軍の長老である元帥という存在に依存しない省部独自の統制力を強化する方向にシフトしたといえる。

ただし、陸海軍が同時に元帥府排除による部内統制システムを志向したわけではないことには留意しなければならない。なぜなら、一九二〇年代の陸海軍はともに軍政優位による統制力強化を志向したが、その方法は陸海軍で全く異なるものだったからである。つまり、陸軍では元帥府・元帥を輔弼構造から排除することで、陸相主導の部内統制の強化を目指したのに対し、海軍では海相が東郷平八郎や井上良馨と協調関係を維持することで軍政による統制システムを維持していた。しかし、陸軍による元帥個人への下問停止や「臣下元帥」生産凍結の動きに対して、陸海軍「協同一致」の論理を共有する海軍も呼応せざるをえなくなり、新たに「臣下元帥」を補充することが困難になってしまった。このことは、海軍内唯一の「臣下元帥」東郷平八郎の高齢化と絶対的な権威化を促進し、ロンドン条約批准問題とその後の条約派・艦隊派の抗争において、東郷を擁立した艦隊派による軍令部権限強化や条約派粛清などの契機となった。

以上のような元帥府排除の流れは、陸海軍を天皇・元帥結合型の部内統制システムから脱皮させ、省部独自の統制力強化を志向する転換点になった。まず陸軍が、元帥府を天皇の輔弼体系から排除し、明治期以来の慣例に基づく軍事輔弼体制を省部に一元化したことによって、陸海軍は、天皇の軍事最高顧問としてあるいは軍の最長老として、省部の制御外にある元帥に依存せずに、省部独自の統制力を強化することになった。より具体的にいえば、陸軍では山県の死後、元帥府を人事的にも職務的にも排除することに成功した一九二〇年代後半、海軍では東郷平八郎の死後、海軍内で「臣下元帥」の存在を否定していった三〇年代なかばに、元帥に依存しない統制システムを形成する画期があったといえるだろう。

同時にこのことは、元帥府中心の軍事輔弼体制の活用によるそれまでの天皇の軍統制から、陸海軍省部が自律性を獲得したことも意味していた。かつて三谷太一郎氏は、張作霖爆殺事件を契機として、陸軍内の革新派（皇道派）が、天皇側近の元老西園寺や牧野宮相など、天皇と軍部の間に介在する「中間者」の存在を排除し、天皇と直結しようとすることで統帥権の解体と再確立を志向しはじめ、それが一九三〇年代前半の陸軍内で浸透していったと指摘した[3]。しかし、本書の見解を踏まえれば、陸軍では革新派勢力の台頭による天皇—軍関係の再編の試みに先立つ二〇年代の政党内閣期に、元帥を排除し陸海軍省部と天皇を接続させようとする画期があったといえる。

また、黒沢文貴氏は、一九二〇年代までの陸海軍が「国家の軍隊」あるいは「国民の軍隊」という側面を意識し、軍部大臣が内閣・政党による統制に服していた一方、三〇年代には陸軍の革新派勢力が統帥権を拠り所とする「天皇の軍隊」（皇軍）という側面を過度に強調し、政治的発言力を強めていった結果、内閣による軍の統制が困難になったと指摘した[4]。確かに陸軍は統帥権を軸とする「天皇の軍隊」を強調することで、内閣・政党による統制を排除し、軍による政治介入の手段としていた。ただし、政府に対して主張された「天皇の軍隊」と、統帥権内部における「天皇の軍隊」の実相は大きく食い違っていた。つまり、軍の政治的台頭の「構造的要因」である統帥権内部においては、「天皇の軍隊」のあり方をめぐる天皇・元帥と陸海軍省部の相克が発生していた。最終的には、元帥府が輔弼体系から除外され、天皇の軍事的助言者が不在となったことによって、陸海軍省部は天皇の軍統制からも自律性を獲得し、政府に対してのみならず天皇に対しても政治的要求を突きつけうる「軍部」として自律化を果たしていったといえる。

このような文脈において、近代日本における「軍部」は、統帥権内部の「天皇の軍隊」という桎梏を超克して初めて成立したといえるだろう。海軍における画期が一九三〇年代なかばだったことを踏まえれば、陸海軍における「天皇の軍隊」の超克による「軍部」の成立は、二〇年代後半から三〇年代なかばまでの時期に該当するだろう。

(2) 陸海軍の統制力強化構想

「軍部」が「天皇の軍隊」を超克しようとした時期においては、陸海軍省部が単に元帥府・元帥を天皇の輔弼体系から排除するだけでなく、元帥府・元帥あるいは軍事参議院を逆に活用して、政府に対する国防用兵事項への介入の主張や省部独自の統制力強化を試みたことも注目される。

国防用兵事項への介入については、すでに日露戦後の時期から、陸海軍は元帥府・軍事参議院という組織体に対する天皇の主体的な諮詢を制御しはじめていた。陸海軍統帥部は、元帥府に国防用兵事項を諮詢・奉答させることで、陸海軍が「協同一致」して国防用兵事項に関与する正当性を政府に主張していた。ロンドン条約批准問題自体は、統帥権をめぐる内閣と軍の関係から生じた問題だったが、こうした政軍関係の問題において、陸海軍省部は元帥府や軍事参議院といった軍事輔弼体制と「協同一致」の論理を援用して、政府に対抗しようとしたのである。ただ、ここでも陸海軍間、また陸軍上層部と中堅幕僚層の間で温度差が生じ、明治期より陸海軍が大前提としてきた「協同一致」の論理自体が破綻する契機にもなったことは、第4章で指摘した通りである。

省部独自の統制力強化という点では、陸海軍の部内統制が混乱していた一九三〇年代に「臣下元帥」再生産運動が起きていた点も見逃せない。第5章で論じた陸軍の武藤信義の元帥奏請の場合、武藤はそれ以前の「臣下元帥」とは異なり、奏請条件だった日清・日露戦争の武勲（少将・参謀長以上）には合致しなかったにもかかわらず、上原勇作の後継者として陸軍皇道派のあと押しで元帥に奏請されたと考えられる。さらに、武藤の元帥奏請に呼応するかのように、海軍でも艦隊派が加藤寛治の元帥奏請運動を展開した。ロンドン条約批准問題に端を発し、海軍は条約派と艦隊派に分裂していたが、艦隊派は東郷平八郎や伏見宮博恭王といった元帥・皇族長老を擁立して、軍令部権限強化を推進した。その艦隊派に高齢の東郷亡きあとを想定し、部内統制を強化するために元帥奏請運動を展開したのである。

このように、陸海軍ともに部内統制が混乱する時期に、陸軍皇道派や海軍艦隊派は、元帥や皇族長老との連携と、軍事参議官との多頭政治的な合議制に依拠して、その勢力を伸長させていた。彼らは自らの力の源泉を自覚するがゆえに、部内統制の強化を目指して「臣下元帥」の再生産を試みた。このことは、それまで元帥府・元帥を排除の対象としてその再生産を回避してきた軍省部が、元帥府・元帥に統制力強化の価値を見出したことを意味していた。つまり、一九三〇年代前半における「臣下元帥」再生産運動は、皇道派や艦隊派のような天皇・皇族の権威を利用して部内統制を強めようとする勢力が、元帥府・元帥の価値を「再発見」したことで発生したものだった。

しかし、陸軍では武藤が元帥奏請後すぐに亡くなり、上原も跡を追うように死去した。同様に、海軍では「加藤寛治元帥」が実現する前に東郷が死去したことで、艦隊派は伏見宮の信任も失い急速に凋落し、伏見宮を軸とする部内統制システムが展開されていった。それと同時に、これ以降の海軍では「臣下元帥」の存在が部内統制の攪乱要因になるとみなされ、「臣下元帥」の再生産に否定的な風潮が醸成された。一九二〇年代に「臣下元帥」の再生産運動を行うなど、三〇年代前半まで元帥府・元帥に依存する部内統制を行っていた海軍は、東郷の死後、元帥に依存しない省部主体の統制システムを確立することができたといえる。

以上のように、陸海軍は元帥を排除するとともに、ときには元帥府・元帥を逆に活用して独自の統制力を強化することに努めた。ただし、元帥が国務上の元老と同様に属人的な存在であった以上、元帥を作為的に創出することには限界があった。そのため、陸海軍ともに思うように新しい「臣下元帥」を奏請することはできず、最終的に「臣下元帥」が途絶する結果となった。こうして元帥の存在を媒介とした陸海軍の統制力強化は道半ばで途絶え、二・二六事件が発生するなど、部内統制の混乱が続くことになる。

また、陸軍では軍事参議官による非公式会議が部内統制手段として活用され、軍事参議官の存在感が高まっていたが、二・二六事件によって軍事参議官が放逐された。その後、皇道派に代わり部内を掌握した統制派は、陸相―陸軍次官ラインによる統制ガバナンスを強化する方向にシフトしていった。これを換言すれば、元帥や皇族長老、軍事参議官との合議という軍事輔弼体制に連なる人的結合による統制を重視する皇道派と、陸軍省・参謀本部といった官僚制に立脚した省部主体の統制を重視する統制派という対立構図において、最終的には統制派が「臣下元帥」や軍事参議官といった軍事輔弼体制の残滓を放逐する過程だったと指摘できる。

（3）元帥府復活による戦争指導体制の構築

しかし、元帥を活用した統制力強化という省部側の構想は、戦時期に元帥府復活構想という形で再浮上する。日中戦争以降、政戦略一致・陸海軍一致の戦争指導体制の構築が政治課題となった。そこで、首相・陸相を務めた東条英機は、昭和天皇の元帥府復活希望を受け入れ、陸軍以上に元帥に依存しない統制システムを確立していた海軍の頑強な反対を抑えて、一九四三年に「臣下元帥」を再生産するに至った。戦況が次第に悪化していくと、元帥府が軍事面だけでなく、国務面でも天皇を輔弼すべきという「元帥重臣化」構想が登場した。東条や昭和天皇は、政局対策を意図しつつも、元帥府が有する弾力性を活用し、陸海軍のセクショナリズムを超越できる天皇の統合力による強力な戦争指導を行おうとしたのである。以上のように、「天皇親政」による戦争指導体制の構築という課題と、それにともない発生する天皇の軍事指導の責任という課題を、陸海軍省部が引き受けるための均衡点として、元帥府・元帥が再注目されたといえるだろう。

しかし、サイパン島をめぐる元帥会議に象徴されるように、戦時期の元帥府は期待されていた輔弼機関・戦争指導機関としての役割をほとんど果たすことができなかった。山県のような建軍期からの功労者や東郷のような日清・日露戦争の卓抜した戦功者と異なり、戦時期の「臣下元帥」は全員が陸海軍官僚制のなかでキャリアを積み、元帥に奏請される直前まで統帥部長を務めた軍人だった。いわば昭和型の「臣下元帥」ともいうべき彼らが元帥府専任になったからといって、山県や東郷のようにセクショナリズムに束縛されない立場から軍事的な助言を行うことはほとんど不可能だった。昭和天皇や東条らが構想した軍事輔弼体制の再確立は、明治・大正期と同様の役割を復古させることを期待したものだったが、実際の元帥府はその期待とは異質なものとならざるをえず、その限界が浮き彫りとなったのである。

それでは、東条や昭和天皇の元帥府復活構想は全く意味のないものだったのか。確かに元帥会議では戦争指導に有効な献策はなかったが、一方で元帥会議の奉答によって、昭和天皇も東条もサイパン島放棄を決行する正当性を得ることができた点は留意したい。昭和天皇は元帥会議の結果を盾に、反対論を唱える高松宮の意見を退けることができたし、東条は逡巡していた昭和天皇にサイパン島放棄を納得させることができたからである。この意味において、元帥府復活による軍事輔弼体制の再構築は、天皇による軍の統制と戦争指導に影響を与えるものだったといえる。また、戦後の東京裁判において検察側と東条・木戸らの間で元帥府や軍事参議院の機能について議論が展開されたことも、戦争指導体制と軍事輔弼体制の関係性を考えるうえで示唆に富む。すなわち、戦争指導体制の構築にともない活性化した多角的な軍事輔弼体制は、一見すれば、天皇の軍事的責任を分散させる性格も具備するため、「天皇親政」による分権構造の統合を目指した戦争指導体制のあり方と矛盾するようにみえる。しかし一方で、「天皇親政」の戦争指導を標榜するがゆえに生じうる天皇の軍事的責任を、元帥府や「臣下元帥」の輔弼が補う構図が作出されたといえる。このように、戦時という特殊な状況下で東条や陸軍は、強力な戦争指導体制を構築しようとする一方で、天皇の軍事的責任を省部側に一元化させる試みとして軍事輔弼体制に再び価値を見出したのである。

（4）昭和天皇の戦争指導の前景化

最後に、軍事輔弼体制の再構築が昭和天皇の軍事指導者像という論点に与える示唆について言及し、本書の締めくくりとしたい。前述のように、戦時期の「臣下元帥」再生産による元帥府復活構想の背景には、昭和天皇の強い希望があった。一九三〇年代までに「軍部」が天皇の軍事指導から自律化したことによって、昭和天皇は省部外の軍事的助言者を喪失した。明治・大正期を通して元帥府・元帥は天皇の軍事指導の代弁者としての性格を帯びていたが、三〇年代に入ると陸海軍省部の代弁者に変容していったといえる。思うように軍の統制ができない昭和天皇の焦慮は第5章でも確認した通りであるが、一方で、軍の統制手段としての元帥を完全に放棄したわけではなかった。戦争指導体制の構築が懸案となるなかで、昭和天皇は、「臣下元帥」再生産を希望し、重大局面における軍事指導を再確立しようとしたのである。そもそも昭和天皇には陸軍の統制を陸相が責任を持って行うべきという意識が弱かったことが指摘されている[5]。こうした昭和天皇の軍政優位体制による統制意識の低さは、明治期以来の軍事輔弼体制の存在と比較することで初めてその意味が明確にできるはずである。昭和天皇の「臣下元帥」再生産の希望は、軍が天皇の統制から自律化していくなかで、自らの軍事的助言者かつ軍統制の要たるべき「臣下元帥」不在への不満を吐露したものと捉えることができるだろう。こうした理解は、軍出身の宮中側近にも共有されていた。

昭和天皇に近侍した鈴木貫太郎や奈良武次ら軍出身の宮中勢力は、一貫して元帥府や「臣下元帥」の必要性を重視する言動を繰り返していた。第6章でも言及したように、鈴木が五・一五事件や自らも襲撃された二・二六事件の要因を「臣下元帥」の不在に求めながら、元老に比する存在として「臣下元帥」を再生産すべきことを説いていた事実は、天皇の軍事的輔弼者としてだけでなく、天皇が軍を統制する手段としても、「臣下元帥」が必要不可欠な存在だと認識されていたことを示唆するものであろう。

こうした昭和天皇や宮中の認識は、戦争指導者としての昭和天皇像にも示唆を与えるものだと考える。序章で述べたように、先行研究では日中戦争以降、昭和天皇は統帥部への下問などを通して、能動的に情報収集や個々の作戦指導を行ったという積極的な軍事指導者像が示されてきた。もちろん、昭和天皇自身が主体的に戦争指導に参画したことは事実である。だが、こうした戦争指導は、明治期以来の慣例に基づく多角的な軍事輔弼体制が解体された結果として、天皇自身による主体的な指導が前景化したものだったといえる。換言すれば、昭和天皇の戦争指導スタイルは単に属人的な性格だけで捉えるよりも、軍事輔弼体制という明治立憲制の国家構造上の問題として捉える必要があるのではないか。このように、天皇の軍事指導から自律化した「軍部」による独自の統制力強化は、逆説的に、昭和天皇による主体的な戦争指導の前景化という副作用を生み出したといえるだろう。

註

序章

（1）梅溪昇『増補　明治前期政治史の研究』（未来社、一九七八年）第二部各章、戸部良一『シリーズ日本の近代　逆説の軍隊』（中央公論新社、二〇一二年、初版は一九九八年）五八―八〇頁、同『自壊の病理――日本陸軍の組織分析』（日本経済新聞出版社、二〇一七年）第七章など参照。

（2）建軍期の政軍関係について、近年の主な先行研究として大島明子氏の一連の仕事がある。以下、本項の叙述は次のような研究に依拠している。大島明子「明治初期太政官制における政軍関係」（『紀尾井史学』一一、一九九一年）、同「廃藩置県後の兵制問題と鎮台兵――外征論との関わりにおいて」（黒沢文貴・斎藤聖二・櫻井良樹編『国際環境のなかの近代日本』芙蓉書房出版、二〇〇一年）、同「御親兵の解隊と征韓論政変」（犬塚孝明『明治国家の政策と思想』吉川弘文館、二〇〇五年）、同「一八七三（明治六）年のシビリアンコントロール――征韓論政変における軍と政治」（『史学雑誌』一一七―七、二〇〇八年）、同「明治維新期の政軍関係――強大な陸軍省と徴兵制軍隊の成立」（小林道彦・黒沢文貴編『日本政治史のなかの陸海軍――軍政優位体制の形成と崩壊　一八六八―一九四五』ミネルヴァ書房、二〇一三年）、同「統帥権の独立と山県有朋――西南戦争中の軍事指揮をめぐる問題」（明治維新史学会編『明治国家形成期の政と官』有志舎、二〇二〇年）。大江洋代氏は大島氏の研究を整理しながら、建軍期の特徴として、軍隊の「非政治性」をめぐる建軍構想や政府（太政官）と陸軍省との間の軍事指揮権をめぐる権限争いを経て、陸軍による軍統制と軍隊指揮権が分離・独立していったことを指摘している（大江洋代「明治六年政変と政軍関係の変容」『歴史評論』八八三、二〇二三年）。

（3）この点は、梅溪昇『増訂　軍人勅諭成立史』（青史出版、二〇〇八年）、加藤陽子『天皇と軍隊の近代史』（勁草書房、二〇一九年）総論など。

（4）坂本一登『伊藤博文と明治国家形成――宮中の制度化と立憲制の導入』（吉川弘文館、一九九一年）参照。

（5）大元帥としての天皇の制度化という視点から陸軍紛議を検討した研究として、前掲坂本『伊藤博文と明治国家形成』補論、木多悠介「明治一〇年代における大元帥の制度化と陸軍紛議」（『日本史研究』七二二号、二〇二二年）がある。陸軍紛議については、陸軍の近代化路線をめぐる対立から論じた大澤博明『近代日本の東アジア政策と軍事――内閣制と軍備路線の確立』（成文堂、二〇〇一年）、伊藤博文の政治指導という視点から検討した塚目孝紀「大宰相主義の政治指導――第一次伊藤博文内閣における陸軍紛議を中心に」（『史学雑誌』一三〇-八、二〇二一年）もある。

（6）永井和『近代日本の軍部と政治』（思文閣出版、一九九三年）第二部第一章・第二章。

（7）軍事的官僚機構の制度的確立という視点から日露戦後に「軍部」が成立したという見解を提示する主な研究としては、井上清『日本帝国主義の形成』（岩波書店、一九六八年）、大江志乃夫『日露戦争の軍事史的研究』（岩波書店、一九七六年）、同『昭和の歴史三　天皇の軍隊』（小学館、一九八八年）、藤原彰『天皇制と軍隊』（青木書店、一九七八年）、同『日本軍事史　上』（日本評論社、一九八七年）、吉田裕「日本の軍隊」（『岩波講座日本通史　第一七巻　近代二』岩波書店、一九九四年）、由井正臣『軍部と民衆統合――日清戦争から満州事変期まで』（岩波書店、二〇〇九年）第一章・第二章などが挙げられる。

（8）前掲吉田「日本の軍隊」一五五頁。

（9）例えば、永井和氏は内閣と軍の関係について、軍人の政界・官界進出という視点から数量的に分析している。そのなかで、歴代内閣において閣僚在任中の身分が現役将官ないし相当官で、かつ陸海軍大臣のみ経験した「軍人閣僚」が、第二次西園寺公望内閣以降に登場することを示し、軍部大臣の軍事専門官僚化の傾向を見通した（前掲永井『近代日本の軍部と政治』第一部第二章、一二六頁）。大江洋代氏は、陸軍の長州などの藩閥人事の実態について、陸軍士官学校を卒業した陸軍歩兵科将校のキャリアを数量的に分析した結果、佐官クラスまでは公平な競争主義による進級システムが確立していた一方、将官に到達すると郷党的な要素による進級や主要ポストへの補職が行われていたという二重構造の存在を指摘した（大江洋代「日清・日露戦争と陸軍官僚制の成立」前掲小林・黒沢『日本政治史のなかの陸海軍』所収、のちに大江洋代『明治期日本の陸軍――官僚制と国民軍の形成』東京大学出版会、二〇一八年、第八章に収録）。

（10）この点は、坂野潤治『明治国家の終焉――一九〇〇年体制の崩壊』（筑摩書房、二〇一〇年、初出は同『大正政変』ミネルヴァ書房、一九九四年）、北岡伸一『日本陸軍と大陸政策』（東京大学出版会、一九七八年）、小林道彦『日本の大陸政策　一八九五―一九一四』（南窓社、一九九六年）など。

（11）前掲北岡『日本陸軍と大陸政策』、同『官僚制としての日本陸軍』（筑摩書房、二〇一二年）第一章、高橋秀直「陸軍軍縮の財政と政治――政党政治確立期の政―軍関係」（『年報・近代日本研究八――官僚制の形式と展開』一九八六年）など参照。

（12）建軍期から日清・日露戦間期までの陸軍官僚制の確立については、明治期の将校の進級システムや職掌範囲の変遷を分析した前掲大江『明治期日本の陸軍』、専門性を有する職業軍人の育成をめぐる陸軍内主流派と反主流派の権力闘争から、山県有朋・大山巌ら薩長閥中心の権力構造が形成されていく過程を明らかにした前掲大澤『近代日本の東アジア政策と軍事』、昭和期の官僚制と陸軍の政治的台頭の関連性に迫った前掲北岡『官僚制としての日本陸軍』などがある。

（13）代表的な研究として、森靖夫『日本陸軍と日中戦争への道――軍事統制システムをめぐる攻防』（ミネルヴァ書房、二〇一〇年）、小林道彦『政党内閣の崩壊と満州事変――一九一八～一九三二』（ミネルヴァ書房、二〇一〇年）などがある。

（14）平松良太「第一次世界大戦と加藤友三郎の海軍改革――一九一五～一九二三（一）～（三）」（『法学論叢』一六七-六、一六八-四・

六、二〇一〇—一一年）、同「ロンドン海軍軍縮問題と日本海軍——一九二三〜一九三六年（一）〜（三）」（『法学論叢』一六九—一・四・六、二〇一一年）、同「海軍省優位体制の崩壊——第一次上海事変と日本海軍」（前掲小林・黒沢『日本政治史のなかの陸海軍』所収）。

(15) 宇垣に注目した近年の研究として、髙杉洋平『宇垣一成と戦間期の日本政治——デモクラシーと戦争の時代』（吉田書店、二〇一五年）、同『昭和陸軍と政治——「統帥権」というジレンマ』（吉川弘文館、二〇二〇年）がある。宇垣は、現役軍人たる軍部大臣が政党内閣と積極的に協調する路線をとることで、政党が提唱する軍部大臣文官制導入を阻止できると考えていた。

(16) 総力戦や大正デモクラシーの衝撃が陸軍の革新運動につながったことについては、筒井清忠『昭和期日本の構造——その歴史社会学的考察』（有斐閣、一九八四年）、前掲戸部『逆説の軍隊』、黒沢文貴『大戦間期の日本陸軍』（みすず書房、二〇〇〇年）、同「大正・昭和期における陸軍官僚の「革新」化」（前掲小林・黒沢『日本政治史のなかの陸海軍』所収）など参照。

(17) 陸軍革新運動については、秦郁彦『軍ファシズム運動史』新装版（原書房、一九八〇年）、吉田裕「昭和恐慌前後の社会情勢と軍部」（『日本史研究』二一九、一九八〇年）、宇垣軍政の詳細や宇垣に対する反発については、前掲髙杉『宇垣一成と戦間期の日本政治』、前掲同『昭和陸軍と政治』など参照。

(18) 革新運動から派閥対立までの政治過程については、前掲戸部『逆説の軍隊』、佐々木隆「陸軍「革新派」の展開」（『年報・近代日本研究一——昭和期の軍部』一九七九年）、北岡伸一「陸軍派閥対立（一九三一〜三五）の再検討——対外・国防政策を中心として」（同上、のち同『官僚制としての日本陸軍』第三章に収録）、吉田裕「満州事変下における軍部——「国防国家」構想の形成」（『日本史研究』二三八、一九八二年）、竹山護夫『昭和陸軍の将校運動と政治抗争』（名著刊行会、二〇〇八年）、酒井哲哉『大正デモクラシー体制の崩壊——内政と外交』（東京大学出版会、一九九二年）、高橋正衛『昭和の軍閥』（中公新書、一九六九年）、同『二・二六事件——「昭和維新」の思想と行動』（中公新書、一九六五年）、堀田慎一郎「岡田内閣期の陸軍と政治」（『日本史研究』四二五、一九九八年）、同「一九三〇年代における日本陸軍の政治的台頭」（伊藤之雄・川田稔編『環太平洋の国際秩序の模索と日本——第一次世界大戦後から五五年体制成立』山川出版社、一九九九年）、山口一樹「一九三〇年代前半期における陸軍派閥対立——皇道派・統制派の体制構想」（『立命館大学人文科学研究所紀要』一一七、二〇一九年）など参照。

(19) この点は、黒沢文貴『大戦間期の宮中と政治家』（みすず書房、二〇一三年）第一部第三章など参照。

(20) この過程については、加藤陽子『模索する一九三〇年代——日米関係と陸軍中堅層〔新装版〕』（山川出版社、二〇一二年、初版は一九九三年）第五章、堀田慎一郎「二・二六事件後の陸軍——広田・林内閣期の政治」（『日本史研究』四一三、一九九七年）、筒井清忠『昭和十年代の陸軍と政治——軍部大臣現役武官制の虚像と実像』（岩波書店、二〇〇七年）、前掲髙杉『昭和陸軍と政治』なども参照。

(21) 三谷太一郎「昭和期の政治と天皇」（同『近代日本の戦争と政治』岩波書店、一九九七年）、前掲筒井『昭和十年代の陸軍と政治』、伊藤之雄『昭和天皇と立憲君主制の崩壊——睦仁・嘉仁から裕仁へ』（名古屋大学出版会、二〇〇五年）第I部第三章〜第七章など参照。

(22)　前掲加藤『模索する一九三〇年代』第六章、関口哲矢『昭和期の内閣と戦争指導体制』（吉川弘文館、二〇一六年）など。

(23)　日米開戦過程については、主に森山優『日米開戦の政治過程』（吉川弘文館、一九九八年）、波多野澄雄『幕僚たちの真珠湾』（吉川弘文館、二〇一三年、初出は朝日選書、一九九一年）などがある。開戦後の陸海軍については、鈴木多聞『「終戦」の政治史　一九四三―一九四五』（東京大学出版会、二〇一一年）が代表的研究として挙げられる。また、海軍について、その政治的特徴を捉え戦時期における海軍の政治的動向を分析した手嶋泰伸『昭和戦時期の海軍と政治』（吉川弘文館、二〇一三年）も注目される。

(24)　代表的な研究として、山田朗『大元帥 昭和天皇』（新日本出版社、一九九四年）、同『昭和天皇の軍事思想と戦略』（校倉書房、二〇〇二年）、同『増補　昭和天皇の戦争――「昭和天皇実録」に残されたこと・消されたこと』（岩波現代文庫、二〇二三年、初出は岩波書店、二〇一七年）がある。

(25)　前掲鈴木『「終戦」の政治史』第一章。

(26)　最近の研究では、前掲木多「明治一〇年代における大元帥の制度化と陸軍紛議」が、陸軍紛議による陸軍省と明治天皇・四将軍派との間の対立を通して、この点を指摘している。「大元帥の制度化」による陸軍省の他機関に対する自律性の獲得という視点は本書にも重要な示唆を与えるものである。

(27)　この点は、佐々木雄一『帝国日本の外交 一八九四―一九二二』（東京大学出版会、二〇一七年）二七―二八頁、同『リーダーたちの日清戦争』（吉川弘文館、二〇二二年）九七―一〇四頁参照。

(28)　李炯喆氏は、明治憲法体制という構造的要因と、陸軍が推進した大陸政策や国家総動員政策といった状況的要因を併せて検討した結果、陸海軍は「軍部独裁」という形での政治介入はできず、「合法的・間接支配」にとどまったと指摘している。李炯喆『軍部の昭和史（下）――日本型政軍関係の絶頂と終焉』（日本放送出版協会、一九八七年）二〇二―二〇三頁参照。

(29)　纐纈厚氏は、李炯喆氏の研究を踏まえて、軍部の「合法的・間接支配」の最大の要因は天皇制そのものに求められるとし、「政軍関係分析や理論構築において明治国家体制の核である天皇制をどう評価するかという問題を視野に入れざるを得なくなる」と指摘する（纐纈厚『近代日本政軍関係の研究』岩波書店、二〇〇五年、三九〇頁）。このように、天皇と軍隊という構造的要素は、軍の政治化や部内統制を考えるうえで必須の論点だと考えられる。また、最近では、前掲髙杉『昭和陸軍と政治』、手嶋泰伸『統帥権の独立――帝国日本「暴走」の実態』（中公選書、二〇二四年）のように、統帥権独立という制度や論理にあらためて注目しながら、陸軍や海軍と政治との関係を通史的に描く研究もあるが、やはり政府と軍、軍政と軍令など省部間関係に注目した描き方となっている。

(30)　「元帥府設置・御署名原本・明治三十一年・詔勅一月十九日」、「元帥府条例・御署名原本・明治三十一年・勅令第五号」（国立公文書館所蔵、請求番号：御03191100・御03244100）。なお、元帥府条例は一九一八年八月二八日に改正され、新たに「元帥ニハ別ニ定ムル所ニ依リ元帥佩刀及元帥徽章ヲ賜フ」を第四条に追加し、旧来の第四条は第五条に繰り下げられた（「元帥府条例中改正・御

署名原本・大正七年・勅令第三百三十号」国立公文書館所蔵、請求番号：御11409100）。

（31）有賀長雄「国家ト宮中トノ関係」（『国家学会雑誌』一六七、一九〇一年）。有賀は諸機関を国家と宮中に二分して捉えたが、二分しえない「天皇諸官」として、枢密院などとともに元帥府と軍事参議院を位置づけていた。

（32）松下芳男『改訂 明治軍制史論（下）』（国書刊行会、一九七八年、初出は有斐閣、一九五六年）四六八―四七二頁。

（33）主なものに、防衛庁防衛研修所戦史室編『戦史叢書　大本営海軍部・連合艦隊 一』（朝雲新聞社、一九七五年）二一二頁、森松俊夫『大本営』（吉川弘文館、二〇一三年、初出は教育社、一九八〇年）一五九―一六〇頁、大江志乃夫『統帥権』（日本評論社、一九八三年）六二頁。

（34）「軍事参議院条例・御署名原本・明治三十六年・勅令第二百九十四号」（国立公文書館所蔵、請求番号：御05762100）。以下に軍事参議院条例と軍事参議院議事規程を列挙しておく（議事規程は「軍事参議院議事規程裁可に付送付」、「明治三七年　秘密日記　庶秘号」所収、Ref：C09123103500参照）。

軍事参議院条例

第一条　軍事参議院ハ帷幄ノ下ニ在リテ重要軍務ノ諮詢ニ応スル所トス
第二条　軍事参議院ハ諮詢ヲ待テ参議会ヲ開キ意見ヲ上奏ス
第三条　軍事参議院ニハ議長、参議官、幹事長及幹事ヲ置ク
第四条　軍事参議官ハ左ノ如シ
　元帥
　陸軍大臣
　海軍大臣
　参謀総長
　海軍軍令部長
　特ニ軍事参議官ニ親補セラレタル陸海軍将官
第五条　軍事参議院議長ハ参議官高級故参〔ママ〕ノ者ヲ以テ之ニ充ツ
第六条　必要アル場合ニ於テハ重要ノ職ニ在ル将官ヲ以テ臨時参議官ニ補シ参議会ニ列セシム。但シ其ノ関係セル議事ヲ終リタルトキハ直ニ解職セラレタルモノトス
第七条　陸海両軍ニ関スル事項ハ其ノ規画ヲ査照シ国防用兵ノ目的ヲ主トシ相互ノ連繋ヲ調理スルヲ要ス
第八条　陸海軍互ニ相関繋セサル事項ニ付テハ陸軍又ハ海軍ノミノ参議官ヲ以テ参議会開クコトヲ得
第九条　緊急ノ事件ニ付テハ議長ハ院議ヲ経スシテ諮詢ニ対フルコトヲ得
第十条　幹事長ハ侍従武官長又ハ他ノ将官ヲ以テ之ニ充テ軍事参議会ノ庶務ヲ整理セシム

幹事ハ侍従武官中陸海軍佐官各一人ヲ以テ之ニ充テ幹事長ノ職務ヲ補助セシム
第十一条　特ニ親補セラレタル軍事参議官ニハ副官トシテ佐尉官一人ヲ附ス

軍事参議院議事規程
第一条　軍事参議院ニ諮詢セラレタル事項ニ対スル意見ハ参議会ヲ開キ之ヲ決定スヘキモノトス
第二条　議長ハ会議一切ノ事ヲ統理ス
陸海軍一方ノ参議官ノミヲ以テ参議会ヲ開クトキハ其ノ高級故参者（ママ）ヲシテ議長ノ職務ヲ取ラシムルコトヲ得
第三条　参議会ノ議事ハ過半数ヲ以テ決ス。可否同数ナルトキハ議長ノ決スル所ニ依ル
参議官ノ意見ニ説以上ニ岐レタルトキハ議長ハ前項ニ依リ表決シタル意見及他ノ少数意見ヲ併セテ奏上ス
第四条　陸軍大臣、海軍大臣、参謀総長及軍令部長ハ委員ヲ参議会ニ出シ説明ヲ為サシムルコトヲ得

(35)「明治三六年自七月至一二月　秘密日記・庶秘号」所収（Ref：C09123034700）。

(36)前掲松下『改訂　明治軍制史論（下）』五三五—五四〇頁。

(37)いずれの解釈も前掲松下『改訂　明治軍制史論（下）』四七一頁。

(38)田中孝佳吉「元帥府の設置とその活動」（『皇學館史學』二八、二〇一三年）。

(39)山口一樹「元帥をめぐる一九二〇年代の陸軍——上原派の構想を通じて」（『日本史研究』六八六、二〇一九年）。

(40)元帥府の存在が等閑視されてきた背景として、戦後歴史学における政軍関係史研究が立ち遅れていたことも挙げられるだろう。例えば、纐纈厚氏は、戦後歴史学では戦前の軍国主義批判に重きが置かれ、軍事領域と政治領域を並列に捉えることに自制的だったこと、それゆえに軍事領域がなぜ政治領域から分離し、どのような独自の展開をたどったのかという分析視角、つまり「軍事領域の自律的かつ独自的な展開への具体的な検証の蓄積のうえに立って、政治領域との相互関係を政治過程全体の問題として捉え直す視点」が不十分だったと指摘している（前掲纐纈『近代日本政軍関係の研究』六頁）。松下氏の元帥府・軍事参議院に対する外在的な評価もこうした戦後歴史学の流れのなかで登場したものであり、それがそのまま定着していったと考えられる。

(41)永井和『青年君主昭和天皇と元老西園寺』（京都大学学術出版会、二〇〇三年）。

(42)なお、軍事面における輔弼の場合、国務面の輔弼と対比して「輔翼」という用語が使用されることが多い。「輔翼」の語は戦前から軍を中心によく使用されていたが、この使い分けは厳然なものではなく、軍の史料でもたびたび「輔弼」の用語が使用される。そのため、本書では軍事面でも輔弼という用語に統一した。

(43)参謀本部条例第二条で「天皇ニ直隷シ帷幄ノ軍務ニ参画シ国防及用兵ニ関スル計画ヲ掌」ると規定（「参謀本部条例及教育総監部条例ヲ改定ス」（「公文類聚・第三十二編・明治四十一年・第三巻・官職二・官制二・（大蔵省・陸軍省・海軍省・司法省）」請求番号：類01051100）されているように、両機関はともに天皇の帷幄において国防用兵の計画に参画することとされており、一面にお

いては天皇の統帥権の輔弼主体ということができる。一方、憲法上の観点からみれば、天皇の統帥権（編制権）を輔弼するためには、輔弼行為としての副署が求められるが、両統帥部はともに天皇から発出される統帥命令や軍令に副署する主体ではないため、憲法上の責任を負う存在ではなかった。

（44）この点は、黒沢文貴「軍事指導者としての天皇」（同編『日本陸海軍の近代史―秩序への順応と相剋1』東京大学出版会、二〇二四年）二五七―二六〇頁も参照。

（45）この視点を重視しながら、君主としての明治天皇像を描いたものとして、西川誠『天皇の歴史7　明治天皇の大日本帝国』（講談社学術文庫、二〇一八年、初出は二〇一一年）がある。

（46）水林彪『天皇制史論――本質・起源・展開』（岩波書店、二〇〇六年）第一章・第二章参照。水林氏は「人的身分的統合秩序」と「制度的領域国家体制」という図式で、前近代から近代までの天皇制と国制の歴史的展開を説明している。

（47）榎本重治「元帥府、軍事参議院所掌事項」（小林龍夫ほか編集・解説『現代史資料一二　日中戦争四』みすず書房、一九六五年、五〇―五一頁、以下『現代史資料一二』と表記）。この史料は、ワシントン海軍軍縮条約破棄に関する元帥会議開催に向けて、海軍部内での調整のために、一九三四年九月三日に作成された。

（48）伊藤之雄「昭和天皇と立憲君主制――近代日本の政治慣行と天皇の決断」（伊藤之雄・川田稔編『二〇世紀日本の天皇と君主制――国際比較の視点から　一八六七～一九四七』吉川弘文館、二〇〇四年）九五頁、前掲同『昭和天皇と立憲君主制の崩壊』第Ⅰ部、同「近代天皇は「魔力」のような権力を持っているのか」（『歴史学研究』八三一、二〇〇七年）参照。

（49）三谷太一郎『日本の近代とは何であったか――問題史的考察』（岩波新書、二〇一七年）四二―五〇頁。

（50）山口氏も元帥個人の能動性が陸軍部内に発揮しうる影響力を論じている（前掲山口「元帥をめぐる一九二〇年代の陸軍」六頁）。しかし、本書では単独意見上奏が可能という天皇に対する能動性という視点を特に重視している。

（51）「軍部」の成立の背景として、軍事的な官僚機構の独立、統帥権独立制度の完成といった制度的要素だけでなく、属人的要素も挙げられる。すなわち、日露戦争以前に統帥権の制度設計に直接関与した山県有朋などの元老や藩閥勢力が、属人的調整力を発揮することで統帥権を抑制していたが、日露戦後の元老の自然的消滅という要素が加わったことで、軍による統帥権独立論が前景化し政府からの自律化につながった（山田朗「軍部の成立」『岩波講座日本歴史　第一六巻　近現代二』岩波書店、二〇一四年）。

（52）小林道彦氏は、日露戦後の政治体制＝桂園体制の大陸政策をめぐる政治過程を通して、「軍部」の成立時期を検討すべきだと指摘し、日露戦後の政党勢力の拡大が独立性を固守しようとする軍の制度的自律化を促したことや、山県有朋亡きあとに長州閥陸軍の漸進的解体と軍事指導者の非藩閥化が進展したことで、一九二〇年代に「軍部」が成立したと指摘した（前掲小林『日本の大陸政策』一四―一六、一四四、一四九、一五五―一五八、三〇四―三〇五頁）。小林氏の議論は、制度的枠組みだけではなく、実際の政治過程の丹念な分析を通して「軍部」の成立を見通した研究として重要な成果である。

（53）前掲北岡『官僚制としての日本陸軍』参照。

(54) 明治憲法体制では、天皇大権として統帥権のほかに外交大権が存在した。これは外務省が管掌するものだったが、明治憲法発布当初から外務省に自律性があったわけでなく、明治期の外務省は議会や元老、枢密院、陸軍など他の政治勢力との調整を行うことで、外交政策を立案してきた。しかし、第一次世界大戦を経て、外務省は他機関からの干渉を可能な限り排除し、外交政策の立案を独占するようになった（千葉功『旧外交の形成――日本外交 一九〇〇～一九一九』勁草書房、二〇〇八年、第一部）。こうした外務省の自律性獲得による外交大権の独占という観点は、統帥権をめぐる天皇と陸海軍との関係性にも重要な示唆を与えるものであろう。

(55) 前掲吉田「日本の軍隊」一五七頁。吉田氏はこうした議論の具体的な根拠として、日露戦後に改正が相次いだ典範類、侍従武官の各官衙・諸部隊への差遣による「天皇の軍隊」のキャンペーン、皇族身位令による皇族軍人制度の確立などを挙げている。

(56) 坂本一登氏は、内閣制度発足や明治憲法制定などをめぐる伊藤博文による政治指導を通して、明治期の天皇と「宮中」の権力の制度化が図られたことを論じた（前掲坂本『伊藤博文と明治国家形成』）。

(57)「田中義一関係文書」（山口県文書館所蔵、国立国会図書館憲政資料室寄託）所収。なお、本史料の作成時期は不明であるが、軍事参議院幹事長は軍務局長が兼任したことや諸外国例の記述内容から、田中の軍事課長時代（一九〇九年一月～一〇年一一月）か軍務局長時代（一一年六月～一二年一二月）作成と推定される。

(58) 近年の代表的研究として、前掲手嶋『昭和戦時期の海軍と政治』、太田久元『戦間期の日本海軍と統帥権』（吉川弘文館、二〇一七年）がある。

(59) この点は、黒野耐『帝国国防方針の研究――陸海軍国防思想の展開と特徴』（総和社、二〇〇〇年）第一章参照。

(60)「随感雑録」（前掲「田中義一関係文書」所収）。

(61) 家永三郎『戦争責任』（岩波現代文庫、二〇〇二年、初出は一九八五年）二八九頁。

(62) 前掲家永『戦争責任』、同「天皇大権行使の法史学的一考察」（磯野誠一・松本三之介・田中浩編『社会変動と法――法学と歴史学の接点』勁草書房、一九八一年）。なお、家永氏はこの見解をもとに、国務面における元老や内大臣の輔弼も否定している。

(63) 主なものとして、井上清『天皇の戦争責任』（現代評論社、一九七五年）、藤原彰『昭和天皇の十五年戦争』（青木書店、一九九一年）、吉田裕『昭和天皇の終戦史』（岩波新書、一九九二年）など。

(64) 山田朗氏による一連の研究として、前掲山田『大元帥 昭和天皇』、前掲同『昭和天皇の軍事思想と戦略』、前掲同『増補　昭和天皇の戦争』が挙げられる。特に最新の『増補　昭和天皇の戦争』では、『昭和天皇実録』の分析成果も取り入れて、戦争指導の様相をより具体的に論じている。戦後歴史学における昭和天皇の戦争責任という研究潮流については、山田朗「井上清『天皇の戦争責任』」（『日本史研究』六八八、二〇一九年）など参照。

(65) 前掲山田『増補　昭和天皇の戦争』二八九頁。

(66) 例えば、前掲筒井『昭和期日本の構造』、加藤陽子『天皇の歴史8　昭和天皇と戦争の世紀』（講談社学術文庫、二〇一八年、初出は二〇一一年）などが挙げられる。特に加藤氏は軍人勅諭によって天皇親率という特別な理念で構築された天皇と軍隊の関係が、昭和初期に崩れていく政治過程を検討した（前掲加藤『天皇と軍隊の近代史』総論）。

（67）前掲永井『青年君主昭和天皇と元老西園寺』第七章では、永井氏と家永氏との輔弼をめぐる論争のやり取りが取り上げられている。その他、同「太政官文書にみる天皇万機親裁の成立——統帥権独立制度成立の理由をめぐって」（『京都大學文學部研究紀要』四一、二〇〇二）、同「万機親裁体制の成立——明治天皇はいつから近代の天皇となったのか」（『思想』九五七、二〇〇四年）が、太政官時代の文書様式の変遷から「万機親裁構造」の成立を追う。

第１章

（1）この点は坂本一登『伊藤博文と明治国家形成——宮中の制度化と立憲制の導入』（吉川弘文館、一九九一年）補論参照。

（2）木多悠介「明治一〇年代における大元帥の制度化と陸軍紛議」（『日本史研究』七二二号、二〇二二年）。

（3）この点は、佐々木雄一『リーダーたちの日清戦争』（吉川弘文館、二〇二二年）九七—一〇〇頁、同「近代日本における天皇のコトバ——遼東還付の詔勅を中心に」（御厨貴編『天皇の近代——明治一五〇年・平成三〇年』千倉書房、二〇一八年）。

（4）田中孝佳吉「元帥府の設置とその活動」（『皇學館史學』二八、二〇一三年）二四—三一頁。ただし、田中氏の研究は、史料的制約や時代背景の分析が極めて少なく実証が不十分であるため、なお慎重に検討する余地がある。

（5）佐々木雄一氏は、日清戦争における参謀総長有栖川宮熾仁親王に着目して、伊藤博文首相が戦争指導をする際の潤滑油的な役割を果たしていたこと、明治天皇が積極的に軍から情報を収集し、有栖川宮や伊藤に情報を共有しながら戦争指導を行うなど、政軍間の情報媒介機能を果たしていたことを指摘している（佐々木雄一『帝国日本の外交　一八九四—一九二二』東京大学出版会、二〇一七年、第一章）、前掲同『リーダーたちの日清戦争』九二—一〇八頁）。

（6）大澤博明『近代日本の東アジア政策と軍事——内閣制と軍備路線の確立』（成文堂、二〇〇一年）一八七頁。

（7）前掲坂本『伊藤博文と明治国家形成』。

（8）望月雅士「枢密院と政治」（由井正臣編『枢密院の研究』吉川弘文館、二〇〇三年）参照。

（9）大江洋代「日清・日露戦争と陸軍官僚制の成立」（小林道彦・黒沢文貴編『日本政治史のなかの陸海軍——軍政優位体制の形成と崩壊　一八六八〜一九四五』ミネルヴァ書房、二〇一三年、のち大江洋代『明治期日本の陸軍——官僚制と国民軍の形成』東京大学出版会、二〇一八年、第八章に収録）。その他、小林道彦『桂太郎——予が生命は政治である』（ミネルヴァ書房、二〇〇六年、一〇〇—一〇五頁）がこの時期における桂の陸相就任の画期的意義に言及している。

（10）永井氏は明治期の将校分限令の軍人現役在職規定に着目した検討を行い、山県らが現役のまま軍部以外の要職に就くために天皇の特旨を利用していたことを指摘し、最終的には終身現役が保証される元帥府という形で解決を試みたと推測している（永井和「人員統計を通じてみた明治期日本陸軍（一）——『陸軍省年報』『陸軍省統計年報』の分析」（『富山大学教養部紀要　人文・社会科学篇』

一八―二、一九八五年、四四―四五頁）。大澤氏も陸軍の世代交代と皇族軍人の現役留置の必要性によるものだと指摘している（大澤博明『陸軍参謀川上操六――日清戦争の作戦指導者』吉川弘文館、二〇一九年、二五五―二五七頁）。

（11）安富正造「条約兵力量と統帥権問題」（『外交時報』六一八、一九三〇年、五九頁）。安富は海兵出身の士官で、海軍大佐まで進んだ。この当時は軍職を退き、軍縮問題関係の著作を多数発表していた。

（12）永井和「朕は汝等軍人の大元帥なるぞ――天皇の統帥命令の起源」（佐々木克編『明治維新期の政治文化』思文閣出版、二〇〇五年）。同『近代日本の軍部と政治』（思文閣出版、一九九三年）第二部も参照。

（13）小林龍夫編『翠雨荘日記――臨時外交調査会委員会会議筆記等』（原書房、一九六六年）、八五一―八六一頁（引用箇所は八五二頁）。作成年代の推定は永井氏による（前掲永井『近代日本の軍部と政治』三五三頁）。

（14）この点は前掲永井『近代日本の軍部と政治』第二部第一章参照。

（15）「軍事参議官条例・御署名原本・明治二十年・勅令二十号」（国立公文書館所蔵、請求番号：御00112100）。軍事参議官条例の全文は次の通りである。

軍事参議官条例

第一条　軍事参議官ハ之ヲ帷幄ノ中ニ置キ軍事ニ関スル利害得失ヲ審議セシム

第二条　軍事参議官ハ左ノ如シ

陸軍大臣

海軍大臣

参謀本部長

監軍

第三条　凡ソ事陸軍ニ関スルモノハ陸軍大臣、参謀本部長、監軍之ヲ審議シ海軍ニ関スルモノハ海軍大臣、参謀本部長之ヲ審議ス

第四条　凡ソ事陸海両軍ニ関スルモノハ各参議官ニ於テ之ヲ審議ス

（16）「日本陸軍高等司令官司建制」（伊藤博文文書研究会監修・檜山幸夫総編集『伊藤博文文書 第九十五巻 秘書類纂 兵政一』（ゆまに書房、二〇一三年、二一七―二三二頁）。

（17）なお、この軍事参議官に附属する形で、陸軍では将校人事を一括管理するための「軍事内局」設置構想も検討されていた（前掲大澤『近代日本の東アジア政策と軍事』二〇九頁）。

（18）例えば、「侍従長徳大寺実則日記　二」（宮：35982、以下「徳大寺日記　巻数」）一八八八年四月一三日条など。

（19）この点は、多くの先行研究でも指摘されている（例えば、西川誠『明治天皇の大日本帝国』講談社学術文庫、二〇〇八年、二七七―二七八頁など）。

（20）「陸軍各兵科現役士官補充条例ヲ改正ス并ニ陸軍幼年学校生徒召募条例ヲ定ム」（「公文類聚・第十三編・明治二十二年・第十一巻・兵制二・陸海軍官制二」請求番号：類00396100）。

（21）「陸軍各兵科現役士官補充条例ヲ定ム」（「公文類聚・第十一編・明治二十年・第十一巻・兵制門一・兵制総・陸海軍官制一」請求番号：類00298100）。一八八七年に制定された条例である。

（22）前掲大澤『近代日本の東アジア政策と軍事』二〇九頁。一八九三年の海軍軍令部設置によって海軍軍令部長が軍事参議官の構成員に加わり、海軍事項は海相と軍令部長の審議によることになった。

（23）「明治三五年九月　戦時大本営條例沿革誌（一）」（「大本営編制及勤務令に関する綴　一／二　明治二九年～三七年」所収、Ref：C12120354300。以下「沿革誌（一）」と表記）。

（24）現制度前の参軍では、皇族出身の参軍のもとに陸海軍の次長が対等で補佐する体制だったが、一八八九年に現制度に改正されていた（前掲大澤『近代日本の東アジア政策と軍事』第三章・第四章参照）。

（25）例えば、大山巌は一八九一年五月に大将進級・枢密顧問官就任と同時に予備役に編入され、九二年八月陸相就任にともない現役に復した。こうした将校分限令と軍人の現役規定の関係については、前掲永井『近代日本の軍部と政治』第一部参照。

（26）「沿革誌（一）」。

（27）前掲田中「元帥府の設置とその活動」二八―三一頁。一八八〇年代から九〇年代の明治天皇と山県の関係については、前掲坂本『伊藤博文と明治国家形成』補論参照。

（28）一八九三年三月一六日付熾仁親王宛徳大寺実則書簡（「参考史料雑纂　十二」（宮：35174）所収）。

（29）『明治天皇紀　八』一八九三年三月一一日条、二二四―二二五頁。

（30）一八九三年二月一〇日付伊藤宛徳大寺書簡（「明治天皇御紀資料稿本　八八六」（宮：80986）所収）。

（31）「徳大寺日記　四」（宮：35984）一八九三年三月一一日条。

（32）『明治天皇紀　八』一八九四年七月一七日条、四六〇頁。

（33）一八九四年七月二一日付熾仁親王宛徳大寺実則書簡（前掲「参考史料雑纂　十二」所収）。

（34）前掲永井『近代日本の軍部と政治』七〇頁。

（35）「〔有栖川宮伝来書翰類〕徳大寺実則書状等」（宮内庁図書寮文庫所蔵、函架番号：有栖・10049）、「〔有栖川宮伝来書翰類〕熾仁親王書状等のうち徳大寺実則書状等（二重封筒入一括・1）」（宮内庁図書寮文庫所蔵、函架番号：有栖・10046）。なお、前者の書簡群は、明治天皇紀編纂にあたり「参考史料雑纂　十二」に原文通り筆写されている。本書では、史料引用にあたっては「参考史料雑纂　十二」を用いている。

（36）一八九三年七月八日付熾仁親王宛徳大寺書簡（前掲「参考史料雑纂　十二」所収）。条例改正案は七月二八日に裁可されている（「陸軍戸山学校条例并陸軍砲兵射的学校条例中ヲ改正ス」、「公文類聚・第十七編・明治二十六年・第八巻・官職二・官制二・官制二（大蔵省・陸軍省一）」所収、請求番号：類00638100）。
(37) 一八九一年一二月一七日付熾仁親王宛徳大寺書簡（前掲「参考史料雑纂　十二」所収）。
(38) 前掲大澤『近代日本の東アジア政策と軍事』第一章・第四章参照。
(39) 一八九〇年六月五日付熾仁親王宛徳大寺書簡（前掲「参考史料雑纂　十二」所収）。
(40)「徳大寺日記　四」一八九二年八月二日条。
(41)「沿革誌（一）」。
(42)「軍艦松島厳島橋立ノ如キ或ハ浪速高千穂ノ如キ或ハ扶桑ノ如キ一艦ヲ砲術練習艦ト定メラレ度儀ニ付上申」（「高松宮文書　一宮：35771、以下「高松宮文書」と表記）。一八九五年九月五日付横須賀鎮守府司令長官相浦紀道宛の上申である。なお、宮内公文書館所蔵の「高松宮文書」は八冊あるが、その内容はすべて威仁親王の意見書やメモ、各方面への差出・受信書簡などの筆写からなる関係文書群である。
(43) 年不詳七月五日付威仁親王宛徳大寺書簡（「高松宮文書」所収）。
(44)「海軍ニ従事スル皇族之件」（「高松宮文書」所収）。この意見書と同じような趣旨のものが、威仁親王行実編纂会編『威仁親王行実』巻上（威仁親王行実編纂会、一九二六年）二一七—二二一頁にも掲載されており、同書では一八八八年以降の欧州軍事視察後の提出意見だと推測されている。
(45)「陸海軍ニ従事スル皇族無俸級之件」（「高松宮文書」所収）。作成時期は不明であるが、「斎藤別当親展」とあることから、斎藤桃太郎が有栖川宮別当を務めていた時期（一八九八年二月～一九〇二年四月）の間に威仁親王が作成したと推測される。
(46) このことは、威仁親王が意見書とともに天皇に送った次の書簡から明らかである（一八九六年八月付明治天皇宛威仁親王書簡、「高松宮文書」所収）。

参内拝顔之節御沙汰載候儀ニ付其件々相認メ帰京之上持参可仕存慮ニ御坐候処、未ダ全治不仕尚ホ御暇ヲ賜度候ニ付而ハ段々延引ニ相成候間、乍恐別紙書付ヲ以而御相談言上仕候。御余暇叡覧ヲ賜度追而帰京之上参内其節御下問ヲ賜度、又威仁不文充分ニ意ヲ不尽候ニ付口上ヲ以テ補言可仕候。乍然大略別紙ニ開陳ノ如ク実ニ国家ノ大事今日之急務ト相考寝食ヲ安ズル克ワズ、帰京ヲ待テハ遷延仕候儀ニ付爰ニ言上仕候間、不悪御思召載度奉願候。

(47)「政治ニ関スル上奏御親書案　参考」（「高松宮文書」所収）一八九六年八月付。
(48) 秦郁彦編『日本陸海軍総合事典〔第二版〕』（東京大学出版会、二〇〇五年）一六三頁。
(49) 以下の監軍部（第二次）設置経緯で註のない箇所は、松下芳男『改訂　明治軍制史論（下）』（国書刊行会、一九七八年、初出は有斐閣、一九五六年）第四編第一章第二節・第三節参照。特命検閲については、中村崇高「明治期陸軍の検閲制度」（『日本歴史』六五九、二〇〇三年）も参照。
(50)『明治天皇紀　四』一八七九年五月末条、六七三—六七五頁。当時の明治天皇と軍首脳部との不協和音については、前掲坂本『伊藤博文と明治国家形成』補論第一節。
(51)『明治天皇紀　六』一八八五年五月一八日条、四一一頁。
(52)詳細は前掲大澤『近代日本の東アジア政策と軍事』第四章に詳しい。
(53)一八八六年九月付谷干城宛島村干雄書簡（日本史籍協会編『谷干城遺稿　三』東京大学出版会、一九七〇年）五一二―五一三頁。なお、谷は当時パリ滞在中だった。
(54)「各兵監部設置　監軍部条例改正按」（国立公文書館所蔵「監軍部ヲ廃ス」、「公文類聚・第十編・明治十九年・第十五巻・兵制四・庁衙及兵営・兵器馬匹及艦船」請求番号：類00261100）。
(55)山県は「監軍部条例按」の作成者であったことから、本来は大山の不提出方針に反対だったが、結局は四将軍派排除を最優先して、第一次監軍部の廃止を黙認した（前掲大澤『近代日本の東アジア政策と軍事』一三一―一三三・一三五頁）。
(56)前掲一八八六年九月付谷干城宛島村干雄書簡。
(57)「参謀本部歴史草案九　明治一九年七月三日　陸軍検閲条例改正案・武官進級条例改正案・士官下士学術検査規則・武官抜擢進級取扱規則案等に付き意見」（Ref：C15120017100）。
(58)「陸軍検閲条例他覚書　明治十九年七月廿四日」（国会図書館憲政資料室所蔵「大山巌関係文書」四七－二）。本史料は大山自筆のメモである。
(59)「明治十九年七月二十四日大山陸軍大臣へ勅諭」（「参考史料雑纂　百二十一」（宮：35283）所収）。
(60)前掲木多「明治一〇年代における大元帥の制度化と陸軍紛議」参照。
(61)前掲「参謀本部歴史草案九　明治一九年七月三日」。
(62)「監軍部廃止の議あり」（『読売新聞』一八九一年九月一六日付朝刊）。
(63)ドイツの監軍ポストは普仏戦争後に功績ある軍司令官を「当時ノ位階ニ適応セル平時ノ地位ヲ授ケンガ為メニ創設セシモノ」だった（前掲「日本陸軍高等司令官司建制」）。
(64)「論説　監軍部を廃すべし」（『読売新聞』一八九六年一二月二日付朝刊）。
(65)『明治天皇紀　八』一八九四年六月五日条、同年七月一七日条（四三〇―四三一・四六〇頁）。
(66)列席者については『明治天皇紀　八』同右参照。また、小松宮以下の大本営列席の御沙汰は、それぞれ熾仁親王宛徳大寺書簡（一八九四年七月一六日付、七月三一日付、八月一六日付、前掲「参考史料雑纂　十二」所収）参照。
(67)『明治天皇紀　八』一八九四年七月二七日条、四六九頁。
(68)伊藤之雄『元老――近代日本の真の指導者たち』（中公新書、二〇一六年）五二―五三頁。
(69)一八九四年一二月一二日付熾仁親王宛徳大寺書簡（前掲「参考史料雑纂　十二」所収）。
(70)前掲佐々木『帝国日本の外交』二七―二八頁。

（71）一例を挙げれば、日清開戦直後の八月一日、伊藤は軍司令部設置について次のような書簡を熾仁親王に送っている（一八九四年八月一日付熾仁親王宛伊藤書簡、宮内庁書陵部図書寮文庫所蔵「〔有栖川宮伝来書翰類〕伊藤博文書状等」第八号、函架番号：有栖・10050）。

軍司令部設置之事ニ付而ハ過日御下問ヲ蒙候事モ有之候処目下之情勢ニ於テハ或ハ御実行相成候場合歟共奉存候処、大本営之御所見ハ如何ニ被為在候哉。右ニ付而ハ司令官御撰定之儀勿論叡慮ニ出ル儀ニハ有之候得共、又大局ニ関係有之儀ニ付殿下之御賛画尤御熱慮被為在候事ト奉存候。万一モ本大臣等之可要尽力モ有之候得ハ蒙御内示度。

天皇が軍司令部設置について何らかの下問をしたため、伊藤が熾仁親王に軍司令官選定も含めた「御所見」をうかがっていることがわかる。

（72）以下の説明は、「徳大寺日記　六」、『明治天皇紀　八』、日本史籍協会編『熾仁親王日記　六』（東京大学出版会、一九七六年）、前掲「参考史料雑纂　十二」による。カウントについて、式典や御前会議の事例は除外した。

（73）前掲大澤『近代日本の東アジア政策と軍事』付論参照。

（74）前掲大澤『近代日本の東アジア政策と軍事』二一四—二一七頁。

（75）「都督部条例制定の件」（「明治二九年乾弐大日記八月」所収、Ref：C06082313900）。日清戦後の軍制改革と都督部については、斎藤聖二『日清戦争の軍事戦略』（芙蓉書房出版、二〇〇三年）第七章も参照。

（76）「参謀本部より軍備拡張の件」（「明治二八年九月　廿七八年戦役日記」所収、Ref：C06021945400）

（77）「軍務局 都督部の名称を監軍部と改め教育監部設置の件」（「密大日記 明治二八年」所収、Ref：C03023054900）。

（78）一八九六年四月三〇日付桂太郎宛井上光書簡（千葉功編『桂太郎関係文書』東京大学出版会、二〇一〇年、八〇—八一頁）。

（79）前掲「軍務局 都督部の名称を監軍部と改め教育監部設置の件」。

（80）陸軍省が「都督部ヲ置クニモ拘ハラズ尚ホ監軍部ヲ存置スルコトハ実ハ思召」によると記録していることからもわかる（「陸軍軍隊検閲条例改正の件」、「明治二九年坤弐大日記八月」所収、Ref：C06082461300）。以下、本段落の引用は同史料による。

（81）「徳大寺日記　五」（宮：35985）一八九七年一〇月一四日条。この記述は、彰仁親王の上奏を徳大寺が記したものである。

（82）なお、「徳大寺日記」中の「軍事高等顧問府」の表記は、元々は「軍事枢密諮詢府」と書かれていたものが訂正された結果の表記である。

（83）一八九八年一月一二日付山県宛徳大寺書簡（尚友倶楽部山縣有朋関係文書編纂委員会編『山縣有朋関係文書　二』山川出版社、二〇〇六年、以下『山県文書　二』と表記）四二三頁。

（84）「元帥府条例及軍事参議院条例の制定に就いて大島中将の口述筆記送付の件」（「昭和五年密大日記第一冊」所収、Ref：C01003892400、以下「大島回想」と表記）。

（85）前掲永井「人員統計を通じてみた明治期日本陸軍（一）」四四—四五頁。

(86) 前掲大澤『陸軍参謀川上操六』二五六頁。ほかにも、熾仁親王は日清戦争前からたびたび参謀総長辞職を申し出ていたが、天皇は皇族が常に軍務に従事することを当然だと考え、強く慰留した（「徳大寺日記　四」一八九二年三月三日条など）。ある軍人は軍務に従事する皇族の処遇が元帥府の設置理由の一つだと認識していたという新聞報道もある（「理外の理（元帥府の設置）」（『都新聞』一八九八年二月四日付）。

(87) 山県は伊藤に宛て「侍従長使命の事件は格別の儀には無之、監軍部を廃止の上は陸軍省内教育上に付一局を相設け候趣将来教育上の利害等如何との事にて、小生明日にも京都出発可致に付意見如何の御下問に有之候。依て先日来御談合致し候様概要及上奏候」と書き送っており、以前から伊藤と山県の間で監軍部廃止が論じられていたことを推察できる（一八九八年一月一日付伊藤宛山県書簡、伊藤博文関係文書研究会編『伊藤博文関係文書　八』塙書房、一九八〇年（以下『伊藤文書　八』と表記）、一三五頁）。

(88)『伊藤文書　八』一三六頁。

(89) 前掲田中「元帥府の設置とその活動」三四頁。

(90) 一八九八年一月一七日付伊藤宛徳大寺書簡（「伊藤公爵家文書　五十一」宮：34065）。

(91)「例規録　明治三一年　式部職」（宮：7102）第四号文書。

(92)「元帥府に就て」（『大阪毎日新聞』一八九八年一月一九日付）。

(93) 当時、中将序列一位の佐久間左馬太（中部都督）の停年は約一一年半、二位の川上、三位の桂はともに約八年を超えていた（陸軍省「明治三十一年七月一日調 陸軍現役将校同相当官実役停年名簿」国立国会図書館所蔵）。

(94)「内大臣府文書　十」（宮：36099）。

(95) 前掲一八九八年一月一二日付山県宛徳大寺書簡。

(96) こうした明治天皇の認識は、監軍部廃止と同時に軍事参議官条例も廃止されるのか山県に尋ねていることからもわかる（一八九八年一月一九日付山県宛徳大寺書簡（『山県文書　二』四二四頁））。

(97)「元帥府に関する私説」（『東京朝日新聞』一八九八年一月二二日付朝刊）。元帥府設置後も人事事項が軍事参議官の審議対象とされたことは、一八九九年一〇月二四日付桂太郎宛徳大寺実則書簡（前掲『桂太郎関係文書』二八六頁）参照。

(98) 前掲一八九八年一月一二日付山県宛徳大寺書簡。

(99) 一九〇三年三月一七日付山県宛徳大寺書簡（『山県文書　二』四二八頁）。

(100) 一九〇三年一一月四日付山県宛徳大寺書簡（『山県文書　二』四三四頁）。

(101)「元帥府内規」（「内大臣府文書　四〇」宮：36129）。

(102) 前掲田中「元帥府の設置とその活動」四三―四六頁。田中氏によれば、一八九八年九月から一九〇一年七月までの間に定期的な元帥府への参集はなくなったとされる。大山の日記をみてみると、一月二八日（金曜）に初めて山県・大山・小松宮が会議を開いている。二月一八日（金）には金曜日を元帥府の参集日と定められた。その後六月一七日までは金曜日に元帥府に参集、もしくは所用により欠席の記述が多く記されている（「日記　明治三十一年」、国会図書館憲政資料室所蔵「大山巌関係文書（寄託）」二二―二四）。また、彰仁親王の関連史料によれば、彰仁親王は一九九八年五月一三日、六月一七日、同月二四日、九九年八月二日、一九〇〇年二月一日（「山県総理官房ニ於テ開会ノ元帥会議ヘ御臨席」）、一九〇一年四月五日、一〇月七日に元帥府（元帥会議）に出席していた（「彰仁親王年譜資料」巻三九～巻四二、宮：72221-72224）。断片的な記録ではあるが、一九〇一年一〇月頃までは元帥府の活動が行われていたようである。

(103)「元帥府内規」（「大山文書」四九-三）。田中氏は「大山文書」版のみ言及している（前掲田中「元帥府の設置とその活動」四四頁）。

(104) 附属の封筒には、「三十一年一月元帥府設置ニ付キ定メタル元帥府内規」という但書があるが、大山とは筆跡が異なるため、戦前の「大山文書」整理者による註記と考えられる。

(105) 山県と大山の微妙な緊張関係については、小林道彦「児玉源太郎と統帥権改革」（前掲小林・黒沢編『日本政治史のなかの陸海軍』一〇〇―一〇一頁。

(106) 例えば、一九〇三年三月二五日付大山宛山県書簡（井口省吾文書研究会編『日露戦争と井口省吾』原書房、一九九四年、五二二頁）参照。

(107) 一九〇〇年九月七日付寺内正毅宛桂太郎書簡（千葉功編『桂太郎発書翰集』東京大学出版会、二〇一一年、二七九頁）。

(108) 伊藤正徳編『加藤高明　上巻』（加藤伯伝記編纂委員会、一九二九年）四四四頁。

(109)『明治天皇紀　九』一八九九年七月一四日条、六八五頁。

(110)「戦時及平時団隊編制改正ノ件　御諮詢ニ対スル元帥ノ奉答　明治三二年八月」（Ref：C12121450600）

(111) 同右。

(112)「防務条例及東京防禦総督部条例ヲ定メ陸軍定員令中ニ追加ス」（「公文類聚・第十九編・明治二十八年・第六巻・官職一・官制一・官制一」国立公文書館所蔵、請求番号：類00719100）。

(113)「明治三二年一一月　戦時大本営條例及防務條例中改正案（一）」（前掲「大本営編制及勤務令に関する綴」所収、Ref：C12120353500、以下「改正案（一）」と表記）。

(114)「四月一〇日　海軍省　大本営条例及防務条例中改正の件（一）」（「明治三四年自一月至六月　密受領編冊」所収、Ref：C10071274500）。

(115)「改正案（一）」。

(116) 両者間の論争の詳細については、黒野耐『帝国国防方針の研究――陸海軍国防思想の展開と特徴』（総和社、二〇〇〇年）第一章第二節参照。

(117)「沿革誌（一）」。

(118)「四月一〇日　海軍省　防務条例に関する件（一）」（前掲「明治三四年自一月至六月　密受領編冊」所収、Ref：C10071274200）。

(119)「徳大寺日記　六」（宮：35986）一八九九年一二月五日条。

(120)「四月一〇日　海軍省　大本営条例及防務条例中改正の件（四）」（前掲「明治三四年自一月至六月　密受領編冊」所収、Ref：C10071274800）。司令官は横須賀鎮守府司令長官と要塞司令官のうち古参者が兼補することとされた。
(121)「徳大寺日記　六」一九〇〇年三月三日条。
(122)「徳大寺日記　六」一九〇〇年四月二一日条。
(123)「斎藤実日記　明治三三年五月二〇日～八月三一日」一九〇一年七月六日条（国会図書館憲政資料室所蔵「斎藤実関係文書　書類の部二」二〇八-二七）。この改正案は「元帥府案ヲ予テ御下附アリシモノニ付修生シタ」ものだった。
(124)前掲「海軍省　防務条例に関する件（二）」。
(125)「防務条例ヲ改正ス」（「公文類聚・第二十五編・明治三十四年・第四巻・官職二・官制二・官制二」請求番号：類00909100）。
(126)「徳大寺日記　六」一九〇〇年一〇月三〇日条。
(127)同右。
(128)「山縣元帥へ防務条例の件」（「明治三三年　電報綴　北清事件」所収、Ref：C09122564700）。日付は返電（Ref：C09122564600）参照。
(129)「徳大寺日記　六」一九〇一年四月六日条。
(130)前掲『日露戦争と井口省吾』四三三頁。
(131)前掲『日露戦争と井口省吾』四三四―四三六頁。
(132)「軍事参議院条例／明治」（宮：52766）。本史料は内大臣府所蔵で、附箋に「陸軍該制令上奏」と書かれているため、時期は不明だが天皇が閲覧したことは確実とみられる。
(133)一八九六年五月三日付井上馨宛桂太郎書簡（前掲『桂太郎発書翰集』一〇〇―一〇一頁）。
(134)『明治天皇紀　九』一九〇〇年四月二四日条、七九一頁。以下の説明で註のない箇所は、本史料による。
(135)「軍事至高顧問府設置説」（『東京朝日新聞』一九〇一年一二月一四日付朝刊）。
(136)小林道彦『児玉源太郎――そこから旅順港は見えるか』（ミネルヴァ書房、二〇一二年）第四章。
(137)『明治天皇紀　十』一九〇四年九月七日条、八六四頁。
(138)谷壽夫『機密日露戦史』（原書房、一九六六年）一八七―一八八頁。
(139)徳富猪一郎編『公爵山縣有朋伝　下巻』（山縣有朋公記念事業会、一九三三年）二六〇―二六一頁。山県草案の作成時期は不明だが、元帥府条例改正案と解釈すれば、この当時の軍事参議院条例案作成と山県の草案が密接に関連していたことは確かであろう。
(140)「明治三五年（桂内閣）行政整理」（「歴代内閣の行政整理案」国立公文書館所蔵、請求番号：資00036100）。
(141)一九〇二年四月一八日、井口は児玉より預かっていた「軍事参議院条例案并ニ同理由書付元帥府条例改正案」を寺内に提出した（前掲『日露戦争と井口省吾』四五一頁）。
(142)伊藤之雄『立憲国家と日露戦争――外交と内政　一八九八～一九〇五』（木鐸社、二〇〇〇年）第二章第一節・第二節参照。

(143) 前掲「斎藤実関係文書　書類の部二　四〇-五。
(144)「徳大寺日記　七」（宮：35987）一九〇三年九月一六日条。
(145)『明治天皇紀　十』一九〇三年九月一二日条、四八九―四九〇頁。
(146)「徳大寺日記　七」一九〇三年一〇月五日条。
(147)「大島回想」。
(148)「第四篇　制度／第四章　軍事参議官制度」（「陸軍　第二巻　大正一五年四月」所収、Ref：C13071354000）。なお、一九一五年、陸軍は教育総監を軍事参議官の一員に加える条例改正案を立案したものの、やはり海軍の反対によって、条例改正は実現しなかった。この前年に教育総監に就任した上原勇作が同時に軍事参議官も兼職した背景には、こうした陸海軍の調整があったと思われる。これ以降、教育総監は軍事参議官兼職が常態化し、事実上軍事参議院に列するようになった。
(149)「例規録　明治三八〜三九年　式部職」（宮：7228）一三号文書。二月五日付の立案。式部職は当初、両元帥が首相の次席、または首相・松方正義・井上馨の次席に列することを想定した案（二月二日付）を作成していたが、天皇の御沙汰により覆った。元帥席次問題に関する天皇の積極性は、二月一三日に徳大寺が寺内正毅陸相に「元帥席次ノ事件ニ付陛下ノ御下問」を伝達し、寺内が山県と相談していることからもうかがえる（山本四郎編『寺内正毅日記　一九〇〇〜一九一八』京都女子大学、一九八〇年、一九〇六年二月一三日条、三七〇頁）。
(150)「例規録　明治四〇年　式部職」（宮：7229）第八号・第九号文書。

第2章

(1) 大正天皇に関する研究としては、例えば原武史『大正天皇』（朝日文庫、二〇一五年、初出は二〇〇〇年）、古川隆久『大正天皇』（吉川弘文館、二〇〇七年）、フレドリック・R・ディキンソン『大正天皇――一躍五大洲を雄飛す』（ミネルヴァ書房、二〇〇九年）などが挙げられる。特に古川氏は、大正政変における桂首相の天皇利用策に対抗できなかった点、第二次大隈重信内閣において、元老に諮らずに大隈留任を言い渡した点などを、大正天皇の政務能力への疑問を表す一例として紹介している。
(2)『大正天皇実録　二』一八八九年一一月三日条、一五六頁。
(3) 前掲原『大正天皇』一九四―一九五頁、前掲古川『大正天皇』三一―三二頁など。
(4) 前掲古川『大正天皇』三二頁。
(5)『財部日記②　上』一九一〇年七月二三日条、一一八頁。
(6) 山田陸槌「大正天皇御聖徳ノ一端」（一九二七年三月四日作成、「大正天皇実録編纂資料 大正天皇に関する講話及び座談会録　一」（宮：83451）所収）。簿冊名は「大正天皇講話集」であるため、以下「大正天皇講話集」と表記する。
(7) 具体的にいつから皇族に対する入学試験が実施されるようになったかは定かではない。なお、浅見雅男氏は、皇族の入学試験は事実上形式的なものにすぎなかったと評価している（浅見雅男『皇族と帝国陸海軍』文春新書、二〇一〇年、五三頁）。

（8）例えば、天皇への拝謁などは、『大正天皇実録』の紙幅の都合などから、簡略化されている場合が多い。

（9）「資料稿本」において、下問があった事実自体は「侍従武官日誌」の記述を引用して記録している場合でも、具体的な下問内容に関する記述までは引用されずに省略されている事例が複数確認できる。

（10）なお、この背景には、一九〇七年の軍令制定によって、従来徳大寺が担ってきた軍事関係上奏・上聞書類の取り扱いが侍従武官府の管掌に移るなど、天皇周辺における事務レベルでの軍事事項の取り扱いが侍従武官府に集約化されつつあったことも関係している可能性がある。例えば、一九〇七年七月一五日に裁可された架橋教範応用部制定の件は、教育総監から徳大寺侍従長兼内大臣経由で上奏されたものであり、本来ならば内大臣府で取り扱うべきものであったが、明治天皇は裁可書類を侍従武官長に下げ渡したため、侍従武官府では内大臣府へ通知の上で書類はそのまま教育総監部に下げ渡している（「侍従武官日誌　明治四〇年」宮：35467、同日条）。ほかにも同年八月二四日の日英軍事協商に関する件（陸軍省へ下げ渡し、「侍従武官日誌　明治四〇年」同日条）、一九〇八年七月一五日の歩兵操典改正案編纂着手の件（教育総監部へ下げ渡し、「侍従武官日誌　明治四一年」宮：35468、同日条）も同様に、明治天皇が侍従武官府へ下付していたことが確認できる。こうしたイレギュラーな裁可書類の下付の事例があったためか、〇九年二月一六日には、それまで侍従長（内大臣）を経由していた教育総監からの上奏書・上聞書について、両部局の協議の結果侍従武官長が取り扱うことが決定され、明治天皇も了承している（「侍従武官日誌　明治四二年」宮：35469、同日条）。明治天皇が内大臣府経由で上奏された案件書類をなぜ侍従武官府に下付するようになったのか、明確な理由は明らかにしえないが、おそらく軍令制定によって軍事関係書類の取り扱いを統一させようという意図があったと推察される。

（11）「年度作戦計画御下問ニ関スル件覚」（「昭和八年度帝国海軍作戦計画の件」、「軍令部上裁移牒簿（陸軍作戦関係）大正九、九、二七～一〇、九、一二」所収、Ref：C14121160900）。なお、海軍では一九一三年に初めて海軍年度作戦計画が裁可されたという記録が確認できる（「大正一五年度帝国海軍作戦計画の件」、同上所収、Ref：C14121160200）。

（12）「資料稿本」一二三（宮：77423）。

（13）「参謀本部歴史　大正四年九～一〇月」（Ref：C15120055100）。

（14）「資料稿本」一二四（宮：77424）。

（15）『財部日記②　下』一九一三年五月八日条、一七五―一七六頁。

（16）『原日記　三』一九一三年五月八日条、三〇九頁。

（17）一九一三年六月二五日付宇都宮太郎宛上原書簡（「宇都宮太郎関係資料」所収、一二三―一二三）。前日二四日に木越陸相の辞任が発表されたことを受けて、上原が記した感想の一節である。本史料の閲覧にあたっては、宇都宮太郎関係資料研究会の御厚意を得た。ここに記して感謝申し上げる。なお、「宇都宮太郎関係資料」は、現在は国会図書館憲政資料室に移され、「宇都宮太郎関係文書」として公開されている。

（18）『財部日記②　下』一九一三年五月一一日条、一七七頁。

（19）『財部日記② 下』一九一三年五月二九日条、一八二頁。
（20）伊藤之雄『昭和天皇と立憲君主制の崩壊――睦仁・嘉仁から裕仁へ』（名古屋大学出版会、二〇〇五年）二五―二六頁、同「山県系官僚閥と天皇・元老・宮中――近代君主制の日英比較」（『法学論叢』一四〇―一・二、一九九六年）一二六―一三三頁。
（21）『財部日記② 下』一九一四年八月五日条、三一六頁。
（22）「斎藤実覚書　大正三年」（国立国会図書館憲政資料室所蔵「斎藤実関係文書　書類の部二」三七―一）。
（23）前掲伊藤『昭和天皇と立憲君主制の崩壊』二五―二六頁。
（24）例えば、西義一侍従武官によれば、即位後の大正天皇は熱心に執務に取り組むとともに、「時として御相談のため某宮（主に伏見宮）を呼べと励声御下命」することもあったという（『奈良日記　四』一三五頁）。天皇の貞愛親王に対する信頼感がうかがえる。
（25）この点は、奈良岡聰智『対華二十一ヵ条要求とは何だったのか――第一次世界大戦と日中対立の原点』（名古屋大学出版会、二〇一五年）など参照。
（26）黒田甲子郎『奥元帥伝』（国民社、一九三三年）二九八―三〇〇頁。
（27）海軍内でも財部彪をはじめ山本権兵衛・東郷平八郎・井上良馨ら重鎮間では、開戦に慎重な発言をする者が多かった（斎藤聖二『秘　大正三年日独戦史　別巻二　日独青島戦争』ゆまに書房、二〇〇一年、六頁）。なお、大戦中には、ほかにも一九一七年一〇月に対支兵器供与問題について非公式の元帥会議が開催されていることがわかる（「元帥会議開催」、「兵器供給協議　元帥会議主題」『東京朝日新聞』一九一七年一〇月二八日付朝刊）。
（28）『大正天皇実録　四』一九一四年九月七日条、二六二頁。
（29）一九一四年については「資料稿本」一一八―一二六（宮：77418–77426）から、一七年については「資料稿本」一三八―一四五（宮：77438–77445）、一八年は「資料稿本」一四六―一五三（宮：77446–77453）からカウントしている。
（30）例えば、内山侍従武官長は明石元二郎参謀次長に「日露両軍ノ満洲ニ向ツテスル兵力集中ニ要スル彼我輸送力ノ関係ヲ調査スベキ旨御沙汰有之候ニ付キ、明後九月二十五日午前九時迄ニ説明者ヲ侍従武官府マデ御差出シ相成様御取計ヒ有之度候也」と要請している（一九一五年九月二三日付明石宛内山書簡、国立国会図書館憲政資料室所蔵「明石元二郎関係文書」三八―二）。
（31）イギリス軍の青島攻略戦参加について、両国陸軍間で八月一八日から同二四日まで協議されたのち、九月一日、イギリスの北支那駐屯軍司令官が指揮する一個大隊が独立第一八師団の指揮下に入ることと「青島攻略ニ関スル日英陸軍協定」が合意された（参謀本部編『秘　大正三年日独戦史　上巻』東京偕行社、一九一六年、八三頁）。
（32）以下、本章の説明で特に註がない場合は、前掲斎藤『秘　大正三年日独戦史　別巻二　日独青島戦争』、前掲参謀本部編『大正三年日独戦史　上巻』に依拠している。
（33）「参謀本部歴史　大正三年八月（一）」（Ref：C15120051600）。
（34）前掲参謀本部編『秘　大正三年日独戦史　上巻』九八頁。

(35) 一九一四年九月一三日付福田参謀本部第二部長発小池外務省政務局長宛「山東鉄道管理ニ関スル陸軍側意見通報ノ件」（外務省編『日本外交文書　大正三年　第三冊』一九六六年、三九六―三九七頁、以下『日外』と表記）。
(36) この点は、小林啓治『総力戦とデモクラシー――第一次世界大戦・シベリア干渉戦争』（吉川弘文館、二〇〇八年）七六―七九頁も参照。
(37) 一九一四年九月一六日付日置在中公使発加藤外相宛第六八八号（『日外』三九七―三九八頁）。
(38) 一九一四年九月二二日付加藤外相発日置在中公使宛第四四〇号（『日外』三九九頁）。
(39) 一九一四年九月二四日付日置在中公使発加藤外相宛第七〇〇号（『日外』四〇三―四〇四頁）。
(40) 前掲小林『総力戦とデモクラシー』八七―八九頁。
(41) 『大正天皇実録　四』一九一五年六月九日条、三三八―三三九頁。
(42) ここまでの説明と引用は、『奈良日記（上）』各日条（二四九―二五〇頁）による。
(43) 「台湾守備隊の一部派遣に関する件」（「大正四年軍事機密大日記 六／八 大正四、一～大正四、一二」所収、Ref : C02030033700）。
(44) 「対支応急行動に関し訓令の件」（「大正一二年軍事機密大日記 三／六」所収、Ref : C02030151000）。
(45) 「資料稿本」一二一（宮 : 77421）。参謀総長から台湾総督への命令には「本命令実行ノ時機ハ更ニ参謀総長ヨリ指示ス」という注意書きが付されていた（前掲「台湾守備隊の一部派遣に関する件」）。
(46) こうした点は、前掲奈良岡『対華二十一ヵ条要求とは何だったのか』第四章も参照。
(47) 『原日記　四』一九一五年五月一八日条、一〇一頁。
(48) イギリス軍に対する御沙汰は、九月二二日に内山武官長より上奏されている（「資料稿本」一一四、宮 : 77414）。
(49) 『大正天皇実録　四』一九一四年九月二一日条、二六三―二六四頁。
(50) 西は、七月一三日に支那駐屯軍を訪問し、翌一四日に各部隊への聖旨・令旨伝達、閲兵や病院訪問などを行った。その後、同一七日には海光、一八日から一九日にかけて山海関をそれぞれ訪問し、同じく聖旨・令旨の伝達や部隊や病院巡視など慰問を行っている（『奈良日記（上）』各日条、二六三―二六五頁）。
(51) 『奈良日記（上）』一九一五年六月一二日・同一四日条、二五七―二五八頁。
(52) 史料調査会海軍文庫監修、「海軍」編集委員会編『海軍』第一二巻（誠文図書、一九八一年）一二六頁。
(53) 「編制前誌（第三特別陸戦隊）大正三年一〇月一六日～三一日分」（「大正三～四年　第一特別陸戦隊戦時日誌　第二特別陸戦隊戦時日誌　第三特別陸戦隊戦時日誌」所収、Ref : C10080175900）。
(54) 「大正三年　文書綴　二」（防 : ①中央-その他-七三）。その他の案件は、鎮守府・要港部・旅順要港部防備隊条例中改定、艦隊司令部定員表改正、海軍重砲隊定員廃止、演習規則中改正である。
(55) 連合艦隊は、一九三三年に常設化されるまでの間、毎年の教育年度の最初に編成され、演習訓練などを実施したあと解隊するという方式がとられるようになった（以上の説明は、前掲『海軍』第一二巻、三四―三五頁による）。
(56) 侍従武官府「陸海軍事ニ関スル御治績ノ一班　大正十一年一一月」（前掲「大正天皇謹話集　一」所収）。
(57) 内山自身も後年、「御裁可書ノ内戦時編制、作戦計画、動員計画及演習等ニ関スルモノハ、重要ナル事項ナルヲ以テ、苟モ遊バサレズ。御閲読遊バサレ、御不審ノ箇所アルトキハ、所管大臣、参謀総長、若クハ軍令部長ヲ御召ノ上、直接ニ御下問アリ。更ニ又山県元帥或ハ井上、東郷両元帥ニ御諮詢アラセラルルヲ例トセリ」（前掲「大正天皇謹話集　一」所収の「大正天皇ノ御聖徳ニ就テ昭和二年三月十日」）と回顧している。ここでも前述の侍従武官府の記録と同じように大正天皇の自発的な下問と裁可を強調しているが、これも史料の性格上ある程度差し引いて考えなければならないだろう。
(58)『財部日記②　下』一九一二年七月三一日条、六八頁。
(59)『昭和天皇実録　四』一九二四年一一月一五日条、一六五―一六六頁、二七年九月二八日条、七七九―七八〇頁参照。この点については次章で詳述する。
(60)「井上馨波多野宮相談話覚（九・二六）」（山本四郎編『第二次大隈内閣関係史料』京都女子大学、一九七九年）一八七頁。
(61) 四竈孝輔『侍従武官日記』（芙蓉書房、一九八〇年）一九二〇年九月一八日条、二三三頁。
(62) 内藤一成「大正天皇と山県有朋」（『日本歴史』五八六、一九九七年）。以下の説明で註のない箇所は内藤論文に依拠している。
(63)「貞明皇后実録編纂資料・関係者談話聴取（資料）昭和四〇年」（宮：29334）。奈良の回想は一九五三年三月五日に宮内庁が聴取したものである。
(64) 尚友倶楽部編『大正初期山県有朋談話筆記　続』（芙蓉書房出版、二〇一一年）五七頁。
(65) 前掲内藤「大正天皇と山県有朋」一一二頁。
(66) 伊藤之雄『元老――近代日本の真の指導者たち』（中公新書、二〇一六年）第七章参照。
(67) 前掲『大正初期山県有朋談話筆記　続』六四―六五頁。
(68) 前掲古川『大正天皇』一六九頁、松田好史『内大臣の研究――明治憲法体制と常侍輔弼』（吉川弘文館、二〇一四年）三九―四〇頁。
(69) 徳富猪一郎編『公爵山縣有朋伝　下巻』（山縣有朋公記念事業会、一九三三年）九〇八頁、年譜編七一―七二頁。その後、一九一八年八月二日から翌一九年一一月三〇日の期間、再び元帥府で勤務し、シベリア出兵に従事していたという（同書、年譜編七七―七八頁）。
(70) 黒沢文貴「軍事指導者としての天皇」（黒沢文貴編『日本陸海軍の近代史――秩序への順応と相剋1』東京大学出版会、二〇二四年）二六五頁。
(71) 一九一六年六月九日付山県有朋宛大島健一書簡（尚友倶楽部山縣有朋関係文書編纂委員会編『山縣有朋関係文書　一』山川出版社、二〇〇四年、二七三頁）。
(72) 海軍の場合、年度作戦計画について、裁可奏請前に海軍軍令部第一班長が事前に元帥に説明、内意を得る事例が確認できる（例えば前掲「大正一五年度帝国海軍作戦計画の件」など参照）。

（73）沢田茂著、森松俊夫編『参謀次長　沢田茂回想録』（芙蓉書房、一九八二年）三二三頁。

第3章

（1）大江洋代『明治期日本の陸軍——官僚制と国民軍の形成』（東京大学出版会、二〇一八年）参照。

（2）代表的な研究として、森靖夫『日本陸軍と日中戦争への道——軍事統制をめぐる攻防』（ミネルヴァ書房、二〇一〇年）、小林道彦『政党内閣の崩壊と満州事変——一九一八～一九三二』（ミネルヴァ書房、二〇一〇年）、髙杉洋平『宇垣一成と戦間期の日本政治——デモクラシーと戦争の時代』（吉田書店、二〇一五年）などがある。

（3）平松良太「第一次世界大戦と加藤友三郎の海軍改革——一九一五～一九二三（一）～（三）」（『法学論叢』一六七-六、一六八-四・六、二〇一〇—一一年）、同「ロンドン海軍軍縮問題と日本海軍——一九二三～一九三六（一）～（三）」（『法学論叢』一六九-二・四・六、二〇一一年）、同「海軍省優位体制の崩壊——第一次上海事変と日本海軍」（小林道彦・黒沢文貴編『日本政治史のなかの陸海軍——軍政優位体制の形成と崩壊　一八六八—一九四五』ミネルヴァ書房、二〇一三年所収）。

（4）黒沢文貴「大正・昭和期における陸軍官僚の「革新」化」（前掲小林・黒沢編『日本政治史のなかの陸海軍』所収）。

（5）山口一樹「元帥をめぐる一九二〇年代の陸軍——上原派の構想を通じて」（『日本史研究』六八六、二〇一九年）、同「一九三〇年代前半期における陸軍派閥対立——皇道派・統制派の体制構想」（『立命館大学人文科学研究所紀要』一一七、二〇一九年）。

（6）この点について、山口氏も宇垣陸相が上原との派閥対立を経て、「臣下元帥」生産に消極的になったことを指摘している（前掲山口「元帥をめぐる一九二〇年代の陸軍」一四—一五頁）。本章では、公式下問停止問題とともに取り上げ、陸海軍関係も交えつつ検討することで、この要因をより立体的に考察する。

（7）黒田甲子郎『奥元帥伝』（国民社、一九三三年）三〇三—三〇五頁。奥に対して大正天皇から慰労の御言葉も出された（「大正天皇実録資料稿本　一七二」宮：77472）。また、長谷川好道も病気で公務ができないことを気にしていたため、奈良武次東宮武官長が田中陸相と相談し、安心して養生せよという摂政の御沙汰を伝達している（『奈良日記　一』一九二三年一一月一七日、同二〇日条など、四〇六—四〇七頁）。

（8）この経緯と理由については、『昭和天皇実録　四』一九二四年一一月一五日条、一六五—一六六頁。

（9）「年度作戦計画御下問ニ関スル件覚」（「昭和八年度帝国海軍作戦計画の件」、「軍令部上裁移牒簿（陸軍作戦計画関係）大正九、九、二七～一〇、九、一二」（以下「軍令部上裁移牒簿①」と表記）所収、Ref：C14121160900）。この覚書は、一九三二年八月三〇日に軍令部が元帥への作戦計画に関する下問について、奈良武官長に意見を聴取し、奈良が過去の事例をもとに述べた意見の一部である（覚書の作成自体は一一月一日付）。

（10）前掲「年度作戦計画御下問ニ関スル件覚」。

(11)『奈良日記　二』一九二三年一一月一二日条、四〇四頁。
(12)『奈良日記　二』一九二三年一一月一三日条、四〇四頁。
(13)大正一三年度陸軍作戦計画は、一二月五日に河合から裁可奏請がなされている（『昭和天皇実録　三』一九二三年一二月五日条、九七四頁）。なお、その前後において上原ら陸軍側元帥に対して下問された事例は、『昭和天皇実録』や『奈良日記』からは確認できない。
(14)前掲小林『政党内閣の崩壊と満州事変』序章、前掲山口「元帥をめぐる一九二〇年代の陸軍」六―七頁参照。
(15)『原日記　五』一九二一年五月二七日条、三九三頁。
(16)例えば、畑俊六は戦後の回想で、田中が上原の元帥奏請を行ったのは、「懐柔する為」だったと評している（軍事史学会編、伊藤隆・原剛監修『元帥畑俊六回顧録』錦正社、二〇〇九年、以下『畑回顧録』と表記、一二五頁）。
(17)上原は参謀総長在任自体にはあまり拘泥しておらず、元帥として軍事に関与することを周囲に明言していた（前掲山口「元帥をめぐる一九二〇年代の陸軍」一〇、一四頁参照）。
(18)前掲小林『政党内閣の崩壊と満州事変』二一頁参照。
(19)「大正一三年度陸軍作戦計画に関する件照会　大正一二年一二月一日」（「軍令部上裁移牒簿（陸軍作戦計画関係）大正九、九、一五～一〇、八、二八」（以下「軍令部上裁移牒簿②」と表記）所収、Ref：C14121158000）。
(20)以上の改訂の経緯は、「大正一四年度帝国陸軍作戦計画に関する件照会　大正一三年九月二日」（「軍令部上裁移牒簿②」所収、Ref：C14121158100）による。
(21)例えば一九三一年九月時点での海軍の事例となるが、当時の谷口尚真海軍軍令部長は、「御下問ノ際元帥ヨリ反対意見奏上ノ場合、軍最高統帥部トシテハ変ナコトトナルベシ」として、作戦計画の上奏前に元帥に説明・内諾を得る形にとどめた方が「適当」であるという意見を持っていた（「作戦計画、戦時編制、防備計画ヲ元帥ニ御下問奏請ニ関スル件覚」（一九三一年九月一日作成）、「軍令部上裁移牒簿①」の「昭和七年度帝国海軍作戦計画の件商議」所収、Ref：C14121160800）。これは、ロンドン条約批准時に東郷の強硬な反対論に悩まされた谷口の本音を如実に反映した意見だと思われる。統帥部の立場からすれば、統帥部と元帥間の意見不一致が常に懸念材料とみなされていたことがうかがえよう。
(22)大正一四年度陸軍作戦計画は、同年度海軍作戦計画よりも前の九月一〇日に河合から上奏されているが（『昭和天皇実録　四』当日条、一三二頁）、前年度と同様に、陸軍側元帥に対して下問された形跡は、『昭和天皇実録』や『奈良日記』からも確認できない。
(23)前掲「年度作戦計画御下問ニ関スル件覚」。前章で論じたように、陸軍では山県個人に対する下問が圧倒的に多かったことに比べて、海軍では同一案件であっても両元帥に下問されるケースが多かった。
(24)『奈良日記　二』一九二三年一一月一五日条、四〇五頁。
(25)『奈良日記　二』一九二四年一一月一五日条、一〇六頁。

(26)『昭和天皇実録　四』一九二七年九月二八日条、七七九―七八〇頁。
(27) 前掲「年度作戦計画御下問ニ関スル件覚」。
(28) このあと、鈴木貫太郎軍令部長時代には重要な改正があったときに、その後任の加藤寛治の時代には基本的に毎年元帥への下問を奏請する方針がとられた（前掲「作戦計画、戦時編制、防備計画ヲ元帥ニ御下問奏請ニ関スル件覚」）。実際、海軍側の記録では、加藤就任後に策定された昭和五年・六年・八年度海軍作戦計画は、東郷への下問が行われた。それ以外の年度は大きな改訂はなかったため、事前に東郷の承諾を得て下問が省略された（「軍令部上裁移牒簿①」）。基本的に海軍では元帥への事前説明・下問を経ることが重視されていたといえる。
(29) 陸軍では一九三一年九月段階で「陸軍ニテハ元帥ニ説明モセズ、従ツテ御下問モ奏請セザル慣例ナリ」という有様だったという（前掲「作戦計画、戦時編制、防備計画ヲ元帥ニ御下問奏請ニ関スル件覚」）。その後、陸軍では昭和六年度から一一年度にかけて作戦計画が毎年改訂されているが（「軍令部上裁移牒簿②」）、陸軍側元帥への下問は確認できない。
(30) 田中孝佳吉「元帥府の設置とその活動」（『皇學館史學』二八、二〇一三年）三五―四三頁、前掲山口「元帥をめぐる一九二〇年代の陸軍」一四―一五頁。特に山口氏は上原と宇垣の対立が要因であることを指摘しているが、主に陸軍部内の派閥抗争という観点から論じており、本書が重視する天皇と軍との関係や陸海軍関係の視点は論及されていない。
(31)「元帥問題ニ就テ」（一九四〇年一一月四日作成、海軍省人事局「昭和三年以降元帥関係史料綴」防：⑧参考–人事–二〇七（以下「元帥史料綴」と表記）所収）。「元帥史料綴」には一九二〇年代以降の海軍側元帥人事に関する文書がまとめられており、特に一九四〇年代の「臣下元帥」奏請に関する文書が多く残されている。第6章で検討するが、四〇年代に人事局が、「臣下元帥」再生産の動きに備えて過去の情報をもとにさまざまな検討を行ったものと考えられる。なお、「元帥史料綴」は田中氏や山口氏の研究でも使用されている。
(32)「元帥奏請ニ関スル件 乙、山下大将関係」（「元帥史料綴」所収）。
(33)『畑回顧録』九九―一〇〇頁。
(34)「元帥会議開催ノ手続（大正六年三月三十一日）」（「海軍軍備制限に関する元帥会議議事書類　大一一、三、三一」所収の「元帥会議　大正一一年三月三一日」、Ref：C14061037800）。具体的な時期や職掌は不明ながら、少なくとも一九一七年三月以前、大島は元帥府御用掛という肩書で元帥府の事務を取り扱っていた。
(35)『原日記　五』一九二一年四月一一日条、三七二頁。新聞報道上でも二〇年八月段階で、島村軍令部長と加藤海相が辞職後に元帥に奏請されるとの観測があった（「海相進退如何」『東京朝日新聞』二〇年八月二二日付朝刊）。また、翌年一月には、上原と島村の元帥奏請について観測記事が出ている（「陸爵と元帥」『東京朝日新聞』二一年一月一九日付朝刊）。この時期には上原の元帥奏請問題が現実化していたといえる。
(36) 以下の説明は、前掲平松「第一次世界大戦と加藤友三郎の海軍改革（一）・（二）」参照。

(37) 前掲平松「第一次世界大戦と加藤友三郎の海軍改革（二）」一一五頁。
(38) 前掲平松「第一次世界大戦と加藤友三郎の海軍改革（一）」九七頁。
(39) この点は、手嶋泰伸「一九二〇年代の日本海軍における軍部大臣文官制導入問題」（『歴史』一二四、二〇一五年）七二頁、同『統帥権の独立――帝国日本「暴走」の実態』（中公選書、二〇二四年）第二章参照。
(40) 防衛庁防衛研修所戦史室編『戦史叢書　大本営海軍部・連合艦隊一』（朝雲新聞社、一九七五年）二三三頁、前掲平松「ロンドン海軍軍縮問題と日本海軍（一）」一二九―一三〇頁。なお、加藤・財部海相期の東郷は文官大臣制には否定的な一方、海相が軍政・軍令に関して輔弼責任を有することを明確に支持していた（寺崎隆治編『寺島健伝』寺島健伝記刊行会、一九七三年、二七〇―二七一頁）。
(41) 例えば、季武嘉也『大正期の政治構造』（吉川弘文館、一九九八年）七三―七九頁。
(42) 小宮一夫「山本権兵衛（準）元老擁立運動と薩派」（『年報・近代日本研究二〇――宮中・皇室と政治』一九九八年）参照。薩派は山本による内閣再組閣や枢密院議長への擁立を通して、山本に「準元老」的な地位を与えることを目指して運動していた。
(43)「「薩の海軍」を実現する為めに権兵衛伯を元帥に」（『東京朝日新聞』一九二三年一二月七日付夕刊）。また、この新聞報道以前の一九二一年五月、財部は加藤から次のような話を聞いたことを自身の日記に記している。「元帥推せんの咄抔ありたるも、数回聞くところのものなり。山本伯を推せんの時の事は始て大臣よりは聞く。但し少く加工せる部分もありたるが如し」（『財部日記③』一九二一年五月三一日条、三八頁）。二一年五月段階で山本の元帥奏請の話が出現していたことがうかがえる。
(44)『財部日記①』一九一七年六月一二日条。久保田譲が山本の娘婿である財部に話した内容である。
(45) 以下に列挙する各人の履歴や期別は、秦郁彦編『日本陸海軍総合事典［第二版］』（東京大学出版会、二〇〇五年）の各項目による。
(46)『財部日記④』一九二三年三月一日条、二一頁。
(47) なお、加藤は腹心の部下である井出謙治海軍次官を後任海相に推挙したかったが、海軍内薩派の妨害工作により実現できなかったことも抑えておきたい（太田久元『戦間期の日本海軍と統帥権』吉川弘文館、二〇一七年、八三頁）。
(48) 小池聖一「大正後期の海軍についての一考察――第一次・第二次財部彪海相期の海軍部内を中心に」（『軍事史学』二五―一、一九八九年）も参照。
(49) 前掲「元帥奏請ニ関スル件　乙、山下大将関係」。宇垣陸相と財部海相の在任期間が重なるのは、一九二四年六月～二七年四月、二九年七月～三〇年一〇月の期間である。後述する山下の一件は二八年五月のことなので、宇垣と財部間の「臣下元帥」生産凍結論の再確認は二四年六月から二七年四月の間に行われたことになる。
(50) この点は、山口一樹「清浦奎吾内閣における陸相人事問題」（『立命館史学』三四、二〇一三年）が詳細に論じている。
(51) 伊藤之雄『山県有朋――愚直な権力者の生涯』（文春新書、二〇〇九年）四〇四―四〇七、四一八―四二一頁。山県以外の元帥の

意向が人事を左右することもあった。例えば、岡市之助陸相の後任に、当時の上原勇作教育総監は田中義一を推し、山県への上申前に大山・川村景明・長谷川好道の三元帥に意見を尋ねた。しかし、大山のみ田中案に賛成で、他の元帥は時期尚早として反対した。結局後任には序列上位で、三元帥も一致して推す大島健一が就任した（一九一六年三月七日付寺内正毅宛上原書簡、寺内正毅関係文書研究会編『寺内正毅関係文書一』東京大学出版会、二〇一九年、四〇〇頁）。

(52) 前掲山口「元帥をめぐる一九二〇年代の陸軍」参照。

(53) 例えば、奈良は二月二一日、宇垣から「福田大将直接上奏する恐れ」があることを聞き、関屋貞三郎宮内次官とも同様の話をしている（『奈良日記　二』当日条、二二一頁）。四月一四日には津野一輔陸軍次官から「上原元帥或は封事を上るべきや」という話があり、奈良は「若し来れば成るべく諫止すべく、聴かざる場合に於ても成るべく御手許に止め置かるゝ様努む」と答えている（『奈良日記　二』当日条、三六頁）。

(54) 組閣後、宇垣の調停に至るまでの田中と上原のやりとりは「清浦子爵の組閣並其の陸相候補問題と予との関係に就て」（国会図書館憲政資料室所蔵「上原勇作関係文書」一五二−五）参照。

(55) 「「陸相問題」清浦対上原メモ」（憲政記念館所蔵「宇垣一成文書」A4-206、以下「宇垣文書」と表記。本書では早稲田大学政治経済学術院研究図書室所蔵の複製版を利用）。

(56) 『宇垣日記　一』四五五頁。

(57) 前掲高杉『宇垣一成と戦間期の日本政治』第Ⅰ部第一章参照。

(58) 「宇垣文書」所収の「法制上の調査」（A4-207）という史料群のなかには、「陸軍大将ヲ元帥府ニ列セラルヘキ場合ノ手続」という文書や、元帥府条例や軍事参議院条例を調査した「上奏ニ就テ」という文書が残されており、宇垣が元帥府について調査していたことがわかる。また、陸相在任中に南次郎が鈴木荘六（宇垣と陸士同期、南と同じ騎兵科出身）を元帥に奏請するべきという意見を具申したときに、「唯ウン〳〵と云ひ居りたる由」で結局「鈴木元帥」奏請案は聞き届けられなかったという（『畑回顧録』一二五頁）。ここからも「臣下元帥」の生産を凍結すべきという宇垣の考えが読み取れる。

(59) 一九二四年五月二六日付牧野宛町田書簡（国会図書館憲政資料室所蔵「牧野伸顕関係文書（書簡の部）」二六七−二）。

(60) 上原派の策動については、山口氏も前掲の牧野宛町田書簡を引用しながら指摘している（前掲山口「元帥をめぐる一九二〇年代の陸軍」一五頁）。

(61) 例えば、元帥への下問については、鈴木荘六参謀総長が一時「海軍ニテハ出師準備計画書ヲ元帥会議ニ附議スル趣ナルガ陸軍ニ於テモ之ヲ元帥会議ニ附議シテハ如何研究ヲ望マレタルガ、陸軍省側ノ意見ハ如何」と陸軍省に提起したことがあった。これに対して、松木直亮整備局長は「動員計画ナルモノハ平時編制ヲ単ニ戦時編制ニ移ス手続キニ過ギザルヲ以テ、此ノ手続ノ改ムルニ付元帥会議ニ附議スル丈ケノ重要ナル事項ニアラザルヲ以テ其必要ナキ旨」を白川義則陸相に報告し、白川も同意している。なお、先任元帥の奥は動員計画を元帥会議に附議されるような「重要ナル事項」と認識していたという（松木直亮「昭和三年度業務日誌」

防：文庫―松木史料―二、一九二八年八月二七日条）。第1章でも述べたように、鈴木は奥の発言や海軍による作戦計画に関する公式下問の復活を念頭に、こうした提起を行ったと考えられるが、陸軍省では白川陸相時代においても動員計画を事務的に処理することを志向し、元帥個人への下問に消極的だったことがうかがえよう。

(62) 前掲平松「ロンドン海軍軍縮問題と日本海軍（一）」一二七―一二九頁。加藤高明内閣発足時には東郷が海軍内での反対論を抑え、財部を海相に就任させた（前掲小池「大正後期の海軍についての一考察」参照）。

(63)『奈良日記』を通読すると、一九二〇年代後半頃から、高齢化した元帥が健康上の理由によりたびたび軍事参議会の議長を断り、次席の元帥が議長を引き継ぐ事例が散見される。特に奥と井上にその傾向が強く、その場合は閑院宮と東郷が議長を務めることが多かった。

(64) 例えば、井上死去直前の一九二九年二月段階での現役大将は、序列順に財部・伏見宮博恭王・竹下勇・岡田啓介・加藤寛治・安保清種・谷口尚真の七名だったが、元帥奏請条件②を満たす人物はいなかった（海軍省「現役海軍士官名簿　昭和四年二月一日調」国立国会図書館所蔵）。

(65) 以下本段落の引用で註のないものは、前掲「元帥奏請ニ関スル件甲、斎藤大将関係」（「元帥史料綴」所収）に拠る。斎藤は一八五八年生。主に軍政畑を歩み、日清戦争時は侍従武官（少佐）、日露戦争時は海軍次官（中将）を務め、一九〇六年海相、一二年大将、一四年シーメンス事件により海相辞任、予備役編入。一九年八月から二七年一二月まで朝鮮総督を務めた（前掲秦『日本陸海軍総合事典〔第二版〕』二二三頁）。

(66) 一九二五年頃、斎藤を慕う下岡忠治朝鮮総督府政務総監が、元帥奏請を財部に依頼し、財部が内閣で運動したこともあった（前掲「元帥奏請ニ関スル件甲、斎藤大将関係」）。

(67)『財部日記④』一九二八年三月一五日条、三九八頁。

(68) 以下の史料引用は前掲「元帥奏請ニ関スル件乙、山下大将関係」。山下は一八六三年生。日露戦時は大佐で大本営参謀（軍令部第一班長）、大正期に軍令部次長、佐世保鎮守府司令長官、第一艦隊司令長官兼連合艦隊司令長官を歴任、一九一八年大将、二〇年軍令部長、二五年軍事参議官、二八年七月後備役編入（前掲秦『日本陸海軍総合事典〔第二版〕』二六一頁）。

(69) 岡田は、財部が「老体ノ井上元帥ノ隠退」を考慮して、山下を元帥に推す腹づもりだろうと推測していた（前掲「元帥奏請ニ関スル件乙、山下大将関係」）。

(70)『奈良日記　三』一九二九年一月六日条、一七一頁。

(71) 竹下は、人事など重要問題で財部海相とたびたび話し合う良好な関係であり（波多野勝ほか編『海軍の外交官　竹下勇日記』芙蓉書房出版、一九九八年、六三―六四頁）、財部にとって有力な支持基盤であった。竹下の予備役編入により、大将級の薩摩出身者は東郷・財部以外にはいなくなった（前掲平松「ロンドン海軍軍縮問題と日本海軍（一）」一三二―一三三頁）。

(72) 前掲「元帥奏請ニ関スル件甲、斎藤大将関係」。

(73) 前掲「元帥奏請ニ関スル件 乙、山下大将関係」。山下の一件の際に山梨が述べた発言である。山梨の人事局長在任は一九二三年二月一日から翌二四年一二月一日であるため、財部からの指示は山梨の局長就任から二四年一月七日の財部海相の退任までに出されたことになる。

(74)「モウロクしたヨボ〳〵元帥を退役させる停年制」（『読売新聞』一九二五年四月一三日付朝刊）。この記事では、元帥の称号や待遇は終身付与し、軍役上では一定の年齢に達したら退役させる制度にすべきと論じられている。

(75) 財部は自身の日記に、浅井将秀編の「戦時大本営条例及防務条例の制定並沿革」を一読した感想として、「附録の軍事参議院条例制定に関する山県、大山両元帥の奏議を読む。感特に深し。元帥を官等とし定限年齢を制定するの必要あるべきを思ふ」（『財部日記④』一九二九年九月六日条、五一四頁）と書き記している。

(76) 本問題の詳しい経緯は、照沼康孝「鈴木荘六参謀総長後任を繞って――宇垣一成と上原勇作」（『日本歴史』四二一、一九八三年）、前掲髙杉『宇垣一成と戦間期の日本政治』一一三―一二二頁参照。

(77)『宇垣日記 一』一九三〇年二月一六日条、七五五頁。

(78)『宇垣日記 一』一九三〇年二月一三日夕条、七五四頁、「奥保鞏元帥宛口上」二月一二日付（『宇垣日記 一』七五四―七五五頁）。

(79) 以下の説明および引用で註のない箇所は、宇垣作成「総長選任経緯の一部（自筆草稿）」（「宇垣文書」A4–10）による。

(80)『奈良日記 四』一五五頁。『奈良日記 三』一九三〇年二月一九日条、二〇五頁。

(81) 同右。『奈良日記 三』一九三〇年三月一日条、二〇八頁。

(82) 特に奈良はその意識が強かった。例えば、一九二五年に上原が宇垣の軍制改革中の在営年限短縮への反対意見を奈良に述べたあと（『奈良日記 二』同年一〇月二九日条、二一八頁）、奈良は摂政に陸相から在営年限短縮の上奏があった場合には「元帥の意見は徴したかと御下問」したほうがよいと言上している（『奈良日記 二』、同年一一月一八日条、二二四頁）。昭和天皇も宇垣から四大将の予備役編入の内奏を受けた際、「皆の諒解を得たるや」と下問し、宇垣は「皆元帥の諒解を得たる旨」を奉答した（『奈良日記 二』、一九二五年四月一八日条、一五八頁）。

(83)『奈良日記 三』一九二九年一二月三日条、一七九―一八〇頁。

(84) 満洲事変勃発後、鈴木は上原が南次郎陸相や牧野伸顕内大臣と会見できるよう斡旋していた（『奈良日記 三』一九三一年一〇月一〇日条、三六七頁）。鈴木は上原と中央要職者を引き合わせることで、満洲事変への対応を模索しようとしていたといえる。

第4章

(1) 近年の代表的研究として、手嶋泰伸『昭和戦時期の海軍と政治』（吉川弘文館、二〇一三年）、太田久元『戦間期の日本海軍と統帥権』（吉川弘文館、二〇一七年）がある。

（2）前掲手嶋『昭和戦時期の海軍と政治』第一部第二章・第四章。
（3）手嶋泰伸「岡田啓介内閣期の陸海軍関係」（『福井工業高等専門学校研究紀要　人文・社会科学』四八、二〇一四年）二五頁。この視点から二・二六事件後の政治過程を検討したものとして、同「二・二六事件後の陸海軍関係」（『年報近現代史研究』六、二〇一四年）。
（4）藤井崇史「ワシントン条約廃棄問題と統帥権」（『日本歴史』八一九、二〇一六年）。
（5）最近では、山口一樹氏が大正期の元帥府について、国防用兵事項の諮詢に関わる元帥会議が慣例によって開催・運用されていたことを指摘している（山口一樹「元帥をめぐる一九二〇年代の陸軍――上原派の構想を通じて」『日本史研究』六八六、二〇一九年、五―六頁）。ただし、本章で重視する元帥府へ国防用兵事項が諮詢されることの意義や元帥会議が具備する性格については検討されていないため、この点はなお議論を深める余地がある。
（6）条約批准時の政治過程は、伊藤隆『昭和初期政治史研究――ロンドン海軍縮問題をめぐる諸政治集団の対抗と提携』（東京大学出版会、一九六九年）、麻田貞雄『両大戦間の日米関係――海軍と政策決定過程』（東京大学出版会、一九九三年）、増田知子『天皇制と国家――近代日本の立憲君主制』（青木書店、一九九九年）、関静雄『ロンドン海軍条約成立史――昭和動乱の序曲』（ミネルヴァ書房、二〇〇七年）など。
（7）纐纈厚「統帥権干犯問題と軍令機関の対応――ロンドン海軍軍縮条約（一九三〇年）締結をめぐって」（『軍事史学』一五―三、一九七九年）、同「統帥権干犯論争の展開と参謀本部――ロンドン海軍軍縮条約（一九三〇年）締結に関連して」（『日本歴史』三七六、一九七九年）、岡田昭夫「ロンドン海軍条約と統帥権干犯論――統帥権問題研究（その一）」（『早稲田大学大学院法研論集』五五、一九九〇年）、同「統帥権干犯論争と陸軍（前編・後編）――統帥権問題研究（その二）」（『早稲田大学大学院法研論集』五九・六〇、一九九一―九二年）など。
（8）この時期の陸軍軍制改革を論じた照沼康孝氏は、海軍単独軍事参議会の開催について、陸軍が海軍内の抗争に巻き込まれることや海軍の補充計画に同意を与えることを回避した結果だと指摘している。照沼氏の見解は、軍事参議会開催問題が陸海軍関係にある程度の影響を及ぼしたことを示唆するものであろう（照沼康孝「宇垣陸相と軍制改革案――浜口内閣と陸軍」『史学雑誌』八九―一二、一九八〇年、四六頁）。
（9）なお、軍事参議会とは別に、陸海軍当局おのおのが主催する非公式軍事参議官会議もたびたび行われていた。非公式軍事参議官会議は、軍事参議会開催に先立つ調整のほか、軍当局が特に重要事項などを部内で決定する際に、事前に元帥や軍事参議官に説明し合意を得ることを目的に開催されていた。本章では、天皇の諮詢を受けて正式開催される軍事参議会の意義に焦点を当てている。
（10）「統帥権（参考資料）昭和四、五年頃」（防：①中央-統帥-一四）。
（11）山県宛徳大寺実則書簡（尚友倶楽部山縣有朋関係文書編纂委員会編『山縣有朋関係文書　二』山川出版社、二〇〇六年）や「侍従長徳大寺実則日記　八」（宮：35988）から、九件の軍事事項に関する下問が確認できる。

(12)「陸軍教育史　明治別記第二巻　騎兵の部」（防：中央-軍隊教育教育史料-四〇）。

(13) このケースは、同年二月の戦闘綱要制定の際に、戦闘統帥部門を綱要に移したため、今後の操典類改正の際には特に諮詢を奏請しないという陸軍内の合意を昭和天皇に報告していなかったために起きた事態であった（『昭和天皇実録　五』一九二九年一二月一七日条、五〇二頁）。これ自体は単に事務的ミスに起因するものであるが、一方で昭和天皇が操典改正のような戦闘統帥事項について、軍事参議会の奉答を受けてから裁可すべきと考えていたことを示す事例であろう。

(14) 防衛庁防衛研修所戦史室編『戦史叢書　大本営陸軍部　一　昭和十五年五月まで』（朝雲新聞社、一九六七年）一三八―一四九頁。引用箇所は一四六頁。

(15)「帝国国防方針国防に要する兵力帝国軍の用兵綱領策定に関する顛末概要」（稲葉正夫・小林龍夫・島田俊彦編集・解説『現代史資料一一　続・満洲事変』みすず書房、一九六五年、三九―四三頁）。以下、本節の説明で註のない箇所は本史料による。

(16)「財部日記①」一九〇七年一月一一日条。

(17) 黒野耐『帝国国防方針の研究――陸海軍国防思想の展開と特徴』（総和社、二〇〇〇年）八八―八九頁参照。

(18) 前掲「統帥権（参考資料）」。

(19) 以下の説明は註のない限り、前掲「帝国国防方針国防に要する兵力帝国軍の用兵綱領策定に関する顛末概要」、「明治三九～四〇年帝国国防方針等策定顛末概要」（防：文庫-宮崎-五八）による。

(20)「帝国国防方針及帝国国軍の用兵綱領改定手続に関する件仰決裁」（「帝国国防方針　帝国軍の用兵綱領関係綴　昭和一一、二～一一、六」所収、Ref：C14121170100）参照。

(21) 一九一八年国防方針改訂では、合計二回の陸軍側元帥と参謀総長・陸相・教育総監による改定案協議の後に諮詢奏請を行っている。二三年改訂では参謀本部第二課長が第一部長の代理として各元帥を個別訪問して改訂案を内示している。二四年の陸軍軍備整理案諮詢においても、合計三回にわたり元帥・軍事参議官の会同が開かれている（前掲「帝国国防方針国防に要する兵力帝国軍の用兵綱領策定に関する顛末概要」）。

(22) 朴完「大正七年帝国国防方針に関する小論――その改定過程及び内閣保存過程を中心に」（『東京大学日本史学研究室紀要』一七、二〇一三年）三五―三七、四一頁。

(23) 前掲「明治三九～四〇年帝国国防方針等策定顛末概要」所収。

(24) 木村美幸「海軍と在郷軍人会」（『史学雑誌』一二八―一一、二〇一九年）七―八頁。この文言は、のちの勅語には盛り込まれていないため、在郷軍人の陸海軍一致を示す根拠として、昭和戦時期まで引用され続けたという。

(25) 少し時期が遡るが、一九一三年四月一一日に田中は財部に「国事ノ日ニ非ナラントスルヲ慨シ、参謀本部ト軍令部間ノ国防協議ハ何等カノ動機ヲ与ヘザレバ進行ノ見込ナキニ付、元帥辺ヨリ之ヲ起ス事ヲ考ヘテハ如何トノ相談」をしていた。陸軍官制改正問題や師団増設問題で紛糾していた頃であったため、田中は進展しない「国防協議」を元帥の活用により進め、事態打開を図ろうとしていたと考えられる（『財部日記② 下』当日条、一六七頁）。

(26)「二個師団増設問題覚書」（山本四郎編『寺内正毅関係文書 首相以前』京都女子大学、一九八四年、五八三―五八六頁）。山本四郎氏によれば、一九一二年九月頃に陸軍内で作成されたものと推測されている。

(27)『財部日記② 下』一九一二年一二月一八日条、一一九頁。

(28)「国防会議の組織」（『東京朝日新聞』一九一三年一月一一日付朝刊）。

(29)「元帥会議 大正一一年三月三一日」（「海軍軍備制限に関する元帥会議議事書類 大一一、三、三一」所収、Ref：C14061037800）。本史料は参謀本部側が残した簿冊所収のものである。以下「元帥会議書類」と表記。

(30) この点は、小池聖一「ワシントン海軍軍縮会議前後の海軍部内状況――「両加藤の対立」再考」（『日本歴史』四八〇、一九八八年）、平松良太「第一次世界大戦と加藤友三郎の海軍改革（二）――一九一五～一九二三年」（『法学論叢』一六八-四、二〇一一年）参照。

(31)「元帥会議開催ノ手続（大正六年三月三十一日）」（前掲「元帥会議 大正一一年三月三一日」所収、Ref：C14061037800）。

(32)「参考書類」（「元帥会議書類」所収、Ref：C14061038100）所収の「奥元帥ノ述ヘラレタル件覚ヘ」。諮詢直前の三月二七日に聴取された意見である。なお、奥は諮詢当日に病気を理由に議長を辞退し、次席元帥の井上良馨が議長を務めた。

(33)「海軍軍備制限ニ関スル兵力及防備ニ関シ元帥府ニ御諮詢ノ件 覚書其ノ三」（前掲「元帥会議 大正一一年三月三一日」所収）。

(34) 一九一八年改訂の元帥会議には、山県（先任元帥）の指示により、陸海軍両大臣も出席している（「海軍軍備制限ニ関スル兵力及防備ニ関シ元帥府ニ御諮詢ノ件 覚書其ノ二」、前掲「元帥会議 大正一一年三月三一日」所収）。これは、内閣に対する「秘密主義」を放棄するという田中義一の方針に基づく措置だと考えられる。

(35) ただし、この元帥会議では、奥・長谷川好道・伏見宮貞愛親王が欠席し、奉答書には欠席元帥の名前も列記されていたが、奉答日時などの時間的制約もあり、議長の井上の判断で欠席元帥の花押は省略された（「覚書 其ノ四」、前掲「元帥会議 大正一一年三月三一日」所収）。

(36)『奈良日記 二』一九二四年一〇月二三日・同二四日条、九七頁。

(37)『奈良日記 二』一九二四年一〇月二五日条、九八頁。

(38) 以下の説明および引用は、「畑俊六日誌」（軍事史学会編、伊藤隆・原剛監修『元帥畑俊六回顧録』錦正社、二〇〇九年所収）一九二九年二月一二日条、二九八頁。畑は当時参謀本部第一部長。

(39) この点は、同右、一九二八年五月七日条、六月五日条、七月一四日条（二四八、二五五―二五六、二六九頁）参照。

(40) 以下の経緯は、前掲麻田『両大戦間の日米関係』、前掲関『ロンドン海軍条約成立史』参照。

(41)「倫敦海軍条約締約批准等ノ経過ニ関スル目次一覧」「倫敦会議資料」（防：①中央-軍備軍縮-三四四）も参照。

(42) こうした軍令部の態度については、『畑日誌』一九二九年一二月二七日条、三〇年四月一日条、同二日条（七・一三―一四頁）参照。岡田啓介軍事参議官も四月二七日に「前回陸海軍合併ノ元帥会議ヲヒライタガ今回モソーナルカト思フガ、海軍ノ兵力ガ不足ダカラ陸軍ニ不足ヲ補フコトヲオ願ヒスルト云フガ如キ結果ニナシテハイカヌ、若シソンナコトニナレバ陸軍ノ軍制改革ノ口実トナルバカリデナク、海軍ノ将来ノ為メ非常ニ提［ママ］トナル」（「昭和五、三、一四～五、九、八　倫敦海軍条約締結経緯参考書類」防：①中央―軍備軍縮―六〇、以下「倫敦海軍条約締結経緯参考書類」と表記）と発言しており、海軍側のほぼ一致した見解だったことがうかがえる。

(43)『畑日誌』一九三〇年四月一日条、一三頁。

(44) 前掲照沼『宇垣陸相と軍制改革案』第一章・第二章参照。

(45) 陸軍の国際軍縮会議については、鈴木荘六参謀総長が宇垣一成陸相に対して兵員数削減などの話とともに「先づ暫く現状を保持して来るべき国際的陸軍々縮の形勢を観、必要とあれば行政整理位にて止めては如何」と語り（『畑日誌』一九二九年一二月一〇日条、五頁）、宇垣も同意している（同一二月一三日条、五頁）。

(46)『畑日誌』一九三〇年四月一日条、一三頁。

(47) 前掲纐纈「統帥権干犯論争の展開と参謀本部」第四章参照。

(48)「軍令部作製　回訓発令前後ノ記事等」（防：⑨文庫―榎本―四一〇）。

(49)「昭和五年一月三一日　海洋自由問題に対する一考察（二）」（「昭和四年七月起　海軍　軍備制限綴（倫敦会議）　参謀本部」（以下「海軍軍備制限綴（倫敦会議）」と表記）所収、Ref：C08051999500）所収。

(50)「昭和五年五月二七日　所謂兵力量の決定に関する研究（一）」（前掲「海軍軍備制限綴（倫敦会議）」所収、Ref：C08051999800）。以下の本節での引用は本史料による。

(51) 財部は覚書を軍事参議院に諮詢することには消極的だった（『財部日記④』一九三〇年六月六日条、五九〇頁）。

(52) 前掲太田『戦間期の日本海軍と統帥権』九五―九七頁。

(53) 東郷はすでに七月三日段階で谷口海軍軍令部長に対してこうした意向を表明していた（前掲「倫敦海軍条約締結経緯参考書類」）。

(54) 加藤が七月六日に「陸海軍一緒では多数決の不利あり。無理解、反感等から却て不純なる発言をする者もないではありませんから海軍丈で宜しからうと思ひます」と述べると、東郷は多数での議論を志向しつつも、「強いてではなく良く研究してなるべく早く開く様にして下さい」と答えていた（加藤寛治著・加藤寛一編『昭和四年五年　倫敦海軍條約秘録』一九五六年、五一頁）。東郷と伏見宮は、七月八日段階では「元帥府にても軍事参議院にても何れでも可なり」というようにどちらへの諮詢でもよいという意見（「岡田日記」当日条、二四頁）であり、当初から軍事参議会のみを志向していたわけではなかったようである。ただし、加藤らの前述のような説得や後述の軍事参議院議事規程問題の進展によって、東郷自身も一四日段階では「上原と云ふ一理屈言ふ男あり、甚だ面倒なり」と、陸軍の上原の元帥会議参加を忌避し、軍事参議会開催を明確に希望するようになった（「岡田日記」当日条、二四頁）。

(55)「岡田日記」一九三〇年七月六日条、二三頁。財部・谷口・岡田・加藤の四名が会談し、「元帥会議にすべきや軍事参議官会議にすべきやに付協議し前例により元帥会議可然も何れにても宜しと云ふに一致す」と合意している。
(56)「岡田日記」一九三〇年七月七日条、二三頁。
(57)「岡田日記」一九三〇年七月八日条、二四頁。
(58)『西園寺公と政局　一』一二一―一二三頁。
(59)『西園寺公と政局　一』一一八―一一九頁。
(60)『西園寺公と政局　一』一二〇―一二一頁。
(61) 原田熊雄は宇垣や金谷範三参謀総長への工作を展開していた（『西園寺公と政局　一』一二四―一二五頁）。
(62) 市制第五三条は、市会の議事が可否同数の場合は議長の裁決を認め、また議員として議決に参加する権利も認められていた（以上の陸海軍当局の対応については、「軍事参議会に於ける議長の表決権に就て」前掲『現代史資料一一　続・満州事変』六七―六八頁）。
(63) なお、海軍省では軍事参議会の対応策として、財部が谷口軍令部長に「広く意見を聞かんと云ふ東郷元帥の素志に基き、臨時軍事参議官五名（各長官）の補任を願ひ、夫にて決する事にする方得策なるべし」と提案したように、東郷の意を逆手にとり軍事参議院条例第六条に基づいて、各司令長官を臨時軍事参議官に任命することで、数の力を背景に可決に持ち込むという奇策も検討されていた（『財部日記④』一九三〇年七月一〇日条、六〇三頁）。
(64)「岡田日記」一九三〇年七月一五日条、二四頁。
(65)『畑日誌』一九三〇年七月一八日条、二三頁。
(66) 軍令部中堅層は兵力量を国防用兵事項ではなく作戦用兵事項として扱い、細部まで議論するために海軍のみの軍事参議会を希望していたという（「昭和五年五月二七日　所謂兵力量の決定に関する研究（二）」前掲「海軍軍備制限綴（倫敦会議）」所収、Ref：C08051999900、以下の引用や説明で註のない箇所は本史料による）。
(67)『畑日誌』一九三〇年七月一日条、一九頁。
(68) この点は、前掲「昭和五年五月二七日　所謂兵力量の決定に関する研究（二）」、『畑日誌』一九三〇年七月一日条、一九―二〇頁も参照。
(69)『畑日誌』一九三〇年七月七日条、二〇―二一頁。
(70)『畑日誌』一九三〇年七月一四日条、二一頁。
(71) 七月八日、第一部の中堅層は、近藤信竹軍令部第一課長から元帥会議について「陸軍側ノ御意向モアリ海軍単独ニテ開催スル旨」（圏点原文ママ）を聞かされたため、初めて上層部との認識差を自覚し、岡本参謀次長が「陸軍側元帥参加忌避ノ火元」ではないかと疑心暗鬼に陥っていた（前掲「所謂兵力量の決定に関する研究（二）」）。

(72)『畑日誌』一九三〇年七月一日条、二〇頁。阿部信行臨時陸相代理の「今迄七割、又回訓何等陸軍に相談することなくして今元帥会議に出ろといふことは虫のよき話なり。又世間的に見ても陸軍元帥が出るといふことは如何かとも思ふ」という発言が陸軍の不満を如実に表している。
(73)『畑日誌』一九三〇年七月九日条、二二頁。前掲照沼「宇垣陸相と軍制改革案」四六頁。
(74) 岩村研太郎「「上陸作戦綱要」の成立」（『軍事史学』五四－一、二〇一八年）第二章。「上陸作戦綱要」は、第一次上海事変における七了口上陸作戦の成功体験をもとに、一九三二年八月にようやく制定をみたという。
(75) 軍事参議会の奉答内容に接した上原勇作は、真っ先に「七割以下に下れば比島作戦は大丈夫なりや。頗懸念に堪へず」と憂慮を示していた（『畑日誌』一九三〇年七月二九日条、二四―二五頁）。また、九月二五日に金谷参謀総長が谷口軍令部長と会見した際、金谷は海軍軍縮の結果陸軍にはさしあたりの影響はないとしながらも、「昭和六年度作戦計画は前年度踏襲なるも、将来最深刻に研究すべきは比島作戦なり。之を更に一歩も二歩も進めたき希望なり」と、さらなる陸海軍連携を求めており（『畑日誌』同日条、二八頁）、協同作戦計画への影響が参謀本部の懸案だったことがわかる。
(76) 条約の早期批准を支持する宇垣陸相（当時病気療養中）は、元帥府・軍事参議院への諮詢奏請について、枢密院への諮詢と同時進行で構わないという見解を示していた。もし枢密院で「国防欠陥の論議」が噴出すれば、すでに政府の責任で兵力量を決定していることを理由に跳ね除け、もし軍事参議院の審議を待ちたいと提起されれば「批准遅滞の責任」を枢密院に負わせればよいと考えていた（『宇垣日記　一』一九三〇年七月二三日条、七六二―七六三頁）。
(77) 前掲伊藤『昭和初期政治史研究』第七章参照。
(78)「倉富日記」同日条。なお、倉富と平沼は、軍事参議会で可否同数の場合は議長裁決で決するという陸海軍間協定を、この段階では知らなかったようである。
(79)「倉富日記」一九三〇年七月一五日条。
(80)「倉富日記」一九三〇年七月二五日条。同様の主張は、同二六日、同二九日、同八月一日、同二日などでも確認できる。
(81)「倉富日記」一九三〇年七月二五日条。
(82) 前掲増田『天皇制と国家』一六一―一六五頁、手嶋泰伸「ロンドン海軍軍縮問題と平沼騏一郎」（『福井工業高等専門学校研究紀要　人文・社会科学』五〇、二〇一六年）第一章参照。
(83)「千九百三十年「ロンドン」海軍条約枢密院審査委員会議事要録」（外務省編『日本外交文書　海軍軍備制限条約枢密院審査記録』一九八四年）二五六―二六一頁、二七一―二七七頁。
(84) 軍事参議会開催が不透明だった七月一六日、谷口海軍軍令部長は、軍事参議院で票決について、「正式参議会では票決でやる様な事はしたくないとは希望してゐるがそれは会議の事だからどうなるかわからぬ」と述べていた（「票決はしたくない」『中央新聞』一九三〇年七月一七日付朝刊）。票決の実行自体が最後まで焦点だった。

(85) 満洲事変については、「畑俊六回顧録」（前掲『元帥畑俊六回顧録』所収）一七〇—一七一頁。『畑日誌』一九三一年七月三〇日条（四〇—四一頁）。上海事変については、『畑日誌』一九三二年三月三〇日、四月一三日条（四八—四九頁）など。

(86) この点は、前掲藤井「ワシントン条約廃棄問題と統帥権」参照。

第5章

(1) 平松良太「第一次世界大戦と加藤友三郎の海軍改革——一九一五〜一九二三（一）〜（三）」（『法学論叢』一六七—六、一六八—四・六、二〇一〇—一一年）、同「ロンドン海軍軍縮問題と日本海軍——一九二三〜一九三六年（一）〜（三）」（『法学論叢』一六九—二・四・六、二〇一一年）、同「海軍省優位体制の崩壊——第一次上海事変と日本海軍」（小林道彦・黒沢文貴編『日本政治史のなかの陸海軍——軍政優位体制の形成と崩壊　一八六八—一九四五』ミネルヴァ書房、二〇一三年所収）。

(2) 陸軍については、森靖夫『日本陸軍と日中戦争への道——軍事統制をめぐる攻防』（ミネルヴァ書房、二〇一〇年）、小林道彦『政党内閣の崩壊と満洲事変——一九一八〜一九三二』（ミネルヴァ書房、二〇一〇年）、などがある。こうした研究潮流を踏まえて、海軍についても前掲平松論文などが登場した。

(3) 太田久元『戦間期の日本海軍と統帥権』（吉川弘文館、二〇一七年）第二部第四章。

(4) 艦隊派による政治運動と軍令部の権限強化の関係性については、前掲平松「ロンドン海軍軍縮問題と日本海軍（一）〜（三）」、手嶋泰伸「平沼騏一郎内閣運動と海軍——一九三〇年代における政治的統合の模索と統帥権の強化」（『史学雑誌』一二二—九、二〇一三年）参照。

(5) 田中宏巳「昭和七年前後における東郷グループの活動——小笠原長生日記を通して（一）〜（三）」（『防衛大学校紀要　人文科学分冊』五一—五三、一九八五—八六年、のち同『小笠原長生と天皇制軍国思想』吉川弘文館、二〇二一年に収録）。

(6) 田中宏巳『東郷平八郎』（吉川弘文館、二〇一三年、初出は筑摩書房、一九九九年）。

(7) この点は、手嶋泰伸「書評　田中宏巳著『小笠原長生と天皇制軍国思想』」（『歴史評論』八七〇、二〇二二年）も参照。

(8) 山口一樹「一九三〇年代前半期における陸軍派閥対立——皇道派・統制派の体制構想」（『立命館大学人文科学研究所紀要』一一七、二〇一九年）。

(9) 陸軍の部内統制と非公式軍事参議官会議の関係性に注目し、その内実を分析した研究として、前掲森『日本陸軍と日中戦争への道』が挙げられる。

(10) 二・二六事件における非公式軍事参議官会議については、高橋正衛『二・二六事件——「昭和維新」の思想と行動』（中公新書、一九六五年）、筒井清忠『昭和期日本の構造——その歴史社会学的考察』（有斐閣、一九八四年）、同『敗者の日本史一九　二・二六事件と青年将校』（吉川弘文館、二〇一四年）、須崎慎一『二・二六事件——青年将校の意識と心理』（吉川弘文館、二〇〇三年）、堀真清『二・二六事件を読み直す』（みすず書房、二〇二一年）などが取り上げている。

(11) 陸海軍による皇族総長擁立の背景について、陸軍は柴田紳一「皇族参謀総長の復活――昭和六年閑院宮載仁親王就任の経緯」(『國學院大學日本文化研究所紀要』九四、二〇〇四年)、海軍は前掲田中「昭和七年前後における東郷グループの活動（一）～（三）」、前掲手嶋「平沼騏一郎内閣運動と海軍」が詳しい。特に手嶋論文は平沼騏一郎と艦隊派が軍部統制の実現のために、伏見宮を軍令部長に擁立することで、海軍部内の意思統一を最優先に志向したことを指摘する。

(12)「小笠原日記」の詳細については、拙稿「翻刻と紹介「小笠原長生日記 昭和八年」」(『東京大学日本史学研究室紀要』二一、二〇一七年) 参照。

(13) この点は、北岡伸一「陸軍派閥対立（一九三一～三五）の再検討――対外・国防政策を中心として」(『年報・近代日本研究一――昭和期の軍部』一九七九年、のち同『官僚制としての日本陸軍』筑摩書房、二〇一二年、第三章に収録)、前掲森『日本陸軍と日中戦争への道』第三章で詳しく論じられている。

(14) 前掲田中「昭和七年前後における東郷グループの活動（一）」一七―二一頁参照。

(15)「小笠原日記」一九三一年九月一〇日条。陸軍側から東郷への面会希望は千坂智次郎予備役中将を介してたびたび行われていた(「小笠原日記」同月三日条、八日、九日条)。

(16) 軍制改革をめぐる南陸相の動向については、照沼康孝「南陸相と軍制改革案」(原朗編『近代日本の経済と政治』山川出版社、一九八六年) 参照。

(17) なお、軍制改革などをめぐる陸軍の動向については、東郷や小笠原もこれ以前から注視していた。やや時期が遡るが、六月一一日に上原勇作が東郷を訪問し、軍人勅諭五〇年周年式典の打ち合わせを行ったが、その際上原から東郷に、「明年ノ陸軍々縮会議ノ件モ依頼ニ上リタルコト」と小笠原が推測している(「小笠原日記」一九三一年五月一七日条、六月一三日条、同月一八日条、同月二三日条)。そのほか、東郷と小笠原は千坂を通して「満蒙問題及軍革ニ付陸軍ノ結束堅キ旨」といった情報を入手していた(「小笠原日記」同年七月八日条)。

(18) 例えば、一九三二年三月一一日には陸軍省から「朝鮮総督ヲ陸軍側ヨリ出スモ東郷元帥ニ於テ異存ナキヤ」というように、東郷の意見の有無が照会されている(「小笠原日記」同日条)。なお、小笠原は南陸相と東郷との会談終了後、加藤を訪問し「南は決心堅し」という結果を伝えた。これに対して加藤は「之にて元帥が陸海総帥の如くなられしを祝」している(『加藤日記』一九三一年九月一〇日条、一四三頁)。

(19) 高橋紘・粟屋憲太郎・小田部雄次編『昭和初期の天皇と宮中　侍従次長河井弥八日記』第五巻（岩波書店、一九九四年）一九三一年一〇月二〇日条、一七九頁。

(20) 前掲手嶋「平沼騏一郎内閣運動と海軍」八頁。

(21)「財部日記①」当日条。

(22) 前掲柴田「皇族参謀総長の復活」、前掲手嶋「平沼騏一郎内閣運動と海軍」参照。

(23)「小笠原日記」当日条。
(24)小笠原らによる伏見宮軍令部長擁立の過程は、前掲田中「昭和七年前後における東郷グループの活動（一）」二四―二五頁参照。
(25)「小笠原日記」一九三一年九月二四日条。
(26)「小笠原日記」一九三一年一〇月二九日条。
(27)一九三一年一〇月三〇日には千坂を通して南陸相に、同年一一月一三日には来訪した小磯國昭陸軍省軍務局長に閑院宮の内大臣府御用掛就任を要望した（「小笠原日記」各日条）。
(28)「小笠原日記」同年一二月一四日条。
(29)『加藤日記』一九三一年一二月二〇日条、一五五頁。東郷はさらに谷口を直接叱責しようとしたが、小笠原が「軍令部長ヲ叱責セラル、儀ハ反ツテ宜シカラザル」と宥めている（「小笠原日記」同年一二月二二日条）。
(30)「財部日記①」一九三一年一二月一五日条。
(31)『西園寺公と政局　二』一九八―一九九頁。
(32)『西園寺公と政局　二』二二三―二二四頁。拝謁の日付は『昭和天皇実録　六』一九三二年二月二四日条、四〇頁参照。
(33)『加藤日記』一九三二年二月二〇日条、同月二一日条、一六六頁。小笠原も加藤から「博恭王殿下ニ拝謁言上ノ顚末及ビ殿下大御決心ノ旨」を聞いている（「小笠原日記」同月二一日条）。
(34)「小笠原日記」一九三二年二月二〇日条。
(35)『加藤日記』一九三二年二月二六日条、一六七頁。この日、加藤は伏見宮より「兼て拝顔の奏上御実行の御話」を聞き、「上の御決心堅きを御話あり。最善を尽して天祐を待つべしとの御語。感激に不堪」と日記に記している。
(36)この一連の過程については、『西園寺公と政局　二』二八七―二九三頁。
(37)伊藤之雄『昭和天皇と立憲君主制の崩壊――睦仁・嘉仁から裕仁へ』（名古屋大学出版会、二〇〇五年）三九八―三九九頁。
(38)『真崎日記　二』一九三四年四月一二日条、一七五頁。竹内の要請を受けた真崎は「難問ナリ」と日記に記している。
(39)『真崎日記　二』一九三四年四月一三日条、一七七頁。
(40)『真崎日記　二』一九三四年五月一九日条、二〇二頁。
(41)『真崎日記　二』一九三四年五月二二日条、二〇五頁。平沼は時局収拾のために軍人が組閣するべきとして、加藤首班内閣を提案した。翌日、真崎は林陸相からも「加藤寛治内閣」について同意を取り付け（『真崎日記　二』同月二三日条、二〇六―二〇七頁）、平沼らと工作に動いた。
(42)『真崎日記　二』一九三四年五月二七日条、二一〇頁。竹内賀久治からの情報による。
(43)『真崎日記　二』一九三四年五月二八日条、二一〇頁。東郷邸に病状見舞いをした際の感想である。
(44)例えば、『真崎日記　二』一九三四年五月三〇日条、六月一二日条、同一三日条、同一四日条など。

(45)「小笠原日記」当日条。
(46)この経緯は前掲田中「昭和七年前後における東郷グループの活動（三）」一一―二〇頁参照。この過程で伏見宮は常に東郷の意向を確認しながら行動していた（「小笠原日記」一九三二年一二月一三日条）。また、もし斎藤首相が大角以外の人物を後任に希望した場合は、東郷から不同意を表明するように依頼していた（「小笠原日記」同月二九日条）。
(47)『本庄日記』一九三三年九月二五日条、一六三―一六五頁。
(48)『加藤日記』一九三三年九月二七日条、二三三頁。小林躋造や寺島進軍務局長の更迭案について、伏見宮は「御同意ならず、只大臣が決意するなれば強て留めず」というような態度だった。
(49)『西園寺公と政局　三』一七三―一七四頁。
(50)この点は、前掲手嶋「平沼騏一郎内閣運動と海軍」一六頁参照。
(51)前掲平松「ロンドン海軍軍縮問題と日本海軍（三）」一四〇―一四一頁参照。
(52)「小笠原日記」一九三三年一一月二二日条。小笠原は「隅意ナキ意見ヲ言上シ特ニ飽マデ強硬ニ突張リ内閣倒ル、モ厭ハがル〔ママ〕態度ヲ取ラバ必ズ目的ヲ達スベキ旨ヲ力説」している。
(53)「小笠原日記」一九三三年一一月二三日条。小笠原は南郷次郎（海軍予備役少将）に対して、「大臣ガ予算削減ノ模様ニヨリテハ殿下ノ御辞職ヲモホノメカスヲ得策トスル旨」を話しており、本気で伏見宮を辞職させようとしたわけではなかった。
(54)「小笠原日記」一九三三年一二月一日条。
(55)「小笠原日記」一九三三年一二月二日条。
(56)例えば、陸軍が一九三三年に予定していた熱河地方の占領と張学良配下の買収工作といった対中国政策の動向（「小笠原日記」一九三二年一二月二九日条）、三三年二月に開催が噂された御前会議や同年九月の軍令部条例改正の件について、伏見宮から東郷に情報伝達と意見聴取が行われている（「小笠原日記」三三年二月一七日条、九月二一日条など）。
(57)前掲太田『戦間期の日本海軍と統帥権』二四〇―二四五頁。
(58)前掲手嶋「平沼騏一郎内閣運動と海軍」二二―二三頁。
(59)「武藤大将元帥ノ件」（「昭和三年以降元帥関係史料綴」（以下「元帥史料綴」と表記）所収、防：⑧参考-人事-二〇七）。以下、本項で註のない引用は本史料による。また、海軍側は陸軍の梨本宮守正王が元帥に奏請された頃（一九三二年八月）から、武藤元帥案が「陸軍大臣ノ胸程ニハ相当持チ上リ居リシコトナルベシ」と推測していた。
(60)伏見宮の元帥奏請時の海軍側史料においても「加藤海軍大臣ノ時、平時ハ元帥ヲ造ラズト言フ海陸両大臣間ノ諒解アリシト云フモ、取替ハシタル文書モナク両大臣ノ了解又ハ談ジ合ヒトシテ記録ニ残シタルモノモナシ」と記されている（「伏見大将宮殿下ヲ元帥ニ奏請ニ関スル研究」一九三二年二月二四日作成、「元帥史料綴」所収）。なお、伏見宮の元帥奏請に際しては、他の大将との権衡や停年まで九年の猶予が残っていることも議論されたが、「皇室トノ関係上特殊ノ責務ヲ有セラル、皇族ト一般臣下トヲ同一ニ比較スルハ適当ナラズ」という理由から、「何時カハ元帥ノ称号ヲ賜ハルモノトセバ停年ニ於テモ、経暦〔ママ〕ニ於テモ御資格既ニ充分ニシテ且重職ニ就カレタル此ノ際ヲ以テ最適当ト認ム」として、海軍軍令部長就任に合わせて元帥奏請を行うことになった。「皇族元帥」の奏請は「臣下元帥」の場合とは異なる運用が行われていた。

(61) 一九三二年九月段階では、武藤の現役大将（一九二六年三月昇進）としての序列は奈良武次（一九二四年八月昇進）に次ぐ二位だった（陸軍省編纂「陸軍現役将校同相当官実役停年名簿　昭和七年九月一日調」財団法人偕行社、一九三二年、国立国会図書館所蔵）。奈良は三三年四月に停年を迎え後備役に編入されたため、この時点で武藤は序列一位となった。

(62) この点は、前掲森『日本陸軍と日中戦争への道』第三章・第四章参照。森氏によれば、荒木陸相期に非公式軍事参議官会議が頻繁に開催され、軍事参議官が後任陸相の選定に介入しうる慣行を形成していたという（同上、一〇三―一〇四頁）。

(63) この点は、前掲北岡「陸軍派閥対立（一九三一～三五）の再検討」六三―六五頁参照。

(64) なお、南は一九三二年六月段階で、上原派の系譜を継ぐ武藤を関東軍司令官、さらには元帥に奏請しようとする皇道派の計画を予測していた（前掲北岡「陸軍派閥対立（一九三一～三五）の再検討」六〇頁）。なお、南自身は武藤のことは「真ノロボット」として嫌っていた（同上、六四頁）。

(65) この点は前掲田中「昭和七年前後における東郷グループの活動（三）」に詳しい。

(66) 例えば、軍事参議官の松井石根は原田熊雄に対して「武藤大将を元帥にしたのなどは甚だけしからん話だと思ふ。何となれば、彼は五・一五事件の起つた当時の教育総監で、まだその結末もついてゐないのに、その人を元帥にするとは……。公平にいつて、元帥としてはなほ足りない点がいろ〱あるやうに思ふ。勿論、人格とか、謹厳とかいふ点は自分もこれを認めるけれども、しかしかくの如き事実も一部人士の横暴を示すもので、従つてかなり反感もあるやうに思ふ」と語っていた（『西園寺公と政局　三』七六頁）。

(67) 「小笠原日記」一九三三年二月一七日条。小笠原は小林省三郎海軍少将と面会したが、その内容について「満洲ノ将来及熱河攻撃ノ件ニ付要重〔ママ〕協議ヲナス（武藤大将ノ将来ニ付イテモ協議）」と日記に記している。おそらく武藤の停年にともなう処置も話し合われたと思われる。

(68) 『加藤日記』一九三三年六月一四日条、二一九頁。

(69) 『加藤日記』当日条、二三一頁。

(70) 『加藤日記』当日条、二〇三頁。

(71) 「小笠原日記」各日条。

(72) 斎藤内閣成立直前の一九三二年五月二四日に小笠原は伏見宮に拝謁、「将来ニ於ケル加藤、末次両将ノ位置ニ関シ御援助」を願い出ている（「小笠原日記」当日条）。

(73) 牧野伸顕内大臣は一九三四年三月一六日に鈴木貫太郎侍従長から「海軍一部に元帥設置（加藤寛治を意味する策動）の噂伝はり

居る旨」を聞かされている（『牧野日記』当日条、五六九頁）。八月二二日には原田熊雄の話として、加藤らが伏見宮の信用を無くしたために「例の元帥沙汰も解消すべく安堵の態度なり」という大角海相の感想が伝えられている（『牧野日記』当日条、五八一頁）。実際、海軍の山本英輔が三五年夏頃に伏見宮に加藤元帥奏請の意見を開陳したところ、伏見宮は「立派ナ人ナレドモ一部策謀家ニ担ガレ政治運動スル云々ノ評ナドアリ、元帥ニハドウカ」と述べ、「何トナク宮中辺ニ異議ハアリカセヌカト〔ママ〕ノ御気使」から難色を示したという。宮中の警戒心も伏見宮が「加藤元帥」に難色を示す要因の一つだった（「昭和十一年一月十一日　斎藤内府ニ送ル書」木戸日記研究会編『木戸幸一関係文書』東京大学出版会、一九六六年、二六九頁）。

（74）「小笠原日記」をみると、一九三五年二月二五日に伏見宮に拝謁し、「加藤大将を元帥に御推薦相成方然るべき旨」を言上している。四月三〇日には、南郷が小笠原を来訪し、「加藤大将を元帥に推薦するに付大角海相と交渉の顛末、海相の決心及加藤を台湾総督に推挙の件等を詳説」した。七月一三日にも小笠原は千坂、南郷とともに大角海相を訪問し、元帥問題や国体明徴問題について「隔意なき意見の交換」を行っていた。陸軍の真崎甚三郎のもとには三五年夏頃まで加藤の元帥奏請に関する情報が入ってきていた（『真崎日記　一』三四年七月九日条、二四五頁、『真崎日記　二』三五年六月二三日条、一三四頁）。なお、加藤は病気もあって三三年末には周囲に「引退の意中」を語るようになっていた（『加藤日記』三三年一二月二四日条、二八一頁）。

（75）二月八日に財部は左近司から財部不在時の非公式軍事参議官会議で谷口と加藤の間で意見が対立したときに、東郷も「詰問的」に発言したという話を聞き「一驚ヲ吃ス」と感想を洩らした（「財部日記①」当日条）。翌九日には財部は岡田と「近時ノ海軍高齢者ノ移動ニ付憂慮」のことが話題となり、そのなかで「在郷将官連」が頻りに反谷口運動を展開しているという話が出ていた（「財部日記①」当日条）。

（76）「財部日記①」当日条。

（77）『財部日記④』一九三〇年六月三〇日条、五九八頁。この二日前には財部が山本に対して「東郷元帥の固執の虞少らざるものある事、非常手段を採ても国家の為め又元帥の為、邁進するを可とせざるやを考慮しつゝアル事」を述べていた（『財部日記④』三〇年六月二八日条、五九七頁）。

（78）満洲事変発生直後、陸海軍の軍紀の乱れを懸念して軍紀維持について陸海軍両大臣へ下問した天皇は、その際に閑院宮にも伝達するよう奈良に命じた（『昭和天皇実録　五』一九三一年九月二一日条、八六八頁）。奈良が閑院宮に下問の件を伝達したことを天皇に報告すると、天皇は伝達時の閑院宮の反応を気にしていたという（『奈良日記　三』三一年一〇月一日条、三六四頁）。なお、奈良は「聖旨に付ては謹で拝承すとのみ御答へあり、別に何も仰せなかりし」旨を奉答しており、閑院宮の主体的な発言はなかったようである。

（79）加藤陽子『天皇と軍隊の近代史』（勁草書房、二〇一九年）三七―三九、四三頁参照。

（80）『本庄日記』一九三三年九月七日条、一六二頁。

（81）この点は例えば『西園寺公と政局　二』四二〇―四二一頁、『西園寺公と政局　三』六四頁など参照。

(82) このことは、一九三二年三月には武藤信義教育総監が奈良に「真崎次長の御信任如何を気遣ひ之を弁護」していたことからもうかがえる（『奈良日記　三』同年三月一〇日条、四二〇頁）。
(83) 『西園寺公と政局　三』六四―六五頁。
(84) 『奈良日記　三』一九三三年二月一一日条、五一〇頁。
(85) 前掲小林『政党内閣の崩壊と満州事変』一四五―一四六頁も参照。
(86) 『西園寺公と政局　三』一三二頁。
(87) 『本庄日記』一九三五年四月二五日条、二〇八頁。
(88) 原田も一九三三年一二月、本庄に対して、本庄が天皇の意向を適切に陸軍に伝達しているため、陸軍部内で聡明な天皇観に改善されつつあるという状況に触れて、「貴下が侍従武官長に就任されたことは非常によかつた」と述べている（『西園寺公と政局　三』二〇八頁）。
(89) 『本庄日記』一九三五年七月二〇日条、二二三頁。
(90) 閑院宮参謀総長から本庄の推薦は満洲事変の功績によるものと説明を受けた天皇は、奈良に「其理由には不同意」であり「稍御不満」の様子だった（『奈良日記　三』一九三三年二月二二日条、五一五頁）。後日も閑院宮と、人事内奏をした荒木陸相に対して本庄採用に不満の意を漏らしていた（同上、三月八日、同九日条、五一九頁）。
(91) 本庄は天皇が青年将校を「暴徒」と呼ぶことについて、軍が天皇に反発することを懸念して差し控えるよう言上するなど（『西園寺公と政局　五』六頁）、どちらかといえば青年将校に同情的だった。
(92) 『本庄日記』一九三四年一一月二日条、一九六頁。以下、元帥会議開催に関する記述および引用において特に註のない場合は本史料による。
(93) 後者の発言について、本庄は「元帥会議の事が過早に英米へ伝はり、徒らに刺激する事あるべきを軫念あらせられたるもの」と日記に特筆している（『本庄日記』一九七頁）。
(94) 『本庄日記』一九三四年七月一八日条、一九一頁、『昭和天皇実録　六』同年七月一一日条、五四六頁。
(95) 『木戸日記　上』一九三四年七月一三日条、三四六頁。『西園寺公と政局　四』一八頁も参照。
(96) 『本庄日記』一九七―一九八頁。
(97) 『本庄日記』一九三四年七月一八日条、一九一頁。
(98) 大久保文彦「陸軍三長官会議の権能と人事――省部関係業務担任規定（大正二年）に関する一考察」（『史学雑誌』一〇三―六、一九九四年）、竹山護夫「昭和十年七月陸軍人事異動をめぐる政治抗争」（同『昭和陸軍の将校運動と政治抗争』名著刊行会、二〇〇八年所収）、高橋正衛『昭和の軍閥』（中公新書、一九六九年）など参照。
(99) 梨本宮については、七月一五日の上奏前に今井清人事局長が梨本宮に拝謁し、教育総監更迭の同意を得ている（『陸軍次官橋本虎之助業務要項覚」高橋正衛解説『現代史資料二三　国家主義運動三』みすず書房、一九七四年、四一八頁)。林は三長官の合意を得られない場合、元帥の意見を聞いておくことを想定していた（前掲竹山『昭和陸軍の将校運動と政治抗争』三一七―三一八頁)。

(100)『本庄日記』一九三五年七月一六日条、二二〇―二二二頁。以下註のない引用は本史料による。

(101)「本庄繁大将日誌 昭和十年」（防：中央-戦争指導重要国策文書-六四）三五年七月一六日条。

(102)『西園寺公と政局　四』二九三―二九四頁。

(103)『真崎日記　二』一九三五年七月一一日条、一五三頁。また、七月一〇日には加藤寛治に「海軍ノ宮様ヨリ陸軍ノ宮様ニ向ヒ臣下ノ争ヒニハ過早ニ渦中ニ投ズルコトナク事理判明スル迄ハ静観セラルルヲ可トスル旨」を伝えるように依頼していた（『真崎日記　二』当日条、一五二頁)。伏見宮から閑院宮への工作を展開しようとしていたと思われる。閑院宮は以前より南次郎などから真崎や荒木に関する悪評を聞かされていた（『真崎日記　一』三五年二月一五日条、四三一頁)。そのため、真崎も閑院宮が自らに対して誤解していること、閑院宮が師団長級の人事に口出しすることに警戒心を抱いていた（『真崎日記　一』三五年二月二八日条、四四四頁)。

(104)『木戸日記　上』一九三五年九月一三日条、四二九頁。

(105)『本庄日記』一九三五年九月三日条、二二四頁。

(106)前掲「昭和十一年一月十一日　斎藤内府ニ送ル書」二六九頁。

(107)前掲森『日本陸軍と日中戦争への道』一五二・一五六・一六一頁参照。

(108)この経緯については、須崎愼一『二・二六事件――青年将校の意識と心理』（吉川弘文館、二〇〇三年）など参照。

(109)原秀男・澤地久枝・匂坂哲郎編『検察秘録二・二六事件Ⅳ　匂坂資料八』（角川書店、一九九一年、以下『匂坂資料』と表記）一七二頁。「村上啓作聴取書」による。

(110)『匂坂資料』一七二頁。奈良も事態対応の方針について「出来ルナラ穏便ニ事態ヲ収拾シタガ宜カラウ」という考えだった（同上、一六九頁)。

(111)この点は、前掲高橋『二・二六事件』参照。

(112)『匂坂資料』一八〇頁。

(113)『匂坂資料』二一五頁。村上が、反乱軍を討伐しない方針に、閣議・枢密院会議の決議を経る方針を書き加えたところ、植田謙吉は「ソレハ具合ガ悪クハナイカネ」と述べ、阿部信行も村上案に否定的な意見を述べたという（同上、一七四頁)。

(114)実際、事件後に関係者への取り調べが行われるなかで、「村上大佐ガ軍事課長トシテ重大ナル責任事項」という取り調べ側の文書が残されている。この文書には、事件の対応は陸軍大臣や参謀次長が決するべきところ、「本来御上ノ御諮詢機関タル軍事参議官ノ非公式会議ヲ宮中ニ開催スベク意見ヲ具申シ実行セシ疑アリ。事件解決上、軍事参議官ノ介在ガ如何ニ不利ナリシカハ周知ノ如シ、其端ヲ発セシメシハ宮中ニ於ケル非公式会議ナリシコトヲ思ヘバ其責ヤ大ナリ」（『匂坂資料』一五六頁）というように、村上の責任を追及している。

(115) なお、陸軍大臣告示は当初「各軍事参議官」の名で発出する案があったが、皇族も軍事参議官に含まれるため、最終的には陸軍大臣から発出することになった（『匂坂資料』一八二、一八七頁）。

(116)『匂坂資料』二四二頁。公平匡武少佐の証言。その後、告示案には「陸軍ノ長老トシテノ意」が追加されたが、中島は「釈然タラザルモノアリ」という様子だったという（同上、二四二―二四三頁）。

(117)『匂坂資料』二三九頁。

(118) 中島鉄蔵の証言史料によると、中島が告示案を見て「上聞ニ達シタ抔ハ具合ガ悪イ」、「軍参同意モ具合ガ悪イ（諮詢機関）」という感想を示し、本庄に対して「軍事参議官同意ハ仰々シイ（諮詢機関カ）、高級先任ノ意味ダトノ事」と進言したという（『匂坂資料』一九二頁）。つまり、中島は軍事参議官が諮詢機関の構成員であることを理由に、告示案への軍事参議官の主体的な関与に懸念を示したことがうかがえる。

(119) この点は、高宮太平『順逆の昭和史――二・二六事件までの陸軍』（原書房、一九七一年、初出は同『軍国太平記』酣灯社、一九五一年）二四三―二四四頁。同書では杉山の手記が引用されている。前掲高橋『二・二六事件』六六―六九頁も参照。

(120) 前掲高宮『順逆の昭和史』二四四頁。ただし、杉山や石原莞爾らは非公式軍事参議官会議が事態収拾に「相当の障害」を発生させたと非難していた。

(121)『真崎日記　二』一九三六年二月二七日条、四〇二頁。青年将校から事態収拾を一任したいと要望された真崎は、「軍事参議官ハ御諮詢ノアル場合ノ外何等ノ職能ヲ有セズ、吾等ガ活動シアルハ此ノ非常時ニ際シ現状ヲ視ルニ忍ビズシテ何等カノ御役ニ立タント欲シテ道徳的ニ行動シアル者ナレバ諸君ノ問ヒニ対シ責任アル返答ヲナスコトヲ得ズ」というように、軍事参議官の本来の職分を盾に直接的な返答は避けつつ、事態収拾への努力と反乱軍が部隊に服することを要望した。

(122)「軍事参議官辞職クーデター」の詳細は、前掲筒井『昭和期日本の構造』二六一―二七一頁参照。

(123) この点は、加藤陽子『模索する一九三〇年代――日米関係と陸軍中堅層〔新装版〕』（山川出版社、二〇一二年、初版は一九九三年）第五章参照。

(124) ただし、陸軍の部内統制回復の試みだったはずの現役武官制の復活は、旧来の三長官会議で後継陸相推薦を拒否する形で宇垣一成の組閣が流産する事態につながるなど、逆に陸軍の政治介入の度合いを強める結果となっていった（前掲加藤『模索する一九三〇年代』第五章）。その後、陸軍大臣―陸軍次官ラインによる中堅層への統制もみられたが、依然として中堅幕僚層が組閣に介入するなど、「下剋上」による中堅層の政治的活性化は持続した（この点は、堀田慎一郎「二・二六事件後の陸軍――広田・林内閣期の政治」『日本史研究』四一三、一九九七年、筒井清忠『昭和十年代の陸軍と政治――軍部大臣現役武官制の虚像と実像』岩波書店、二〇〇七年、高杉洋平『昭和陸軍と政治――「統帥権」というジレンマ』吉川弘文館、二〇二〇年など参照）。

(125) 本章でも用いた「元帥関係史料」所収の書類は作成された時系列順に綴られているが、一九三三年に作成されたと思われる「武藤大将元帥ノ件」の次に綴られている書類は、四〇年一一月作成の「元帥問題ニ就テ」という書類であり、それ以降は四〇年代作成の書類のみとなる。「元帥史料」は海軍省人事局作成の簿冊だが、陸軍の元帥問題についても言及されることが多く、次章でも取り上げるように四〇年一一月時点は陸軍で「臣下元帥」の奏請問題が再浮上した時期である。この点から推測するに、「元帥史料」のなかに三〇年代後半の書類が残されていないということは、この時期は陸海軍ともに元帥に関連する問題が議論の俎上に上がっていなかったと考えられる。

(126)『西園寺公と政局　二』一九二頁。

第6章

(1) 極東国際軍事裁判公判記録刊行会編『極東国際軍事裁判公判記録Ⅰ 検事側総合篇』（富山房、一九四八年）九八頁。一九四六年六月一三日のノーラン検察官による説明である。

(2) 同右、一一〇頁。

(3) 木戸への尋問については、粟屋憲太郎ほか編『東京裁判資料・木戸幸一尋問調書』（大月書店、一九八七年）三六、一七四―一七五頁。軍事参議院に関する質問が出たのは、第二回尋問（一九四六年一月一五日）と第一一回尋問（同年二月六日）だった。東条への尋問は一九四六年三月一四日のものである（「A級極東国際軍事裁判記録（和文）（NO.58）」国立公文書館所蔵、請求番号：平11法務02097100、国立公文書館デジタルアーカイブで閲覧可能、二三一コマ目）。

(4)『昭和天皇実録　九』一九四四年六月二四日、同二五日条、三七四―三七五頁。

(5) 加藤陽子『模索する一九三〇年代――日米関係と陸軍中堅層〔新装版〕』（山川出版社、一九九三年）第六章。

(6) この点は関口哲矢『昭和期の内閣と戦争指導体制』（吉川弘文館、二〇一六年）に詳しい。

(7) 例えば、森山優『日米開戦の政治過程』（吉川弘文館、一九九八年）、波多野澄雄『幕僚たちの真珠湾』（吉川弘文館、二〇一三年、初出は朝日選書、一九九一年）などが挙げられる。

(8) 森茂樹「国策決定過程の変容――第二次・第三次近衛内閣の国策決定をめぐる「国務」と「統帥」」（『日本史研究』三九五、一九九五年）、同「戦時天皇制国家における「親政」イデオロギーと政策決定過程の再編――日中戦争期の御前会議」（『日本史研究』四五四、二〇〇〇年）。

(9) 山田朗『大元帥 昭和天皇』（新日本出版社、一九九四年）、同『昭和天皇の軍事思想と戦略』（校倉書房、二〇〇二年）、同『昭和天皇の戦争』（岩波書店、二〇一七年）など。

(10) 日米開戦前の一九四一年一一月二九日に開かれた重臣との懇親会と、戦争末期の四五年二月七日から二六日にかけての重臣からの意見聴取が挙げられる。

(11) 茶谷誠一『昭和戦前期の宮中勢力と政治』（吉川弘文館、二〇〇九年）、松田好史『内大臣の研究――明治憲法体制と常侍輔弼』

（吉川弘文館、二〇一四年）などが挙げられる。
(12) 東京裁判における天皇の免責を含む議論については、宇田川幸大『東京裁判研究――何が裁かれ、何が遺されたのか』（岩波書店、二〇二二年）第四章、横島公司「東京裁判の影――昭和天皇は何故裁かれなかったのか」（『史苑』七〇-二、二〇一〇年）など参照。
(13) 鈴木多聞『「終戦」の政治史 一九四三―一九四五』（東京大学出版会、二〇一一年）第一章。
(14) この点は、森茂樹「東條英機内閣期における戦争指導と御前会議」（吉田裕編『戦争と軍隊の政治社会史』大月書店、二〇二一年）参照。
(15) 近年では、総力戦体制を重視する視点から東条の戦争指導者像を読み解く研究も出現している（一ノ瀬俊也『東條英機――「独裁者」を演じた男』文春新書、二〇二〇年）。
(16) 寺崎英成ほか編『昭和天皇独白録』（文春文庫、一九九五年、初出は文藝春秋、一九九一年）八三頁。
(17) 「日記用手帳　第三」（東京大学大学院法学政治学研究科附属近代日本法政史料センター原資料部寄託「百武三郎関係文書」（以下「百武文書」と表記）仮No.3）一九三八年三月一〇日条。
(18) 『西園寺公と政局　六』二九―三〇頁。
(19) 「日記用手帳　第二」（「百武文書」仮No.2）一九三七年八月九日条。
(20) 同右。
(21) 森松俊夫「大本営陸軍参謀部第二課・機密作戦日誌」（近代外交史研究会編『変動期の日本外交と軍事――史料と検討』原書房、一九八七年）一九三八年一月一九日条、二五七頁。
(22) 『西園寺公と政局　八』三四八―三四九頁。なお、伏見宮は御前会議後にすぐに星野を召して「先刻、質問の際は、まことに語気が荒くつて変に思つたらうが、別に他意あるのでないから、心配しないように」と、「極めて如才なく」慰めたという。ここからも伏見宮と閑院宮の個性の差をうかがい知ることができるだろう。
(23) 『西園寺公と政局　六』一四頁。
(24) 『西園寺公と政局　七』二九八―二九九頁。
(25) 『西園寺公と政局　五』二〇二―二〇三頁。湯浅から注意があったあとは、綏遠事件に関する陸軍省や参謀本部の対応を天皇に言上するようになったという。
(26) 『西園寺公と政局　七』三一一頁。
(27) 『西園寺公と政局　七』一五二頁。なお、昭和天皇は百武侍従長に「侍武長ノ時局観不可解ナリ」、「陸軍ノ統制サヘ実行サルレバ国論一致ハ容易ナリト仰セアリタリト。侍武長ハ須ク陸軍ニ所信ヲ述ベ誤ヲ正サシムベキニ之レヲ勉メズ、実ニ頼リナシ」と不満を漏らしていた（「日記用手帳　第一」「百武文書」仮No.1、一九三七年五月二六日条）。この二日前にも天皇は「侍武首〔侍従武官長〕ハ政党ノ従来ノ欠点ヲ不可トスル点ト政党ノ忠誠国家ノタメヲ計ル点トヲ一所クタニシオル様ナリ」と指摘しており（同上、三七年五月二四日条）、宇佐美の時局観の偏りも天皇や宮中側近の不興を買う一因だった。
(28) 前掲「日記用手帳　第二」一九三七年六月二六日条。
(29) 前掲「日記用手帳　第三」一九三八年七月二〇日条。
(30) 前掲「日記用手帳　第三」一九三八年七月二一日条。
(31) 前掲「日記用手帳　第三」一九三八年七月二二日条。
(32)『西園寺公と政局　七』二九九頁。
(33)『西園寺公と政局　七』三七六―三七七頁。陸軍当局が宇佐美の更迭に突然踏み切ったのは、天皇の信任が宇佐美よりも海軍の首席武官だった平田昇にあることを警戒したからだった。
(34)『木戸日記　上』一九三七年六月三〇日条、五七五頁。
(35)『昭和天皇実録　七』一九三七年七月二日条、三六五頁。
(36) 前掲「日記用手帳　第二」一九三七年六月二八日条。
(37) この説明は『畑日誌』一九四〇年三月一七日条、二四九頁による。
(38) 同右。
(39)『畑日誌』一九四〇年四月二五日条、二五一頁。
(40)『木戸日記　下』一九四〇年九月六日条、八一九頁。御茶会について木戸は「大体に於て誠に望ましきこと」としつつ「政治的の影響を充分考察」する必要があると述べた。同一〇日蓮沼武官長から「二週間位前より陸海軍間に協調の空気顕著となり居ること」を聞いた木戸は「暫く御静観」を願う旨奉答し、天皇の了承を得た（同上、九月一〇日条、八二〇頁）。
(41)『木戸日記　下』一九四〇年九月一五日条、八二二頁。
(42)『昭和天皇実録　八』一九四〇年九月一六日条、一七五頁。
(43)『木戸日記　下』一九四〇年九月一七日条、八二三頁。
(44)『木戸日記　下』一九四〇年九月一九日条、八二三頁。次段落の説明および引用は本条による。
(45)『木戸日記　下』一九四〇年九月一七日条、八二三頁。
(46)「メモ帳　昭和一五年九月一日～昭和一六年二月二日」（国立国会図書館憲政資料室所蔵「阿南惟幾関係文書」八、以下「阿南メモ」と表記）。
(47) 沢田茂著、森松俊夫編『参謀次長　沢田茂回想録』（芙蓉書房、一九八二年）一八二頁。
(48)「阿南メモ」。
(49)「元帥問題ニ就テ」（海軍省人事局「昭和三年以降元帥関係史料綴」防：⑧参考-人事-二〇七（以下「元帥史料綴」と表記）所収、作成者は伊藤整一海軍省人事局長）。海軍では一九四一年二月五日に公務中の殉職を遂げた大角岑生（当時最先任の大将）の元帥追贈が検討されていたが、陸軍でも元帥問題が生じることを理由に大角の元帥奏請が見送られていた（「大角大将遭難ト元帥、昇爵問題等」（四一年二月二七日、中原義正人事局長作成）、「元帥史料綴」所収）。この事例からも海軍が陸軍の「臣下元帥」再生産につながる動きに敏感になっていたことがうかがえる。

(50)「当用日記　昭和一四年」（「百武文書」仮No.8）一九三九年八月九日条、同一〇日条。

(51)『木戸日記　下』一九四一年八月一一日条、九〇一頁。

(52) 前掲森「国策決定過程の変容」六一頁。

(53) 一九〇三年六月二三日の対露交渉方針を決した御前会議には五元老と首相・外相・陸相・海相が、〇四年一月一二日の開戦外交方針決定の御前会議には五元老と病欠の桂太郎首相以外の閣僚全員、統帥部から参謀本部次長・海軍軍令部長・軍令部次長が、同年二月四日の日露開戦決定の御前会議には、五元老と閣僚（首相・外相・陸相・海相・蔵相）が列席した（『明治天皇紀　十』各日条、四五九・五七五・五九六頁）。

(54)「元帥奏請ニ関スル件」（「元帥史料綴」所収）。日付は一九四一年四月一六日付なので、この時期に鈴木が申し入れをしたと考えられる。作成者は海軍省の中原義正人事局長。

(55) 手嶋泰伸『史料紹介　小柳冨次「鈴木大将・米内大将訪問記」』（『軍事史学』五八-四、二〇二三年）一三五—一三七頁。

(56) 前掲茶谷『昭和戦前期の宮中勢力と政治』第一章第三節・第四節、第三章参照。

(57) 同右、一一三頁。

(58)『木戸日記　下』一一九〇頁。一九四五年四月五日の重臣会議での発言である。

(59) この発言に続いて「此際御思召を拝し、牧野伯の意見を徴されては如何」と述べている（『木戸日記　下』一一九〇頁）。牧野の重臣化構想については、前掲茶谷『昭和戦前期の宮中勢力と政治』三一三—三二五頁参照。

(60) 前掲「元帥奏請ニ関スル件」。

(61) 同右。

(62) 防衛庁防衛研修所戦史部編『戦史叢書　大本営陸軍部　大東亜戦争開戦経緯　五』（朝雲新聞社、一九七四年、以下『戦史叢書　五』と表記）五二—五六頁。

(63) 例えば、九月二五日の連絡会議において統帥部が「政戦ノ転機」の要望を文書で政府に提出しようとしたが、及川が阻止したという一幕があった（『戦史叢書　五』五六—五七頁）。

(64)「田中新一中将業務日誌　七/八」（防：中央-作戦指導日記-七、以下「田中日誌」と表記）一九四一年九月二八日条。

(65) 以上の引用は、軍事史学会編『大本営陸軍部戦争指導班　機密戦争日誌　上』新装版（錦正社、二〇〇八年、以下『機密戦争日誌　上』と表記）四一年九月二九日条、一六〇頁。

(66) 榎本重治「元帥府、軍事参議院所掌事項」（小林龍夫ほか解説『現代史資料一二　日中戦争四』みすず書房、一九六五年、五〇—

五一頁）参照。
(67)「田中日誌　八」（防：中央–作戦指導日記–八）一九四一年一〇月一六日条。
(68) この頃の陸軍側主要皇族の開戦に関する意見は、閑院宮「急グコト」、朝香宮鳩彦王「戦機ヲ失ハザルコト」、東久邇宮稔彦王「大義名分ヲ明カニスルコト」であり、閑院宮と朝香宮が開戦論寄りだった（「田中日誌　八」一九四一年一〇月一〇日条）。
(69)『昭和天皇実録　八』一九四一年一〇月九日条、四九八頁。翌日、天皇は伏見宮の強硬論について「痛く御失望」している（『木戸日記　上』四一年一〇月一〇日条、九一三頁）。
(70)「嶋田繁太郎大将無標題備忘録　大正時代から終戦後まで」（防：①中央–日記回想–八三三）。
(71)『機密戦争日誌　上』一九四一年二月一七・二五日条、七五・七八頁、三月一四日条、八四頁。
(72) 以下、「元帥問題ニ関シ」（「元帥史料綴」所収）より引用。本史料は一九四一年一〇月一七日、伏見宮が中原人事局長を呼び出して話した内容を中原が記録したものである。七月一四日にも伏見宮が嶋田海相を呼び同趣旨のことを話している。
(73) 会談の際に閑院宮は上原・寺内・杉山の経歴表を示しながら話したという（前掲「元帥問題ニ関シ」）。両宮はおそらく前述の「庶務課意見」と同様の案を踏まえ提案したと思われる。
(74)『昭和天皇実録　八』一九四一年一〇月二四日条、五一八—五一九頁。
(75) 東条の上奏に合わせて、陸軍省軍務局課員が七一歳を停年とする元帥停年制案を海軍省に持参していた（「澤本頼雄海軍大将　業務メモ（叢三）」（防：①中央–日誌回想–八九四、以下「澤本メモ」と表記）一九四一年一〇月二六日条。
(76)「嶋田繁太郎大将日記　昭和一六年」（防：①中央–日誌回想–八三五）一九四一年一〇月二四日条。
(77)『木戸日記　下』一九四一年一〇月二四日条、九一九頁。
(78)「澤本メモ」一九四一年一〇月二四日条。
(79) 前掲森「国策決定過程の変容」五八—六〇頁参照。ただし、閣僚の宮中参集は一週間で取り止めになっている。
(80)「大本営ト政府トノ連絡ニ関スル件」（伊藤隆編『高木惣吉　日記と情報　下』みすず書房、二〇〇〇年（以下『高木日記　下』と表記）、五四〇頁）。
(81) 東条は陸相就任当初から「一、政戦両略の一致、首相ロボット化の是正。二、陸海軍の関係調整。三、統帥部と軍政との調整。四、軍の統制」を木戸内大臣に話しており、陸海軍間の調整には強い関心を寄せていた（『木戸日記　下』一九四〇年七月二九日条、八一二頁）。
(82)『昭和天皇実録　八』一九四一年一一月三日条、同四日条、五三〇—五三二頁。
(83)「元来軍事参議院は、かゝる国策に直接関連ある問題を取扱うべき性格のものではなかつたし、又陸海軍合同の会議は従来、開催せられた例はなかつた。然し東条首相は、事態の重大性に鑑み、軍首脳部全員一致の下に進む必要を認め、統帥部の反対を押し切り、問題を国防用兵に関する事項に限定し、これが開催を推進した」（服部卓四郎『大東亜戦争全史　第一巻』鱒書房、一九五三年、二一六頁）。また、当時陸軍大臣秘書官だった西浦進の戦後の回想によれば、田中第一部長が「軍事参議官会議なんかに諮詢すると機密漏洩になる」と反対すると、東条に「ひどく叱られて」いたという。「とにかく開戦は大事だから本当に衆議を尽くしてやらなければいかん」という東条の考えがあったと西浦は回想している（西浦進『昭和陸軍秘録――軍務局軍事課長の幻の証言』日本経済新聞出版社、二〇一四年、一五四頁）。

(84) 参謀本部編『杉山メモ　上〔普及版〕』（原書房、二〇〇五年、初出は一九六七年）五三三頁。『昭和天皇実録　八』一九四一年一一月二六日条、五五一―五五二頁。

(85) 前掲『杉山メモ　上』五三四頁。東条に重臣会議召集を否定された天皇が、重臣との懇談会形式を希望した際、東条が杉山と協議したときの発言である。

(86) 「元帥奏請ニ関スル東条首相兼陸相、島田海相会談覚」（「元帥史料綴」所収）一九四二年一月二〇日作成。

(87) 伊藤隆ほか編『東條内閣総理大臣機密記録――東條英機大将言行録』（東京大学出版会、一九九〇年）五〇一―五〇二頁。

(88) 「澤本メモ」一九四一年一〇月二六日条。

(89) 「元帥奏請ニ関スル意見」（「元帥史料綴」所収）一九四二年一月一七日付、中原人事局長作成。

(90) 「次官意見　臣下元帥ヲ設クル件」（「元帥史料綴」所収）一九四二年一月一九日作成。

(91) 「澤本メモ」一九四一年一〇月二六日条。澤本はロンドン条約問題当時、海軍省軍務局第一課長であり、条約問題処理のため東郷の対応にも当たっていた。

(92) 前掲「元帥奏請ニ関スル東条首相兼陸相、島田海相会談覚」参照。「嶋田繁太郎大将備忘録　第五」（防：①中央-日誌回想-八三二）も参照。

(93) 冨永恭次陸軍人事局長は戦後の回想で、「臣下元帥」奏請を海軍の人事局長に伝えたところ、「最長老たる軍令部総長永野大将を、元帥に奏請することは、部内に対しても部外に対しても、一寸工合が悪い」と、言外に「陸軍もやめて頂けないかというような態度」を示してきたという。しかし陸軍だけでも「臣下元帥」奏請を強行するという東条の意向を伝えると、数日後に海軍も元帥奏請を承認したという（「冨永恭次回想録　其一（大東亜戦争間における陸軍人事）」（防：文庫-依託-一八）。

(94) 「元帥問題ニツキ」（「元帥史料綴」所収）一九四三年五月一八日中澤佑人事局長作成。

(95) 「元帥制度並ニ其ノ銓衡ニ関スル件」（「元帥史料綴」所収）一九四三年五月三一日、中澤人事局長作成。本文書は嶋田海相、澤本次官、岡敬純軍務局長の捺印があり、海軍側の元帥奏請に関する最終見解として作成されたといえる。なお、元帥の定員は陸海軍おのおの三名程度を限度とし濫造しないことが明記されている。

(96) この点は、手嶋泰伸「平沼騏一郎内閣運動と海軍――一九三〇年代における政治的統合の模索と統帥権の強化」（『史学雑誌』一二二-九、二〇一三年）、太田久元『戦間期の日本海軍と統帥権』（吉川弘文館、二〇一七年）第二部第四章。

(97) 例えば、一九四三年一一月一八日木戸が高木惣吉に、統帥部首脳の力量不足を指摘し「幸、両総長元帥ニモナラレタレバ、元帥府強化ノ趣旨ニテ皇族殿下ト両元帥ヲ専ラ元帥府ニ於テ輔翼セシムルコトトシ新進潑溂ノ総長ヲ迎フルモ一案」だと述べている（『高木日記　下』六九九頁）。

(98) 本問題については、前掲鈴木『「終戦」の政治史』第一章参照。

(99)『木戸日記　下』一九四四年一月二七日条、一〇八三頁。

(100) 東条自身も「元来兵力量の問題なれば統帥部に於て決定するを至当」であると述べるなど、統帥事項であると認識していた（『木戸日記　下』一九四四年一月二七日条、一〇八三頁）。

(101)『木戸日記　下』一九四四年二月一〇日条、一〇八七頁。

(102)『木戸日記　下』一九四四年二月一八日条、一〇八九―一〇九〇頁。

(103) この過程は、前掲鈴木『「終戦」の政治史』三七―三八頁参照。

(104)「眞田穣一郎少将日記　二七」（防：中央-作戦指導日記-七二）。

(105)「軍令部総長ニ補セラレタル経緯」、前掲「嶋田繁太郎大将備忘録　第五」所収。

(106)「大本営・元帥府宮中使用録　大臣官房総務課」（宮：10965）第一七号・第一八号文書。

(107) 前掲「大本営・元帥府宮中使用録」第一八号・第一九号文書。初閣議は二月二五日より開催された。四月一三日には大本営幕僚会議が宮中で初開催された。

(108) 週一回ペースの元帥会合は、管見の限り一九四五年三月までは確実に開催されている（『畑日誌』四五年三月一四日条、五一四頁）。会合の内容は戦況に関する当局者の説明が主だった。

(109) 一九四一年春頃の参謀本部では、陸海軍統合による大本営改革が検討されていた。その主眼は参謀本部と軍令部を一人の幕僚長のもとに統合させることにあり、「陸海軍大将創設」案も検討されていたようである（「田中日誌　三」防：中央-作戦指導日記-三、四一年五月八日条、「田中日誌　四」防：中央-作戦指導日記-四、同年五月一五日、同一七日条）。

(110) 一九四三年段階の陸海軍統帥部統合案の内容と陸海軍の折衝過程については、前掲鈴木『「終戦」の政治史』二四―三〇頁参照。

(111) この点は同右、二八頁。また、当時侍従武官坪島文雄は戦況悪化を踏まえて、「統帥指揮ノ見地ヨリ言フモ、陸海軍一元化スルニアラザレバ此ノ非常戦局ヲ乗リ切ル能ハズ。海軍側ノ若イ方ニハ同意スル空気アルモ、古イ方ハ陸軍ニ呑マレルトノ杞憂モアリテ仲々実現困難ナリ。陸軍側ハ皆同意ナルモ、上層部ノ決断ハニブリアル現状ナリ」と観察していた（国立国会図書館憲政資料室所蔵「坪島文雄日記」一九四三年九月二二日条、以下「坪島日記」と表記）。

(112)「坪島日記」一九四四年二月一八日条。

(113) 以下の説明で註のない箇所は、前掲鈴木『「終戦」の政治史』三九―四一頁参照。

(114)「大本営幕僚総長案」（一九四四年三月一六日作成、「官房軍務局保存記録施策関係綴」所収、防：⑤航空部隊-航空本部-七三）。

(115)「坪島日記」一九四四年二月一八日条。

(116)「眞田穰一郎少将日記 二八」（防：中央-作戦指導日記-七三）。「眞田日記」は日付が明記されていないことがあるため、具体的な日時は特定できないが、その前後の記述の日付から三月九日から一一日の間の発言だと判断した。
(117) 従来、東条は重臣との会見を避ける傾向にあったが、この頃には重臣のみで会合を開催しようとすると、東条は自身を交えた会合にするように申し入れるようになった（細川護貞『細川日記 上巻〔改版〕』中公文庫、二〇〇二年、一九四四年三月二七日条、一六五頁）。実際に東条と重臣が会合を開くと、意見がかみ合わず険悪な空気になることも多かったという（同上、同年五月一九日条、二一〇頁）。また、東条は六月二七日に岡田啓介に対して、重臣や皇族が嶋田海相更迭に動くことへの不快感を表明している（高木惣吉『高木海軍少将覚え書』毎日新聞社、一九七九年、七一頁）。
(118) 前掲『細川日記 上巻』一九四四年五月一四日条、二〇三―二〇四頁。
(119) 東条は参謀総長を辞任する際、後任について元帥に相談したうえで後宮淳を推した。しかし、天皇が「元帥の意見も尤もだが、もつと大物を出せといふ意見は出なかつたか」と述べたため、梅津美治郎に差し替えられた（『昭和天皇独白録』一一〇頁）。
(120)『木戸日記 下』一九四四年六月二二日条、一一一二頁。
(121) 前掲松田『内大臣の研究』一七〇―一七二頁参照。
(122) 前掲茶谷『昭和戦前期の宮中勢力と政治』三四九頁。
(123) 前掲山田『大元帥 昭和天皇』二六五―二六七頁。
(124)「宮内庁手帳 昭和一九年」（「百武文書」所収、仮No.23）一九四四年六月二四日条。この希望は木戸から蓮沼侍従武官長に対して申し入れられたものだった。
(125) 元帥会議の内容は「眞田穰一郎少将日記 三一」（防：中央-作戦指導日記-七六）などに拠る。
(126) 高松宮宣仁親王『高松宮日記 第七巻』（中央公論社、一九九七年、以下『高松宮日記 七』と表記）一九四四年六月二四日条、五〇四頁。高松宮は二四日の元帥会議開催決定後に手紙を認め、いったんは提出を思いとどまったものの、二五日の元帥会議後に天皇に差し出した。
(127)『高松宮日記 七』一九四四年六月二六日条、五〇七頁。
(128)『高松宮日記 七』一九四四年六月二二日条、五〇二頁。
(129) 高松宮は「明治陛下の時にも西郷辺りが御庭番になつたりして、本すぢでない処から種々の見方なり意見なりが御上の御耳に達する仕組になつてゐたが、今は夫れがない」と、情報伝達ルートの少なさを懸念していた（前掲『細川日記 上巻』四四年三月二九日条、一七〇頁）。
(130)『高松宮日記 七』一九四四年七月八日条、五一四―五一五頁。
(131) このことは、周囲から時局に関する天皇への上奏を求められた賀陽宮恒憲王が「既ニ朝香宮、東久邇宮、高松宮殿下ヨリ上奏ナサレアレド、陛下ハ所管大臣ノ意見ハ異ルト仰セラルルノミニテ如何トモナシ難」いと述べていたことからもうかがえる『真崎日

記　六』一九四三年一二月三〇日条、一二三頁）。この背景には、天皇の東条への信頼感があった（同年七月二二日条、四四頁）。

(132) 東久邇稔彦『東久邇日記――日本激動期の秘録』（徳間書店、一九六八年）一九四四年七月一七日条、一三八―一三九頁。この上奏は本来高松宮とも協議したものだったが（同上、同月一一・一二日条、一三五―一三六頁）、上奏に際しては「陛下は時局に関しては、たとえ皇族といえども、責任のないものからは、意見をきかない御方針である」という東久邇宮の考えにより、高松宮は拝謁しなかった（同上、四四年七月一三日条、一三七頁）。

(133) 前掲『極東国際軍事裁判公判記録Ⅰ　検事側綜合篇』一二四頁。六月一四日の裁判におけるホーウィッツ検察官による説明の一部である。

(134) 前掲『東京裁判資料・木戸幸一尋問調書』一七四―一七五頁。第二回尋問（一九四六年一月六日）での一幕である。

(135) 木戸幸一への尋問でも荒木・真崎が軍事参議官として有していた権能について質問が及んでいた。また、戦時期に軍事課長や軍務局長、参謀本部第一部長を歴任した真田穣一郎は、尋問調書のなかで軍事参議院の権能について説明した際に、土肥原が軍事参議官だった時期に開かれた非公式軍事参議官会議（一九四一年六月三〇日）にも言及している（「A級極東国際軍事裁判記録（和文）(NO.112)」（国立公文書館所蔵、請求番号：平11法務02150100、一三二コマ目）。これまで述べてきたように、非公式軍事参議官会議は、軍当局が専任軍事参議官に政策や戦況などを報告する定例会議だった。真田によれば、このときの非公式軍事参議官会議も参謀本部から独ソ開戦後一週間の欧州戦況と今後の情勢判断が報告されたに過ぎず、各参議官からの意見もなければ、日米開戦に関する議論も出なかったという。しかし、検察側はこうした会議を陸軍の最高指導者による意思決定機関と推定して、関係者への尋問でも取り上げていたものと思われる。

(136)「A級極東国際軍事裁判記録（和文）(NO.105)」（国立公文書館所蔵、請求番号：平11法務02143100、四〇八コマ目）。一九四六年三月一三日の尋問での一幕である。

(137) 前掲「A級極東国際軍事裁判記録（和文）(NO.58)」二三一コマ目。一九四六年三月一四日の尋問でのやり取りである。

(138) 藤田尚徳『侍従長の回想』（講談社学術文庫、二〇一五年、初出は講談社、一九六一年）八三頁。

終　章

(1)『昭和天皇実録　九』一九四五年八月一四日条、七六五頁。

(2) 三谷太一郎「まえがき」（『年報政治学　近代化過程における政軍関係』岩波書店、一九九〇年）v―vi頁参照。

(3) 三谷太一郎「一五年戦争下の日本軍隊――「統帥権」の解体過程（上）」（『成蹊法学』五三、二〇〇一年）。

(4) 黒沢文貴「総説　日本陸海軍の近代史」（同編『日本陸海軍の近代史――秩序への順応と相剋1』東京大学出版会、二〇二四年）一二―一四頁。

(5) 森靖夫『日本陸軍と日中戦争への道――軍事統制システムをめぐる攻防』（ミネルヴァ書房、二〇一〇年）一五〇頁。

参考文献

研究書

麻田貞雄『両大戦間の日米関係――海軍と政策決定過程』（東京大学出版会、一九九三年）
浅見雅男『皇族と帝国陸海軍』（文春新書、二〇一〇年）
家永三郎『戦争責任』（岩波現代文庫、一九八五年）
一ノ瀬俊也『東條英機――「独裁者」を演じた男』（文春新書、二〇二〇年）
井上清『日本帝国主義の形成』（岩波書店、一九六八年）
井上清『天皇の戦争責任』（現代評論社、一九七五年）
伊藤隆『昭和初期政治史研究――ロンドン海軍軍縮問題をめぐる諸政治集団の対抗と提携』（東京大学出版会、一九六九年）
伊藤之雄『立憲国家と日露戦争――外交と内政 一八九八〜一九〇五』（木鐸社、二〇〇〇年）
伊藤之雄『昭和天皇と立憲君主制の崩壊――睦仁・嘉仁から裕仁へ』（名古屋大学出版会、二〇〇五年）
伊藤之雄『山県有朋――愚直な権力者の生涯』（文春新書、二〇〇九年）
伊藤之雄『元老――近代日本の真の指導者たち』（中公新書、二〇一六年）
宇田川幸大『東京裁判研究――何が裁かれ、何が遺されたのか』（岩波書店、二〇二二年）
梅溪昇『増補　明治前期政治史の研究』（未来社、一九七八年）
梅溪昇『増訂　軍人勅諭成立史』（青史出版、二〇〇八年）
大江志乃夫『日露戦争の軍事史的研究』（岩波書店、一九七六年）
大江志乃夫『統帥権』（日本評論社、一九八三年）
大江志乃夫『昭和の歴史三　天皇の軍隊』（小学館、一九八八年）
大江洋代『明治期日本の陸軍――官僚制と国民軍の形成』（東京大学出版会、二〇一八年）
大澤博明『近代日本の東アジア政策と軍事――内閣制と軍備路線の確立』（成文堂、二〇〇一年）
大澤博明『陸軍参謀川上操六――日清戦争の作戦指導者』（吉川弘文館、二〇一九年）

太田久元『戦間期の日本海軍と統帥権』吉川弘文館、二〇一七年）
加藤陽子『模索する一九三〇年代――日米関係と陸軍中堅層〔新装版〕』（山川出版社、二〇一二年、初版は一九九三年）
加藤陽子『天皇の歴史8　昭和天皇と戦争の世紀』（講談社学術文庫、二〇一八年、初版は二〇一一年）
加藤陽子『天皇と軍隊の近代史』（勁草書房、二〇一九年）
北岡伸一『日本陸軍と大陸政策』（東京大学出版会、一九七八年）
北岡伸一『官僚制としての日本陸軍』筑摩書房、二〇一二年）
黒沢文貴『大戦間期の日本陸軍』（みすず書房、二〇〇〇年）
黒沢文貴『大戦間期の宮中と政治家』（みすず書房、二〇一三年）
黒野耐『帝国国防方針の研究――陸海軍国防思想の展開と特徴』（総和社、二〇〇〇年）
小林啓治『総力戦とデモクラシー――第一次世界大戦・シベリア干渉戦争』（吉川弘文館、二〇〇八年）
小林道彦『日本の大陸政策　一八九五―一九一四――桂太郎と後藤新平』（南窓社、一九九六年）
小林道彦『桂太郎――予が生命は政治である』（ミネルヴァ書房、二〇〇六年）
小林道彦『政党内閣の崩壊と満州事変　一九一八～一九三二』（ミネルヴァ書房、二〇一〇年）
小林道彦『児玉源太郎――そこから旅順港は見えるか』（ミネルヴァ書房、二〇一二年）
纐纈厚『近代日本政軍関係の研究』（岩波書店、二〇〇五年）
斎藤聖二『日清戦争の軍事戦略』（芙蓉書房出版、二〇〇三年）
酒井哲哉『大正デモクラシー体制の崩壊――内政と外交』（東京大学出版会、一九九二年）
坂本一登『伊藤博文と明治国家形成――宮中の制度化と立憲制の導入』（吉川弘文館、一九九一年）
佐々木雄一『帝国日本の外交　一八九四―一九二二』（東京大学出版会、二〇一七年）
佐々木雄一『リーダーたちの日清戦争』（吉川弘文館、二〇二二年）
須崎愼一『二・二六事件――青年将校の意識と心理』（吉川弘文館、二〇〇三年）
鈴木多聞『「終戦」の政治史　一九四三―一九四五』（東京大学出版会、二〇一一年）
関口哲矢『昭和期の内閣と戦争指導体制』（吉川弘文館、二〇一六年）
関静雄『ロンドン海軍条約成立史――昭和動乱の序曲』（ミネルヴァ書房、二〇〇七年）
髙杉洋平『宇垣一成と戦間期の日本政治――デモクラシーと戦争の時代』（吉田書店、二〇一五年）
髙杉洋平『昭和陸軍と政治――「統帥権」というジレンマ』（吉川弘文館、二〇二〇年）
高橋正衛『二・二六事件――「昭和維新」の思想と行動』（中公新書、一九六五年）
高橋正衛『昭和の軍閥』（中公新書、一九六九年）

竹山護夫『昭和陸軍の将校運動と政治抗争』（名著刊行会、二〇〇八年）
田中宏巳『東郷平八郎』（吉川弘文館、二〇一三年、初出は筑摩書房、一九九九年）
田中宏巳『小笠原長生と天皇制軍国思想』（吉川弘文館、二〇二一年）
千葉功『旧外交の形成――日本外交一九〇〇～一九一九』（勁草書房、二〇〇八年）
茶谷誠一『昭和戦前期の宮中勢力と政治』（吉川弘文館、二〇〇九年）
筒井清忠『昭和期日本の構造――その歴史社会学的考察』（有斐閣、一九八四年）
筒井清忠『昭和十年代の陸軍と政治――軍部大臣現役武官制の虚像と実像』（岩波書店、二〇〇七年）
筒井清忠『敗者の日本史一九　二・二六事件と青年将校』（吉川弘文館、二〇一四年）
ディキンソン、フレドリック・R『大正天皇――一躍五大洲を雄飛す』（ミネルヴァ書房、二〇〇九年）
手嶋泰伸『昭和戦時期の海軍と政治』（吉川弘文館、二〇一三年）
手嶋泰伸『統帥権の独立――帝国日本「暴走」の実態』（中公選書、二〇二四年）
戸部良一『シリーズ日本の近代　逆説の軍隊』（中央公論新社、二〇一二年、初版は一九九八年）
戸部良一『自壊の病理――日本陸軍の組織分析』（日本経済新聞社、二〇一七年）
外山操編『陸海軍将官人事総覧（陸軍篇・海軍篇）』（芙蓉書房、一九八一年）
永井和『近代日本の軍部と政治』（思文閣出版、一九九三年）
永井和『青年君主昭和天皇と元老西園寺』（京都大学学術出版会、二〇〇三年）
奈良岡聰智『対華二十一ヵ条要求とは何だったのか――第一次世界大戦と日中対立の原点』（名古屋大学出版会、二〇一五年）
西川誠『天皇の歴史7　明治天皇の大日本帝国』（講談社学術文庫、二〇一八年、初出は二〇一一年）
秦郁彦『軍ファシズム運動史〔新装版〕』（原書房、一九八〇年）
秦郁彦編『日本陸海軍総合事典〔第二版〕』（東京大学出版会、二〇〇五年）
波多野澄雄『幕僚たちの真珠湾』（吉川弘文館、二〇一三年、初出は朝日選書、一九九一年）
原武史『大正天皇』（朝日文庫、二〇一五年、初版は二〇〇一年）
坂野潤治『明治国家の終焉――一九〇〇年体制の崩壊』（筑摩書房、二〇一〇年、初出は同『大正政変』ミネルヴァ書房、一九九四年）
藤原彰『天皇制と軍隊』（青木書店、一九七八年）
藤原彰『日本軍事史　上巻　戦前篇』（日本評論社、一九八七年）
藤原彰『昭和天皇の十五年戦争』（青木書店、一九九一年）
古川隆久『大正天皇』（吉川弘文館、二〇〇七年）
堀真清『二・二六事件を読み直す』（みすず書房、二〇二一年）

増田知子『天皇制と国家――近代日本の立憲君主制』(青木書店、一九九九年)
松下芳男『改訂　明治軍制史論（下）』(国書刊行会、一九七八年、初出は有斐閣、一九五六年)
松田好史『内大臣の研究―明治憲法体制と常侍輔弼』(吉川弘文館、二〇一四年)
水林彪『天皇制史論――本質・起源・展開』(岩波書店、二〇〇六年)
三谷太一郎『近代日本の戦争と政治』(岩波書店、一九九七年)
三谷太一郎『日本の近代とは何であったか――問題史的考察』(岩波新書、二〇一七年)
森松俊夫『大本営』(吉川弘文館、二〇一三年、初出は教育社、一九八〇年)
森靖夫『日本陸軍と日中戦争への道――軍事統制システムをめぐる攻防』(ミネルヴァ書房、二〇一〇年)
森山優『日米開戦の政治過程』(吉川弘文館、一九九八年)
李炯喆『軍部の昭和史（下）――日本型政軍関係の絶頂と終焉』(日本放送出版協会、一九八七年)
山田朗『大元帥 昭和天皇』(新日本出版社、一九九四年)
山田朗『昭和天皇の軍事思想と戦略』(校倉書房、二〇〇二年)
山田朗『増補　昭和天皇の戦争――「昭和天皇実録」に残されたこと・消されたこと』(岩波現代文庫、二〇二三年、初出は岩波書店、二〇一七年)
由井正臣『軍部と民衆統合――日清戦争から満州事変期まで』(岩波書店、二〇〇九年)
吉田裕『昭和天皇の終戦史』(岩波新書、一九九二年)

論　文

飯島直樹「翻刻と紹介　「小笠原長生日記　昭和八年」」(『東京大学日本史学研究室紀要』二一、二〇一七年)
家永三郎「天皇大権行使の法史学的一考察」(磯野誠一・松本三之介・田中浩編『社会変動と法――法学と歴史学の接点』(勁草書房、一九八一年)
伊藤之雄「山県系官僚閥と天皇・元老・宮中――近代君主制の日英比較」(『法学論叢』一四〇―一・二、一九九六年)
伊藤之雄「昭和天皇と立憲君主制」(伊藤之雄・川田稔編『二〇世紀日本の天皇と君主制――国際比較の視点から一八六七―一九四七』吉川弘文館、二〇〇四年)
伊藤之雄「近代天皇は「魔力」のような権力を持っているのか」(『歴史学研究』八三一、二〇〇七年)
岩村研太郎「「上陸作戦綱要」の成立」(『軍事史学』五四―一、二〇一八年)
大江洋代「日清・日露戦争と陸軍官僚制の成立」(小林道彦・黒沢文貴編『日本政治史のなかの陸海軍――軍政優位体制の形成と崩壊

一八六八―一九四五』ミネルヴァ書房、二〇一三年）
大江洋代「明治六年政変と政軍関係の変容」（『歴史評論』八八三、二〇二三年）
大久保文彦「陸軍三長官会議の権能と人事――省部関係業務担任規定（大正二年）に関する一考察」（『史学雑誌』一〇三-六、一九九四年）
大島明子「明治初期太政官制における政軍関係」（『紀尾井史学』一一、一九九一年）
大島明子「廃藩置県後の兵制問題と鎮台兵――外征論との関わりにおいて」（黒沢文貴・斎藤聖二・櫻井良樹編『国際環境のなかの近代日本』芙蓉書房出版、二〇〇一年）
大島明子「御親兵の解隊と征韓論政変」（犬塚孝明『明治国家の政策と思想』（吉川弘文館、二〇〇五年）
大島明子「一八七三（明治六）年のシビリアンコントロール――征韓論政変における軍と政治」（『史学雑誌』一一七-七、二〇〇八年）
大島明子「明治維新期の政軍関係」（小林道彦・黒沢文貴編『日本政治史のなかの陸海軍――軍政優位体制の形成と崩壊　一八六八―一九四五』ミネルヴァ書房、二〇一三年）
大島明子「統帥権の独立と山県有朋――西南戦争中の軍事指揮をめぐる問題」（明治維新史学会編『明治国家形成期の政と官』有志舎、二〇二〇年）
岡田昭夫「統帥権干犯論争と陸軍（前編・後編）――統帥権問題研究（その二）」（『早稲田大学大学院法研論集』五九・六〇、一九九一―九二年）
岡田昭夫「ロンドン海軍条約と統帥権干犯論――統帥権問題研究（その一）」（『早稲田大学大学院法研論集』五五、一九九〇年）
北岡伸一「陸軍派閥対立（一九三一～三五）の再検討（『年報・近代日本研究一――昭和期の軍部』一九七九年）
木多悠介「明治一〇年代における大元帥の制度化と陸軍紛議」（『日本史研究』七二二号、二〇二二年）
木村美幸「海軍と在郷軍人会」（『史学雑誌』一二八-一一、二〇一九年）
黒沢文貴「大正・昭和期における陸軍官僚の「革新」化」（小林道彦・黒沢文貴編『日本政治史のなかの陸海軍――軍政優位体制の形成と崩壊　一八六八―一九四五』ミネルヴァ書房、二〇一三年）
黒沢文貴「総説　日本陸海軍の近代史」（黒沢文貴編『日本陸海軍の近代史――秩序への順応と相剋1』東京大学出版会、二〇二四年）
黒沢文貴「軍事指導者としての天皇」（黒沢文貴編『日本陸海軍の近代史――秩序への順応と相克1』東京大学出版会、二〇二四年）
小池聖一「大正後期の海軍についての一考察――第一次・第二次財部彪海相期の海軍部内を中心に」（『軍事史学』九七、一九八九年）
小池聖一「ワシントン海軍軍縮会議前後の海軍部内状況――「両加藤の対立」再考」（『日本歴史』四八〇、一九八八年）
纐纈厚「統帥権干犯問題と軍令機関の対応――ロンドン海軍軍縮条約（一九三〇年）締結をめぐって」（『軍事史学』一五-三、一九七九年）
纐纈厚「統帥権干犯論争の展開と参謀本部――ロンドン海軍軍縮条約（一九三〇年）締結に関連して」（『日本歴史』三七六、一九七九

年）
小林道彦「児玉源太郎と統帥権改革」（小林道彦・黒沢文貴編『日本政治史のなかの陸海軍――軍政優位体制の形成と崩壊 一八六八―一九四五』ミネルヴァ書房、二〇一三年）
塚目孝紀「大宰相主義の政治指導――第一次伊藤博文内閣における陸軍紛議を中心に」（『史学雑誌』一三〇‐八、二〇二一年）
小宮一夫「山本権兵衛（準）元老擁立運動と薩派」（『年報・近代日本研究二〇――宮中・皇室と政治』一九九八年）
佐々木隆「陸軍「革新派」の展開」（『年報・近代日本研究一――昭和期の軍部』一九七九年）
佐々木雄一「近代日本における天皇のコトバ――遼東還付の詔勅を中心に」（御厨貴編『天皇の近代――明治一五〇年・平成三〇年』千倉書房、二〇一八年）
柴田紳一「皇族参謀総長の復活――昭和六年閑院宮載仁親王就任の経緯」（『國學院大學日本文化研究所紀要』九四、二〇〇四年）
高橋秀直「陸軍軍縮の財政と政治――政党政治確立期の政―軍関係」（『年報・近代日本研究八――官僚制の形成と展開』一九八六年）
田中孝佳吉「元帥府の設置とその活動」（『皇學館史學』二八、二〇一三年）
田中宏巳「昭和七年前後における東郷グループの活動――小笠原長生日記を通して（一）～（三）」（『防衛大学校紀要 人文科学分冊』五一―五三、一九八五―八六年）
手嶋泰伸「平沼騏一郎内閣運動と海軍――一九三〇年代における政治的統合の模索と統帥権の強化」（『史学雑誌』一二二‐九、二〇一三年）
手嶋泰伸「岡田啓介内閣期の陸海軍関係」（『福井工業高等専門学校研究紀要 人文・社会科学』四八、二〇一四年）
手嶋泰伸「二・二六事件後の陸海軍関係」（『年報近現代史研究』六、二〇一四年）
手嶋泰伸「一九二〇年代の日本海軍における軍部大臣文官制導入問題」（『歴史』一二四、二〇一五年）
手嶋泰伸「ロンドン海軍軍縮問題と平沼騏一郎」（『福井工業高等専門学校研究紀要 人文・社会科学』五〇、二〇一六年）
手嶋泰伸「書評 田中宏巳著『小笠原長生と天皇制軍国思想』」（『歴史評論』八七〇、二〇二二年）
手嶋泰伸「史料紹介 小柳富次「鈴木大将・米内大将訪問記」」（『軍事史学』五八‐四、二〇二三年）
平松良太「第一次世界大戦と加藤友三郎の海軍改革――一九一五～一九二三（一）～（三）」（『法学論叢』一六七‐六、一六八‐四・六、二〇一〇―一一年）
照沼康孝「宇垣陸相と軍制改革案――浜口内閣と陸軍」（『史学雑誌』八九‐一二、一九八〇年）
照沼康孝「鈴木荘六参謀総長後任を繞って」（『日本歴史』四二一、一九八三年）
照沼康孝「南陸相と軍制改革案」（原朗編『近代日本の経済と政治』山川出版社、一九八六年）
内藤一成「大正天皇と山県有朋」（『日本歴史』五八六、一九九七年）
永井和「人員統計を通じてみた明治期日本陸軍（一）――『陸軍省年報』『陸軍省統計年報』の分析」（『富山大学教養部紀要 人文・社

会科学篇』一八―二、一九八五年）
永井和「太政官文書にみる天皇万機親裁の成立――統帥権独立制度成立の理由をめぐって」（『京都大學文學部研究紀要』四一、二〇〇二）
永井和「万機親裁体制の成立――明治天皇はいつから近代の天皇となったのか」（『思想』九五七、二〇〇四年）
永井和「朕は汝等軍人の大元帥なるぞ――天皇の統帥命令の起源」（佐々木克編『明治維新期の政治文化』思文閣出版、二〇〇五年）
中村崇高「明治期陸軍の検閲制度」（『日本歴史』六五九、二〇〇三年）
朴完「大正七年帝国国防方針に関する小論――その改定過程及び内閣保存過程を中心に」（『東京大学日本史学研究室紀要』一七、二〇一三年）
平松良太「ロンドン海軍軍縮問題と日本海軍――一九二三～一九三六年（一）～（三）」（『法学論叢』一六九―二・四・六、二〇一一年）
平松良太「海軍省優位体制の崩壊――第一次上海事変と日本海軍」（小林道彦・黒沢文貴編『日本政治史のなかの陸海軍――軍政優位体制の形成と崩壊 一八六八―一九四五』ミネルヴァ書房、二〇一三年）
藤井崇史「ワシントン条約廃棄問題と統帥権」（『日本歴史』八一九、二〇一六年）
堀田慎一郎「二・二六事件後の陸軍――広田・林内閣期の政治」（『日本史研究』四一三、一九九七年）
堀田慎一郎「岡田内閣期の陸軍と政治」（『日本史研究』四二五、一九九八年）
堀田慎一郎「一九三〇年代における日本陸軍の政治的台頭」（伊藤之雄・川田稔編『環太平洋の国際秩序の模索と日本――第一次政界大戦後から五五年体制成立』山川出版社、一九九九年）
三谷太一郎「まえがき」『年報政治学　近代化過程における政軍関係』（岩波書店、一九九〇年）
三谷太一郎「一五年戦争下の日本軍隊――「統帥権」の解体過程（上）」（『成蹊法学』五三、二〇〇一年）
望月雅士「枢密院と政治」（由井正臣編『枢密院の研究』吉川弘文館、二〇〇三年）
森茂樹「国策決定過程の変容――第二次・第三次近衛内閣の国策決定をめぐる「国務」と「統帥」」（『日本史研究』三九五、一九九五年）
森茂樹「戦時天皇制国家における「親政」イデオロギーと政策決定過程の再編――日中戦争期の御前会議」（『日本史研究』四五四、二〇〇〇年）
森茂樹「東條英機内閣期における戦争指導と御前会議」（吉田裕編『戦争と軍隊の政治社会史』大月書店、二〇二一年）
山口一樹「清浦奎吾内閣における陸相人事問題」（『立命館史学』三四、二〇一三年）
山口一樹「元帥をめぐる一九二〇年代の陸軍――上原派の構想を通じて」（『日本史研究』六八六、二〇一九年）
山口一樹「一九三〇年代前半期における陸軍派閥対立――皇道派・統制派の体制構想」（『立命館大学人文科学研究所紀要』一一七、二〇一九年）

山田朗「軍部の成立」（『岩波講座日本歴史　第一六巻　近現代二』岩波書店、二〇一四年）
山田朗「井上清『天皇の戦争責任』」（『日本史研究』六八八、二〇一九年）
横島公司「東京裁判の影――昭和天皇は何故裁かれなかったのか」（『史苑』七〇―二、二〇一〇年）
吉田裕「昭和恐慌前後の社会情勢と軍部」（『日本史研究』二一九、一九八〇年）
吉田裕「満州事変下における軍部――「国防国家」構想の形成」（『日本史研究』二三八、一九八二年）
吉田裕「日本の軍隊」（『岩波講座日本通史　第一七巻　近代二』岩波書店、一九九四年）

刊行史料

粟屋憲太郎ほか編『東京裁判資料・木戸幸一尋問調書』（大月書店、一九八七年）
井口省吾文書研究会編『日露戦争と井口省吾』（原書房、一九九四年）
・一九〇三年三月二五日付大山宛山県書簡
伊藤隆編『高木惣吉　日記と情報　下』（みすず書房、二〇〇〇年）
・「大本営ト政府トノ連絡ニ関スル件」
伊藤隆・照沼康孝編集・解説『続・現代史資料　四　陸軍　畑俊六日誌』（みすず書房、一九八三年）
伊藤隆・広瀬順晧編『牧野伸顕日記』（中央公論社、一九九〇年）
伊藤隆・広橋真光・片島紀男編『東條内閣総理大臣機密記録――東條英機大将言行録』（東京大学出版会、一九九〇年）
伊藤隆ほか編『真崎甚三郎日記』一巻～二巻・六巻（山川出版社、一九八一・八七年）
伊藤隆ほか編『続・現代史資料　五　海軍　加藤寛治日記』（みすず書房、一九九四年）
伊藤博文関係文書研究会編『伊藤博文関係文書　八』（塙書房、一九八〇年）
・一八九八年一月一日付伊藤博文宛山県有朋書簡
伊藤博文文書研究会監修、檜山幸夫総編集『伊藤博文文書　第九十五巻　秘書類纂　兵政一』（ゆまに書房、二〇一三年）
・「日本陸軍高等司令官司建制」
伊藤正徳編『加藤高明　上巻』（加藤伯傳記編纂委員会、一九二九年）
稲葉正夫・小林龍夫・島田俊彦編集・解説『現代史資料　一一　続・満洲事変』（みすず書房、一九六五年）
・「帝国国防方針国防に要する兵力帝国軍の用兵綱領策定に関する顛末概要」
・「軍事参議会に於ける議長の表決権に就て」
外務省編『日本外交文書　大正三年　第三冊』（一九六六年）

・一九一四年九月一三日付福田参謀本部第二部長発小池外務省政務局長宛「山東鉄道管理に関する陸軍側意見通報の件」
・一九一四年九月一六日付日置在中公使発加藤外相宛第六八八号
・一九一四年九月二二日付加藤外相発日置在中公使宛第四四〇号
・一九一四年九月二四日付日置在中公使発加藤外相宛第七〇〇号
外務省編『日本外交文書　海軍軍備制限条約枢密院審査記録』（一九八四年）
・「千九百三十年「ロンドン」海軍条約枢密院審査議事要録」
角田順校訂『宇垣一成日記　一』（みすず書房、一九六八年）
加藤寛治著、加藤寛一編『昭和四年五年　倫敦海軍條約秘録』（一九五六年）
木戸日記研究会校訂『木戸幸一日記』上巻・下巻（東京大学出版会、一九六六年）
木戸日記研究会編『木戸幸一関係文書』（東京大学出版会、一九六六年）
・「昭和十一年一月十一日　斎藤内府ニ送ル書」
極東国際軍事裁判公判記録刊行会編『極東国際軍事裁判公判記録Ｉ 検事側綜合篇』（富山房、一九四八年）
近代外交史研究会編『変動期の日本外交と軍事——史料と検討』（原書房、一九八七年）
・森松俊夫「大本営陸軍参謀部第二課・機密作戦日誌」
宮内省図書寮編『大正天皇実録』補訂版第一・補訂版第四（ゆまに書房、二〇一六・一九年）
宮内庁編『明治天皇紀』第四・六・八—十二（吉川弘文館、一九七〇—七五年）
宮内庁編『昭和天皇実録』巻三—九（東京書籍、二〇一五—一六年）
黒沢文貴ほか編『陸軍大将奈良武次日記（上）——第一次世界大戦と日本陸軍』（原書房、二〇二〇年）
黒田甲子郎『奥元帥伝』（国民社、一九三三年）
軍事史学会編『大本営陸軍部戦争指導班　機密戦争日誌　上』新装版（錦正社、二〇〇八年）
軍事史学会編、伊藤隆・原剛監修『元帥畑俊六回顧録』（錦正社、二〇〇九年）
小林龍夫編『翠雨荘日記——臨時外交調査会委員会議筆記等』（原書房、一九六六年）
小林龍夫・島田俊彦編集・解説『現代史資料　七　満州事変』（みすず書房、一九六四年）
・「岡田啓介日記」
小林龍夫ほか編集・解説『現代史資料　一二　日中戦争四』（みすず書房、一九六五年）
・榎本重治「元帥府、軍事参議院所掌事項」
斎藤聖二『秘　大正三年日独戦史　別巻二　日独青島戦争』（ゆまに書房、二〇〇一年）
沢田茂著、森松俊夫編『参謀次長　沢田茂回想録』（芙蓉書房、一九八二年）

参謀本部編『大正三年日独戦史　上巻』（東京偕行社、一九一六年）
参謀本部編『杉山メモ　上〔普及版〕』（原書房、二〇〇五年、初出は一九六七年）
四竈孝輔『侍従武官日記』（芙蓉書房、一九八〇年）
尚友倶楽部編『大正初期山県有朋談話筆記　続』（芙蓉書房、二〇一一年）
尚友倶楽部・季武嘉也・櫻井良樹編『財部彪日記　海軍大臣時代』（芙蓉書房出版、二〇二一年）
尚友倶楽部史料調査室・季武嘉也編『財部彪日記　大正十年・十一年――ワシントン会議と海軍』（芙蓉書房出版、二〇二四年）
尚友倶楽部山縣有朋関係文書編纂委員会編『山縣有朋関係文書　一』（山川出版社、二〇〇四年）
・一九一六年六月九日付山県有朋宛大島健一書簡
尚友倶楽部山縣有朋関係文書編纂委員会編『山縣有朋関係文書　二』（山川出版社、二〇〇六年）
・一八九八年一月一二日付山県有朋宛徳大寺実則書簡
・一八九八年一月一九日付山県有朋宛徳大寺実則書簡
・一九〇三年三月一七日付山県有朋宛徳大寺実則書簡
・一九〇三年一一月四日付山県有朋宛徳大寺実則書簡
史料調査会海軍文庫監修、「海軍」編集委員会編『海軍』第一二巻（誠文図書、一九八一年）
高木惣吉『高木海軍少将覚え書』（毎日新聞社、一九七九年）
高橋紘・粟屋憲太郎・小田部雄次編『昭和初期の天皇と宮中　侍従次長河井弥八日記』第五巻（岩波書店、一九九四年）
高橋正衛編集・解説『現代史資料　二三　国家主義運動三』（みすず書房、一九七四年）
・「陸軍次官橋本虎之助業務要項覚」
高松宮宣仁親王『高松宮日記　第七巻』（中央公論社、一九九七年）
高宮太平『順逆の昭和史――二・二六事件までの陸軍』（原書房、一九七一年、初出は同『軍国太平記』酣灯社、一九五一年）
威仁親王行実編纂会編『威仁親王行実』巻上（威仁親王行実編纂会、一九二六年）
谷壽夫『機密日露戦史』（原書房、一九六六年）
千葉功編『桂太郎関係文書』（東京大学出版会、二〇一〇年）
・一八九六年四月三〇日付桂太郎宛井上光書簡
・一八九九年一〇月二四日付桂太郎宛徳大寺実則書簡
千葉功編『桂太郎発書翰集』（東京大学出版会、二〇一一年）
・一九〇〇年九月七日付寺内正毅宛桂太郎書簡
・一八九六年五月三日付井上馨宛桂太郎書簡

寺内正毅関係文書研究会編『寺内正毅関係文書一』（東京大学出版会、二〇一九年）
・一九一六年三月七日付寺内正毅宛上原勇作書簡
寺崎英成ほか編『昭和天皇独白録』（文春文庫、一九九五年、初出は文藝春秋、一九九一年）
寺崎隆治編『寺島健伝』（寺島健伝記刊行会、一九七三年）
徳富猪一郎編『公爵山縣有朋伝　下巻』（山縣有朋公記念事業会、一九三三年）
西浦進『昭和陸軍秘録――軍務局軍事課長の幻の証言』（日本経済新聞出版社、二〇一四年）
日本史籍協会編『谷干城遺稿　三』（東京大学出版会、一九七五年）
・一八八六年九月付谷干城宛島村干雄書簡
日本史籍協会編『熾仁親王日記』五―六（東京大学出版会、一九七六年）
波多野澄雄・黒沢文貴ほか編『侍従武官長奈良武次日記・回顧録』第一巻～第四巻（柏書房、二〇〇〇年）
波多野勝ほか編『海軍の外交官　竹下勇日記』（芙蓉書房出版、一九九八年）
服部卓四郎『大東亜戦争全史』第一巻（鱒書房、一九五三年）
原奎一郎編『原敬日記』第三巻～第五巻（福村出版、一九六五年）
原田熊雄『西園寺公と政局』第一巻～第八巻（岩波書店、一九五〇―五一年）
原秀男・澤地久枝・匂坂哲郎編『検察秘録二・二六事件Ⅳ　匂坂資料八』（角川書店、一九九一年）
坂野潤治ほか編『財部彪日記　海軍次官時代』上・下（山川出版社、一九八三年）
東久邇稔彦『東久邇日記　日本激動期の秘録』（徳間書店、一九六八年）
藤田尚徳『侍従長の回想』（講談社学術文庫、二〇一五年、初出は講談社、一九六一年）
防衛庁防衛研修所戦史室編『戦史叢書　大本営陸軍部　一――昭和十五年五月まで』（朝雲新聞社、一九六七年）
防衛庁防衛研修所戦史部編『戦史叢書　大本営陸軍部　大東亜戦争開戦経緯　五』（朝雲新聞社、一九七四年）
防衛庁防衛研修所戦史室編『戦史叢書　大本営海軍部・連合艦隊　一――開戦まで』（朝雲新聞社、一九七五年）
細川護貞『細川日記　上巻〔改版〕』（中公文庫、二〇〇二年）
本庄繁『本庄日記』（原書房、一九六七年）
山本四郎編『第二次大隈内閣関係史料』（京都女子大学、一九七九年）
・「井上馨波多野宮相談話覚（九・二六）」
山本四郎編『寺内正毅日記　一九〇〇～一九一八』（京都女子大学、一九八〇年）
山本四郎編『寺内正毅関係文書　首相以前』（京都女子大学、一九八四年）
・「二個師団増設問題覚書」

雑誌史料

有賀長雄「国家ト宮中トノ関係」（『国家学会雑誌』一六七、一九〇一年）
安富正造「条約兵力量と統帥権問題」（『外交時報』六一八、一九三〇年）

新聞史料

『大阪毎日新聞』
・「元帥府に就て」（一八九八年一月一九日付）
『中央新聞』
・「票決はしたくない」（一九三〇年七月一七日付朝刊）
『東京朝日新聞』
・「元帥府に関する私説」（一八九八年一月二二日付朝刊）
・「軍事至高顧問府設置論」（一九〇一年一二月一四日付朝刊）
・「国防会議の組織」（一九一三年一月一一日付朝刊）
・「元帥会議開催」「兵器供給協議　元帥会議主題」（一九一七年一〇月二八日付朝刊）
・「海相進退如何」（一九二〇年八月二二日付朝刊）
・「陞爵と元帥」（一九二一年一月一九日付朝刊）
・「「薩の海軍」を実現する為めに権兵衛伯を元帥に」（一九二三年一二月七日付夕刊）
『都新聞』
・「理外の理（元帥府の設置）」（一八九八年二月四日付）
『読売新聞』
・「監軍部廃止の議あり」（一八九一年九月一六日付朝刊）
・「論説 監軍部を廃すべし」（一八九六年一二月二日付朝刊）
・「モウロクしたヨボ〳〵元帥を退役させる停年制」（一九二五年四月一三日付朝刊）

未刊行史料

アジア歴史資料センター（原本はすべて防衛省防衛研究所戦史研究センター所蔵）

「海軍軍備制限に関する元帥会議議事書類　大一一、三、三一」
・「元帥会議　大正一一年三月三一日」（Ref：C14061037800）
－「覚書　其ノ四」
－「海軍軍備制限ニ関スル兵力及防備ニ関シ元帥府ニ御諮詢ノ件　覚書其ノ二」
－「海軍軍備制限ニ関スル兵力及防備ニ関シ元帥府ニ御諮詢ノ件　覚書其ノ三」
－「元帥会議開催ノ手続（大正六年三月三十一日）」
・「参考書類」（Ref：C14061038100）
－「奥元帥ノ述ヘラレタル件覚へ」

「軍令部上裁移牒簿（陸軍作戦計画関係）大正九、九、一五～一〇、八、二八」
・「大正一三年度陸軍作戦計画に関する件照会　大正一二年一二月一日」（Ref：C14121158000）
・「大正一四年度帝国陸軍作戦計画に関する件照会　大正一三年九月二日」（Ref：C14121158100）

「軍令部上裁移牒簿（陸軍作戦計画関係）大正九、九、二七～一〇、九、一一」
・「昭和七年度帝国海軍作戦計画の件商議」（Ref：C14121160800）
－「作戦計画、戦時編成、防備計画ヲ元帥ニ御下問奏請ニ関スル件覚」
・「昭和八年度帝国海軍作戦計画の件」（Ref：C14121160900）
－「年度作戦計画御下問ニ関スル件覚」
・「大正一五年度帝国海軍作戦計画の件」（Ref：C14121160200）

「参謀本部歴史　大正二年」（Ref：C15120047400）・「参謀本部歴史　大正三年」（Ref：C15120050600）・「参謀本部歴史　大正三年八月（一）」（Ref: C15120051600）・「参謀本部歴史　大正四～五年」（Ref：C15120054400）・「参謀本部歴史　大正四年九～一〇月」（Ref：C15120055100）・「参謀本歴史　大正六～七年」（Ref：C15120057700）・「参謀本部歴史　大正七、八、二～八、四、三〇」（Ref：C15120059100）・「参謀本部歴史　大正九、六～一三、一二」（Ref：C15120060400）・「参謀本部歴史　大正一四～昭和三年」（Ref：C15120062800）

「参謀本部歴史草案九　明治一九年七月三日　陸軍検閲条例改正案・武官進級条例改正案・士官下士学術検査規則・武官抜擢進級取扱規則案等に付き意見」（Ref：C15120017100）

「昭和四年七月起　海軍　軍備制限綴（倫敦会議）　参謀本部」

・「昭和五年一月三一日　海洋自由問題に対する一考察（二）」（Ref：C08051999500）
　―「倫敦会議善後策ニ関スル研究」
・「昭和五年五月二七日　所謂兵力量の決定に関する研究（一）」（Ref：C08051999800）
・「昭和五年五月二七日　所謂兵力量の決定に関する研究（二）」（Ref：C08051999900）
「昭和五年密大日記第一冊」
・「元帥府条例及軍事参議院条例の制定に就いて大島中将の口述筆記送付の件」（Ref：C01003892400）
「戦時及平時団隊編制改正ノ件 御諮詢ニ対スル元帥ノ奉答 明治三一年八月」（Ref：C12121450600）
「大正三～四年　第一特別陸戦隊戦時日誌　第二特別陸戦隊戦時日誌　第三特別陸戦隊戦時日誌」
・「編制前誌（第三特別陸戦隊）　大正三年一〇月一六日～三一日分」（Ref：C10080175900）
「大正四年　軍事機密大日記 六／八 大正四年一月～大正四年一二月」
・「台湾守備隊の一部派遣に関する件」（Ref：C02030033700）
「大正一二年　軍事機密大日記 三／六」
・「対支応急行動に関し訓令の件」（Ref：C02030151000）
「大本営編制及勤務令に関する綴 一／二 明治二九年～三七年」
・「明治三五年九月 戦時大本営條例沿革誌（一）」（Ref：C12120354300）
・「明治三二年一一月 戦時大本営條例及防務條例中改正案（一）」（Ref：C12120353500）
「帝国国防方針帝国軍の用兵綱領関係綴　昭和一一、二～一一、六」
・「帝国国防方針及帝国軍の用兵綱領改定手続に関する件仰決裁」（Ref：C14121170100）
「密大日記 明治二八年」
・「軍務局 都督部の名称を監軍部と改め教育監部設置の件」（Ref：C03023054900）
「明治二八年九月 二七八年戦役日記」
・「参謀本部より 軍備拡張の件」（Ref：C06021945400）
「明治二九年乾 貳大日記八月」
・「都督部条例制定の件」（Ref：C06082313900）
「明治二九年坤 貳大日記八月」
・「陸軍軍隊検閲条例改正の件」（Ref：C06082461300）
「明治三三年　電報綴　北清事件」
・「山縣元帥へ防務条例の件」（Ref：C09122564700）

「明治三四年自一月至六月　密受領編冊」
・「四月一〇日 海軍省 大本営条例及防務条例中改正の件（一）」（Ref：C10071274500）
・「四月一〇日 海軍省 防務条例に関する件（一）」（Ref：C10071274200）
・「四月一〇日 海軍省 大本営条例及防務条例中改正の件（四）」（Ref：C10071274800）
「明治三六年自七月至一二月　秘密日記　庶秘号」所収
・「大本営条例の改正軍事参議院条例制定に関する奏議」（Ref：C09123034700）
「明治三七年　秘密日記　庶秘号」所収
・「軍事参議院議事規程裁可に付送付」（Ref：C09123103500）
「陸軍　第二巻　大正一五年四月」
・「第四篇　制度／第四章　軍事参議官制度」（Ref：C13071354000）

宮内庁宮内公文書館所蔵

「彰仁親王年譜資料」巻三九～巻四二（宮：72221–72224）
「伊藤公爵家文書　五十二」（宮：34065）
・一八九八年一月一七日付伊藤博文宛徳大寺実則書簡
「大山巌日誌　二」（宮：3449）
「軍事参議院条例／明治」（宮：52766）
「参考史料雑纂　十二」（宮：35174）
・有栖川宮熾仁親王宛徳大寺実則書簡（一八九〇年六月五日付、一八九一年一二月一七日付、一八九三年三月一六日付、同年七月八日付、一八九四年七月一六日付、同年七月二一日付、同年七月三一日付、同年八月一六日付、同年一二月一二日付）
「参考史料雑纂　百二十二」（宮：35283）
・「明治十九年七月二十四日大山陸軍大臣へ勅諭」
「侍従長徳大寺実則日記」二・四―八（宮：35982・35984–35988）
「侍従武官日誌」明治三〇年～大正元年（宮：35455–35472）
「大正天皇実録編纂資料 大正天皇に関する講話及び座談会録　二」（宮：83451）
・山田陸槌「大正天皇御聖徳の一端」
・侍従武官府「陸海軍事に関する御治績の一班　大正一一年十一月」
「大正天皇実録資料稿本」九四―一七七（宮：77394–77477）

「大本営・元帥府宮中使用録 大臣官房総務課」（宮：10965）
「高松宮文書　一」（宮：35771）
・年不詳七月五日付有栖川宮威仁親王宛徳大寺書簡
・一八九六年八月付明治天皇宛有栖川宮威仁親王書簡
・「海軍ニ従事スル皇族之件」
・「軍艦松島厳島橋立ノ如キ或ハ浪速高千穂ノ如キ或ハ扶桑ノ如キ一艦ヲ砲術練習艦ト定メラレ度儀ニ付上申」
・「陸海軍ニ従事スル皇族無俸級之件」
・「政治ニ関スル上奏御親書案　参考」
「貞明皇后実録編纂資料・関係者談話聴取（資料）昭和四〇年」宮：29334）
「内大臣府文書　十」（宮：36099）
・「中将ノ大将ニ進ムハ歴戦者ニ限ルヲ可トスルノ議」
「内大臣府文書　四〇」（宮：36129）
・「元帥府内規」
「日清戦争陣中日誌」（宮：35454）
「明治天皇御紀資料稿本　八八六」（宮：80986）
・一八九三年二月一〇日付伊藤博文宛徳大寺実則書簡
「例規録　明治三一年式部職」（宮：7102）
「例規録　明治三八～三九年　式部職」（宮：7228）
「例規録　明治四〇年　式部職」（宮：7229）

宮内庁図書寮文庫所蔵

「〔有栖川宮伝来書翰類〕伊藤博文書状等」第八号（函架番号：有栖・10050）
・一八九四年八月一日付有栖川宮熾仁親王宛伊藤博文書簡
「〔有栖川宮伝来書翰類〕熾仁親王書状等のうち徳大寺実則書状等（二重封筒入一括・1）」（函架番号：有栖・10046）
「〔有栖川宮伝来書翰類〕徳大寺実則書状等」（函架番号：有栖・10049）

憲政記念館所蔵

「宇垣一成文書」

・「総長選任経緯の一部（自筆草稿）」（A4–10）
・「法制上の調査」（A4–207）
・「「陸相問題」清浦対上原メモ」（A4–206）

国立公文書館所蔵

「各兵監部設置　監軍部条例改正按」（「監軍部ヲ廃ス」、「公文類聚・第十編・明治十九年・第十五巻・兵制四・庁衙及兵営・兵器馬匹及艦船」請求番号：類00261100）。
「軍事参議院条例・御署名原本・明治三十六年・勅令第二百九十四号」（請求番号：御05762100）
「軍事参議官条例・御署名原本・明治二十年・勅令第二十号」（請求番号：御00112100）
「元帥府設置・御署名原本・明治三十一年・詔勅一月十九日」（請求番号：御03191100）
「元帥府条例・御署名原本・明治三十一年・勅令第五号」（請求番号：御03244100）
「元帥府条例中改正・御署名原本・大正七年・勅令第三百三十号」（請求番号：御11409100）
「参謀本部条例及教育総監部条例ヲ改定ス」（「公文類聚・第三十二編・明治四十一年・第三巻・官職二・官制二・（大蔵省・陸軍省・海軍省・司法省）」請求番号：類01051100）
「防務条例及東京防禦総督部条例ヲ定メ陸軍定員令中ニ追加ス」（「公文類聚・第十九編・明治二十八年・第六巻・官職一・官制一・官制一」請求番号：類00719100）
「防務条例ヲ改正ス」（「公文類聚・第二十五編・明治三十四年・第四巻・官職二・官制二・官制二（内務省二・大蔵省・陸軍省）」請求番号：類00909100）
「明治三五年（桂内閣）行政整理」（「歴代内閣の行政整理案」請求番号：資00036100）
「陸軍各兵科現役士官補充条例ヲ改正ス并ニ陸軍幼年学校生徒召募条例ヲ定ム」（「公文類聚・第十三編・明治二十二年・第十一巻・兵制一・陸海軍官制二」請求番号：類00396100）
「陸軍各兵科現役士官補充条例ヲ定ム」（「公文類聚・第十一編・明治二十年・第十一巻・兵制門一・兵制総・陸海軍官制一」請求番号：類00298100）
「陸軍戸山学校条例并陸軍砲兵射的学校条例中ヲ改正ス」（「公文類聚・第十七編・明治二十六年・第八巻・官職二・官制二・官制二（大蔵省・陸軍省一）」請求番号：類00638100）
「A級極東国際軍事裁判記録（和文）（NO.58）」（請求番号：平11法務02097100）
「A級極東国際軍事裁判記録（和文）（NO.112）」（請求番号：平11法務02150100）
「A級極東国際軍事裁判記録（和文）（NO.105）」（請求番号：平11法務02143100）

国立国会図書館所蔵

海軍省「現役海軍士官名簿　昭和四年二月一日調」
陸軍省「明治三十一年七月一日調 陸軍現役将校同相当官実役停年名簿」
陸軍省編纂「陸軍現役将校同相当官実役停年名簿　昭和七年九月一日調」（財団法人偕行社、一九三二年）

国立国会図書館憲政資料室所蔵

「明石元二郎関係文書（寄託）」
・一九一五年九月二三日付明石元二郎宛内山小二郎書簡（請求番号：三八−二）
「阿南惟幾関係文書」
・「メモ帳　昭和一五年九月一日〜昭和一六年二月二一日」（請求番号：八）
「上原勇作関係文書」
・「清浦子爵の組閣並其の陸相候補問題と予との関係に就て」（請求番号：一五二−五）
「宇都宮太郎関係文書」
・一九一三年六月二五日付宇都宮太郎宛上原書簡（請求番号：一二三−二三）
「大山巌関係文書」
・「元帥府内規」（請求番号：四九−三）
・「日記　明治三十一年」（請求番号：二二−二四）
・「陸軍検閲条例覚書　明治十九年七月廿四日」（請求番号：四七−二）
「倉富勇三郎日記」
「斎藤実関係文書　書類の部一」
・「斎藤実覚書　大正三年」（請求番号：三七−一）
・「明治三十五年政務調査及行政整理ニ関スル書類」（請求番号：四〇−五）
「斎藤実関係文書　書類の部二」
・「斎藤実日記　明治三三年五月二〇日〜八月三一日」（請求番号：二〇八−二七）
「財部彪関係文書」
・「財部彪日記」
「田中義一関係文書」（山口県文書館所蔵、憲政資料室寄託）
・「随感雑録」（憲政冊子第一冊）

・「軍事参議官ノ権限ニ関スル研究」（憲政冊子第四冊）
「坪島文雄関係文書」
・「坪島文雄日記」
「牧野伸顕関係文書（書簡の部）」
・一九二四年五月二六日付牧野伸顕宛町田経宇書簡（請求番号：二六七―二）

昭和館所蔵

侍従武官府編「侍従武官府歴史（明治・大正編）」（一九三〇年七月作成）
侍従武官府編「侍従武官府歴史（昭和元～七年）」（一九三三年三月作成）

東京大学大学院法学政治学研究科附属近代日本法政史料センター原資料部所蔵

「百武三郎関係文書」
・「日記用手帳」第一～第三（仮No.1–3）
・「当用日記　昭和一四年」（仮No.8）
・「宮内庁手帳　昭和一九年」（仮No.23）

防衛省防衛研究所戦史研究センター所蔵

「官房軍務局保存記録施策関係綴」（⑤航空部隊―航空本部―七三）
「軍令部作製　回訓発令前後ノ記事等」（⑨文庫―榎本―四一〇）
・「回訓ノ決定発付ニ当リ政府ノ執リタル処置ガ統帥権ニ及ボス影響」
「眞田穣一郎少将日記　二七」（中央―作戦指導日記―七二）
「眞田穣一郎少将日記　二八」（中央―作戦指導日記―七三）
「眞田穣一郎少将日記　三一」（中央―作戦指導日記―七六）
「澤本頼雄海軍大将　業務メモ（叢三）」（①中央―日誌回想―八九四）
「嶋田繁太郎大将備忘録　第五」（①中央―日誌回想―八三一）
・「軍令部総長ニ補セラレタル経緯」
「嶋田繁太郎大将無標題備忘録　大正時代から終戦後まで」（①中央―日記回想―八三三）
「嶋田繁太郎大将日記　昭和一六年」（①中央―日誌回想―八三五）

「昭和三年度業務日誌」（文庫-松木史料-二）
「昭和三年以降元帥関係史料綴」（⑧参考-人事-二〇七）
・「大角大将遭難ト元帥、昇爵問題等」、「元帥制度竝ニ其ノ銓衡ニ関スル件」、「元帥奏請ニ関スル意見」、「元帥奏請ニ関スル件」、「元帥奏請ニ関スル件 甲、斎藤大将関係」、「元帥奏請ニ関スル件 乙、山下大将関係」、「元帥奏請ニ関スル東条首相兼陸相、島田海相会談覚」、「元帥問題ニ関シ」、「元帥問題ニ就テ」、「元帥問題ニツキ」、「次官意見　臣下元帥ヲ設クル件」、「武藤大将元帥ノ件」
「昭和五、三、一四～五、九、八　倫敦海軍条約締結経緯参考書類」（①中央-軍備軍縮-六〇）
「大正三年　文書綴　二」（①中央-その他-七三）
「田中新一中将業務日誌　三／八」（中央-作戦指導日記-三）
「田中新一中将業務日誌　四／八」（中央-作戦指導日記-四）
「田中新一中将業務日誌　七／八」（中央-作戦指導日記-七）
「田中新一中将業務日誌　八／八」（中央-作戦指導日記-八）
「統帥権（参考資料）昭和四、五年頃」（①中央-統帥-一四）
「富永恭次回想録　其一（大東亜戦争間における陸軍人事）」（文庫-依託-一八）
「本庄繁大将日誌 昭和十年」（中央-戦争指導重要国策文書-六四）
「明治三九～四〇年帝国国防方針等策定顛末概要」（文庫-宮崎-五八）
「陸軍教育史 明治別記第二巻 騎兵の部」（中央-軍隊教育教育史料-四〇）
「倫敦会議資料」（①中央-軍備軍縮-三四四）
・「倫敦海軍条約締約批准等ノ経過ニ関スル目次一覧」

所蔵先非公開

「小笠原長生日記」

あとがき

近年、昭和天皇に関連する史料が多く発掘されている。戦後に初代宮内庁長官を務めた田島道治が、昭和天皇とのやり取りの数々を詳細に記した『昭和天皇拝謁記――初代宮内庁長官田島道治の記録』（岩波書店、二〇二一―二三年）もその一つである。戦後の天皇には戦争責任問題や退位論が常につきまとっていた。あるとき天皇は退位論に触れながら田島に次のようなことを述べていた。

終戦で戦争を止める位なら宣戦前か或はもつと早く止める事が出来なかつたかといふやうな疑を退位論者でなくとも疑問を持つと思ふし、又首相をかへる事は大権で出来る事故、なぜしなかつたかと疑ふ向きもあると思ふ〔……〕いやそうだらうと思ふが事の実際としては下剋上でとても出来るものではなかつた。首相をかへるという事も、私は田中義一の時には話が違ふので辞めてくれといつたんだが、それを其内閣の久原などは根にもつて、それが結局は二、二六事件まで発展するので、大権だからといつて実際は出来ぬ事だ〔……〕

（『昭和天皇拝謁記』第三巻、一九五一年一二月一七日条、二九頁）

天皇の権限では戦争を止めることは容易でなかった、張作霖爆殺事件によって田中義一内閣が総辞職して以降、陸軍の「下剋上」による独断専行的な風潮が強まり、最終的には二・二六事件にまで発展してしまった、という天皇の戦争認識がうかがえる。特に「下剋上」という表現は、昭和天皇が軍部批判をするときに繰り返し用いており、別の機会にも「下剋上、派閥、陸海不一致といふ様な事」が軍部の政治的台頭の要因になったと語っている（『昭和天皇拝謁記』第四巻、二一六頁）。

筆者も翻刻に携わった『昭和天皇拝謁記』は、出版からそう時間は経っていないが、昭和天皇の赤裸々な本音の吐露が多くの研究者の耳目をひき、すでにさまざまな角度からの解釈が試みられている。冒頭の天皇の回想もその一つである。天皇が軍部に戦争責任を転嫁するものだと評価する研究者もいる。

戦後の昭和天皇の立場を考えると、もちろん責任転嫁の一面も否めない。だが、本書をここまで読み進めてくださった読者の方々は、この回想からまた違う景色――「下剋上」的風潮が蔓延する軍をコントロールする手段を持ちえなかった昭和天皇の悔悟――が見えるのではないだろうか。

本書は、「天皇は軍の最高司令官だったはずなのに、なぜ〝軍部の暴走〟を止められなかったのか？」という問題関心からスタートした。それと同時に、昭和天皇が悔いた「下剋上」的現象は、軍自体のガバナンスのあり方という問題も浮かび上がらせる。それは、「どんな組織よりも上下関係や規律に厳しいはずの軍隊という組織が、なぜ上からの統制を大きく逸脱して政治的発言力を強めていくようになったのか？　なぜ二・二六事件のようなクーデターを起こしてしまったのか？」という問いである。これは、社会科学を広く学ぶために教育学部の社会科学専攻に進学した筆者が、日本近現代史を専門に大学院に進学してみようと決意した理由でもある。

本書は元帥と呼ばれた軍の長老たちを主役にして、こうした二つの問いをセットで論じてみようという、個人的には挑戦的かつ欲張りな試みだった。抜群の功績と権威を持つ軍長老の元帥たちが集う元帥府という制度は、天皇や軍部にとってどのような存在だったのか、天皇が軍部をコントロールするうえで重石にはなりえなかったのか、はたまた軍部の傀儡にすぎなかったのか――こうした切り口を手がかりに、天皇と軍部それぞれの視点から、戦前日本において最高峰の頭脳を持つ官僚集団だったはずの陸海軍が、なぜ自組織をコントロールできずに、「下剋上」

的風潮を許してしまったのか、大組織におけるガバナンスのあり方を筆者なりに追求したのが本書ということになる。もっともこうした試みが成功しているかどうかは、読者の評価に委ねるしかない。

本書は、二〇一九年一一月に東京大学大学院人文社会系研究科に提出した博士論文「天皇の「多角的軍事輔弼体制」と明治立憲制――元帥府と「協同一致」をめぐる陸海軍関係を中心に」を原型として、大幅に改稿したものである。二〇一五年四月に大学院に入って、ようやく歴史学・日本史学の世界に入った筆者が、ちょうど一〇年の月日を経て一冊の本を出すまでに至ったのは、ひとえにここまで筆者を導いてくださった先生方や多くの研究仲間のおかげである。特に博士論文の審査をご担当くださった野島（加藤）陽子先生・鈴木淳先生・村和明先生・黒沢文貴先生・吉田裕先生には、あらためて感謝を申し上げたい。

修士課程から受け入れてくださった指導教員の野島陽子先生は、学生の自由な発想に基づく研究を尊重される一方、要所では確かな助言によって、どんなに拙い研究でもその発展可能性を示してくださった。また、本書の研究成果は、『昭和天皇実録』を五年間読み続けた大学院ゼミから多大な影響を受けている。『昭和天皇実録』のような誰でも手に取れる刊行史料を参加者全員で読み、報告を行うことで、一つの史料から参加者の自由な発想や多種多様な解釈を引き出すことに先生は力を入れていたように思う。当時は毎回のゼミについていくことに必死だったが、今にして思えば、同じ史料をうまずたゆまず読み続け、史料の内在的な面白さを見抜く「勘」を養うようなゼミは、テーマの発想力や分析視角の新鮮さ・斬新さが強く求められる政治史を研究するうえで、特に必要不可欠なトレーニングであったと痛感している。本書の成果が野島先生のご期待に沿うものであるかどうか、自信はないが、少しでも先生の学恩に報いるものになればと思っている。

経済史の鈴木淳先生には、大学院ゼミや博論審査の場を通して厳密な史料解釈の重要性をご教授いただいた。特に修士時代に参加した「公文録」を読む大学院ゼミでは、捺印の位置一つをめぐっても豊富な議論が展開され、筆者はただ圧倒されるばかりであったが、こうした公文書の読み方は、本書における公文書史料の活用にも少なからず生かされているはずである。また、近世史の村和明先生も博論審査において言葉の厳密な定義の重要性を説いてくださった。こうした教えも博論改稿時の一つの指針となった。

博士課程進学を機に、一橋大学の吉田裕先生の大学院ゼミに「もぐり」として三年間参加させていただくようになった。吉田先生のゼミには、歴史学や軍事史に限らずさまざまな専門分野の院生が参加しており、東大とはまた違う雰囲気のなかで議論が展開されていたことが印象に残っている。吉田先生は、専門が異なる領域の研究報告であっても、聞いていてハッとさせられる鋭いコメントを毎回繰り出されており、学ぶところが大きかった。もちろん、それは筆者の研究報告や博論審査でも同様であった。ご退職後も精力的に研究活動を続けておられる吉田先生に敬服するとともに、自分自身の研究活動にも大きな刺激をいただいている。

黒沢文貴先生からご指導いただくようになったのも、やはりゼミへの「もぐり」がきっかけだった。博士課程のとき、黒沢先生が青山学院大学で大学院ゼミを開講されているという話を聞き、筆者もゼミに参加させていただいた。そのご縁もあって、黒沢先生には博論審査の副査もご担当いただいた。特に印象に残っているのは、審査の後日、本郷三丁目駅近くのカフェで博論の改稿アドバイスを二時間にわたり頂戴したことである。ご多忙にもかかわらず、わざわざ一対一でご指導いただいたことは、本書のブラッシュアップにも生かされると同時に、教育者としてのあるべき姿を学ぶ貴重な機会であった。黒沢先生には論文集や史料翻刻・編集プロジェクトにお声がけいただくなど、現在でもお世話になっている。

研究の原点ということでいえば、日本女子大学の吉良芳恵先生から受けた学恩も計り知れない。早稲田大学の学部四年生のときに、吉良先生が早稲田の大学院ゼミに出講されていると伺い、例によって「もぐり」で参加させていただいた。陸軍のガバナンスや派閥抗争への関心から派生して、本書でも登場した上原勇作で卒論を書いてみたいという筆者を吉良先生は面白がってくださり、先生が主催されていた宇都宮太郎関係資料研究会にも参加させていただいた。それだけでなく、当時は一般には未公開だった「宇都宮太郎関係資料」（現在は国会図書館憲政資料室で「宇都宮太郎関係文書」として公開中）の上原勇作やその周辺人物などの膨大な書簡史料を閲覧させてくださった。当時はくずし字もろくに読めず上原の独特な字体や言い回しに翻弄されながらも、とにかく辞書を片手に自学自習で懸命に解読したことが思い出される。本書ではこの史料はあまり活用していないが、その解読を通して得られた経験は、筆者の研究活動の確かな礎になっている。宇都宮太郎関係資料研究会を通して、研究というものが個人の力だけでなく、学会やプロジェクト、研究会単位での、専門を超越したネットワークがあって初めて成り立っていることを学ぶことができた。現在もさまざまな研究会や史料翻刻プロジェクトに参加しているが、宇都宮太郎関係資料研究会は、まさに筆者にとって初めての「研究の世界」であった。こうした原体験を提供してくださった吉良先生や研究会の諸先生方にはあらためて感謝を申し上げたい。

名古屋大学の河西秀哉先生には学振ＰＤとして受け入れていただいた。河西先生とのご縁は、筆者が最初の論文の抜き刷りをお送りしたときまで遡る。面識があるかないか程度だった一院生に対して、論文の感想や疑問を詳細に書いたお手紙とともに、ご著書までお送りくださったことは、筆者にとって今でも忘れられない衝撃だった。こうしたご縁もあって、学振ＰＤの受け入れ後は、定期的に名大の大学院ゼミの場で研究報告をさせていただき、河西先生やゼミ生の皆さんから今後の研究にもつながるような有益なアドバイスをいただいた。

博士号取得後、学振ＰＤとして研究活動を行う一方、学習院大学や成蹊大学など複数の大学で非常勤講師として講義する貴重な機会をいただいた。こうした講義を通して、日本近現代史を改めて学びなおす機会をいただき、研究の幅も広がった。特に学習院大学の「日本史特殊講義」や成蹊大学の「日本の歴史と文化」では、専門科目として軍事史や天皇・皇室史を主テーマとして講義を組み立て、本書の研究成果の一部をお話しする機会に恵まれた。本書が少しでも理解しやすい内容になっているとすれば、それは元帥府や軍事輔弼体制のような一般的には馴染みのない話をいつも熱心に聞いて、考えさせられるような感想や質問を寄せてくださった学生の皆さんのおかげだと思う。そして、何よりも、博士課程を出たばかりで教歴も何もなかった筆者に対して、非常勤講師としてお声がけいただき、研究成果の学生への還元と、研究者としてのキャリアアップという二重の意味で重要な機会を与えてくださった学習院大学の千葉功先生には心から感謝申し上げたい。また、成蹊大学の樋口真魚氏と定期的に講議内容や工夫などについて意見交換したことは、授業経験の浅い筆者にとって、スキルアップの貴重な機会だった。

思い返せば、早稲田大学の学部生時代から、東京大学の院生時代、名古屋大学のPD時代まで、多くの先輩・同期・後輩の皆さんに公私にわたって大変お世話になった。本来であれば、お世話になった皆さんのお名前と思い出を挙げて感謝をお伝えするべきだが、感謝するべき方々が多すぎるため、この紙幅ではすべての方のお名前を挙げることもできそうにない。ここでは、出版に向けて試行錯誤していたPD時代に先輩方にお誘いいただいた「博論を本にする会」で、筆者の拙い出版構想報告にさまざまな角度からご助言をいただいた出口雄大氏・鈴木智行氏・水上たかね氏・吉田ますみ氏・賀申杰氏・崎島達矢氏、そして、本書の最終改稿段階においてドラフトすべてを精読したうえで、目が醒めるような豊かなコメントを寄せてくださった樋口真魚氏・大窪有太氏・加藤真生氏のお名前を挙げるにとどめたい。特に後者の三氏がそれぞれ長時間にわたって示してくださった内容は、本書が秘める内在的な魅力を最大限に引き出してくださるものだった。三氏からのコメントは、入稿までの最後の数か月間で行った改稿作業の確かな指針となった。

本書の完成に至る過程では、ここにお名前を挙げた方々や、東京大学学術成果刊行助成の申請においてミクロ・マクロの両方の視点から内在的な批判と改稿に向けた審査コメントを寄せてくださった二名の匿名査読者の先生を含めて、実に多くの方々からさまざまなご助言をいただいてきた。筆者の能力の限界ゆえにそのすべてを正面から受け止めることは叶わなかったが、積み残された課題は、今後の研究に励むことで少しずつ解消していきたい。

本書の編集をご担当いただいた名古屋大学出版会の三木信吾氏は、原稿を数か月にわたり精査していただいたうえで、出版を決断してくださった。また、最終入稿段階において、なかなか踏ん切りがつかず改稿を続ける筆者を辛抱強く見守っていただき、本書をさらなる高みに導いてくださった。同会の堤亮介氏は、すみずみまで緻密な校正をしてくださった。また、校正に際しては、柴本一希氏と堀口慧梨氏の助力も仰いだ。ここに記して感謝申し上げたい。もちろん、本書にミスがあるとすれば、それはすべて筆者の責に帰するものである。

現在の職場である釧路公立大学は、経済学部だけの小規模な大学であるが、そのために教員の自由な研究活動を尊重する牧歌的な雰囲気がいまだに根強い。筆者も授業（準備）以外の仕事がほとんどない環境に恵まれ、着任一年目ながら十分な研究費と研究時間を投じて本書のブラッシュアップに集中することができた。釧路公立大学の自由度の高い研究環境が、本書執筆の最終局面において、その質を確実に高めてくれたと確信している。

なお、本書は、二〇二四年度東京大学学術成果刊行助成（第五回東京大学而立賞）の助成を得て刊行される。また、本書における研究成果は、平成二九年度松下幸之助記念財団研究助成・科学研究費助成事業特別研究員奨励費（課題番号：18J12568・21J01235）・科学研究費助成事業研究活動スタート支援（課題番号：24K22534）の助成を受けたものである。ここに記して感謝申し上げる次第である。

二〇二五年一月

飯島直樹

初出一覧

序　章　新稿

第1章　「元帥府・軍事参議院の成立――明治期における天皇の軍事顧問機関」（『史学雑誌』一二八-三、二〇一九年）

第2章　「大正天皇の戦争指導と軍事輔弼体制――第一次世界大戦前半期を事例として」（『東京大学日本史学研究室紀要』二五、二〇二一年）

第3章　「一九二〇年代の軍事輔弼体制と軍政優位体制の相克――元帥府をめぐる陸海軍関係の展開」（『日本史研究』七一八、二〇二二年）

第4章　「「協同一致」の論理にみる陸海軍関係――ロンドン海軍軍縮条約批准時の軍事参議会開催問題を中心に」（『史学雑誌』一二九-八、二〇二〇年）

第5章　「一九三〇年代における海軍権力構造と軍事輔弼体制の変動――元帥府・元帥の視点から」（黒沢文貴編『日本陸海軍の近代史――秩序への順応と相剋1』東京大学出版会、二〇二四年）

第6章　「昭和戦時期における戦争指導体制の構築と軍事輔弼体制の交錯――元帥府復活構想への着目」（『史学雑誌』一三二-一〇、二〇二三年）

終　章　新稿

＊いずれも本書収録にあたって大幅に加筆修正している。

《著者紹介》

飯島直樹（いいじまなおき）

1992 年　千葉県生まれ
2020 年　東京大学大学院人文社会系研究科博士課程修了
日本学術振興会特別研究員 PD（名古屋大学）を経て
現　在　釧路公立大学経済学部講師，博士（文学）

天皇の軍事輔弼体制
―元帥と戦争指導の政治史―

2025 年 3 月 31 日　初版第 1 刷発行

定価はカバーに
表示しています

著　者　飯　島　直　樹
発行者　西　澤　泰　彦

発行所　一般財団法人 名古屋大学出版会
〒 464-0814　名古屋市千種区不老町 1 名古屋大学構内
電話(052)781-5027/FAX(052)781-0697

印刷・製本　亜細亜印刷㈱　ISBN978-4-8158-1192-1
乱丁・落丁はお取替えいたします。

人名索引

あ 行

か 行

さ　行

た　行

な　行

は　行

ま　行

や・ら・わ行

事項索引

あ 行

か 行

さ　行

た　行

な　行

は　行

ま　行

や　行

ら・わ行

図表一覧